全国煤炭高等教育专升本"十二五"规划教材

化 学 工 程 与 工 艺

主 编 吴 鹏 解丽萍

副主编 田成民 杨春霞 吴 捷

中国矿业大学出版社

内 容 提 要

本书分为两篇,上篇主要阐述了化学工程基础内容,包括流体流动、传热、吸收、精馏、干燥、液—液萃取、膜分离技术等内容。下篇从化学工艺基础出发,分别阐述了煤化工、石油化工、精细化工、无机化工、绿色化学工艺等化工领域产品的制备原理、工艺过程和工艺特点。为了便于学生理解和掌握课程内容,书中列举了大量的典型例题和生产实例,每章后都附有习题,便于学生学习。

本书可作为化学工程与工艺及相关专业的化工基础课程教材,也可供从事化工生产、管理、科研和设计的工程技术人员参阅。

图书在版编目(CIP)数据

化学工程与工艺 / 吴鹏,解丽萍主编. —徐州:
中国矿业大学出版社,2013.7
全国煤炭高职高专(成人)"十二五"规划教材
ISBN 978-7-5646-1936-7

Ⅰ. ①化… Ⅱ. ①吴…②解… Ⅲ. ①化学工程—高
等职业教育—教材 Ⅳ. ①TQ02

中国版本图书馆 CIP 数据核字(2013)第159681号

书 名	化学工程与工艺
主 编	吴 鹏 解丽萍
责任编辑	付继娟 耿东锋
出版发行	中国矿业大学出版社有限责任公司
	(江苏省徐州市解放南路 邮编 221008)
营销热线	(0516)83885307 83884995
出版服务	(0516)83885767 83884920
网 址	http://www.cumtp.com E-mail:cumtpvip@cumtp.com
印 刷	江苏徐州新华印刷厂
开 本	787×1092 1/16 印张 22.25 字数 555千字
版次印次	2013年7月第1版 2013年7月第1次印刷
定 价	35.00元

(图书出现印装质量问题,本社负责调换)

全国煤炭高职高专（成人）"十二五"规划教材
建设委员会成员名单

主　任：李增全

副主任：于广云　丁三青　王廷弼

委　员：（按姓氏笔画排序）

王宪军　王继华　王德福　刘建中

刘福民　孙茂林　李维安　张吉春

陈学华　周智仁　赵文武　赵济荣

郝虎在　荆双喜　徐国财　廖新宇

秘书长：王廷弼

秘　书：何　戈

全国煤炭高职高专(成人)"十二五"规划教材

基础类编审委员会成员名单

主　　任：冀伦文

副主任：蔡兴臣

委　　员：(按姓氏笔画排序)

丁红旗　马凤春　王凤志　吕明海

刘春艳　李敬兆　吴　鹏　张天驹

张德东　邰英楼　贾　蓓　董春胜

解丽萍

前　言

化学工程主要研究化学工业中所进行的化学过程和物理过程的共同规律，其内容与研究方向包括了单元操作、化工热力传递过程、分离工程、化学反应工程等学科分支。化工工艺涉及了由原料到化工产品的生产过程原理、工艺和装备等。化学工程与化学工艺二者相辅相成，化学工程为化学工艺等学科提供了解决工程问题的基础，而化学工艺在自身发展的同时，与化学工程交叉、融合，不断地丰富和完善化学工程。

本教材是为了适应高等教育化学工程与工艺专业教学内容和课程体系的需要而编写的。本着删繁就简、实用的原则，分别编写了化学工程篇和化学工艺篇。

化学工程篇中主要介绍了流体流动、流体输送机械、传热过程及典型传热设备、吸收过程及填料塔设备、精馏过程及精馏塔设备、液—液萃取、干燥和膜分离过程等内容；化学工艺篇主要以化工工艺为主线，分别介绍了化工工艺基础、煤化工、石油化工、精细化工、无机化工和绿色化工等内容。

本书主要涵盖了当代以化学工业为主的化学工程基本原理和一些化学工业的生产现状和发展趋势，包括化学工业的主要领域及重要产品的制备原理和生产工艺过程、重要化工原料的加工利用，并努力反映相关领域的新工艺和新技术及其发展趋势。通过学习，可使学生获得基本的化学工程与工艺知识和解决化工实践问题的素质，为其从事化学工程与工艺的生产、建设、管理和设计奠定基础。

本书重点突出、难易合适、切合实际。各高校同类专业的教学活动可以根据需要进行内容的取舍。

本书内容涉及面广，各章均附有重点、难点和教学目标、应用案例、思考题等内容，有利于读者对本书学习内容的掌握与应用。

全书由黑龙江科技大学的吴鹏、解丽萍、田成民、杨春霞、吴捷编写。其中，前言、绪论和下篇的第九、十二、十三章由吴鹏编写，上篇的第一、二、三、四、七章由解丽萍编写，上篇的第五、六章由田成民编写，下篇第八、十一章由杨春霞编写，下篇第十章由吴捷编写。全书由吴鹏统稿。

在本书的编写过程中，得到了周国江、熊楚安等教授的大力支持，黑龙江科技大学化工工艺专业研究生于林杰、罗海滨等做了大量资料收集与整理工作，在此一并表示衷心的感谢!

　　由于编者水平有限,加之时间仓促,书中仍然存在不妥或疏漏之处,恳请广大读者批评指正。

编　者

2013 年 5 月

目　录

下篇　化学工艺篇

绪　论

化学工业、化学工程和化学工艺的总称或其单一部分都可称为"化工"。随着科学和国民经济的发展,化工的范围也在不断扩大,例如生物技术、过程控制及优化、环境问题、生产安全等只要涉及上述化学工业、化学工程和化学工艺的,都可列入化工的范畴,并形成新的名词,例如环境化工、化工自动化、化工过程模拟、化工技术经济、化工安全等。

1. 化学工业及分类

化学工业又称化学加工工业。广义上讲化学工业泛指生产过程中化学方法占主要地位的制造工业,即经过反应过程实现原料向产品转换的生产部门。狭义上讲化学工业是指以煤炭、石油、天然气、矿物、生物等为原料,借助化学反应使原料的组成或结构发生改变,生产农用化学品、有机和无机原料、合成材料、精细与专用化学品等产品的产业部门。

化学工业分类的方法很多,不同国家或不同部门,其分类方法不尽相同。如按生产原料分类,可将其分为石油化学工业、煤化学工业、生物化学工业和农林化学工业等。按化学特性分,可粗略地分成无机化学工业和有机化学工业,无机化学工业又可分为基本无机工业、无机精细化学品等;有机化学工业又包括了石油炼制、石油化学工业、基本有机化学工业、高分子化学工业、有机精细化学品工业等。

目前,世界上大多数国家对化学工业是按产品的性质、用途及其加工过程相似的原则进行分类的,总体上可分为如下 19 个分支:

(1) 碱工业:主要包括烧碱和纯碱工业等。

(2) 硫酸工业:主要生产硫酸、三氧化硫等。

(3) 化学肥料工业:包括合成氨、氮肥、磷肥、钾肥、复合肥料、微量元素肥料等化肥的生产。

(4) 无机盐工业:包括除硫酸、烧碱、纯碱以外的其他无机酸、无机碱等,以及磷酸盐、铬盐、钡盐、硼盐等各种无机盐类的生产。

(5) 石油化学工业:包括石油炼制、烃类的裂解制取三烯(乙烯、丙烯、丁二烯)、三苯(苯、甲苯、二甲苯)等有机化工原料和产品的生产工业。

(6) 煤化学工业:包括煤的干馏、气化、液化及其副产品的加工等。

(7) 有机原料工业:包括有机酸、醇、醛、酮、醚、酯等产品的生产。

(8) 合成树脂和塑料工业:包括聚氯乙烯、聚乙烯、聚苯乙烯等各种高分子聚合物,各种日用和工程塑料制品,离子交换树脂等树脂和塑料的生产。

(9) 橡胶工业:包括天然橡胶和合成橡胶的加工及产品的制造等。

(10) 合成纤维工业:包括聚酯类、聚酰胺类、聚丙烯腈等合成纤维的生产。

(11) 医药化学工业:包括天然药物、合成药物等产品的生产。

(12) 农药工业:包括杀虫剂、杀菌剂、除草剂、植物生产调节剂等产品的生产。

（13）染料工业：包括轻工、纺织、食品等多种用途的染料生产。

（14）涂料及颜料工业：包括颜料、油料、填充料、油漆、建材涂料、特种涂料等产品的生产。

（15）高纯物质和化学试剂工业：包括各种特定用途的高纯物质以及各种级别化学试剂的生产。

（16）信息材料工业：包括半导体材料、磁记录材料、感光材料、成像材料、光导纤维材料等的生产。

（17）国防化学工业：主要包括炸药、化学武器，以及为核工业和航空航天工业配套的化工产品等高能燃料、密封材料、特种涂料、功能复合材料的生产。

（18）专用化学品工业：包括催化剂、添加剂、工业助剂、表面活性剂、水处理剂、黏合剂、香料、皮革化学品、造纸化学品等的生产。

（19）化工新型材料工业：包括功能材料和复合材料等。

以上化学工业无论是哪一个行业的生产和运行，都离不开化学工程和化学工艺知识的支撑。

2. 化学工程

化学工程是研究化学工业中有关化学过程和物理过程的一般原理和共性规律，解决过程及装置的开发、设计、操作、优化的理论和方法的学科。

早期的化学工程内容，实际上仅限于研究物料的物理加工过程，基本上只是数学、物理、化学和机电等基础学科的综合应用。到了20世纪初，引入了以蒸发、流体流动、传热、干燥、蒸馏、吸收、萃取、结晶、过滤等单元操作，于是"单元操作"被看做是传热、传质和动量传递的特殊情况或特定的组合。对"单元操作"的进一步研究，都要用到动量、热量及质量传递的原理，而研究反应器还需要应用化学动力学和热力学的原理，于是，自20世纪中叶以来，化学工程学科进入了以"传递工程"和"反应工程"为中心的所谓"三传一反"阶段。化学工程的出现比化学工业晚得多，它是化学工业发展到一定阶段的产物，并随其发展而发展。现今已形成一大门类工程技术学科体系，即现代化学工程学科体系。

现代化学工程的研究内容与方向包括了化工热力学、传递过程、单元操作、化学反应工程和化工系统工程。化工热力学和传递过程是化学工程的理论基础；单元操作是把化工生产的物理过程分解为若干单元，如流体输送、蒸馏、萃取、换热、干燥等，这些单元操作不仅在化工生产中起着重要作用，也广泛应用于冶金、轻工、食品、核工业等与化工有共同特点的工业领域；化学反应工程着眼于工业规模的热力学和动力学等规律研究，以解决反应器的设计和放大的问题；化工系统工程，则是运用系统工程的理论和方法，来解决化工过程优化问题的边缘学科。

3. 化学工艺

化学工艺也称化工技术或化学生产技术，指将原料经过化学反应转变为产品的方法和过程，以及实现过程的全部措施。化工工艺过程一般可概括为三个主要步骤：① 原料处理。是为了使原料符合进行化学反应所要求的状态和规格而对反应原料采取的前处理措施，如对原料进行净化、提浓、混合、乳化或粉碎等预处理过程。② 化学反应。是指经过预处理的原料，在一定的温度、压力、催化剂等条件下进行反应，并达到所要求的反应转化率和收率，获得目的产物或其混合物的过程。③ 产品精制。是将由化学反应得到的混合物进行分离，除去副产物或杂质,以获得符合规格的产品。以上每一步都需在特定的设备中,在一定的操作条件下完成所要求的化学的和物理的转变。

虽然化学工艺通常是对一定的产品或原料提出的,具有个别生产的特殊性,例如氯乙烯的生产、甲醇的合成、硫酸的生产、煤气化等,但其内容所涉及的方面往往有共性,如原料和生产方法的选择,流程组织,所用设备(反应器、分离器、热交换器等)的作用、结构和操作,催化剂及其他物料的影响,操作条件的确定,生产控制,产品规格及副产品的分离和利用,以及安全技术和技术经济等。现代化学生产的实现,应用了化学和物理学等基础科学理论、化学工程的原理和方法以及其他有关的工程学科的知识和技术,这样就使化学工艺与化学工程等学科息息相关,密不可分。

4. 化学工程学与化工工艺学的关系

把生产化工产品中出现的具有相同或相似的物理、化学变化的各种操作方法加以归类、综合、提炼,将之划分为各种"单元操作"过程,如吸收、蒸发、干燥、精馏等,然后研究单元操作过程中的物理变化和化学变化的规律,并利用这些规律,设计出更加先进、合理、经济的生产流程和设备,这就是化学工程学的任务。

化工工艺学的任务是研究化工生产过程中的产品质量控制、生产工艺条件(温度、压力、催化剂、原料配比、反应时间等)、工艺流程安排和优化等问题。

由此可见,化工工艺学涉及的"硬件"的研究要依赖化学工程的指导,没有化学工程的指导和介入,化工工艺学等于纸上谈兵。当然,化学工程要为化工工艺服务,也离不开产品特有性能、产品质量控制、产品生产步骤等技术和过程环节等条件约束。因此,化工产品生产的工艺流程设计,必须由化工工艺和化学工程相结合才能完成。比如,生产一种药物,其产品要求低水分、无溶剂,因此生产过程中需要"干燥"。根据化学工程的理论,干燥有各种各样的方法,一般而言温度高对干燥效果有利,但产品最高只能耐受 60 ℃,这就要求化学工程的设计中,必须考虑这个工艺条件,在工艺条件的限定范围内,研究设计最可行的"干燥"过程和操作设备。

化工工艺学的工艺操作和控制条件,也不是一成不变的,而是随着化学工程与工艺的结合、设备的改进而改变工艺条件。比如某产品的"干燥"过程,原来的工艺条件是在较高温度下烘干一定时间,随着化学工程学技术的开发,改善传热和干燥效果,设计出一种先进设备,使操作温度可以降低、干燥时间可以缩短,达到节省能量、提高劳动生产率、缩短生产周期的目的,从而使生产工艺更加先进、合理和经济。也就是说,化学工程学可以影响工艺学。

可以这样说:化学工艺学自身发展的同时,表现出了与化学工程的交叉和融合,既能利用化学工程的理论和方法,发展和充实各种化工技术,又能从工艺创新和技术进步方面丰富和完善化学工程。化学工艺学规定了化学工程学的工作和研究范围与条件,工程学为工艺学服务,必须遵循化工工艺限定的条件和要求。反过来,工程学为化学工艺学提供了解决工程问题的基础,使工艺学得到进步。当然,工程学研究的成果,必须经受工艺操作的检验。因此,在某种程度上说,化工工艺学接近于哲学上的"实践",而化学工程学接近于哲学上的"理论"。理论来自于实践并指导实践,实践丰富理论并检验理论,理论要和实践相结合。

所以,我们今天研究化工工艺学,必须密切联系化学工程学,使化工工艺和工程有机地结合起来。

5. 化工的特点

化学工业是属于知识和资金密集型的行业。随着科学技术的发展,它由最初只生产纯碱、硫酸等少数几种无机产品和主要从植物中提取茜素制成染料的有机产品,逐步发展为一个多行业、多品种的生产部门,出现了一大批综合利用资源和大规模的化工企业。这些企业就其生产过程来说,同其他工业企业有许多共性,但就生产工艺技术、对资源的综合利用和生产过程的严格比例、连续性等方面来看,又有化工行业自己的特点。其主要特点简述如下:

① 产品的多样性。产品品种多是化学工业最大的特点之一,与其他行业只涉及几种、几十个品种不同,化学工业所涉及的品种远远超过万种。不同化合物各有特点,有不同的物理和化学性质、不同的制备方法和用途,所以必须进行更多的实验及更多的计算。

② 生产技术多样性、复杂性和综合性。化工产品品种繁多,每一种产品的生产不仅需要一种至几种特定的技术,而且原料来源多种多样,工艺流程也各不相同;就是生产同一种化工产品,也有多种原料来源和多种工艺流程。由于化工生产技术的多样性和复杂性,任何一个大型化工企业的生产过程要能正常进行,就需要有多种技术的综合运用。

③ 具有综合利用原料的特性。化学工业的生产是化学反应,在大量生产一种产品的同时,往往会生产出许多联产产品和副产品,而这些联产产品和副产品大部分又是化学工业的重要原料,可以再加工和深加工。因此,化工部门是最能开辟原料来料、综合利用物质资源新领域的一个部门。

④ 生产过程要求有严格的比例和连续性。一般化工产品的生产,对各种物料都有一定的比例要求。在生产过程中,上下工序之间,各车间、各工段之间,往往需要有严格的比例,否则,不仅会影响产量,造成浪费,甚至可能中断生产。化工生产主要是装置性生产,从原材料到产品加工的各环节,都是通过管道输送,采取自动控制进行调节,形成一个首尾连贯、各环节紧密衔接的生产系统。这样的生产装置,客观上要求生产长周期运转,连续进行。任何一个环节发生故障,都有可能使生产过程中断。

⑤ 化工生产还具有耗能高的特性。第一,煤炭、石油、天然气既是化工生产的燃料动力,又是重要的原料;第二,有些化工产品的生产,需要在高温或低温条件下进行,无论高温还是低温都需要消耗大量能源。

⑥ 化工是知识密集、技术密集和资金密集型的行业。化学工业的复杂性,往往需要多学科的合作,成为知识密集型的生产部门,进而又导致资金密集、技术复杂且更新速度快、投资多、研发费用多、研发人员多。例如,发达国家化学公司的科研和开发人员会占公司人员的一半以上。

化工生产这一系列特点说明,在化工企业管理中,必须重视技术在生产中的作用,提高技术水平;珍惜化工资源,搞好综合利用;注意节约能源;搞好生产的组织工作,保持生产的长期运转,不断提高经济效益。

6. 化学工业的地位和作用

化学工业的发展,对于改进工业生产工艺、发展农业生产、扩大工业原料、巩固国防、发展尖端科学技术、改善生活以及开展综合利用都有很大作用,它是国民经济中的一个重要组成部分。许多经济发达的国家对化学工业都采取优先发展、优先投资和优先增长的战略,将其摆在国民经济发展的前列。化学工业的发达程度已经成为衡量一个国家工业化、现代化水平和文明程度的重要标志之一。

在我国,化工行业经过百年来的发展,已成为拉动经济增长的中坚力量。上到载人航天,下到百姓生活,从食物到衣服、从汽车到房屋、从化肥到建材、从原料到燃料、从潜海到航空、从民生到国防,化学工业与经济社会发展及人类衣食住行息息相关。

在农业领域,我国用仅占世界9%的耕地养活了世界21%的人口,其中化肥的作用功不可没,对我国粮食增产的贡献率超过40%。此外,化工产业提供的大量农用塑料薄膜,加上农药的合理使用以及大量农业机械所需各类燃料,使其成为支援农业的主力军。

在交通领域,代步工具的现代化也给人们出行带来了极大的便利。这些交通工具的制造和行驶,应用了许许多多的石油和化工产品。特别是中国汽车已成为经济重要的支柱产业,少不了化工产业的支撑。

在建筑领域,建材是化工产品的重要应用领域,如塑料管材、门窗、铺地材料、涂料等化学建材应用广泛。

在轻工领域,相关新材料、新工艺、新产品的开发与推广,无不有化工产品的身影,需要精细化工技术为其提供支持。

在日常生活方面,化工产品在服装、医药、食品等领域有广泛应用。以"三烯"、"三苯"为基础原料,下游包括化纤、塑料、橡胶等三大合成材料,以及大量高性能新材料,有些产品的性能已超过天然材料,是老百姓衣、食、住、行、用的重要保障。

化学工业对科学技术的进步也具有不可忽视的推动作用。例如光学材料、超导材料、超强材料等各种功能材料和新型复合材料的问世与应用,使得科学技术快速发展、日新月异。

7. 化学工业的发展趋势

化学工业从形成到现在已经经历了两百多年的历史,现已经发展成为一个品种繁多、门类齐全的重要工业体系。进入21世纪,化学工业的发展面临能源和自然资源的减少、环境的恶化、市场竞争日趋激烈等问题。坚持可持续发展的战略,合理利用和保护自然资源及环境,大力发展精细化工,生产制造满足人们生活与生产需要的绿色化学产品,成为化学工业发展的必然趋势。

① 积极利用和开发高新技术,加快产品的更新换代和化学工艺的技术进步。

② 努力实施绿色化学工艺,最大限度地利用原料资源,减少副产物和废弃物的生成,最大限度地减少废物的排放,力争实现零排放。

③ 彻底淘汰污染环境、破坏生态平衡的产品,充分利用废弃物,开发生产对环境友好的绿色化学产品。

④ 不断提高化学工业的信息化程度,实现化工过程的智能化,推动化学工艺向安全、高效和节能的方向发展。

科学技术的进步和高新产业(如信息技术、生物技术、航天技术、新材料、新能源以及海洋工程等)的兴起,为化学工业的发展带来了机遇和挑战。化学工业的发展将在以下几方面实现突破。

① 生物技术将对化学工业产生巨大的影响。生物技术可以利用淀粉、纤维素等再生资源,具有特异的选择性、反应条件温和、低能耗、低污染、无公害、生产效率高等优点。化学

工程与生物技术的结合,必将使化学工业实现战略性的转移。

② 信息技术将使化学工业从科研开发、工业设计、生产过程控制到管理等各方面发生深刻的变化,加速化学工业的现代化。化工生产与管理的信息化和智能化的程度已成为化学工业现代化进程的重要标志。

③ 材料是现代工业的物质基础。高新技术产业的快速发展需要各种新材料,大力开发生产各种新材料,成为化学工业的战略任务。

④ 能源是人类从事物质生产的原动力,开发和利用新能源,如煤的气化、合成油以及高能燃料与高能电池的开发等,既是化学工业发展的需要,也是科技进步与社会发展的需要。

上篇　化学工程篇

第一章　流体流动

```
【本章重点】流体流动过程的基本原理及流体在管内的流动规律,流体静力学基本方程、连续性方程、
伯努利方程的内容及应用。
【本章难点】伯努利方程的应用及注意事项,管路中流体流动的阻力产生的原因。
【学习目标】了解流体流动的基本规律,要求熟练掌握流体静力学基本方程、连续性方程、伯努利方程
的内容及应用,了解流体输送机械的类型,离心泵的工作原理。
```

第一节　概　　述

流体是指具有流动性的物质,常见的流体是气体和液体。在化工生产中常见的物料是液体,因为反应物料在流动状态下易于混合和输送。用于同反应物进行传热、传质的介质等同样也是流体。因此,流体流动是化学工程的基础内容。

化工生产中常见的流体流动形式有管流、射流、绕流和自由流动等。管流是指流体在闭合的固体边界通道中流动,并且流体充满整个通道,如流体在管道、设备通道内流动。射流指一股流体以一定的速度射入另一股流体中时发生的流动,如在水喷射式真空泵、气升泵中的流动。绕流是指流体绕过物体的流动,物体被流动的流体所包围,如流体掠过换热器的管束,固体颗粒和液滴在气流中沉降等。自由流动是指液体在流动方向上存在一个自由表面,在表面上方的压强基本保持不变,如液膜沿表面的下落、水在明渠中流动等。

流体的压缩性是流体的基本属性,任何流体都是可以压缩的,只是可压缩的程度不同而已。通常,为简化工程计算,把液体视为不可压缩流体,即忽略在一般工程中没有多大影响的微小体积变化,而把它的密度视为常数。气体比液体有较大的压缩性,故称为可压缩流体。特别是在流速较高,压力变化较大的场合,其体积的变化较大,必须视其密度为变数,但一般在常温条件下,气体通常也可以当不可压缩流体处理。

第二节　流体静力学

一、流体的基本性质

（一）密度

单位体积流体的质量,称为流体的密度,表达式为

$$\rho = \frac{m}{V}$$

(1-1)

式中　ρ——流体的密度，kg/m³；

　　　m——流体的质量，kg；

　　　V——流体的体积，m³。

1. 液体密度

通常液体可视为不可压缩流体，认为其密度仅随温度稍有变化（极高压力除外），故从相关手册或本书附录中查阅液体密度时应注意对应的温度。

化工生产中遇到的流体，大多为几种组分构成的混合物，而通常手册中查得的是纯组分的密度，混合物的平均密度 ρ_m 可以通过纯组分的密度进行计算。

对于液体混合物，其组成通常用质量分数表示。假设各组分在混合前后体积不变，则有

$$\frac{1}{\rho_m} = \frac{a_1}{\rho_1} + \frac{a_2}{\rho_2} + \cdots + \frac{a_n}{\rho_n} \tag{1-2}$$

式中　$a_1, a_2, \cdots, a_n$——液体混合物中各组分的质量分数；

　　　$\rho_1, \rho_2, \cdots, \rho_n$——液体混合物中各组分的密度，kg/m³。

【例 1-1】 已知乙醇—水溶液中乙醇为 80%，水为 20%（均为质量分数）。求此乙醇—水溶液在 293 K 时密度的近似值。（已知乙醇密度为 789 kg/m³，水的密度为 998 kg/m³）

解　根据式(1-2)有

$$\frac{1}{\rho} = \frac{\alpha_1}{\rho_1} + \frac{\alpha_2}{\rho_2} = \frac{0.8}{789} + \frac{0.2}{998} = 0.001\,214$$

$$\rho = \frac{1}{0.001\,214} = 823.7 \text{ kg/m}^3$$

2. 气体密度

对于气体，当压力不太高、温度不太低时，可近似地按理想气体状态方程计算

$$\rho = \frac{pM}{RT} \tag{1-3}$$

式中　p——气体的绝对压力，Pa；

　　　M——气体的摩尔质量，kg/mol；

　　　T——气体的热力学温度，K；

　　　R——气体常数，等于 8.314 J/(mol·K)。

一般在手册中查得的气体密度都是在一定压力与温度下的，若条件不同，则密度需进行换算。

对于气体混合物，其组成通常用体积分数表示。各组分在混合前后质量不变，则有

$$\rho_m = \rho_1\varphi_1 + \rho_1\varphi_2 + \cdots + \rho_n\varphi_n \tag{1-4}$$

气体混合物的平均密度 ρ_m 也可利用式(1-3)计算，但式中的摩尔质量 M 应用混合气体的平均摩尔质量 M_m 代替，即

$$\rho_m = \frac{pM_m}{RT} \tag{1-5}$$

而

$$M_m = M_1 y_1 + M_2 y_2 + \cdots + M_n y_n \tag{1-6}$$

式中　$M_1, M_2, \cdots, M_n$——混合气体中各组分的摩尔质量，kg/mol；

$y_1, y_2, \cdots, y_n$ ——气体混合物中各组分的摩尔分数。

对于理想气体,其摩尔分数 y 与体积分数 φ 相同。

【例 1-2】 已知干空气的组成为:O_2 21%、N_2 78% 和 Ar1%(均为体积分数),试求干空气在压力为 9.81×10^4 Pa 及温度为 100 ℃时的密度。

解 首先将摄氏度换算成开尔文

$$100 \ ℃ = 273 + 100 = 373 \ K$$

再求干空气的平均摩尔质量

$$M_m = 32 \times 0.21 + 28 \times 0.78 + 39.9 \times 0.01 = 28.96 \ kg/m^3$$

根据式(1-5)气体的平均密度为

$$\rho_m = \frac{9.81 \times 10 \times 28.96}{8.314 \times 373} = 0.916 \ kg/m^3$$

(二)比容

单位质量流体的体积,称为流体的比容或比体积,用符号 v 表示,单位为 m^3/kg,则

$$v = \frac{V}{m} = \frac{1}{\rho} \tag{1-7}$$

亦即流体的比容是密度的倒数。

(三)压力

流体垂直作用于单位面积上的力,称为流体的压强,简称压强。习惯上称为压力。作用于整个面上的力称为总压力。在静止流体中,从各方向作用于某一点的压力大小均相等。

在法定单位制中,压力的单位是 N/m^2,称为帕斯卡,以 Pa 表示。但长期以来采用的单位为 atm(标准大气压)、mmHg(毫米汞柱)、mH_2O(米水柱)、bar(巴)或 kgf/cm^2(工程大气压)等。它们之间的换算关系为:

1 标准大气压(atm)=101 300 Pa=10 330 kgf/m^2=1.033 kgf/cm^2=10.33 mH_2O=760 mmHg

1 工程大气压(at)= 735.6 mmHg = 10 mH_2O= 1 kgf/cm^2 = 0.980 7 bar

压力值的表达方式有不同的计量基准,如以零压力(绝对真空)为基准的绝对压力,还有相对于当地大气压力的相对值。一般测定压力的压力表所显示的压力读数并非所测定压力的实际值,而是压力实际值(称为绝对压力,简称绝压)与当地大气压的差值,称为表压,即

$$表压 = 绝压 - 大气压$$

当绝压比大气压小时,表压为负值,称为负压,负压的绝对值称为真空度,即

$$真空度 = 大气压 - 绝压$$

真空度越大,即绝压小于大气压的程度越大。换句话说,真空度越大,越接近于真空状态。

表压、绝压、大气压、真空度之间的关系如图 1-1 所示。

为避免混淆,当压力数值用表压或真空度表示时,应分别注明。如 200 kPa(表压)、400 mmHg(真空)。若不加注明,则视为绝对压力。

【例 1-3】 某台离心泵进、出口压力表读数分别为 220 mmHg(真空度)及 1.7 kgf/cm^2

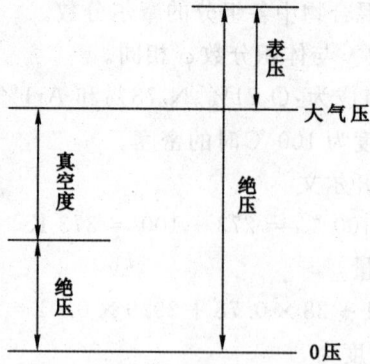

图 1-1　压力关系示图

（表压）。若当地大气压力为 760 mmHg，试求它们的绝对压力（以法定单位表示）。

解　泵进口绝对压力

$$P_1 = 760 - 220 = 540 \text{ mmHg} \times 101\,300 \text{ Pa}/760 \text{ mmHg} = 7.2 \times 10^4 \text{ Pa}$$

泵出口绝对压力

$$P_2 = 1.7 + 1.033 = 2.733 \text{ kgf/cm}^2 = 2.733 \times 101\,300 \text{ Pa}/1.033 = 2.68 \times 10^5 \text{ Pa}$$

二、流体静力学基本方程

（一）流体静力学基本方程

如图 1-2 所示，容器内装有密度为 ρ 的液体，液体可认为是不可压缩流体，其密度不随压力变化。在静止液体中取一段液柱，其截面积为 A，以容器底面为基准水平面，液柱的上、下端面与基准水平面的垂直距离分别为 z_1 和 z_2。作用在上、下两端面的压力分别为 p_1 和 p_2。

重力场中在垂直方向上对液柱进行受力分析如下：

(1) 上端面所受总压力 $P_1 = p_1 A$，方向向下；

(2) 下端面所受总压力 $P_2 = p_2 A$，方向向上；

(3) 液柱的重力 $G = \rho g A (z_1 - z_2)$，方向向下。

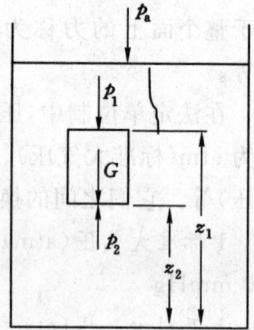

图 1-2　液柱受力分析图

液柱处于静止时，上述三项力的合力应为零，即

$$p_2 A - p_1 A - \rho g A (z_1 - z_2) = 0$$

整理并消去 A，得

$$p_2 = p_1 + \rho g (z_1 - z_2) \qquad (1-8)$$

变形得

$$\frac{p_1}{\rho} + z_1 g = \frac{p_2}{\rho} + z_2 g \qquad (1-8a)$$

若将液柱的上端面取在容器内的液面上，设液面上方的压力为 p_a，液柱高度为 h，则式 (1-8) 可改写为

$$p_2 = p_a + \rho g h \qquad (1-8b)$$

式 (1-8)、式 (1-8a) 及式 (1-8b) 均称为静力学基本方程。

由此可知：

① 当液面上方的压力一定时,在静止液体内任一点压力的大小,与液体本身的密度和该点距液面的深度有关。因此,在静止的、连续的同一液体内,处于同一水平面上的各点压力相等。此压力相等的水平面,称为等压面。

② 当液面的上方压力 p_a 有变化时,液体内部各点的压力也将发生同样大小的变化。

③ 静力学方程式可改写为 $\dfrac{p_2 - p_a}{\rho g} = h$,可知,压力或压力差的大小可用液柱高度来表示。

虽然静力学基本方程式是用液体进行推导的,流体的密度可视为常数,而气体密度则随压力而改变,但考虑到气体密度随容器高低变化甚微,一般也可视为常数,故静力学基本方程式也适用于气体。

(二) 流体静力学基本方程的应用

利用静力学基本原理可以测量流体的压力、容器中液位及计算液封高度等。

1 压力的测量

(1) U 形压差计

U 形压差计的结构如图 1-3 所示。它是一根 U 形玻璃管,内装指示液。要求指示液与被测流体不互溶,不起化学反应,且其密度大于被测流体密度。常用的指示液有水银、四氯化碳、水和液体石蜡等,应根据被测流体的种类和测量范围合理选择指示液。

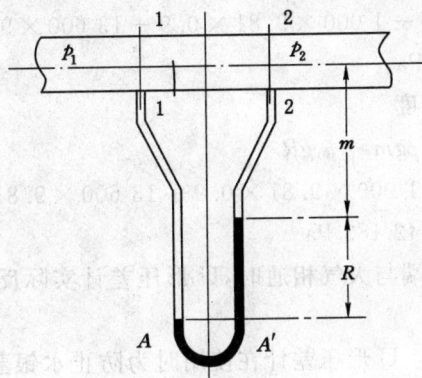

图 1-3　U 形压差计

当用 U 形压差计测量设备内两点的压差时,可将 U 形管两端与被测两点直接相连,利用 R 的数值就可以计算出两点间的压力差。

设指示液的密度为 ρ_0,被测流体的密度为 ρ。由图 1-3 可知,A 和 A' 点在同一水平面上,且处于连通的同种静止流体内,因此,A 和 A' 点的压力相等,即 $p_A = p_{A'}$,而

$$p_A = p_1 + \rho g (m + R)$$
$$p_{A'} = p_2 + \rho g m + \rho_0 g R$$

所以

$$p_1 + \rho_0 g (m + R) = p_2 + \rho g m + \rho_0 g R$$

整理得

$$p_1 - p_2 = (\rho_0 - \rho) g R \tag{1-9}$$

若被测流体是气体,由于气体的密度远小于指示剂的密度,即 $\rho_0 - \rho \approx \rho_0$,则式(1-9)可简化为

$$p_1 - p_2 \approx Rg\rho_0 \tag{1-9a}$$

U 形压差计也可测量流体的压力,测量时将 U 形管一端与被测点连接,另一端与大气相通,此时测得的是流体的表压或真空度。

【例 1-4】 如图 1-4 所示,水在水平管道内流动。为测量流体在某截面处的压力,直接在该处连接一 U 形压差计,指示液为水银,读数 $R = 250$ mm,$m = 900$ mm。已知当地大气压为 101.3 kPa,水的密度 $\rho = 1\,000$ kg/m³,水银的密度 $\rho_0 = 13\,600$ kg/m³。试计算该截面处的压力。

解 图中 A—A' 面间为静止、连续的同种流体,且处于同一水平面,因此为等压面,即 $p_A = p_{A'}$,而

$$p_{A'} = p_a, \quad p_A = p + \rho gm + \rho_0 gR$$

于是

$$p_a = p + \rho gm + \rho_0 gR$$

则截面处绝对压力

$$\begin{aligned}
p &= p_a - \rho gm - \rho_0 gR \\
&= 101\,300 - 1\,000 \times 9.81 \times 0.9 - 13\,600 \times 9.81 \times 0.25 \\
&= 59\,117 \text{ Pa}
\end{aligned}$$

图 1-4　例 1-4 图

或直接计算该处的真空度

$$\begin{aligned}
p_a - p &= \rho gm + \rho_0 gR \\
&= 1\,000 \times 9.81 \times 0.9 + 13\,600 \times 9.81 \times 0.25 \\
&= 42\,183 \text{ Pa}
\end{aligned}$$

由此可见,当 U 形管一端与大气相通时,U 形压差计实际反映的就是该处的表压或真空度。

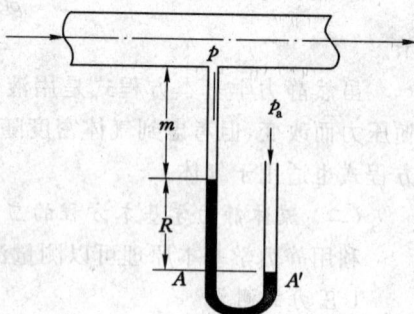

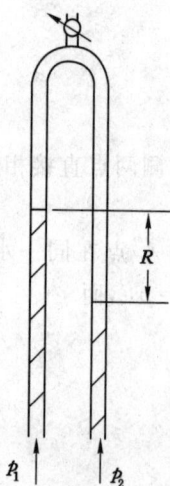

图 1-5　倒 U 形压差计

U 形压差计在使用时为防止水银蒸气向空气中扩散,通常在与大气相通的一侧水银液面上充入少量水,计算时其高度可忽略不计。

(2)倒 U 形压差计

若被测流体为液体,可采用图 1-5 所示的倒 U 形压差计。测量时,将所测液体作为指示剂,在压差计的液面上方还可以加一定大小压力的空气,使两侧压管的液面都位于压差计的刻度范围内。由于两侧压管受到的初始压力相同,且空气密度比被测液体密度小得多,故压力差 $p_1 - p_2$ 可根据液柱高度差进行计算,即

$$p_1 - p_2 = Rg\rho \tag{1-9b}$$

2. 液位测量

化工生产中,需要经常了解容器内液体的贮量或控制设备内液体的液面,因此要进行液位的测量。而大多数液位计的作用原理是遵循静止液体内压力变化规律的。

最原始的液位计是在容器底及液面上方器壁处各开一个小孔,用一根玻璃管将两孔连通,根据流体静力学基本方程式,玻璃管内所示的液面高度即为容器内的液位高度。

3. 确定液封高度

在化工生产中,为了控制设备内气体压力不超过规定的数值,常常装有如图 1-6 所示的安全液封(或称为水封)装置。其作用是当设备内压力超过规定值时,气体就从液封管排出,以确保设备操作的安全。若设备要求压力不超过 p(表压),按静力学基本方程式,液封高度 h 应符合如下条件:

$$p = \rho_{液} gh$$

$$h = \frac{p}{\rho_{液} g} \tag{1-10}$$

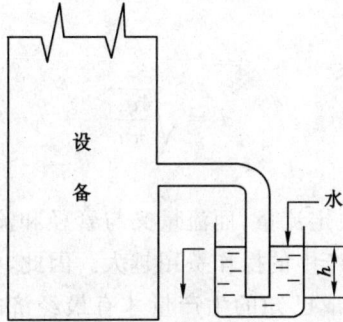

图 1-6 安全水

实际生产中,为了安全起见,液封高度要比计算值 h 略小。

第三节 流体流动的基本方程式

化工生产中流体大多是沿密闭的管道流动,因此研究管内流体流动的规律是十分必要的。反映管内流体流动规律的基本方程是连续性方程式和伯努利方程式,本节主要围绕这两个方程式进行讨论。

一、流体的流量和流速

(一)流量

(1)体积流量

单位时间内流体流经管道任一截面的体积,称为体积流量,以 q_V 表示,其单位为 m³/s。

(2)质量流量

单位时间内流体流经管道任一截面的质量,称为质量流量,以 q_m 表示,其单位为 kg/s。

体积流量与质量流量之间的关系为

$$q_m = \rho q_V \tag{1-11}$$

(二)流速

(1)平均流速

指单位时间内流体在流动方向上所流经的距离,以 u 表示,单位为 m/s。

流量与流速关系为

$$u = \frac{q_\mathrm{V}}{A} \tag{1-12}$$

式中 A——管道的截面积，m^2。

质量流量 q_m 与 u 的关系为

$$q_\mathrm{m} = \rho q_\mathrm{V} = \rho u A \tag{1-13}$$

（2）质量流速

质量流量与管道截面积之比称为质量流速，以 ω 表示，单位为 $\mathrm{kg/(m^2 \cdot s)}$。它与流速及流量的关系为

$$\omega = \frac{q_\mathrm{m}}{A} = u\rho \tag{1-14}$$

（3）管径的估算

若圆管内径以 d 表示，则

$$d = \sqrt{\frac{4q_\mathrm{V}}{\pi u}} \tag{1-15}$$

（4）流速的选择

在化工生产中，生产强度决定流量，而流量又与管径和流速密切相关。管径越大，管路的基建费用越大；流速越大，生产中的操作费用越大。因此，要根据不同性质的流体采用适宜的流速、设计合理的管路，完成已知的生产量才有最经济的成本。流体在一般管路中最适宜的流速范围见表 1-1。

表 1-1　　　　　　　　　　流体在管路中的常用流速范围

流体种类及状况	流速范围/$\mathrm{m \cdot s^{-1}}$	流体种类及状况	流速范围/$\mathrm{m \cdot s^{-1}}$
水及较低黏度液体	0.5～3	压力较高的气体	15～25
黏度较大液体	0.5～1	常压饱和水蒸气	15～25
低压气体	8～15	0.5 MPa（表压）饱和水蒸气	20～40
易燃易爆的低压气体	<8	过热水蒸气	30～50

二、稳定流动与非稳定流动

流体流动系统中，任一空间位置上流体的流速、压力、密度等物理参数均不随时间而改变的流动称稳定流动，也称定态流动。

若在流动中，任一点上的流体的物理参数部分或全部随时间而改变，这种流动称非稳定流动或非定态流动。

如果有一恒位水槽，水从下侧小孔流出，这种流动属于稳定流动；若液面随流动而逐渐降低，流速逐渐减小，这种流动属于非稳定流动。

在连续操作的化工生产中，流体的流动大多为稳定流动。本章所讨论的均为稳定流动问题。

三、流体稳定流动时的物料衡算——连续性方程式

流体流动要遵守质量和能量守恒原理，而连续性方程则是质量守恒原理的体现。如图 1-7 所示。

在截面 1—1 和 2—2 之间做质量衡算。流体从截面 1—1 流入,质量流量为 q_{m1},从截面 2—2 流出,质量流量为 q_{m2}。稳定流动系统中无流体漏损,则

$$q_{m1} = q_{m2} \tag{1-16}$$

根据式(1-13),则

$$\rho_1 A_1 u_1 = \rho_2 A_2 u_2 \tag{1-17}$$

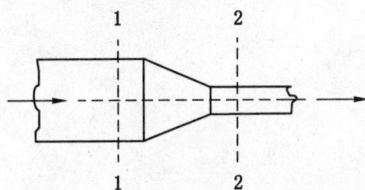

图 1-7 连续性方程式的推导

如果把衡算范围推广到任意截面,即

$$q_m = \rho_1 A_1 u_1 = \rho_2 A_2 u_2 = \rho A u = 常数 \tag{1-18}$$

式(1-18)称为连续性方程式。它表明在稳定流动系统中,流体流经各截面的质量流量 q_m 不变,流速随截面积和密度而变化。若流体不可压缩,即 ρ 为常数,则式(1-18)可简化为

$$q_V = A_1 u_1 = A_2 u_2 = A u = 常数 \tag{1-19}$$

由此可见,在稳定流动系统中,流体流经各截面的体积流量 q_V 不变。同时,流体流速与管道截面积成反比。

对于圆管导管,则

$$\frac{u_1}{u_2} = \left(\frac{d_2}{d_1}\right)^2 \tag{1-20}$$

【例 1-5】 一输水管路的管内径为 62 mm,新购置的水泵吸入管外径为 88.5 mm、壁厚 4 mm,压出管外径为 75.5 mm、壁厚 3.75 mm,水泵在最佳工况点工作时吸入管的流速为 1.4 m/s。试求压出管和管路中水的流速。

解
$$d_1 = 88.5 - 2 \times 4 = 80.5 \text{ mm}$$
$$d_2 = 75.5 - 2 \times 3.75 = 68 \text{ mm}$$

由式(1-20),压出管中水的流速为

$$u_2 = \left(\frac{d_1}{d_2}\right)^2 u_1 = \left(\frac{80.5}{68}\right)^2 \times 1.4 = 1.96 \text{ m/s}$$

管路中水的流速为

$$u_3 = \left(\frac{d_1}{d_3}\right)^2 u_1 = \left(\frac{80.5}{62}\right)^2 \times 1.4 = 2.36 \text{ m/s}$$

四、流体稳定流动时的能量衡算

流体稳定流动时机械能转换和变化的规律可以用伯努利方程式说明。

(一)伯努利方程式

在图 1-8 所示的系统中,在截面 1—1′ 至截面 2—2′ 之间进行能量衡算,基准水平面 O—O' 为地面。根据能量守恒定律,对 1 kg 流体,有

$$\frac{p_1}{\rho} + \frac{u_1^2}{2} + Z_1 g + W = \frac{p_2}{\rho} + \frac{u_2^2}{2} + Z_2 g + E \tag{1-21}$$

对于 1 N 流体,有

$$\frac{p_1}{\rho g} + \frac{u_1^2}{2g} + Z_1 + H = \frac{p_2}{\rho g} + \frac{u_2^2}{2g} + Z_2 + h \tag{1-22}$$

式中 Z——单位重量(1 N)流体具有的位能,称为位压头,m;

$\dfrac{p}{\rho}$——单位质量(1 kg)流体具有的静压能,J/kg;

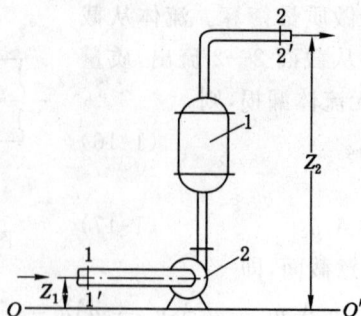

图 1-8　伯努利方程式示意图
1——换热器；2——泵

$\dfrac{p}{\rho g}$——单位重量（1 N）流体具有的静压能，称为静压头，m；

$\dfrac{u^2}{2}$——单位质量（1 kg）流体具有的动能，J/kg；

$\dfrac{u^2}{2g}$——单位重量（1 N）流体具有的动能，称为动压头，m；

W——单位质量（1 kg）流体从输送机械上获得的机械能，称为外加功，J/kg；

H——单位重量（1 N）流体从输送机械上获得的机械能，称为外压头，m；

E——单位质量（1 kg）流体损失的能量，J/kg；

h——单位重量（1 N）流体损失的能量，称为损失压头，m。

式（1-21）和式（1-22）都称为伯努利方程式。从式（1-21）和式（1-22）可以看出

$$W = Hg, \quad E = hg$$

（二）伯努利方程式的讨论

① 式（1-21）、式（1-22）表明流体流动时管路中各截面上总机械能为常数，每一种机械能不一定相等，但各种能量形式可以互相转化。

② 若流体是静止的，即 $u_1 = u_2 = 0$，此时无能量损失（$E=0$），也不需要外加功（$W=0$），则式（1-21）、式（1-22）转化为静力学方程式。伯努利方程式不仅说明流体流动的规律，还说明了静止流体的规律。流体静止是流动的特殊形式。

③ 流体自然流动时，$W=0$，$E\neq0$，则上游截面处的总机械能必大于下游截面处的总机械能，说明流体只能从高压头处自动流向低压头处。相反，要使流体从低压头处向高压头处流动，必须加入外加能量，或设法提高上游处的某种机械能，使上游处的总机械能大于下游截面处的总机械能。

④ 式（1-21）、式（1-22）只适用于液体。对于气体，如果密度变化不大，即 $\dfrac{p_1-p_2}{p_1}<20\%$ 时，可以近似使用式（1-21）、式（1-22）计算，式中密度 ρ 应取两截面上的算术平均值。这种处理方法引起的误差在一般工程计算中是允许的。

⑤ 依伯努利方程式可以算得外加功 W（或 H）。W（或 H）是决定流体输送设备所消耗功率的依据。流体输送设备的有效功率为：

$$N_e = q_m W = q_v H \rho g \tag{1-23}$$

（三）伯努利方程式的应用

伯努利方程是流体流动的基本方程式，在化工生产中应用很广。就化工生产过程来说，该方程式除用来分析和解决流体输送有关的问题外，还用于液体流动过程中流量的测定，以及调节阀流通能力的计算等。

【例 1-6】　如图 1-9 所示，贮水槽液面距水管出口的垂直距离为 6.5 m，且液面维持不变，输水管为 ϕ114 mm×4 mm 的钢管。若流经全部管路的能量损失为 59 J/kg，试求管中水的流量。（水的密度 $\rho = 1\,000$ kg/m³）

解　在两截面间列伯努利方程

$$gz_1 + \frac{p_1}{\rho} + \frac{u_1}{2} + W = gz_2 + \frac{p_2}{\rho} + \frac{u_2^2}{2} + E$$

因系统中无外功引入，故 $W=0$。

将 $z_1 = 6.5$ m，$z_2 = 0$（基准面），$u_1 = 0$，$p_1 = p_2 = 0$（按表压计），$E = 59$ J·kg⁻¹ 代入伯努利方程，得

$$gz_1 = \frac{u_2^2}{2} + E$$

$$u_2 = 3.09 \text{ m} \cdot \text{s}^{-1}, d_{内} = 0.114 \text{ m} - 2 \times 0.004 \text{ m} = 0.106 \text{ m}$$

$$q_v = \frac{\pi}{4} d^2 u = \frac{\pi}{4} (0.106 \text{ m})^2 \times 3.09 \text{ m} \cdot \text{s}^{-1} = 0.027\,3 \text{ m}^3 \cdot \text{s}^{-1} = 98.28 \text{ m}^3 \cdot \text{h}^{-1}$$

【例 1-7】　如图 1-10 所示，在直径 $d = 40$ mm 的管路中接一文丘里管，已知文丘里管的压力表读数为 1.38×10^5 Pa（忽略压力表轴心与管路中心的垂直距离），管内水的流量为 1.4×10^{-3} m³/s。管路下方有一贮水池，贮水池水面与管中心的垂直距离为 3 m，文丘里管喉部直径为 10 mm。若在文丘里管喉部接一细管，细管另一端插入水池中，忽略此管的阻力损失，则池水能否被吸入管路中？

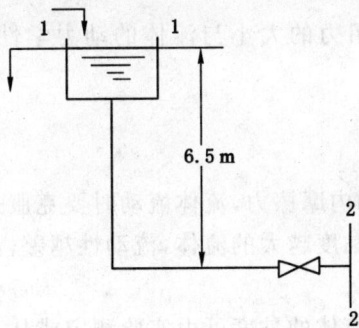

图 1-9　例 1-6 图

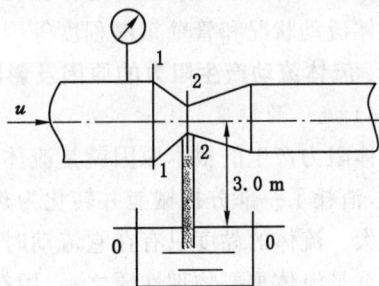

图 1-10　例 1-7 图

解　假设垂直细管中水为静止状态，在图中 1—1 与 2—2 截面间列伯努利方程，以水平管的中心线为基准面。

$$z_1 + \frac{u_1^2}{2g} + \frac{p_1}{\rho g} = z_2 + \frac{u_2^2}{2g} + \frac{p_2}{\rho g}$$

$$z_1 = z_2 = 0, p_1 = 1.38 \times 10^5 \text{ Pa}$$

$$u_1 = \frac{q_V}{\frac{\pi}{4}(d_1)} = \frac{1.4 \times 10^{-3} \text{ m}^3 \cdot \text{s}^{-1}}{\frac{\pi}{4}(0.04 \text{ m})^2} = 1.11 \text{ m/s}$$

$$u_2 = u_1 \left(\frac{d_1}{d_2}\right)^2 = 1.11 \left(\frac{0.04 \text{ m}}{0.01 \text{ m}}\right)^2 = 17.8 \text{ m/s}$$

$$\frac{p_2}{\rho g} = \frac{u_1^2 - u_2^2}{2g} + \frac{p_1}{\rho g}$$

$$= \frac{(1.11 \text{ m} \cdot \text{s}^{-1})^2 - (17.8 \text{ m} \cdot \text{s}^{-1})^2}{2 \times 9.81 \text{ m} \cdot \text{s}^{-2}} + \frac{1.38 \times 10^5 \text{ Pa}}{1\,000 \text{ kg} \cdot \text{m}^{-3} \times 9.81 \text{ m} \cdot \text{s}^{-2}} = -2.02 \text{ m}$$

计算结果表明：文丘里管喉部总能量 E_2 小于水池液面处总能量 E_0，因此，贮水池中的水应当被吸进细管之中，但因 2—2 截面处表压强为水柱，说明该处真空度为 2.02 mH$_2$O，而 2—2 与 0—0 截面间垂直距离却为 3 m，所以，水池中的水又不能进入水平管路之中。

应用伯努利方程式解题时，需要注意下列事项：

① 绘图：为使计算过程清晰并利于解题，通常在计算之前根据题意画出示意图，并标出流动方向和主要数据。

② 截面的选取：截面是划定能量衡算的范围，截面选取正确，可给计算带来方便；否则，可能使计算变得复杂甚至错误。截面与流体流动的方向要垂直，且拥有已知条件最多。

③ 基准面的确定：基准面是用以衡量系统位置的。基准面要水平，要便于计算所选取的截面与基准面的垂直距离。当截面与基准面不平行时，应取截面中心的截点到基准面的垂直距离。

④ 所用单位要一致：方程中各项的单位须一致；方程两边的压力同时使用绝压或表压均可，但要统一，用表压时要注明。

第四节　管路中流体流动阻力

流体流动时会遇到阻力，简称流体阻力。流体阻力的大小与流体的动力学性质（黏度）、流体流动状况和管壁粗糙程度等因素有关。

一、流体流动产生阻力的原因及影响因素

（一）流体的黏度

流体阻力产生的根本原因就是流体黏性所产生的内摩擦力，流体流动时要克服这种内摩擦力，消耗了一部分机械能并转化为热能而损失。黏度越大的流体，流动性越差，流体阻力就越大。流体的黏度只有在它流动时才会显示出来。

黏度是流体重要物理性质之一，用符号 μ 表示。流体的黏度可由实验测定或从有关手册中查到。黏度的 SI 制单位为 Pa·s。Pa·s 的单位较大，所以也常用 mPa·s。实际应用中还会遇到厘泊（cP）的单位。其换算关系如下：

$$1 \text{ Pa} \cdot \text{s} = 1\,000 \text{ mPa} \cdot \text{s} = 1\,000 \text{ cP}$$

流体的黏度受温度影响较大，液体的黏度随温度升高而降低，液体黏度越大，受温度变化的影响越明显。气体则相反，其黏度随温度升高而升高。

压力变化时，液体黏度基本不变。气体黏度随压力增加也增加得很小，一般可忽略，只有在高压下才考虑压力对气体黏度的影响。

(二) 流体流动形态

当流体流动呈紊乱状态时,流体质点流速的大小和方向激烈变化,质点之间相互激烈地交换位置,结果消耗了能量,使流体阻力增加。因此,流体的流动形态是产生流体阻力的第二位的原因。

流体的流动形态有两种,即层流(又称滞流)和湍流(又称紊流)。

① 层流:如图 1-11(a)所示。当流体在管内流动时,流体质点平行于管轴的方向做直线运动。质点间不造成轴向和径向上的混合。层流又称为滞流。

② 湍流:如图 1-11(b)所示。此时液体的流动状态已发生了显著变化,流体各质点不再保持平行而有规则的流动,彼此互相碰撞混杂,做不规则的流动。流体总的流向虽然不变,但各质点流速的大小和方向都随时发生变化,存在着明显的涡流和扰动。这种流动形态称为湍流。

大量的实践证明,影响流动形态的因素,除流速 u 外,还有管径 d、流体密度 ρ 和黏度 μ 等。雷诺把影响流动形态的主要因素组成一个量纲为 1 的数群的形式,称为雷诺数,以 Re 表示。

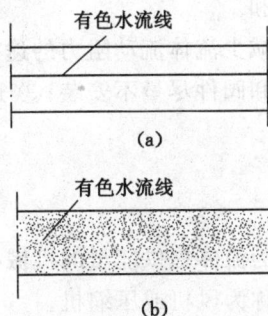

图 1-11　流体流动形态

$$Re = \frac{du\rho}{\mu} \tag{1-24}$$

式中　d——圆管内径,m;

　　　u——流体流速,m/s;

　　　ρ——流体密度,kg/m³;

　　　μ——流体黏度,Pa·s。

流体流动形态可用雷诺数判断,流体在直管内流动时:

① 当 $Re \leqslant 2\,000$ 时,流动形态为层流。

② 当 $Re \geqslant 4\,000$ 时,流动形态为湍流。

③ 当 $2\,000 < Re < 4\,000$ 时,流体为过渡状态,流体流动形态可能是层流,也可能是湍流,需要视外界情况而定,如流体流动方向改变、管径突然扩大或缩小、外界轻微的振动等都易促使湍流的发生。需要特别注意的是,过渡状态不是一种流动形态。

(三) 层流边界层

流体在管内流动时,在壁面附近有一层做层流流动的流体薄层,称为层流边界层。无论流体的主体处于何种流动类型,层流边界层总是存在的。层流边界层厚度与流体的流动类型有关,流体湍动程度越剧烈,层流边界层的厚度就越薄,反之,就越厚。

层流边界层的厚度虽然很薄,但层流边界层的厚度对传热或传质速率的影响很大。在流体中进行热量和质量传递时,如果传递方向与流向相垂直,通过层流边界层的阻力比在湍流流体主体部分的阻力大得多。

(四) 其他影响因素

管壁粗糙程度、管子的长度和直径及管路上的管件等因素均对阻力的大小有影响。

二、流体在管中的流动阻力

流体在管内从第一截面流到第二截面时,由于流体层之间的分子动量传递而产生内摩擦阻力,或由于流体之间的湍流动量传递而引起摩擦阻力,使一部分机械能转化为热能,我们把这部分机械能称为能量损失。管路一般由直管段和管件、阀门等组成。因此,流体在管路中的流动阻力,可分为直管阻力和局部阻力两类。直管阻力是流体流经一定直径的直管时,所产生的阻力。局部阻力是流体流经管件、阀门及进出口时,由于受到局部障碍所产生的阻力。所以,流体流经管路的总能量损失,应为直管阻力与局部阻力所引起能量损失之总和。

减少流体流动阻力的途径如下:① 尽量走直线,少拐弯,管路尽量短;② 没必要安装的管件和阀件尽量不安装;③ 适当放大管径;④ 在粗糙管路内衬材料,制成光滑管路。

第五节 流体输送机械

为流体提供能量的机械称为流体输送机械。输送液体的机械通称为泵,输送气体的机械通称为风机或压缩机。

化工生产中要输送的流体种类繁多,流体的温度、压力、流量等操作条件也有较大的差别。为了适应不同情况下输送流体的要求,需要不同结构和特性的流体输送机械。

化工厂中常用的液体输送机械,按其工作原理可分为四类:离心式、往复式、旋转式及流体动力式。

一、离心泵

(一)离心泵的工作原理

1. 离心泵的工作原理

如图 1-12 所示,叶轮安装在泵壳 2 内,并紧固在泵轴 3 上,泵轴由电动机直接带动。泵壳中央有一液体吸入口 4 与吸入管 5 连接。液体经底阀 8 和吸入管进入泵内。泵壳上的液体排出口 8 与排出管 7 连接。

在泵启动前,泵壳内灌满被输送的液体;启动后,叶轮由轴带动高速转动,叶片间的液体也必须随着转动。在离心力的作用下,液体从叶轮中心被抛向外缘并获得能量,以高速离开叶轮外缘进入蜗形泵壳。在蜗壳中,液体由于流道的逐渐扩大而减速,又将部分动能转变为静压能,最后以较高的压力流入排出管道,送至需要场所。液体由叶轮中心流向外缘时,在叶轮中心形成了一定的真空,由于贮槽液面上方的压力大于泵入口处的压力,液体便被连续压入叶轮中。可见,只要叶轮不断地转动,液体便会不断地被吸入和排出。

2. 气缚现象

当泵壳内存有空气,因为空气的密度比液体的密度小得多,这时产生较小的离心力,从而,贮槽液面上方与泵吸入口处之间的压力差不足以将贮槽内液体压入泵内,即离心泵无自吸能力,使离心泵不能输送液体,此种现象称为气缚现象。

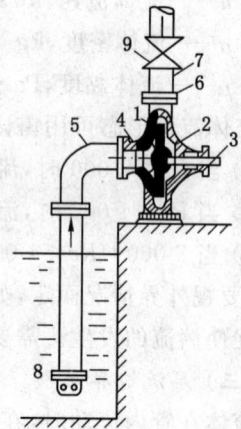

图 1-12 离心泵装置简图
1——叶轮;2——泵壳;3——泵轴;
4——吸入口;5——吸入管;
6——排出口;7——排出管;
8——底阀;9——调节阀

为了使泵内充满液体,通常在吸入管底部安装一带滤网的底阀,该底阀为止逆阀,滤网的作用是防止固体物质进入泵内损坏叶轮或妨碍泵的正常操作。

(二)离心泵的主要部件

主要部件有叶轮、泵壳和轴封装置。

1. 叶轮

叶轮的作用是将从原动机来的机械能直接传给液体,以增加液体的静压能和动能(主要增加静压能)。

叶轮一般有 6～12 片后弯叶片。

叶轮有开式、半闭式和闭式三种,如图 1-13 所示。

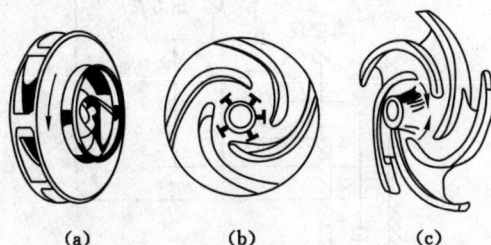

图 1-13 离心泵的叶轮
(a) 闭式;(b) 半闭式;(c) 开式

开式叶轮在叶片两侧无盖板,制造简单、清洗方便,适用于输送含有较大量悬浮物的物料,效率较低,输送的液体压力不高;半闭式叶轮在吸入口一侧无盖板,而在另一侧有盖板,适用于输送易沉淀或含有颗粒的物料,效率也较低;闭式叶轮在叶片两侧有前后盖板,效率高,适用于输送不含杂质的清洁液体,一般的离心泵叶轮多为此类。

叶轮有单吸和双吸两种吸液方式。

2. 泵壳

其作用是将叶轮封闭在一定的空间,以便由叶轮的作用吸入和压出液体。泵壳多做成蜗壳形,故又称蜗壳。由于流道截面积逐渐扩大,故从叶轮四周甩出的高速液体逐渐降低流速,使部分动能有效地转换为静压能。泵壳不仅汇集由叶轮甩出的液体,同时又是一个能量转换装置。

3. 轴封装置

其作用是防止泵壳内液体沿轴漏出或外界空气漏入泵壳内。

常用轴封装置有填料密封和机械密封两种。

填料一般用浸油或涂有石墨的石棉绳。机械密封主要靠装在轴上的动环与固定在泵壳上的静环之间端面作相对运动而达到密封的目的。

(三)离心泵的主要性能参数

1. 流量

泵的流量是指单位时间内泵所输送的液体体积,也称送液能力。用 q_V 表示,单位为 m^3/h 或 m^3/s。

泵的流量取决于泵的结构尺寸(主要为叶轮的直径与叶片的宽度)和转速等。操作时,泵实际所能输送的液体量还与管路阻力及所需压力有关。

2. 扬程

离心泵的扬程又称为泵的压头,是指单位重量的流体经泵后所获得的能量。用 H 表示,单位为米液柱。

泵的扬程大小取决于泵的结构(如叶轮直径的大小、叶片的弯曲情况等)、转速。目前对泵的压头尚不能从理论上做出精确的计算,一般用实验方法测定,如图 1-14 所示。

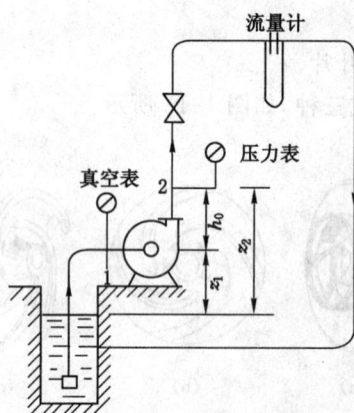

图 1-14 压头的测定

在泵进口处装一真空表,出口处装一压力表,在两表之间列伯努利方程式,若不计两表截面上的动能差,不计两表截面间的能量损失(即 $E=0$),则泵的扬程可用式(1-25)计算

$$H = h_0 + \frac{P_2 - P_1}{\rho g} \tag{1-25}$$

式中,h_0 为压力表与真空表间的垂直距离,P_2 为泵出口处压力表的读数(Pa),P_1 为泵进口处真空表的读数(负表压值,Pa)。

3. 效率

泵在输送液体过程中,轴功率大于排送到管道中的液体从叶轮处获得的功率,因为容积损失、机械损失都要消耗一部分功率。离心泵的效率即反映泵对外加能量的利用程度。

泵的效率值 η 与泵的类型、大小、结构、制造精度和输送液体的性质有关。大型泵效率值高些,小型泵效率值低些。

4. 轴功率

泵的轴功率是指使流体获得有效功率而做的功,单位为 W 或 J/s。其值可依泵的有效功率 N_e 和效率 η 计算,即

$$N = \frac{N_e}{\eta} = \frac{q_V H \rho g}{\eta} \tag{1-26}$$

式中　q_V——泵的流量,m³/s;

　　　　H——泵的扬程,m;

　　　　ρ——输送液体的密度,kg/m³。

离心泵的类型很多,化工生产中常用的有清水泵、耐腐蚀泵、油泵、液下泵、屏蔽泵、管道泵和杂质泵等。

【例 1-8】 采用图 1-15 所示装置,泵的转速为 2 900 r/min 时,用 20 ℃清水测定某离心泵的特性时的一组实验数据。测得流量为 10 m³/h 时,泵的吸入口处真空表上读数为−21.3 kPa,泵出口压力表读数为 210 kPa,已知出口和入口管截面间垂直距离为 0.3 m,测得泵的轴功率为 1.05 kW,入口和出口的直径相同。试求该泵的效率。

解 已知 $Z = 0.3$ m,$u_1 = u_2$(因直径、流量相等),$p_2 = 210$ kPa,$p_1 = -21.3$ kPa,$\rho = 998.2$ kg/m³,$N = 1.05$ kW,由式(1-25)有

$$H = h_0 + \frac{P_2 - P_1}{\rho g} = 0.3 + \frac{[210 - (-21.3)] \times 10^3}{998.2 \times 9.81} = 23.9 \text{ m}$$

由式(1-23)得泵的有效功率为

$$N_e = q_V H \rho g = \frac{10}{3\ 600} \times 998.2 \times 9.81 \times 23.9 = 650.1 \text{ W}$$

由式(1-26)得泵的效率为

$$\eta = \frac{q_V H \rho g}{N} = \frac{650.1}{1\ 050} = 0.62 = 62\%$$

图 1-15 测量流量和扬程的实验装置
1——流量计;2——真空表;
3——压力表;4——离心泵;
5——储槽

二、其他类型泵

(一)往复泵

往复泵利用活塞的往复运动将能量传递给液体,以完成对液体的输送。这种泵在输送流体时,其流量只与活塞的位移有关,而与管路的情况无关,但其压头只与管路情况有关。这种特性称做正位移特性,具有这种特性的泵称为正位移泵。

按照往复泵的动力来源可将它分为电动往复泵和汽动往复泵。前者由电动机驱动,电动机通过减速箱和曲柄连杆机构与泵相连,将旋转运动变为往复运动。而后者直接由蒸汽机驱动,泵的活塞和蒸汽机的活塞共同连在一根活塞杆上,构成一个总的机组。

按照作用方式可将往复泵分为:单动往复泵[图 1-16(a)]——活塞每往复一次,只完成一次吸液和排液;双动往复泵[图 1-16(b)]——活塞两边都在工作,每个往复既吸液,又排液。

往复泵的特点是活塞直接对液体做功,能量直接以静压的方式传给液体。采用往复泵可以使液体获得较高的压强。其优点是压力高,计量准确,能用于黏度大的液体;缺点是结构复杂,流量脉冲大,在很多场合已逐渐被其他泵所取代。

(二)旋涡泵

(1)旋涡泵的构造与工作原理

旋涡泵是一种特殊类型的离心泵,其结构如图 1-17 所示。旋涡泵主要由叶轮和泵体构成。叶轮是一个圆盘,四周铣有凹槽而构成叶片呈辐射状排列。在圆形的泵壳内壁与叶轮之间有一引水道。相互靠近的吸入口与压出口之间有一隔板,隔板与叶轮间的缝隙很小,以阻止出口的高压液体漏回吸入口的低压部分。出口管不是沿泵壳切向引出的叶轮端面与泵壳内壁之间的轴向间隙及吸入口与压出口之间有隔板、与叶轮外缘之间的径向间隙都对旋涡泵的性能有很大的影响,间隙过大会造成性能下降。

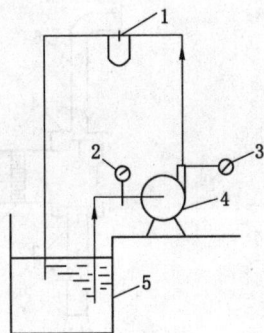

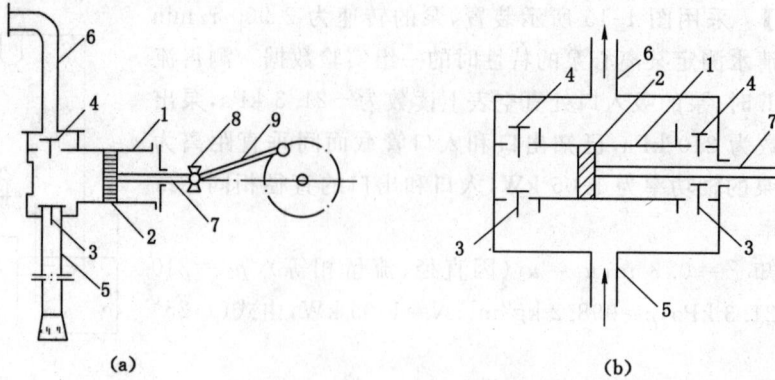

图 1-16 往复泵示意图

1——泵缸；2——活塞；3——吸入阀；4——排出阀；5——吸入管；
6——排出管；7——活塞杆；8——十字头滑块；9——连杆

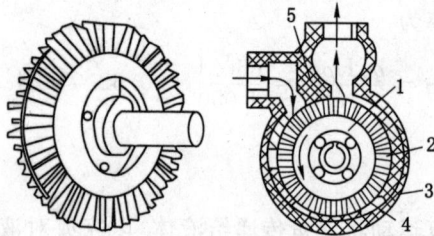

图 1-17 旋涡泵

1——叶轮；2——叶片；3——泵体；4——引水道；5——隔板

旋涡泵的工作原理和离心泵相似。当叶轮高速转动时,在叶片间凹槽内的液体从叶片顶部被抛向流道,动能增加。在流道内液体的流速变慢,使部分动能转变为静压能。同时,凹槽内侧液体被甩出而形成低压,在流道中部分高压液体经过叶片根部又重新流入叶片间的凹槽内,再次接受叶片给予的动能,又从叶片顶部进入流道中,使液体在叶片间形成旋涡运动,并在惯性力作用下沿流道前进。这样液体从入口进入,连续多次做旋涡运动,多次提高静压能,出口时就获得较高的压头。旋涡泵叶轮的每一个叶片相当于一台微型单级离心泵,整个泵就像由许多叶轮所组成的多级离心泵。

(2) 旋涡泵的特点

① 旋涡泵是结构最简单的高扬程泵,与叶轮和转速相同的离心泵相比,它的扬程要比离心泵高 2～4 倍。与相同扬程的容积式泵相比,它的尺寸要小得多,结构也简单得多。

② 大多数旋涡泵具有自吸能力,有些旋涡泵还能输送气液混合物。在石油化工厂中,旋涡泵可以用来输送汽油等易挥发产品。但旋涡泵的吸入性能不如离心泵,如将它与离心泵配合使用,既可使扬程提高,又可改善吸入能力。

③ 由于旋涡泵中的液体在剧烈旋涡运动中进行能量转换,能量损耗很大,效率较低,因此,旋涡泵很难做成大功率泵,一般只适用于小功率泵。

④ 旋涡泵的流量小、扬程高,适宜于输送流量小、外加压头高的清液。不适用于输送高

黏度液体,否则扬程及效率将降低很多。旋涡泵通常用来输送酒精、汽油、碱液,或用做小型锅炉给水泵。

⑤ 旋涡泵体积小,结构简单,主要零部件加工制造容易。耐磨蚀的旋涡泵叶轮、泵体可以用不锈钢及塑料、尼龙等来制造。

（三）螺杆泵

螺杆泵由泵壳和一根或多根螺杆构成。螺杆泵按螺杆的数量,可分为单螺杆泵、双螺杆泵、三螺杆泵和五螺杆泵。图 1-18 所示为一双螺杆泵,它用两根互相啮合的螺杆推动液体做轴向移动。液体从螺杆两端进入,由中央排出。螺杆越长,则扬程越高。

螺杆泵的优点是结构紧凑,流量和压力稳定,扬程高,效率高,无噪声,运转平稳,适用的液体种类和黏度范围广,特别适用于高压下输送高黏度液体。缺点是制造加工要求高,黏度变化对泵的特性影响较大。螺杆泵为正位移泵的一种,其流量调节方法与往复泵相同。

（四）齿轮泵

(1) 轮泵的构造与原理

齿轮泵是一种旋转泵,其工作原理与往复泵相似,属于正位移泵。齿轮泵的构造如图 1-19 所示。泵的主要构件为泵体和一对互相啮合的齿轮,其中一个为主动轮,另一个为从动轮。两齿轮把泵体内分成吸入和排出两个空间。当齿轮按箭头方向转动时,吸入空间由于两轮的齿互相分开,空间增大,而形成低压将液体吸入。被吸入的液体,在齿缝间被轮齿推着,沿泵体内壁分两路前进,最后进入排出空间。在排出空间,两齿轮的齿相合拢,空间缩小,形成高压而将液体排出。

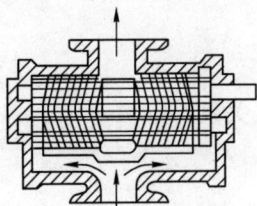

图 1-18　双螺杆泵

图 1-19　齿轮泵

齿轮泵的压头高而流量小,可用于输送黏稠液体以至膏状物料,但不能用于输送含有固体颗粒的悬浮液。它常用于输送轴承用的润滑油。齿轮泵的调节方法与往复泵相同。

(2) 齿轮泵的运行特点

齿轮泵也属于容积式泵,它具有容积式泵的一些特点。

① 流量基本上与排出压力无关。

② 由于齿轮啮合期间容积变化不均匀,流量也是不均匀的,产生的流量与压力是脉冲式的。

③ 流量较往复泵均匀,结构简单,运转可靠。

④ 适用于不含固体杂质的高黏度液体。

三、气体输送机械

化工生产中的气体输送机械的结构和原理与液体输送机械大致相同,但是,由于气体本身的可压缩性,故当输送过程中压力的变化,必将导致其体积和温度随之变化。这些变化又将影响到气体输送机械的结构和形状。

气体输送机械主要有离心式通风机、离心式鼓风机和压缩机、旋转式鼓风机(常见的有罗茨鼓风机)、往复式压缩机、往复真空泵和水环真空泵等。

本 章 小 结

通过本章的学习,掌握液体、气体的密度计算;压力的定义及表压、真空度、绝对压力的关系;掌握流体静力学基本方程式的应用;掌握流体在管内流动的宏观规律——流体流动的守恒定律,其中包括质量守恒定律—连续性方程式及机械能守恒定律—伯努利方程式,掌握这两个方程式的推导思路、适用条件;掌握各种形式的伯努利方程式;学会运用连续性方程式和伯努利方程式这两个基本定律解决流体流动的有关计算问题,在运用伯努利方程式计算过程中正确确定衡算范围(上、下游截面的选取)及基准水平面是解题的关键;掌握雷诺准数的表达式,并根据 Re 来判断流动类型;掌握离心泵的工作原理并能够对主要性能参数进行计算。

通过学习,知道黏度的单位及单位换算;了解流体流动产生阻力的原因和影响因素;了解流体输送机械的类型和工作原理及优缺点,包括液体输送机械和气体输送机械。

思 考 题

一、简答题

1. 什么叫绝对压力、表压和真空度? 它们之间有什么关系?

2. 何谓稳定流动和非稳定流动?

3. 使用伯努利方程式时应注意哪些问题?

4. 流体有哪几种形态? 怎样判断?

5. 什么叫气缚现象?

二、计算题

1. 燃烧重油得到的燃烧气,经分析测得含 $8.5\%CO_2$,$7.5\%O_2$,$76\%N_2$,$8\%H_2O$(体积分数)。试求温度为 500 ℃、压强为 1 atm 时,该混合气体的密度。

2. 在由 $\phi57\ mm\times3.5\ mm$ 和 $\phi76\ mm\times4.0\ mm$ 钢管组成的串联管路中,流过密度为 $0.95\times10^3\ kg/m^3$,流量为 1.8 L/s 的重油,试分别计算重油在小管和大管中的体积流量、质量流量、平均流速、质量流速。

3. 某管路每小时输送 20 ℃ 的 98% 的硫酸 10 t,求每小时输送多少立方米硫酸。(20 ℃ 的 98% 的硫酸的密度为 1 836 kg/m^3)

4. 如图 2-20 所示的 U 形压差计测量管道 A 点的压力,U 形压差计与管道的连接导管中充满水。U 形压差计以汞为指示剂,读数 $R=200\ mm$,其中当地大气压 P 为 101.325 kPa,试求:(1) A 点的绝对压力;(2) A 点的表压。

5. 如图 2-21 所示一敞口试管在 293 K 温度下装上 121 mm 高的汞,汞的上面装上 56 mm 高的水。汞和水的密度分别为 1.36×10^4 kg·m^{-3} 和 1×10^3 kg·m^{-3},假如大气压为 690 mmHg,计算试管底部的压强(分别用绝压和表压表示)。

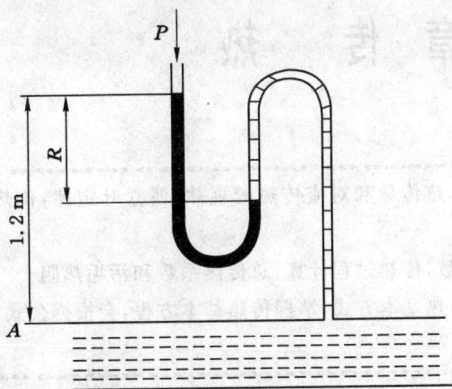

图 2-20　习题 4 图　　　　　　　　　　图 2-21　习题 5 图

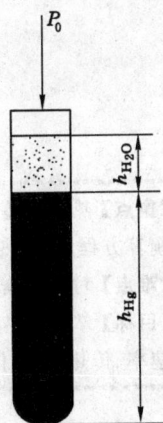

6. 水槽液面至水管出口的垂直距离是 10 m,水槽液面维持不变,水管规格为 ϕ114 mm $\times$4 mm 的钢管,管长 200 m,能量损失为 9.6 mH$_2$O,求水的流量。

7. 用离心泵把 20 ℃的水从储槽送至水洗塔顶部,槽内水位维持恒定。各部分相对位置如图 2-22 所示,管路的直径均为 ϕ76 mm$\times$2.5 mm。在操作条件下,泵入口处真空表读数为 24.7 kPa,水流经吸入管(包括管入口)与排出管(不包括喷头)的能量损失可分别按 $\sum h_f = 2u^2$ 与 $\sum h_f = 10u^2$ 计算。由于管径不变,故式中 u(m/s)为吸入或排出管的流速。排水管与喷头连接处的压强为 9.81×10^4 Pa(表压)。试求泵的有效功率。

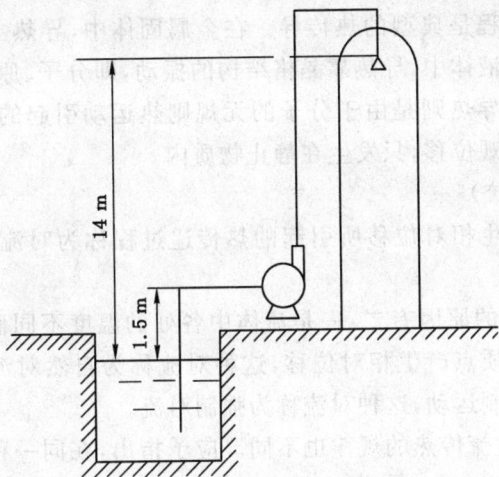

图 2-22　习题 7 图

第二章 传　　热

【本章重点】热量传递三种基本方式的定义，热传导和对流传热的规律，傅立叶定律，传热速率方程，热量衡算方程，总传热系数。

【本章难点】对流传热机理和对流传热膜系数，传热过程计算，总传热系数和污垢热阻。

【学习目标】掌握传热过程基本概念，熟知传热基本方式，掌握传热基本方程，会根据公式和图表进行传热速率、传热系数、传热面积的计算。

第一节 概　　述

传热，即因温差引起的热量传递，又称热传递。在一种介质内部或两种介质之间，只要有温度差，就必然会出现传热过程。

一、热量传递的三种基本方式

根据传热机理的不同，热量由高温体传给低温体，分为热传导、对流传热和辐射传热。

1. 热传导

在一个连续物质内部或相互接触的两物体之间存在温度梯度，热量就从高温处传到低温处，没有发生宏观位移，这种传热方式称为热传导。

固体中热的传递过程是典型的热传导。在金属固体中，导热主要靠自由电子的运动；在非金属固体和大多数液体中，导热靠晶格结构的振动，即分子、原子在其平衡位置附近的振动来实现；在气体中，导热则是由于分子的无规则热运动引起的。热传导过程的特点是物体各部分之间没有宏观位移，只发生在静止物质内。

2. 对流传热（热对流）

流体各部分之间发生相对位移所引起的热传递过程称为对流传热（简称对流）。对流传热仅发生在流体中。

在流体中产生对流的原因有二：一是流体中各处的温度不同而引起密度的差别，使轻者上浮，重者下沉，流体质点产生相对位移，这种对流称为自然对流；二是因泵（风机）或搅拌等外力所致的质点强制运动，这种对流称为强制对流。

流动的原因不同，对流传热的规律也不同。应予指出，在同一种流体中，有可能同时发生自然对流和强制对流。

3. 辐射传热（热辐射）

辐射是一种通过电磁波传递能量的过程。物体由于热的原因而发出辐射能的过程，称为热辐射。辐射传热，不仅是能量的传递，还伴随着能量形式的转化。与热传导和对流传热不同,辐射传热不需要任何介质做媒介,可以在真空中传播。应予指出,任何物体只要在热力学温度零度以上,都能发射辐射能,但是只有在物体温度较高时,热辐射才能成为主要的传热方式。

实际上,上述的三种基本传热方式,在传热过程中常常不是单独存在的,而是两种或三种传热方式的组合,形成复合传热。例如,在高温气体与固体壁面之间的换热就要同时考虑热传导、对流传热和辐射传热三种传热方式。

二、稳定传热和不稳定传热

当传热系统中各点的温度仅随位置变化而不随时间变化时,则这种传热过程称为稳定传热。其特点是通过某传热表面的传热速率在任何时间都为常数。连续生产过程中的传热多为稳态传热。

若传热系统中各点温度既随时间而变又随位置而变,则这种传热过程为非稳定传热。工业生产上间歇操作的换热设备和连续生产时设备的开工与停工阶段,都为非稳定传热过程。

三、传热在化工生产中的应用

传热是自然界和工程技术领域中极普遍的一种传递现象。在化工生产中,很多过程和操作都需要进行加热或冷却,例如,几乎所有的化学反应过程都需要控制在一定的温度下进行。为此,可以用某种热流体在换热设备内进行加热;在另外一些情况下,为将反应后的高温物体加以冷却,可以用某种冷流体与之换热移走热量。此外,化工设备的保温、生产过程中热能的合理利用以及废热的回收等都涉及传热的问题。由此可见,传热过程普遍地存在于化工生产中,且具有极其重要的作用。

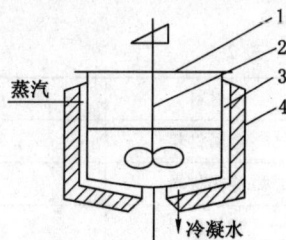

图 2-1 反应釜
1——反应釜;2——搅拌器;
3——夹套;4——保温层

化工生产中运用传热技术一般有有以下两种情况:一种是强化传热过程,加热或冷却物料时,要求尽量提高各换热设备的传热效率(即单位时间内传递的热量)。图 2-1 所示为化工生产中常见的夹套反应釜,用蒸汽作为加热介质,蒸汽通过反应器壁向釜内物料传热,控制反应温度,希望传热速率越快越好。另一种是削弱传热过程,当对设备或管道进行保温隔热时,则要求尽可能降低传热速率。如在图 2-1 所示的反应釜中,为减少热损失,需在蒸汽夹层壁外包扎数层绝热材料,希望热传递速率越慢越好。

第二节 热 传 导

一、热传导的基本定律

傅立叶定律为热传导的基本定律,表示单位时间内传导的热量与温度梯度及垂直于热流方向的截面积成正比,即

$$Q = -\lambda A \frac{\mathrm{d}t}{\mathrm{d}x} \qquad (2-1)$$

式中　Q——导热速率,即单位时间传导的热量,其方向与温度梯度的方向相反,W;

　　　A——导热面积,即垂直于热流方向的截面积,m^2;

λ——比例系数、导热系数，$W/(m \cdot K)$；

$\dfrac{dt}{dx}$——热流方向上的温度梯度，K/m。

式(2-1)中的负号表示热流方向总是和温度梯度方向相反的。

应予指出，λ 作为导热系数是表示材料的导热性能的一个参数，λ 越大，表示该材料导热越快。和黏度 μ 一样，导热系数也是分子微观运动的一种宏观表现。

二、导热系数(热导率)

式(2-1)改写后可得

$$\lambda = -\frac{Q}{A\frac{dt}{dx}} \tag{2-2}$$

此式称为导热系数的定义式。导热系数在数值上等于单位导热面积、单位温度梯度在单位时间内传导的热量。因此，导热系数表征物质导热能力的大小，是物质的物理性质之一；导热系数的数值与物质的组成、结构、密度、温度及压强有关。

各种物质的导热系数通常用实验方法测定。导热系数数值的变化范围很大，一般来说，金属的导热系数最大，非金属固体次之，液体较小，气体最小。各类物质的导热系数的大致范围见表 2-1。更详尽的材料可以从化工手册中查阅。

表 2-1   各种材料热导率的大致范围

材料	热导率 $\lambda/W \cdot m^{-1} \cdot K^{-1}$	材料	热导率 $\lambda/W \cdot m^{-1} \cdot K^{-1}$
金属材料	$5.00 \sim 420$	液体	$0.09 \sim 0.7$
绝热材料	$0.01 \sim 0.4$	气体	$0.007 \sim 0.17$
建筑材料	$0.5 \sim 2.00$		

1. 固体的导热系数

在所有的固体中，金属是最好的导热体。纯金属的导热系数一般随温度升高而降低。金属的导热系数大多随其纯度的增高而增大，因此，合金的导热系数一般比纯金属要低。非金属的建筑材料或绝热材料的导热系数与温度、组成及结构的紧密程度有关，通常随密度增加而增大，随温度升高而增大。对大多数固体，λ 值与温度大致成线性关系。

2. 液体的导热系数

液体可分为金属液体和非金属液体。液态金属的导热系数比一般液体的要高。在液态金属中，纯钠具有较高的导热系数。大多数液态金属的导热系数随温度升高而降低。在非金属液体中，水的导热系数最大。除水和甘油外，液体的导热系数随温度升高略有减小。一般说来，纯液体的导热系数比其溶液的要大，溶液的导热系数在缺乏实验数据时，可按纯液体的 λ 值进行估算。

3. 气体的导热系数

气体的导热系数最小，约为液体的 $1/10$，最低至 $0.007 \ W/(m \cdot K)$，其 λ 值一般随分子量减小或温度增加而增加，而几乎与压力无关。

用于管道、设备和建筑物的保温用的具有低导热率的固体，大多是多孔性材料，如玻璃纤维或聚合泡沫就是利用气体的导热系数较低的特性，通过残存其内部的空气消去对流作用,它们的 λ 值可降至空气的 λ 值。

三、平壁热传导

(一) 单层平壁的热传导

单层平壁的热传导,如图 2-2 所示。

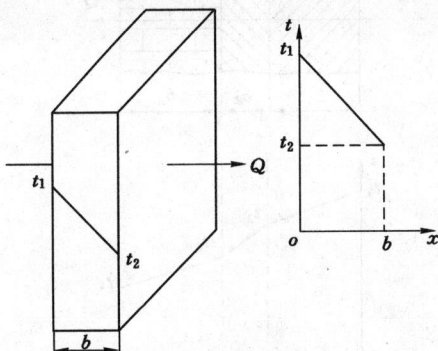

图 2-2 单层平壁的热传导

假设平壁材料均匀,λ 不随温度而变(或取平均导热系数);平壁的温度只沿垂直于壁面的 x 轴方向发生变化,因此所有等温面都是垂直于 x 轴的平面;若平壁的两个外表面各维持一定的温度 t_1 及 t_2,壁的厚度用 b 表示,当 $x=0$ 时 $t=t_1$;$x=b$ 时 $t=t_2$。将式(2-1)积分可得

$$Q = \lambda A(t_1 - t_2)/b \tag{2-3}$$

由式(2-3)可见,单位时间内通过平壁传递的热量和传热面积、热导率及平壁两侧的温度差成正比,而与平壁的厚度成反比。

式(2-3)可写成以下形式

$$Q = \frac{t_1 - t_2}{\dfrac{b}{\lambda A}} = \frac{\Delta t}{R} \tag{2-3a}$$

式中　b——平壁厚度,m;

　　　Δt——温度差,K;

　　　R——导热热阻,K/W。

当 λ 为常数时,平壁内温度分布为直线;当 λ 为温度的函数时,平壁内温度分布为曲线。

式(2-3a)可写成传递过程的普遍关系式

$$过程传递速率 = \frac{过程推动力}{过程的阻力}$$

在导热过程中,过程的阻力 $R = \dfrac{b}{\lambda A}$。

【例 2-1】 现有一厚度为 240 mm 的砖壁,内壁温度为 600 ℃,外壁温度为 150 ℃。试求通过每平方米砖壁的热量(已知该温度范围内砖壁的平均导热系数 $\lambda = 0.6$ W/(m·K))。

解　　　　　　　　　　$Q = \lambda A(t_1 - t_2)/b$

$$\frac{Q}{A} = \frac{\lambda}{b(t_1 - t_2)} = \frac{0.60}{0.24 \times (600 - 150)} = 1\,125 \text{ W/m}^2$$

（二）多层平壁的热传导

以三层平壁为例，如图 2-3 所示。

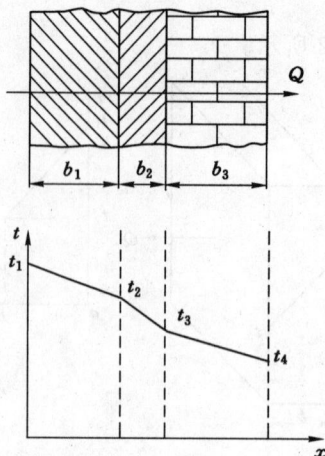

图 2-3　三层平壁的热传导

各层的壁厚分别为 b_1, b_2, b_3 导热系数分别为 $\lambda_1, \lambda_2, \lambda_3$。假设层与层之间接触良好，即相接触的两表面温度相同。各表面温度为 t_1, t_2, t_3, t_4，且 $t_1 > t_2 > t_3 > t_4$。

在稳态导热时，通过各层的导热速率必相等，即

$$Q = Q_1 = Q_2 = Q_3$$

或

$$Q = \frac{\lambda_1 A(t_1 - t_2)}{b_1} = \frac{\lambda_2 A(t_2 - t_3)}{b_2} = \frac{\lambda_3 A(t_3 - t_4)}{b_3}$$

则

$$\Delta t_1 = t_1 - t_2 = Q \frac{b_1}{\lambda_1 A}$$

$$\Delta t_2 = t_2 - t_3 = Q \frac{b_2}{\lambda_2 A}$$

$$\Delta t_3 = t_3 - t_4 = Q \frac{b_3}{\lambda_3 A}$$

三式相加并整理得

$$Q = \frac{\Delta t_1 + \Delta t_2 + \Delta t_3}{\dfrac{b_1}{\lambda_1 A} + \dfrac{b_2}{\lambda_2 A} + \dfrac{b_3}{\lambda_3 A}} = \frac{t_1 - t_4}{\dfrac{b_1}{\lambda_1 A} + \dfrac{b_2}{\lambda_2 A} + \dfrac{b_3}{\lambda_3 A}} \qquad (2\text{-}4)$$

式（2-4）即为三层平壁热传导速率方程式。

【例 2-2】　炉壁由两种材料构成，内层为耐火砖，厚度 $b_1 = 200$ mm，其导热率 $\lambda_1 = 1.64$ W/(m·K) 外层为普通砖，厚度 $b_2 = 200$ mm，其导热率 $\lambda_2 = 0.87$ W/(m·K)。已知炉内、外壁温度分别为 900 ℃和 40 ℃，求炉壁每平方米表面积的热损失及耐火砖和绝热砖界面的温度。

解　设炉内壁温度 $t_1 = 900$ ℃，外壁温度 $t_3 = 40$ ℃，耐火砖和绝热砖界面的温度为

t_2,则

$$\frac{Q}{A} = \frac{t_1 - t_3}{\frac{b_1}{\lambda_1} + \frac{b_2}{\lambda_2}} = \frac{900 - 40}{\frac{0.20}{1.64} + \frac{0.20}{0.87}} = 2\ 443.3\ \text{W/m}^2$$

$$t_2 = t_1 - \frac{Q}{A} \times \frac{b_1}{\lambda_1} = 900 - 2\ 444.3 \times \frac{0.20}{1.64} = 601.9\ ℃$$

第三节 对 流 传 热

一、对流传热机理

不同类型的对流传热过程其机理也不相同。下面以工业生产中较为常见的流体无相变时强制对流的情况进行简单的分析。

对流传热是在流体质点的移动和混合中完成的,因此对流传热与流体流动状况密切相关。当流体沿壁呈湍流流动时,临近壁面处总有一层流内层存在,在层流内层中流体呈层流流出,在层流内层和湍流主体之间有缓冲层。图 2-4 所示为流体在壁面两侧的流动情况以及与流动方向垂直的某一截面上流体的温度分布情况。

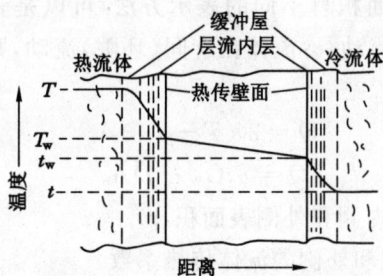

图 2-4 对流传热的温度分布

由图 2-4 可知,在湍流主体中,由于流体质点的剧烈运动,热量传递主要以对流的方式进行,热传导所起的作用很小,因此湍流主体中各处的温度基本上相同。在缓冲层中,热传导和对流同时起作用,在该层内流体温度发生缓慢的变化。在层流内层中热量传递主要以热传导方式进行。由于流体的导热系数较小,层流内层中导热热阻很大,因此在该层内流体温度差较大。

由以上分析可知,在湍流传热时,热阻主要集中在层流内层,因此,降低层流内层的厚度是强化对流传热的重要途径。

二、对流传热速率方程和对流传热系数

（一）对流传热速率方程

对流传热是一复杂的传热过程,影响对流传热速率的因素很多,而且不同的对流传热情况又有差别,因此对流传热的理论计算是很困难的,目前工程上仍按下述的半经验方法处理。

根据传递过程速率的普遍关系,壁面与流体间（或反之）的对流传热速率,也应该等于推动力和阻力之比,即

$$对流传热速率 = \frac{对流传热推动力}{对流传热阻力} = 系数 \times 推动力$$

上式中的推动力是壁面和流体间的温度差。影响阻力的因素很多,但有一点是明确的,即阻力必与壁面的表面积成反比。

以热流体和壁面间的对流传热为例,将对流传热的热流量写成如下形式:

$$Q = \frac{\Delta t}{\frac{1}{\alpha A}} = \alpha A (T - T_w) \tag{2-5}$$

式中　α——对流传热系数,又称传热膜系数或给热系数,$W/(m^2 \cdot K)$;

T——换热器的任一截面上热流体的平均温度,℃;

T_w——换热器的任一截面上与热流体相接触一侧的壁面温度,℃;

A——与传热方向垂直的总传热面积,m^2;

$\frac{1}{\alpha A}$——对流传热热阻,℃/W。

方程式(2-5)又称牛顿冷却定律。该式并非理论推导结果,只是一种推论,即假设热流量 Q 与 Δt 成正比。

还应指出,换热器的传热面积有不同的表示方法,可以是管内侧或管外侧表面积。例如,若热流体在换热器的管内流动,冷流体在管间(环隙)流动,则对流传热速率方程式可分别表示为

$$Q = \alpha_i (T - T_w) A_i \tag{2-6}$$
$$Q = \alpha_o (t_w - t) A_o \tag{2-6a}$$

式中　A_i、A_o——换热器的管内侧和外侧表面积,m^2;

α_i、α_o——换热器管内侧和外侧的流体传热系数。

可见传热系数必然是和传热面积以及温度差相对应的。

(二)对流传热膜系数

牛顿冷却定律也是传热膜系数的定义式,即:

$$\alpha = \frac{Q}{A \Delta t} \tag{2-7}$$

单位温度差下、单位传热面积的对流传热速率,反映了对流传热的快慢,α 越大表示对流传热愈快。传热膜系数与导热系数不同,它不是流体的物理性质,而是受多种因素影响的一个系数,反映对流传热热阻的大小。

实验表明,影响对流传热系数的主要因素如下:

① 流体的状态:液体、气体在传热过程中是否发生相变化。发生相变化时对流传热系数比无相变时大得多。

② 流体的物理性质:影响较大的主要有密度 ρ、比热 C_p、导热系数 λ、黏度 μ 等。

③ 流体的运动状况:层流、过渡流或湍流。

④ 流体对流的状况:自然对流,强制对流。

⑤ 传热表面的形状、位置及大小:如管、板、管束、管径、管长、管子排列方式、垂直放置或水平放置等。

由上述分析可见,影响对流传热的因素很多,故对流传热系数的确定是一个极为复杂

的问题。在一般情况下,对流传热系数尚不能推导出理论计算式,大多是采用量纲分析的方法将各种影响因素组合成若干无量纲数群,再通过实验确定各数群之间的关系,从而得出经验公式,称为对流传热膜系数关联式。对流传热膜系数的关联式有很多,请参考有关书籍。

第四节　传热过程计算

冷、热流体通过间壁的传热过程分三步进行:① 热流体通过对流传热将热量传给固体壁面;② 固体壁内以传导方式将热量从高温侧传向低温侧;③ 热量通过对流传热从固体壁面传给冷流体。

一、总传热速率方程式

$$Q = KA\Delta t \tag{2-8}$$

式中　Q——传热速率,冷热两流体在单位时间内所交换的热量,W;

$\quad\quad A$——传热面积,m^2;

$\quad\quad \Delta t$——传热温度差,即传热的推动力,K;

$\quad\quad K$——总传热系数,$W/(m^2 \cdot K)$。

式(2-8)称为总传热速率方程或传热基本方程式。由式可知,对于工艺上已经确定的 Q 及 Δt 来讲,如果总传热系数越大,则所需换热器的传热面积就越小。反之,如果总传热系数越小,在同样的传热速率和推动力时所要求的传热面积越大。

总传热速率方程式可改写成

$$\frac{Q}{A} = \frac{\Delta t}{1/K} \tag{2-9}$$

其中,$1/K$ 为传热过程的总阻力,简称热阻,常用 R 表示,即

$$R = 1/K$$

由式(2-9)可知,单位传热面积的传热速率与推动力成正比,与热阻成反比。因此,提高换热器传热速率的途径为提高传热推动力和降低传热热阻。另一方面,如果工艺上所要求的传热速率 Q 已知,则可在确定 K 和 Δt 的基础上计算传热面积,进而确定换热器的各部分尺寸,完成换热器的结构设计。

二、传热过程的热量衡算

流体在间壁两侧进行稳定传热时,在不计热损失的情况下,单位时间热流体放出的热量应等于冷流体吸收的热量。

若流体在换热过程中没有相变化,可列出热量衡算式为

$$Q = W_h c_{ph}(T_1 - T_2) = W_c c_{pc}(t_2 - t_1) \tag{2-10}$$

式中　W_h,W_c——热、冷流体的质量流量,kg/s;

$\quad\quad c_{ph}$,c_{pc}——热、冷流体的比定压热容,$J/(kg \cdot ℃)$;

$\quad\quad T_1$,T_2——热流体的进、出口温度,℃;

$\quad\quad t_2$,t_1——冷流体的进、出口温度,℃;

若换热器中热流体有相变化,例如饱和水蒸气在饱和温度下发生冷凝,而冷流体无相变化,则

$$Q = W_h r_n = W_c c_{pc}(t_2 - t_1) \tag{2-11}$$

式中 r_n——饱和水蒸气的冷凝潜热,J/kg。

若冷凝液出口温度 T_2 低于饱和温度 T_s,则有

$$Q = W_h[r_n + c_{ph}(T_s - T_2)] = W_c c_{ph}(t_2 - t_1) \tag{2-12}$$

【例 2-3】 用饱和水蒸气将原油由 100 ℃ 加热至 120 ℃,原料液的流量为 100 m³/h,密度为 1 080 kg/m³,平均等压比热容为 2.9 kJ/(kg·℃)。已知传热系数 680 W/(m²·℃),传热平均温度差为 23.3 ℃,饱和蒸汽的汽化潜热为:2 168 kJ/kg,试求蒸汽用量和所需传热面积。

解 先求热负荷

$$Q = W_c c_{pc}(t_2 - t_1) = \frac{100 \times 1\,080}{3\,600} \times 2.93 \times 10^3 \times (120 - 100) = 1.76 \times 10^6 \text{ W}$$

由式(2-11)可得

$$W_h = \frac{Q}{r_n} = \frac{1.76 \times 10^6}{2\,168 \times 10^3} = 0.812 \text{ kg/s}$$

由式(2-8)传热速率方程可得

$$A = \frac{Q}{K\Delta t} = \frac{1.76 \times 10^6}{680 \times 23.3} = 111 \text{ m}^2$$

三、平均温度差的计算

用传热基本方程式计算换热器的传热速率时,因传热面各部分的传热温度差不同,必须算出平均传热温度差 Δt_m 代替 Δt,即

$$Q = KA\Delta t_m \tag{2-13}$$

在间壁式换热器中,Δt_m 的计算可分为以下几种类型。

(一)两侧均为恒温下的传热

两侧流体分别为蒸汽冷凝和液体沸腾时,温度不变,则 $\Delta t_m = T - t =$ 常数。

(二)一侧恒温一侧变温下的传热

可推得计算式为:

$$\Delta t_m = \frac{(T - t_1) - (T - t_2)}{\ln \dfrac{T - t_1}{T - t_2}} = \frac{\Delta t_1 - \Delta t_2}{\ln \dfrac{\Delta t_1}{\Delta t_2}} \tag{2-14}$$

式中,Δt_m 为进出口处传热温度差的对数平均值,温差大的一端为 Δt_1,温差小的一端为 Δt_2,从而使上式中分子分母均为正值。

当 $\Delta t_1/\Delta t_2 \leqslant 2$ 时,则 $\Delta t_m = \dfrac{\Delta t_1 + \Delta t_2}{2}$,即可用算术平均值。

(三)两侧均为变温下的稳定传热

其计算式与式(2-14)完全一致。

(四)复杂流动时 Δt_m 的计算

流体是复杂错流和折流时,其 Δt_m 的计算较为复杂,一般用下式计算:

$$\Delta t_m = \Delta t_{m逆} \varepsilon_{\Delta t} \tag{2-15}$$

式中 $\Delta t_{m逆}$——按逆流操作情况下的平均温度差;

$\varepsilon_{\Delta t}$——校正系数,为 P,R 两因数的函数,即 $\varepsilon_{\Delta t} = f(P, R)$,对于各种换热情况下的 $\varepsilon_{\Delta t}$

值,可在有关手册中查到。

对 Δt_m 的计算要注意以下几点:

① 计算通常用式(2-14)所示的对数平均温度差,当 $\Delta t_1/\Delta t_2 \leqslant 2$ 时,可用算术平均值代替。

② 为避免不同操作条件下的计算错误,最好用图示出流动方向并注明温度:

$$T_1 \xrightarrow{\text{逆流}} T_2$$

$$\frac{t_2}{\Delta t_2} \longleftarrow \frac{t_1}{\Delta t_1}$$

③ 当冷、热流体操作温度一定时,$\Delta t_{m逆}$ 总大于 $\Delta t_{m并}$。当要求传热速率一定时,逆流所需的设备投资费用及操作费用均少于并流,故工业生产的换热设备一般采用逆流操作。

【例 2-4】　在一单壳程、单管程无折流挡板的列管式换热器中,热流体由 90 ℃ 冷却至 55 ℃,冷流体由 20 ℃ 加热到 35 ℃。试求在上述温度条件下两流体逆流时和并流时的对数平均温度差。

解　① 求逆流时的对数平均温度差 Δt_m:

　　　　　　　热流体 T　　90 ℃→50 ℃
　　　　　　　冷流体 t　　35 ℃←20 ℃
　　　　　　　Δt　　　55　　　30

$$\Delta t_m = \frac{\Delta t_1 - \Delta t_2}{\ln \dfrac{\Delta t_1}{\Delta t_2}} = \frac{55 - 30}{\ln \dfrac{55}{30}} = 41.2 \text{ ℃}$$

又因

$$\frac{\Delta t_1}{\Delta t_2} = \frac{55}{30} = 1.83 < 2$$

故

$$\Delta t_m = \frac{\Delta t_2 + \Delta t_1}{2} = \frac{55 + 30}{2} = 42.5 \text{ ℃}$$

误差为

$$\frac{42.5 - 41.2}{41.2} \times 100\% = 3.16\%$$

② 求并流时的对数平均温度差 Δt_m:

热流体 T　90 ℃→50 ℃
冷流体 t　20 ℃→35 ℃
　　Δt　70　　15

故

$$\Delta t_m = \frac{70 - 15}{\ln \dfrac{70}{15}} = 35.7 \text{ ℃}$$

四、总传热系数和污垢热阻

(一)总传热系数的计算

总传热系数 K 值有三个来源:一是选取经验值;二是实验测定值;三是计算。

1. 选取经验值

在设计换热器过程中,若设备形式、雷诺数和流体的物性等基本条件与某个已知 K 值的生产设备相同或相近时,可选取该生产设备的 K 值作为设计过程中的 K 值使用。

常用换热器中的 K 值的大致数值如表 2-2 所示。

表 2-2   列管式换热器 K 值大致范围

热流体	冷流体	传热系数 K	
		W/(m² · ℃)	kcal/(m² · h · ℃)
水	水	850～1 700	730～1 460
轻油	水	340～910	290～780
重油	水	60～280	50～240

2. 现场测定总传热系数

根据传热速率方程式 $Q=KA\Delta t_{\mathrm{m}}$，当传热量 Q、传热面积 A 及平均温度差 Δt_{m} 为已知时，则可测出某换热设备在该工艺条件下的 K 值。

3. 总传热系数的计算

两流体通过间壁的传热过程是由热流体对管壁对流—管壁热传导—管壁对冷流体的对流所构成的串联传热过程，利用串联热阻的关系，即可导出总传热系数 K 的计算式。

若以传热管外表面积 $A_0(A_0=\pi d_0 L)$ 为基准，其对应的总传热系数 K_0 为：

$$K_0 = \cfrac{1}{\cfrac{1}{\alpha_i}\cfrac{A_0}{A_i}+\cfrac{b}{\lambda}\cfrac{A_0}{A_{\mathrm{m}}}+\cfrac{1}{\alpha_0}} = \cfrac{1}{\cfrac{1}{\alpha_i}\cfrac{d_0}{d_i}+\cfrac{b}{\lambda}\cfrac{d_0}{d_{\mathrm{m}}}+\cfrac{1}{\alpha_0}} \tag{2-16}$$

同理，若以传热管内表面积 $A_i(A_i=\pi d_i L)$ 为基准，其对应的总传热系数 K_i 为：

$$K_i = \cfrac{1}{\cfrac{1}{\alpha_i}+\cfrac{b}{\lambda}\cfrac{A_i}{A_{\mathrm{m}}}+\cfrac{1}{\alpha_0}\cfrac{A_i}{A_0}} = \cfrac{1}{\cfrac{1}{\alpha_i}+\cfrac{b}{\lambda}\cfrac{d_i}{d_{\mathrm{m}}}+\cfrac{1}{\alpha_0}\cfrac{d_i}{d_0}} \tag{2-17}$$

若以传热管壁的平均面积 $A_{\mathrm{m}}(A_{\mathrm{m}}=\pi d_{\mathrm{m}} L)$ 为基准，其对应的总传热系数 K_{m} 为

$$K_{\mathrm{m}} = \cfrac{1}{\cfrac{1}{\alpha_i}\cfrac{A_{\mathrm{m}}}{A_i}+\cfrac{b}{\lambda}+\cfrac{1}{\alpha_0}\cfrac{A_{\mathrm{m}}}{A_0}} = \cfrac{1}{\cfrac{1}{\alpha_i}\cfrac{d_{\mathrm{m}}}{d_i}+\cfrac{b}{\lambda}+\cfrac{1}{\alpha_0}\cfrac{d_{\mathrm{m}}}{d_0}} \tag{2-18}$$

式中　d_i,d_0,d_{m}——圆管内径、外径、管壁平均直径。

由此可见，所取基准传热面积不同，K 值也不同，即 $K_0\neq K_{\mathrm{m}}\neq K_i$。

当传热面积为平壁时，则 $A_0=A_i=A_{\mathrm{m}}$，此时的总传热系数 K 为：

$$K = \cfrac{1}{\cfrac{1}{\alpha_0}+\cfrac{b}{\lambda}+\cfrac{1}{\alpha_i}} \tag{2-19}$$

当壁阻 $\cfrac{b}{\lambda}$ 较 $\cfrac{1}{\alpha_0}$，$\cfrac{1}{\alpha_i}$ 小得多时，$\cfrac{b}{\lambda}$ 可忽略不计，此时 K 为：

$$K = \cfrac{1}{\cfrac{1}{\alpha_0}+\cfrac{1}{\alpha_i}} \tag{2-20}$$

式中　α_0,α_i——平壁两侧的对流传热系数。

注意：

① 总传热系数和传热面积的对应关系。所选基准面积不同，总传热系数的数值也不同。手册中所列的 K 值，无特殊说明，均视为以管外表面为基准的 K 值。

② 管壁薄或管径较大时，可近似取 $A_0=A_i=A_{\mathrm{m}}$，即圆筒壁视为平壁计算。

③ 总传热系数 K 值比两侧流体中 α 值小者还小。

④ 当 $\alpha_0 \ll \alpha_i$ 时,壁阻可忽略不计时,则 $K \approx \alpha_0$ 且

$$Q = K_0 A_0 \Delta t_m \approx \alpha_1 A_0 \Delta t_m$$

当 $\alpha_i \ll \alpha_0$ 时,壁阻可忽略不计时,则 $K \approx \alpha_i$ 且

$$Q = K_i A_i \Delta t_m \approx \alpha_i A_i \Delta t_m$$

由此可知,总热阻是由热阻大的那一侧的对流传热所控制的,即两个对流传热系数相差较大时,要提高 K 值,关键在于提高 α 较小的;若两侧 α 相差不大时,则必须同时提高两侧的 α 值,才能提高 K 值。

(二)污垢热阻(又称污垢系数)

换热器的实际操作中,传热表面上常有污垢积存,对传热产生附加热阻,使总传热系数降低。在估算 K 值时一般不能忽略污垢热阻。由于污垢层的厚度及其导热系数难以准确估计,因此通常选用污垢热阻的经验值作为计算 K 值的依据。若管壁内、外侧表面上的污垢热阻分别用 R_{si} 及 R_{s0} 表示,则总传热系数式变为:

$$\frac{1}{K_0} = \frac{d_0}{\alpha_i d_i} + R_{si}\frac{d_0}{d_i} + \frac{bd_0}{\lambda d_m} + R_{s0} + \frac{1}{\alpha_0} \tag{2-21}$$

式中 R_{si}、R_{s0}——管内和管外的污垢热阻,又称污垢系数,$m^2 \cdot ℃/W$。

某些常见流体的污垢热阻的大致范围列于表 2-3,以供参考。

表 2-3   **常见流体的污垢热阻**

流体	污垢热阻 $R/m^2 \cdot K \cdot kW^{-1}$	流体	污垢热阻 $R/m^2 \cdot K \cdot kW^{-1}$
水($u=1\,m \cdot s^{-1}$, $t<50\,℃$)		水蒸气	
蒸馏水	0.09	优质,不含油	0.052
海水	0.09	劣质,不含油	0.09
清净的河水	0.21	往复机排出	0.176
未处理的凉水塔用水	0.58	液体	
已处理的凉水塔用水	0.26	处理过的盐水	0.264
已处理的锅炉用水	0.26	有机物	0.176
硬水、井水	0.58	燃料油	1.056
气体		焦油	1.76
空气	0.26~0.53		
溶剂蒸气	0.14		

【例 2-5】 钢材制造的某蒸发器,其管壁厚 3 mm,长久使用后其表面覆盖一层厚为 0.3 mm 的水垢。已知:$\alpha_{沸}=2\,791\ W \cdot m^{-2} \cdot K^{-1}$,$\alpha_{冷凝}=11\,630\ W \cdot m^{-2} \cdot K^{-1}$,$\lambda_{钢}=46.5\ W \cdot m^{-2} \cdot K^{-1}$,$\lambda_{水垢}=1.745\ W \cdot m^{-2} \cdot K^{-1}$。试求传热系数的变化,并就计算结果讨论水垢对传热系数的影响。

解 (1)设无水垢的蒸发器的总传热系数为 K_1,则

$$\frac{1}{K_1} = \frac{1}{\alpha_{沸}} + \frac{b_{钢}}{\lambda_{钢}} + \frac{1}{\alpha_{冷凝}} = \frac{1}{2\,791} + \frac{0.003}{46.5} + \frac{1}{11\,630} = 5.09 \times 10^{-4}\ W^{-1} \cdot m^2 \cdot K$$

$$K_1 = 1.96 \times 10^3 \ \text{W} \cdot \text{m}^{-2} \cdot \text{K}^{-1}$$

（2）设有水垢的蒸发器的总传热系数为 K_2，则

$$\frac{1}{K_2} = \frac{1}{\alpha_{沸}} + \frac{b_{钢}}{\lambda_{钢}} + \frac{b_{水垢}}{\lambda_{水垢}} + \frac{1}{\alpha_{冷凝}}$$

$$= \frac{1}{2\ 791} + \frac{0.003}{46.5} + \frac{0.000\ 3}{1.745} + \frac{1}{11\ 630}$$

$$= 6.81 \times 10^{-4} \ \text{W}^{-1} \cdot \text{m}^{-2} \cdot \text{K}$$

$$K_2 = 1.47 \times 10^3 \ \text{W} \cdot \text{m}^{-2} \cdot \text{K}^{-1}$$

（三）强化传热的措施

强化传热就是要提高换热器的传热速率。从传热方程式 $Q = KA\Delta t_m$ 不难看出，提高 K、A、Δt_m 中任何一个均可强化传热。即：① 增大传热温度差；② 增大传热面积；③ 提高传热系数。

第五节 换 热 器

换热器是化工厂中重要的化工设备之一。换热器的类型很多，特点不一，可根据生产工艺要求进行选择。

依据传热原理和实现热交换的方法，换热器可分为间壁式、混合式及蓄热式三类，其中以间壁式换热器应用最普遍，以下讨论仅限于此类换热器。

间壁式换热器的特点是冷、热两流体被固体壁面隔开，不相混合，通过间壁进行热量的交换。常用的换热器简介如下。

一、沉浸式蛇管换热器

蛇管多用金属管子弯制而成，或制成适应容器要求的形状，沉浸在容器中。两种流体分别在蛇管内、外流动而进行热量交换。几种常用的蛇管形式如图 2-5 所示。

这种蛇管换热器的优点是结构简单，价格低廉，便于防腐蚀，能承受高压。由于容器的体积较蛇管的体积大得多，故管外流体的 α 较小，因而总传热系数 K 值也较小。若在容器内增设搅拌器或减小管外空间，则可提高传热系数。

在沉浸式换热器的容器内，流体常处于不流动的状态，因此在某瞬间容器内各处的温度基本相同，经过一段时间后，流体的温度由初温变为终温，故属于非稳态传热过程。

二、喷淋式换热器

喷淋式换热器如图 2-6 所示。它多用做冷却器。固定在支架上的蛇管排列在同一垂直面上，热流体在管内流动，自下部的管进入，由上部的管流出。冷水由最上面的多孔分布管（淋水管）流下，分布在蛇管上，并沿其两侧下降至下面的管子表面，最后流入水槽而排出。冷水在各管表面上流过时，与管内流体进行热交换。这种设备常放置在室外空气流通处，冷却水在空气中汽化时可带走部分热量，以提高冷却效果。它和沉浸式蛇管换热器相比，还具有便于检修和清洗、传热效果也较好等优点，其缺点是喷淋不易均匀。

三、套管式换热器

套管式换热器是用管件将两种尺寸不同的标准管连接成为同心圆的套管，然后用 180° 的回弯管将多段套管串联而成，如图 2-7 所示。每一段套管称为一程，程数可根据传热要求

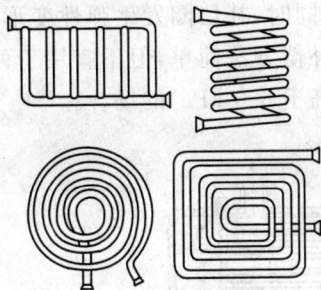

图 2-5　蛇管的形状

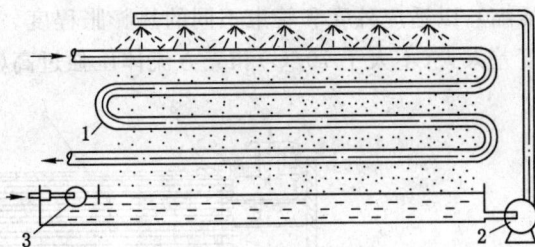

图 2-6　喷淋式换热器
1——弯管；2——循环泵；3——控制阀

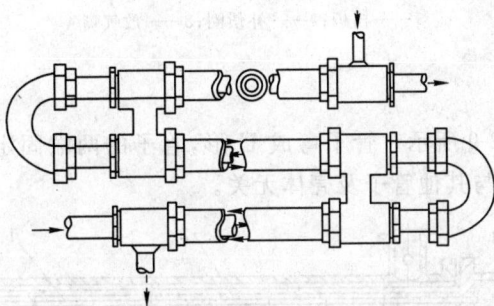

图 2-7　套管式换热器

而增减。每程的有效长度为 4～6 m，若管子太长，管中间会向下弯曲，使环形中的流体分布不均匀。

套管换热器的优点为：构造简单；能耐高压；传热面积可根据需要而增减；适当地选择管内、外径，可使流体的流速较大；双方的流体做严格的逆流，有利于传热。其缺点为：管间接头较多，易发生泄漏；单位长度传热面积较小。在需要传热面积不太大且要求压强较高或传热效果较好时，宜采用套管式换热器。

四、列管式换热器

列管式（管壳式）换热器是目前化工生产中应用最广泛的传热设备。与前述的各种换热器相比，主要优点是：单位体积具有的传热面积较大以及传热效果较好；此外，结构简单，制造的材料范围较广，操作弹性也较大。因此在高温、高压和大型装置上多采用管壳式换热器。

管壳式换热器中，由于两流体的温度不同，管束和壳体的温度也不相同，因此它们的热膨胀程度也有差别。两流体的温度差较大（50 ℃以上）时，就可能由于热应力而引起设备变形，甚至弯曲或破裂，因此必须考虑这种热膨胀的影响。根据热补偿方法的不同，管壳式换热器有下面几种形式。

（1）带补偿圈的固定管板式

固定管板式即两端管板和壳体连接成一体，因此它具有结构简单和造价低廉的优点。但是由于壳程不易检修和清洗，因此壳方流体应是较洁净且不易结垢的物料。当两流体的温度差较大时，应考虑热补偿。图 2-8 为具有补偿圈（或称膨胀节）的固定板式换热器，即在外壳的适当部位焊上一个补偿圈,当外壳和管束热膨胀不同时,补偿圈发生弹性变形(拉伸或压缩),以适应外壳和管束不同的热膨胀程度。这种热补偿方法简单,但不宜用于两流体温度差太大(不大于 70 ℃)和壳方流体压强过高(一般不高于 600 kPa)的场合。

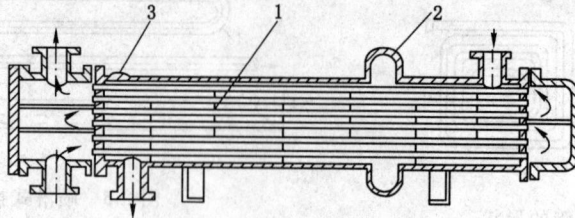

图 2-8　具有补偿圈的固定管板式换热器
1——挡板;2——补偿圈;3——放气嘴

(2) U 形管换热器

U 形管换热器如图 2-9 所示。管子弯成 U 形,管子的两端固定在同一管板上,因此每根管子可以自由伸缩,而与其他管子及壳体无关。

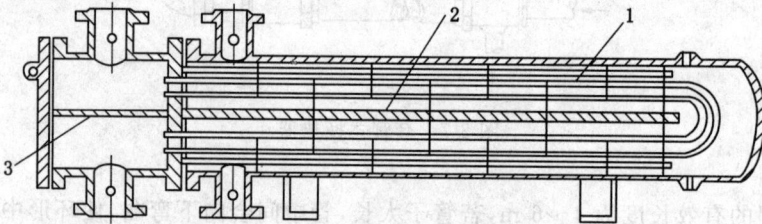

图 2-9　U 形管换热器
1——U 形管;2——壳程隔板;3——管程隔板

这种类型换热器的结构也较简单,重量轻,适用于高温和高压的场合。其主要缺点是:管内清洗比较困难,因此管内流体必须洁净;因管子需一定的弯曲半径,故管板的利用率较差。

(3) 浮头式换热器

浮头式换热器如图 2-10 所示。

两端管板之一不与外壳固定连接,该端称为浮头。当管子受热(或受冷)时,管束连同浮头可以自由伸缩,而与外壳的膨胀无关。

浮头式换热器不但可以补偿热膨胀,而且由于固定端的管板是以法兰与壳体相连接的,因此管束可从壳体中抽出,便于清洗和检修,故浮头式换热器应用较为普遍。但该种换热器结构较复杂,金属耗量较多,造价也较高。

五、夹套式换热器

这种换热器构造简单,如图 2-11 所示。换热器的夹套安装在容器的外部,夹套与器壁之间形成密闭的空间,为载热体(加热介质)或载冷体(冷却介质)的通路。夹套通常用钢或铸铁制成,可焊在器壁上或者用螺钉固定在容器的法兰或器盖上。

夹套式换热器主要应用于反应过程的加热或冷却。在用蒸汽进行加热时,蒸汽由上部

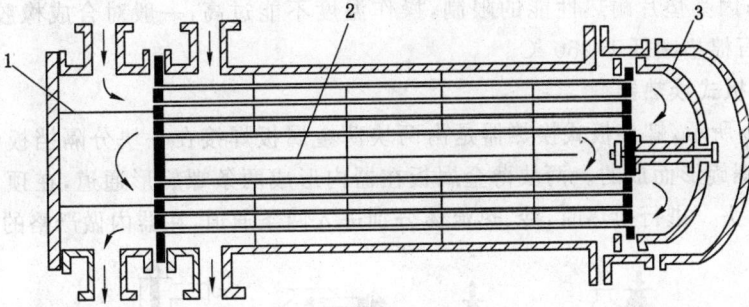

图 2-10　浮头式换热器
1——管程隔板；2——壳程隔板；3——浮头

接管进入夹套,冷凝水则由下部接管流出。作为冷却器时,冷却介质(如冷却水)由夹套下部的接管进入,而由上部接管流出。

　　这种换热器的传热系数较低,传热面又受容器的限制,因此适用于传热量不太大的场合。为了提高其传热性能,可在容器内安装搅拌器,使器内液体做强制对流;为了弥补传热面的不足,还可在器内安装蛇管等。

六、板式换热器

　　板式换热器主要由一组长方形的薄金属板平行排列、夹紧组装于支架上而构成。两相邻板片的边缘衬有垫片,压紧后可达到密封的目的,且可用垫片的厚度调节两板间流体通道的大小。每块板的四个角上,各开一个圆孔,其中

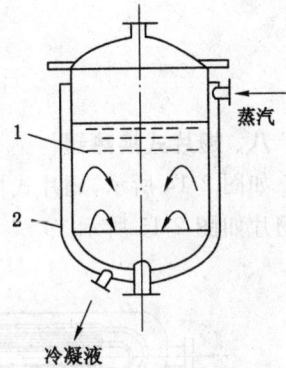

图 2-11　夹套式换热器
1——容器；2——夹套

有两个圆孔和板面上的流道相通,另外两个圆孔则不相通,它们的位置在相邻板上是错开的,以分别形成两流体的通道。冷、热流体交替地在板片两侧流过,通过金属板片进行换热。每块金属板面冲压成凹凸规则的波纹,以使流体均匀流过板面,增加传热面积,并促使流体湍动,有利于传热。板式换热器的示意图如图 2-12 所示。

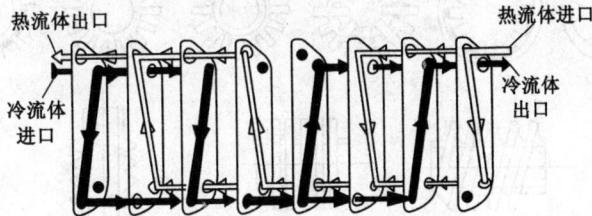

图 2-12　板式换热器的流向示意图

　　板式换热器的优点是:结构紧凑,单位体积设备所提供的传热面积大;总传热系数高,如对低黏度液体的传热,K 值可高达 7 000 W/(m² · ℃);可根据需要增减板数以调节传热面积;检修和清洗都较方便。

　　板式换热器的缺点是:处理量不太大;操作压强较低,一般低于 1 500 kPa,最高也不超

过 2 000 kPa;因受垫片耐热性能的限制,操作温度不能过高,一般对合成橡胶垫圈不超过 130 ℃,压缩石棉垫圈低于 250 ℃。

七、螺旋板式换热器

如图 2-13 所示,螺旋板式换热器是由两块薄金属板焊接在一块分隔挡板(图中心的短板)上并卷成螺旋形而成的。两块薄金属板在器内形成两条螺旋形通道,在顶、底部上分别焊有盖板或封头。进行换热时,冷、热流体分别进入两条通道,在器内做严格的逆流流动。

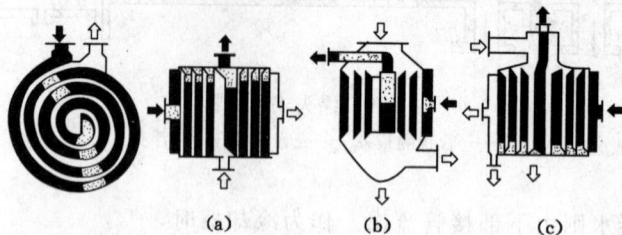

图 2-13 螺旋板式换热器

八、翅片式换热器

如图 2-14 所示,翅片式换热器的构造特点是在管子表面上装有径向或轴向翅片。常见的翅片如图 2-15 所示。

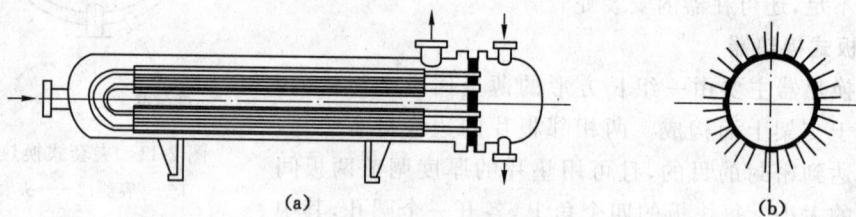

图 2-14 翅片式换热器

(a) 翅片式换热器;(b) 翅片管断面

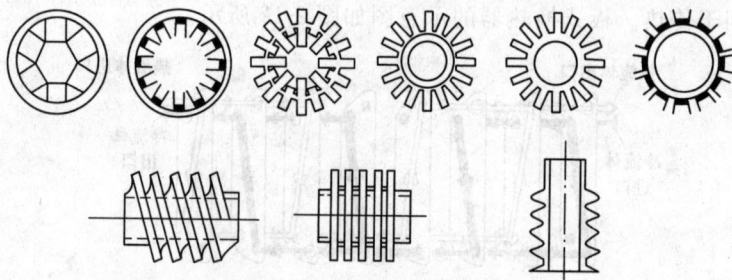

图 2-15 常见的翅片形式

当两种流体的对流传热系数相差很大时,例如用水蒸气加热空气,此传热过程的热阻主要在气体一侧。若气体在管外流动,则在管外装置翅片,既可扩大传热面积,又可增加流体的湍动,从而提高换热器的传热效果。一般来说,当两种流体的对流传热系数之比为

3:1或更大时,宜采用翅片式换热器。

翅片的种类很多,按翅片的高度不同,可分为高翅片和低翅片两种,低翅片一般为螺纹管。高翅片适用于管内、外对流传热系数相差较大的场合,现已广泛地应用于空气冷却器上。低翅片适用于两流体的对流传热系数相差不太大的场合,如对黏度较大液体的加热或冷却等。

九、热管换热器

这是一种新型的换热装置,如图 2-16 所示。一根密闭的金属管子,其内表面覆盖一层用毛细结构材料做成的芯网,管内充以定量的某种工作液体(载热介质),由于毛细力的作用,液体可渗透到芯网中去。当热流体流过加热段时,工作液体在芯网中吸收热量汽化,所产生的蒸气流至冷却段,遇到管外冷流体时凝结成液体放出潜热。冷凝液在毛细力的作用下回流至加热段再次沸腾,如此反复循环,连续不断地将热端的热量送到冷端。

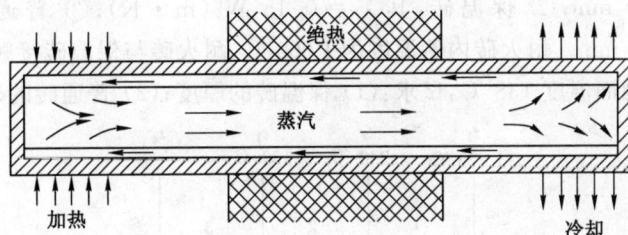

图 2-16 热管换热器

热管的材质可用不锈钢、铜、镍、铝等;载热介质可用液氨、液氮、甲醇、水,以及液态金属钾、钠、银等。温度在 $-200 \sim 2\,000$ ℃之间都可以应用。

在传统的管式换热器中,热量是穿过管壁在管内、外表面间传递的,而热管是通过工作液体的沸腾、冷凝过程把内、外表面间的传热巧妙地转化为两管外表面的传热,使冷、热两侧皆可采用加装翅片的方法进行强化。因此,热管换热器对于传热系数较小的气—气传热过程特别有效。

热管换热器目前已广泛应用于回收锅炉排出的废热以预热燃烧所需的空气,具有较好的经济效果。

本 章 小 结

通过本章的学习,应掌握热量传递的三种基本方式及它们的定义和特点;掌握热传导的计算:导热系数,单层、多层平壁热传导速率方程;掌握对流传热的机理,能够运用对流传热系数和对流传热速率方程对传热过程进行计算;掌握换热器的能量衡算,总传热速率方程和总传热系数的计算,并用平均温度差法进行传热计算;掌握强化传热的措施。

本章的学习,需要了解的内容为:对流传热系数的影响因素;换热器的类型、构造以及应用场合。

思 考 题

一、简答题

1. 传热的基本方式有哪几种？各有什么特点？

2. 影响对流传热系数的主要因素有哪些？

3. 有一高温炉，炉内温度高达 1 000 ℃以上，炉内有燃烧气体和被加热物体，试定性分析从炉内向外界大气传热的传热过程。

4. 强化传热过程的途径有哪几个方面？

5. 工业上常用的换热器主要有哪些类型？各有什么特点？

二、计算题

1. 燃烧炉的平壁从里到外由下列 3 种材料组成（图 2-17）：① 耐火砖，其 $\lambda_1 = 1.047$ W/(m·K)，$\delta_1 = 150$ mm；② 保温砖，其 $\lambda_2 = 0.15$ W/(m·K)；③ 普通砖，其 $\lambda_3 = 0.93$ W/(m·K)，$\delta_3 = 228$ mm。耐火砖内侧温度为 1 000 ℃，耐火砖与保温砖接触面温度 940 ℃，保温砖与普通砖的接触面温度 138 ℃，试求：(1) 保温砖的厚度；(2) 普通砖的外侧温度。

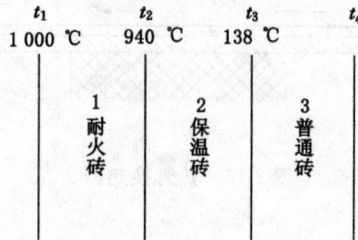

图 2-17 习题 1 图

2. 某燃烧炉的平壁（图 2-18）由一层耐火砖（其 $\lambda_1 = 1.047$ W/(m·K)）与一层普通砖（其 $\lambda_2 = 0.814$ W/(m·K)）砌成，两层厚度均为 100 mm。操作达到稳定后，测得炉壁的内表面温度是 700 ℃，外表面温度为 130 ℃。为了减少热量损失，在普通砖外表面上增加一层厚度为 40 mm 的保温材料（含 85% 的氧化镁，其热导率 $\lambda_3 = 0.07$ W/(m·K)）。待操作达到稳定后，又测得壁的内表面温度为 740 ℃，外表面（即保温层表面）温度为 90 ℃。试计算加保温层后，每小时每平方米的壁面各损失多少热量。

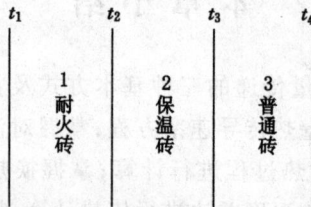

图 2-18 习题 2 图

3. 在某换热器内用 424.1 K 的饱和水蒸气加热空气,空气进口温度为 323 K,出口温度为 393 K。求换热过程的平均温度差。

4. 某厂欲使用列管式换热器,利用反应后产物的余热预热未反应物料,产物的初温为 500 K,比热容为 1.4 kJ/(kg·K),原料的初温为 300 K,要求预热到 400 K,比热容为 1.1 kJ/(kg·K)。两流体的流量均为 1 800 kg/h,逆流换热。若传热系数 K 为 50 W/(m²·K),求所需的换热面积。

5. 精馏塔塔釜温度若为 398 K,用 473 K 高压蒸汽加热(此时蒸汽压为 16 atm(1 atm =101 325 Pa))。经过热量衡算,已知该塔釜每小时要供热 1 690 000 kJ。试计算塔釜需要加热的面积为多少。(已知塔釜沸腾时传热膜系数 α=1 000 W/(m²·K),加热蒸汽冷凝时的传热膜系数 α_2=1 750 W/(m²·K),钢的热导率 λ=49 W/(m·K),列管壁厚 b=3 mm)

6. 换热器间壁的一侧为蒸汽冷凝,对流传热膜系数为 10 000 W/(m²·K);另一侧为被加热的冷空气,对流传热膜系数 10 W/(m²·K),壁厚 2 mm,其热导率为 384 W/(m·K)。求传热系数 K。为了提高 K 值,在其他条件不变的情况下,设法提高对流传热膜系数,即 ① 将空气侧对流传热膜系数提高一倍;② 将蒸汽侧对流传热膜系数提高一倍。试分别计算 K 值。

7. 某化工厂用 0.2 MPa(表压)的饱和水蒸气将环丁砜水溶液由 105 ℃加热到 115 ℃后,送再生塔再生。已知溶液体积流量 q_V 为 200 m³·h⁻¹,溶液的密度 ρ=1 080 kg·m⁻³,比定压热容 c_p= 2.93×10³ J·kg⁻¹·K⁻¹,所用换热器的传热系数 K=700 W·m⁻²·K⁻¹。试求水蒸气消耗量和所需的传热面积。

第三章 吸 收

【本章重点】吸收过程的相平衡关系,溶解度曲线,亨利定律,吸收塔的物料衡算和操作线方程。

【本章难点】双膜理论的基本论点,填料吸收塔的计算。

【学习目标】掌握吸收过程的机理;知道气体在液体中溶解度的变化规律及温度、压力等对吸收操作的影响;能进行吸收塔的物料衡算;知道填料塔的结构、各部分的作用。

第一节 概 述

吸收是化工生产过程中分离气体混合物的重要方法之一,是化工单元操作中的一种典型扩散传质过程。它是根据气体混合物各组分在所选择的液体中溶解度的不同而达到分离目的的。

一、吸收过程概述

利用混合气体中各组分在同一液体(溶剂)中溶解度的不同而实现分离的过程称为气体吸收。混合气体中,能够溶解于溶剂中的组分称为吸收质或溶质,以 A 表示;不溶解的组分称为惰性组分,以 B 表示;吸收所采用的溶剂称为吸收剂,以 S 表示;吸收后得到的溶液称为吸收液,其成分为吸收剂 S 和溶质 A;排出的气体称为吸收尾气,其主要成分是惰性组分 B 和未被吸收的组分 A。吸收过程常在吸收塔中进行。吸收塔既可以是填料塔,也可以是板式塔。

与吸收操作相反,从溶液(溶剂+溶质)中分离出已被吸收的气体的操作称为解吸。

图 3-1 为逆流操作的填料吸收塔示意图。

二、吸收在化工生产中的应用

在化工生产中,吸收操作被广泛地应用于原料气的净制或气相产品的分离、对生产过程有害气体的去除以及工业排放尾气的净化、防止大气污染等。工业生产部门应用吸收的目的主要有三个方面:

① 回收或捕获气体混合物中的有用成分,以制得液相成品或中间产品;

② 分离气体混合物,以分得一种或几种有用组分;

③ 除去有害杂质,以实现气体净化或获得精制气体。

应当指出,对于气体混合物的分离,气体的净化和有价值组分的回收,除了使用吸收方

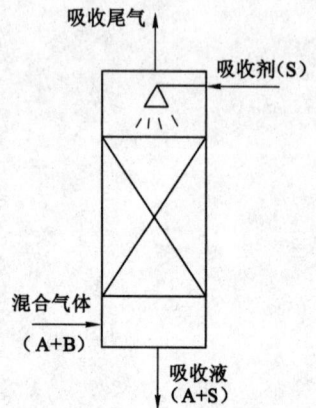

图 3-1 逆流操作的填料
吸收塔示意图

法外,还可以采用吸附、深度冷冻、膜分离等方法,但当气体处理量较大、提取的组分不要求很完全时,吸收是最好的方法。

三、吸收的分类

1. 物理吸收与化学吸收

物理吸收时溶质与溶剂不发生明显的化学反应,如用水吸收二氧化碳,用洗油吸收芳烃过程等。相反,化学吸收时溶质与吸收剂发生较明显的化学反应,如用硫酸吸收氨、用碱液吸收二氧化碳等。

2. 等温吸收与非等温吸收

等温吸收过程中气、液两相温度无明显变化。只有当混合气体中被吸收组分的含量极低,或吸收剂用量较大而没有显著的热效应时,吸收过程才被视为等温吸收。

非等温吸收过程中气、液两相的温度发生明显变化。如用水吸收 HCl 生产盐酸、用硫酸溶液吸收 SO_3 生产浓硫酸,在吸收过程中都会释放大量的反应热而使溶液的温度明显上升。

3. 单组分吸收与多组分吸收

吸收过程按被吸收组分数目的不同,可分为单组分吸收和多组分吸收。若混合气体中只有一个组分进入液相,其余组分可认为不溶于吸收剂,这种吸收过程称为单组分吸收,如用水吸收氯化氢气制取盐酸、用碳酸丙烯酯吸收合成气(含有 N_2,H_2,CO,CO_2 等)中的 CO_2 等。如果混合气中有两个或多个组分进入液相,这样的吸收称为多组分吸收。如用洗油处理焦炉气时,气体中的苯、甲苯、二甲苯等几种组分在洗油中都有显著的溶解,则属于多组分吸收的情况。

四、吸收剂的选择

实践证明,吸收的好坏与吸收剂用量关系很大,而吸收剂用量又随吸收剂的种类而变。可见,选择吸收剂是吸收操作的重要环节。选择吸收剂时,通常从以下几个方面考虑。

① 溶解度

吸收剂对于吸收质的溶解度应尽可能大,这样可以加快吸收过程并减少吸收剂本身的消耗量。

② 选择性

吸收剂要在对溶质组分有良好吸收能力的同时,对混合气体中的其他组分应能基本上不吸收或吸收甚微,否则不能实现有效分离。

③ 挥发度

操作温度下吸收剂的蒸气压要低,即挥发度要小,以减少吸收过程中吸收剂的损失。

④ 腐蚀性

吸收剂若无腐蚀性,则对设备材质无过高要求,可以减少设备费用。

⑤ 黏度

操作条件下吸收剂的黏度要低,这样可以改善吸收塔内的流动状况从而提高吸收速率,且有助于降低输送能耗,还能减小传热阻力。

⑥ 其他

吸收剂还应具有较好的化学稳定性,不易产生泡沫,无毒性,不易燃,凝固点低,价廉易得等经济和安全条件。

实际生产中,满足上述全部条件的吸收剂是很难找到的,往往要对可供选择的吸收剂进行全面的评价以做出经济合理的选择。

第二节　吸收过程的相平衡关系

吸收过程的相平衡关系,是指气液两相达到平衡时,被吸收的组分(溶质)在两相中的组成关系,即气体溶质在吸收剂中的平衡溶解度。因此,气体在液体中的平衡溶解度是气、液两相平衡关系的一种定量表示方法。

一、气相和液相组成的表示方法

① 质量分数。混合物中某组分的质量与混合物总质量的比值,称为该组分的质量分数,以 x_W 表示。

② 摩尔分数。混合物中某组分的摩尔数与混合物总摩尔数的比值,称为该组分的摩尔分数,以 x 表示。

③ 比质量分数。混合物中某两个组分的质量之比称为比质量分数,以 $X_W(Y_W)$ 表示。

④ 比摩尔分数。混合物中某两个组分的摩尔数之比称为比摩尔分数,以 X(或 Y)表示。

⑤ 质量浓度。单位体积中所含组分的质量,称为该组分的质量浓度,以 C_W 表示。

⑥ 摩尔浓度。单位体积中所含组分的千摩尔数,称为该组分的摩尔浓度,以 C 表示。

⑦ 气体混合物中各组分的组成,除了可用上述方法表示外,还可以用组分的分压和分体积来表示。

二、溶解度和溶解度曲线

在一定的温度和压力下,气体混合物与一定量的吸收剂接触时,气相中的吸收质会溶解于吸收剂中,液相浓度逐渐增加,直至气液两相达到平衡。

平衡状态下,溶液上方气相中溶质的分压称为当时条件下的平衡分压或饱和分压;而液相中所含溶质气体的组成,称为在当时条件下气体在液体中的饱和浓度或平衡溶解度,简称溶解度。习惯上,溶解度是用溶解在单位质量的液体溶剂中溶质气体的质量来表示的,单位为:千克气体溶质/千克液体溶剂。

溶解度随物系、温度和压强的不同而异,通常由实验测定。在恒定温度下,将溶质在气液相平衡状态下的组成关系图用曲线形式表示,称为溶解度曲线。图 3-2、图 3-3、图 3-4 分别表示氨、二氧化硫和氧在水中的溶解度与其气相平衡分压之间的关系(以温度为参数)。

由图 3-2、图 3-3、图 3-4 可知,相同温度下的溶解度 $NH_3 > SO_2 > O_2$。

从图 3-2 可知,在一定温度下,气体组分的溶解度随着该组分在气相中的平衡分压的增大而增大;而在相同的平衡分压下,气体组分的溶解度则随着温度的升高而减小。因此,加压降温有利于吸收。

三、气、液相平衡关系——亨利定律

在一定的温度下,当总压不大时,吸收质在稀溶液中的溶解度与它在气相中的平衡分压成正比。这一关系式称为亨利定律,其数学表达式为

$$p_A^* = E x_A \tag{3-1}$$

式中　p^*——溶质在气相中的平衡分压,kPa;

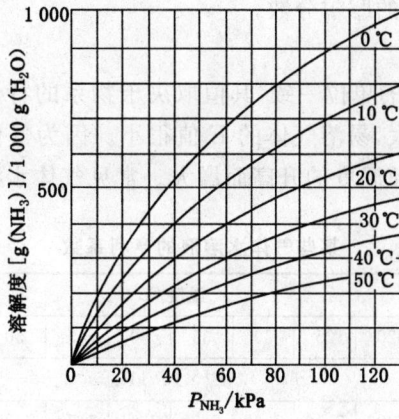

图 3-2 氨在水中的溶解度图

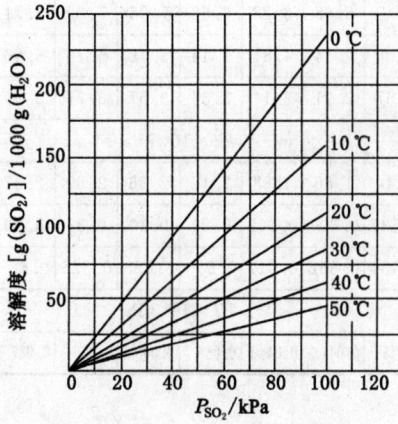

图 3-3 二氧化硫在水中的溶解度图

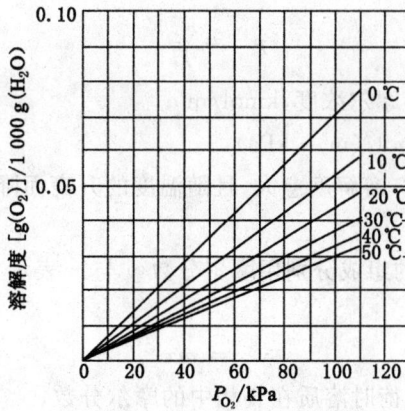

图 3-4 氧在水中的溶解度

x_A——溶质在液相中的摩尔分数；

E——亨利系数，kPa。

亨利系数的单位与压强的单位一致，其值取决于物系的特性与体系的温度。在同一种溶剂中，难溶气体的 E 值很大，易溶气体的 E 值很小。因为气体在液体中的溶解度随温度的升高而下降，故一般 E 值随温度的升高而增大。常见气体水溶液的亨利系数见表 3-1。

表 3-1　　　　　　　　　　　　某些气体水溶液的亨利系数　　　　　　　　　　单位：10^5 kPa

气体	温度/℃															
	0	5	10	15	20	25	30	35	40	45	50	60	70	80	90	100
	$E/\times 10^5$ kPa															
H_2	5.87	6.16	6.44	6.70	6.92	7.16	7.39	7.52	7.61	7.70	7.75	7.75	7.71	7.65	7.61	7.55
N_2	5.35	6.05	6.77	7.48	8.15	8.76	9.36	9.98	10.5	11.0	11.4	12.2	12.7	12.8	12.8	12.8
空气	4.38	4.94	5.56	6.15	6.73	7.30	7.81	8.34	8.82	9.23	9.59	10.2	10.6	10.8	10.9	1.8
CO	3.57	4.01	4.48	4.95	5.43	5.88	6.28	6.68	7.05	7.39	7.71	8.32	8.57	8.57	8.57	8.57
O_2	2.5	2.95	3.31	3.69	4.06	4.44	4.81	5.14	5.42	5.70	5.96	6.37	6.72	6.96	7.08	7.10
NO	1.71	1.96	2.21	2.45	2.67	2.91	3.14	3.35	3.57	3.77	3.95	4.24	4.44	4.54	4.58	4.60
	$E/\times 10^5$ kPa															
CO_2	0.738	0.888	1.05	1.24	1.44	1.66	1.88	2.12	2.36	2.60	2.87	3.46	—	—	—	—
Cl_2	0.272	0.334	0.399	0.461	0.537	0.604	0.669	0.74	0.80	0.86	0.90	0.97	0.99	0.97	0.96	
H_2S	0.272	0.319	0.372	0.418	0.489	0.552	0.617	0.686	0.755	0.825	0.689	1.04	1.21	1.37	1.46	1.50
	$E/\times 10^4$ kPa															
SO_2	0.016 7	0.020 3	0.024 5	0.029 4	0.035 5	0.041 3	0.048 5	0.056 7	0.066 1	0.076 3	0.087 1	0.111	0.139	0.17	0.201	—

由于浓度表示方法不同，亨利定律还有其他表达形式。

1. $p—C$ 关系

当液相组成以摩尔浓度表示，而气相组成仍以分压表示时，则亨利定律具有如下形式：

$$p^* = \frac{C}{H} \tag{3-2}$$

式中　C——溶质在液相中的摩尔浓度，$kmol/m^3$；

H——溶解度系数，$kmol/(m^3 \cdot kPa)$。

与亨利系数相反，H 愈大，溶解度愈大，且随温度的升高而降低。

2. $y—x$ 关系

若溶质在气相与液相中的组成分别用摩尔分数 y 与 x 表示，则亨利定律又可写成如下形式：

$$y^* = mx \tag{3-3}$$

式中　$y*$——与液相组成平衡时溶质在气相中的摩尔分数；

m——相平衡常数，无因次。

m 愈大，溶解度愈小，且随温度的升高而增大。

根据组成之间的关系，可以推导出亨利系数、溶解度系数和相平衡常数三个常数之间的关系：

$$H = \frac{C}{Ex} \tag{3-4}$$

$$m = \frac{E}{P} \tag{3-5}$$

对于稀溶液，溶液中溶质的浓度很小，因此 $C \approx \rho/M_S$。其中 ρ 为溶液的密度，M_S 为溶剂的相对分子量，故

$$H = \frac{\rho}{EM_S} \tag{3-6}$$

3. $Y—X$ 关系

若溶质在液相和气相中的组成分别用比摩尔分数 X 及 Y 表示时，对于单组分吸收则有

$$x = \frac{X}{1+X}, \quad y = \frac{Y}{1+Y}$$

将上两式代入式(3-3)，经整理可得

$$Y^* = \frac{mX}{1+(1-m)X} \tag{3-7}$$

当稀溶液中溶质的组成很小时，即 X 值很小时，$(1-m)X$ 项很小，可忽略不计。式(3-7)的分母趋近于 1，则式(3-7)可简化为

$$Y^* = mX \tag{3-8}$$

【例 3-1】 含有 35％ CO_2（体积分数）的气体混合物与水进行充分接触，总压力为 101.33 kPa，温度为 303 K。试求液相中 CO_2 的最大平衡组成，计算每千克水中含有的 CO_2 的质量。

解 在水中微溶的 CO_2 形成稀溶液，故达到平衡时溶液的最大含量可按亨利定律计算：

$$x_A^* = \frac{p_A}{E}$$

由表 3-1 查得：在 303 K 时 CO_2 的亨利系数 $E = 188\ 000$ kPa，按题意，CO_2 的平衡分压为：

$$p = 101.33 \times 35％ = 35.47 \text{ kPa}$$

故　　　　　　　　$x_A^* = 35.47/188\ 000 = 0.000\ 188\ 7$

即液相中 CO_2 的最大摩尔分数为 0.000 188 7。

由于 CO_2 微溶于水，溶液浓度很低，溶液可按水计算，每千克水中含有的 CO_2 质量为

$$0.000\ 188\ 7 \times \frac{44}{18} = 4.6 \times 10^{-4} \text{ kg}$$

四、相平衡关系在吸收操作过程中的应用

(1) 选择吸收剂和确定适宜的操作条件

性能优良的吸收剂和适宜的操作条件综合体现在相平衡数 m 值上。溶剂对溶质的溶解度大，加压和降温均可使 m 值降低，有利于吸收操作。

(2) 判断过程进行的方向

根据气、液两相的实际组成与相应条件下平衡组成的比较，可判断过程进行的方向。若气相的实际组成 Y_A 大于与液相相平衡的组成 $Y_A^* (= mX_A)$，则为吸收过程；反之，若 $Y_A^* > Y_A$，则为解吸过程；$Y_A^* = Y_A$，系统处于相平衡状态。

（3）计算过程推动力

气相或液相的实际组成与相应条件下的平衡组成的差值表示传质的推动力。对于吸收过程,传质的推动力为 $Y_A - Y_A^*$ 或 $X_A^* - X_A$;解吸过程的推动力则表示为 $Y_A^* - Y_A$ 或 $X_A - X_A^*$。

（4）确定过程进行的极限

平衡状态即过程进行的极限。对于逆流操作的吸收塔,无论吸收塔有多高,吸收剂用量有多大,吸收尾气中溶质组成的最低极限是与入塔吸收剂组成呈平衡的;吸收液的最大组成不可能高于与入塔气相组成呈平衡的液相组成。总之,相平衡限定了被净化气体离开吸收塔的最低组成和吸收液离开塔时的最高组成。

相平衡关系在吸收、解吸操作中的应用在 $Y-X$ 坐标图上表达更为清晰,如图 3-5 所示。气相组成在平衡线上方（点 A）进行吸收过程,吸收过程的推动力为 $Y_A - Y_A^*$ 或 $X_A^* - X_A$。气相组成处在平衡线下方（点 B）,则为解吸操作,解吸的推动力为 $Y_A^* - Y_A$ 或 $X_A - X_A^*$。气相组成在平衡线上（点 C）为平衡状态。

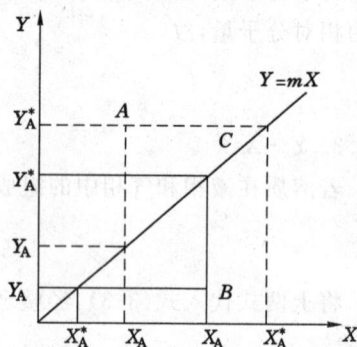

图 3-5　相平衡关系的应用

第三节　吸收过程机理

一、传质的基本方式

吸收过程是溶质从气相转移到液相的质量传递过程。由于溶质从气相转移到液相是通过扩散进行的,因此传质过程也称为扩散过程。扩散的基本方式有两种:分子扩散及对流扩散,而实际传质操作中多为对流扩散。

（1）分子扩散

物质以分子运动的方式通过静止流体的转移,或物质通过层流流体,且传质方向与流体的流动方向相垂直的转移,导致物质从高浓度处向低浓度处传递,这种传质方式称为分子扩散。分子扩散只是分子热运动的结果,扩散的推动力是浓度差,扩散速率主要决定于扩散物质和静止流体的温度及某些物理性质。

分子扩散现象在我们日常生活中经常遇到。将一勺砂糖放入一杯水之中,片刻后整杯的水就会变甜;在密闭的室内,酒瓶盖被打开后,在其附近很快就可闻到酒味,这都是分子扩散的表现。

（2）对流扩散

物质通过湍流流体转移称为对流扩散。对流扩散时,扩散物质不仅依靠本身的分子扩散作用,并且依靠湍流流体的携带作用而转移,而后者的作用是主要的。因此,对流扩散速率比分子扩散速率大得多,对流扩散速率主要取决于流体的湍动程度。

滴一滴蓝墨水进水中,同时加以强烈的机械搅动,可以看到水变蓝的速度比不搅动时快得多。这种扩散方式主要是对流扩散。

二、双膜理论

由于吸收过程是物质在两相之间的传递，其过程极为复杂。为了从理论上说明这个机理，曾提过多种不同的理论，其中应用最广泛的是 1923 年由刘易斯和惠特曼提出的双膜理论。双膜理论的模型如图 3-6 所示，双膜理论的基本要点如下：

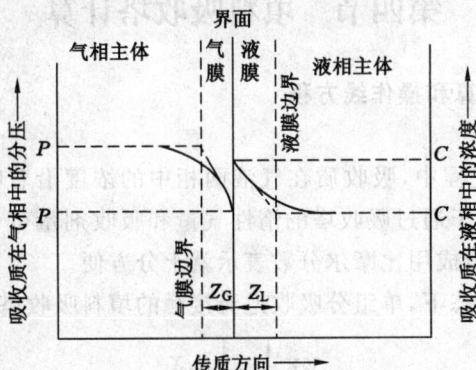

图 3-6　双膜理论示意图

① 相互接触的气、液两流体间存在着稳定的相界面，界面两侧各有一个很薄的有效层流膜层。吸收质以分子扩散方式通过此两膜层。

② 在相界面处，气、液两相互成平衡，溶质通过界面由一相进入另一相时，界面本身对扩散无阻力。

③ 在膜层以外的气、液两相中心区，由于流体充分湍动，吸收质的浓度是均匀的，即两相中心区内浓度梯度为零，全部浓度变化集中在相界面两侧的气膜和液膜之内。

通过以上假设，就把整个相际传质过程简化为经由气、液两膜的分子扩散过程。双膜理论认为相界面上处于平衡状态。这样，整个相际传质过程的阻力便全部体现在两个有效膜层里。在两相主体浓度一定的情况下，两膜的阻力便决定了吸收速率的大小。因此，双膜理论也可称为双阻力理论。

双膜理论把复杂的相际传质过程大为简化。对于具有固定相界面的系统及速度不高的两流体间的传质，双膜理论与实际情况是相当符合的。根据这一理论的基本概念所确定的相际传质速率关系，至今仍是传质设备设计的主要依据，这一理论对于生产实际具有重要的指导意义。

根据流体力学原理，流体湍动程度越大，膜的厚度越薄。因此，提高流体湍动程度，可以减少扩散阻力，提高吸收速率。

① 溶解度很大的情况：当吸收质在液相中的溶解度甚大时，亨利系数 E 值很小，因此，当混合气体总压 P 一定时，相平衡常数 $m = E/P$ 亦很小，则吸收总阻力主要由气膜吸收阻力所构成。这就是说，吸收质的吸收速率主要受气膜一方的吸收阻力所控制，故称为气膜阻力控制。在这种情况下，气膜阻力是构成吸收阻力的主要矛盾，液膜阻力就可以忽略不计。对于气膜控制过程，要强化传质，提高吸收速率，应设法降低气膜阻力。

② 溶解度很小的情况：当吸收质在液相中的溶解度甚小时，亨利系数 E 值很大，相平衡常数 m 亦很大，则液膜阻力构成了吸收阻力的主要矛盾，气膜阻力可忽略不计，这种情况称

为液膜阻力控制。对于液膜控制过程,要强化传质,提高吸收速率,应设法降低液膜阻力。

③ 溶解度适中的情况:在这种情况下,气、液两相阻力都较显著,不容忽略,称为双膜控制过程。降低气膜或液膜阻力均能提高吸收速率,但降低高的一侧的阻力效果更明显。

第四节　填料吸收塔计算

一、吸收塔的物料衡算和操作线方程

(一) 全塔物料衡算

在单组分气体吸收过程中,吸收质在气液两相中的浓度沿着吸收塔高不断的变化,气液两相的总量也变化。由于通过吸收塔的惰性气量和吸收剂量可认为不变,因而在进行吸收物料衡算时气、液两相组成用比摩尔分数表示就十分方便。

图 3-7 为稳定操作状态下,单组分吸收逆流接触的填料吸收塔。

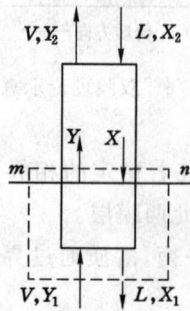

图 3-7　吸收塔的物料衡算

V——通过吸收塔的惰性气体量,kmol/s;L——通过吸收塔的吸收剂量,kmol/s;

Y_1、Y_2——进塔、出塔气体中溶质的比摩尔分数;X_1、X_2——出塔、进塔溶液中溶质的比摩尔分数。

(注意:本章中塔底截面一律以下标"1"代表,塔顶截面一律以下标"2"代表)

对单位时间内进、出吸收塔的溶质量做物料衡算,可得下式:

$$VY_1 + LX_2 = VY_2 + LX_1$$

整理,得

$$V(Y_1 - Y_2) = L(X_1 - X_2) = G_A \tag{3-9}$$

G_A 为单位时间内全塔吸收的吸收质的量,单位与 V、L 一致。

一般情况下,进塔混合气的组成与流量是吸收任务规定的,如果吸收剂的组成与流量已经确定,则 V、Y_1、L 及 X_2 皆为已知数。又根据吸收操作的分离指标吸收率 φ,可以得知气体出塔时的浓度 Y_2:

$$Y_2 = Y(1 - \varphi) \tag{3-10}$$

式中 $\varphi = (Y_1 - Y_2)/Y_1$,表示气相中溶质被吸收的百分率,称为吸收率。

(二) 操作线方程与操作线

在逆流操作的填料塔内,气体自下而上,其组成由 Y_1 逐渐变至 Y_2,液体自上而下,其组成由 X_2 变成 X_1。那么,填料层中各个截面上的气、液浓度 Y 与 X 之间的变化关系,需在填料层中的任一截面与塔的任一端面之间做物料衡算。在图 3-7 所示的塔内任取 m—n 截面

与塔底(图示虚线范围)做溶质的物料衡算,得:

$$VY + LX_1 = VY_1 + LX$$

整理得

$$Y = \frac{L}{V}X + \left(Y_1 - \frac{L}{V}X_1\right) \tag{3-11}$$

式中 Y——m—n 截面上气相中溶质的比摩尔分数;

X——m—n 截面上液相中溶质的比摩尔分数。

上式称为吸收塔的操作线方程,它表明塔内任一截面上的气相组成 Y 与液相组成 X 成线性关系,直线的斜率为 L/V,该直线通过点 $B(X_1,Y_1)$ 及点 $T(X_2,Y_2)$。图 3-8 中的直线 BT 即为逆流吸收塔的操作线。操作线 BT 上任一点 A 的坐标(X,Y)代表塔内相应截面上液、气组成 X、Y,端点 B 代表填料层底部端面,即塔底的情况,该处具有最大的气液组成,故称之为"浓端";端点 T 代表填料层顶部端面,即塔顶的情况,该处具有最小的气液组成,故称之为"稀端"。图 3-8 中的曲线 OE 为相平衡曲线。当进行吸收操作时,在塔内任一截面上,溶质在气相中的实际组成总高于与其相接触的液相平衡组成,所以吸收操作线 BT 总是位于平衡线 OE 的上方。反之,如果操作线位于相平衡曲线的下方,则应进行解吸过程。

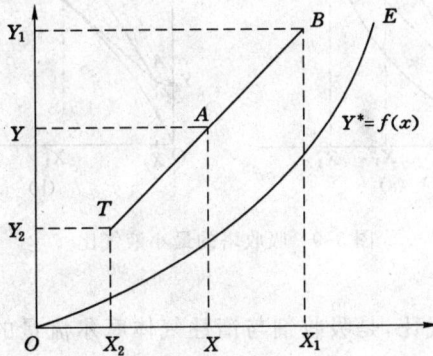

图 3-8 逆流吸收的操作线

应指出,操作线方程式及操作线都是由物料衡算得来的,与系统的平衡关系、操作温度和压力、塔的结构形式等无关。

【例 3-2】 用填料吸收塔从空气中回收甲醇,用水做吸收剂,已知混合气中甲醇蒸气的体积分数为 6%,所处理的混合气中的空气量为 1 400 m³/h,操作在 293 K 和 101.3 kPa 下进行,要求回收率达 98%。若吸收剂用量为 3 m³/h,求吸收塔溶液出口含量。

解 按题意,先将组成换算成比摩尔分数

塔底: $Y_1 = \dfrac{6}{100-6} = 0.063\ 8$

塔顶: $Y_2 = Y_1(1-98\%) = 0.063\ 8 \times 0.02 = 0.001\ 28$

$\qquad\qquad X_2 = 0$

入塔空气流量: $V = \dfrac{101.3 \times 1\ 400}{8.314 \times 293} = 58.2 \text{ kmol/h}$

吸收剂的用量: $L = 3 \times 1\ 000/18 = 166.67 \text{ kmol/h}$

溶液出口含量便可由全塔物料衡算求出：

$$V(Y_1 - Y_2) = L(X_1 - X_2)$$

$$X_1 = \frac{V(Y_1 - Y_2)}{L} + X_2 = \frac{58.2(0.063\,8 - 0.001\,28)}{166.67} + 0 = 0.021\,83$$

故溶液出口含量为 0.021 83。

二、吸收剂用量的决定

（一）吸收剂的单位耗用量

由逆流吸收塔的物料衡算可知

$$\frac{L}{V} = \frac{Y_1 - Y_2}{X_1 - X_2} \tag{3-12}$$

在 V、Y_1、Y_2、X_2 已知的情况下，吸收塔操作线的一个端点 $A(X_2、Y_2)$ 已经固定，另一个端点 B 则在水平线 $Y = Y_1$ 上移动，点 B 的横坐标取决于操作线的斜率 L/V，若 V 值一定，则取决于吸收剂流量 L 的大小，如图 3-9 所示。

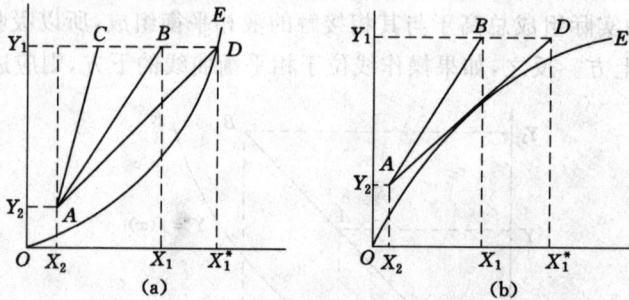

图 3-9　吸收塔的最小液气比

操作线的斜率称为液气比，是吸收剂与惰性气体摩尔流量的比，即处理含单位千摩尔惰性气的原料气所用的纯吸收剂耗用量大小。液气比对吸收设备尺寸和操作费用有直接的影响。

当吸收剂用量增大，即操作线的斜率 L/V 增大，则操作线向远离平衡线方向偏移，如图 3-9 中 AC 线所示，此时操作线与平衡线间的距离增大，即各截面上吸收推动力$(Y - Y^*)$增大。若在单位时间内吸收同样数量的溶质，设备尺寸可以减小，设备费降低；但是，吸收剂消耗量增加，出塔液体中溶质含量降低，吸收剂再生所需的设备费和操作费均增大。

若减少吸收剂用量，L/V 减小，操作线向平衡线靠近，传质推动力$(Y - Y^*)$必然减小，所需吸收设备尺寸增大，设备费用增大。当吸收剂用量减小到使操作线的一个端点与平衡线相交，如图 3-9 中 AD 线所示，在交点处相遇的气液两相组成已相互平衡，此时传质过程的推动力为零，因而达到此平衡所需的传质面积为无限大（塔为无限高）。这种极限情况下的吸收剂用量称为最小吸收剂用 $(L/V)_{min}$ 表示，相应的液气比称为最小液气比，用 L_{min} 表示。显然，对于一定的吸收任务，吸收剂的用量存在着一个最低极限，若实际液气比小于最小液气比，便不能达到设计规定的分离要求。

由以上分析可见，吸收剂用量的大小，从设备费与操作费两方面影响到生产过程的经济效益，应选择一个适宜的液气比，使两项费用之和最小。根据实践经验，一般情况下取操

作液气比为最小液气比的 1.1～2.0 倍较为适宜。即;

$$\frac{L}{V} = (1.1 \sim 2.0)\left(\frac{L}{V}\right)_{\min} \tag{3-13}$$

必须指出,为了保证填料表面能被液体充分润湿,还应考虑到单位时间每平方米塔截面上流下的液体量(称为喷淋密度)不得小于某一最低允许值。如果按式(3-13)算出的吸收剂用量不能满足充分润湿填料的起码要求,则应采用更大的液气比。

(二) 最小液气比的求法

最小液气比可用图解或计算法求出。

(1) 图解法

一般情况下,平衡线如图 3-9(a)所示,由图读出与 Y_1 相平衡的 X_1^* 数值后,用下式计算最小液气比:

$$\left(\frac{L}{V}\right)_{\min} = \frac{Y_1 - Y_2}{X_1^* - X_2} \tag{3-14}$$

如果平衡线为图 3-9(b)所示的曲线,则应过点 A 作平衡曲线的切线,由图读出点 D 的横坐标 X_1^* 的数值,代入式(3-14)计算最小液气比。

(2) 计算法

若平衡线为直线并可表示为 $Y^* = mX$ 时,则式(3-14)可表示为

$$\left(\frac{L}{V}\right)_{\min} = \frac{Y_1 - Y_2}{\dfrac{Y_1}{m} - X_2} \tag{3-15}$$

三、塔径的计算

填料塔的直径与体系的物性和所选填料的种类及尺寸,以及气体在塔内的流速密切相关,通常按下式计算。

$$D = \sqrt{\frac{4q_V}{\pi u}} \tag{3-16}$$

式中　D——吸收塔的直径,m;

q_V——操作条件下混合气体的体积流量,m^3/s;

u——空塔气速,即按空塔截面计算的混合气体的线速度,m/s。

应予指出,在吸收过程中,由于溶质不断进入液相,故混合气体流量由塔底至塔顶逐渐减小。在计算塔径时,一般应以塔底的气量为依据。

【例 3-3】 在填料吸收塔中用水洗涤某混合气,进入吸收塔的惰性气体量为 37.8 kmol/h,要除去其中含量为 9%(摩尔分数)的 SO_2,要求 SO_2 的回收率为 90%,作为吸收剂的水不含 SO_2,取实际吸收剂用量为最小用量的 1.2 倍,并查得操作条件下 $X_1^* = 0.0032$,试计算每小时吸收剂用量,并求溶液的出口浓度。

解　气体的进口组成

$$Y_1 = \frac{9}{100 - 9} = 0.099$$

$$回收率 = \frac{Y_1 V_B - Y_2 V_B}{Y_1 V_B} = \frac{Y_1 - Y_2}{Y_1}$$

故气体出口组成　$Y_2 = Y_1(1 - 回收率) = 0.099 \times (1 - 90\%) = 0.0099$

吸收剂进口组成 $\qquad X_2 = 0$

惰性气体流量 $\qquad V_B = 37.8 \text{ kmol/h}$

$$L_{min} = \frac{V_B(Y_1 - Y_2)}{X_1^* - X_2} = \frac{37.8 \times (0.099 - 0.009\,9)}{0.003\,2 - 0} = 1\,052 \text{ kmol/h}$$

实际吸收剂用量 $L_实$ 为

$$L_实 = 1.2 L_{min} = 1.2 \times 1\,052 = 1\,263 \text{ kmol/h}$$

在实际用量下,溶液出口浓度可由全塔物料衡算求得

$$X_1 = \frac{V_B(Y_1 - Y_2)}{L_S} + X_2 = \frac{37.8 \times (0.099 - 0.009\,9)}{1\,263} + 0 = 0.002\,67$$

第五节 填 料 塔

气体吸收常用的设备是塔设备,可以是填料塔,也可以是板式塔。填料塔和板式塔相比,具有结构简单,生产能力大、分离效率高、压降小、操作弹性大、易用耐腐蚀材料制作等特点,因此在吸收和精馏操作中得到广泛应用。

一、填料塔的构造

填料塔由塔体、填料、液体分布装置、填料压板、填料支承装置、液体再分布装置等构成,如图 3-10 所示。

填料塔操作时,液体自塔上部进入,通过液体分布器均匀喷洒在塔截面上并沿填料表面成膜状流下。当塔较高时,由于液体有向塔壁面偏流的倾向,液体分布逐渐变得不均匀,因而经过一定高度的填料层需要设置液体再分布器,将液体重新均匀分布到下段填料层的截面上,最后液体经填料支承装置由塔下部排出。

气体自塔下部经气体分布装置送入,通过填料支承装置在填料缝隙中的自由空间上升并与下降的液体相接触,最后从塔上部排出。为了除去排出气体中夹带的少量雾状

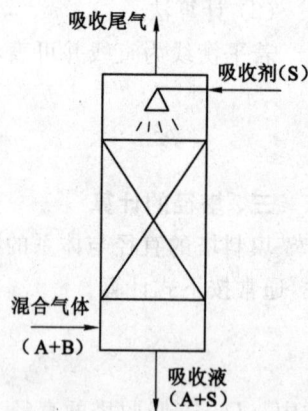

图 3-10 填料塔

液滴,在气体出口处常装有除沫器。填料层内气液两相呈逆流接触,填料的润湿表面即为气液两相接触的有效传质面积。

二、填料及其特性

(一)填料特性

填料是具有一定几何形体结构的固体元件。填料的作用是使气液两相的接触面积增大。填料塔操作性能的优劣,与所选择的填料密切相关,因此,根据填料特性,合理选择填料十分重要。填料的主要性能可由以下特征参数表示:① 比表面积 a;② 空隙率 ε;③ 单位体积内堆积填料的数目;④ 填料因子;⑤ 堆积密度。

除以上特性外,还要从经济性、适应性等方面去考察各种填料的优劣。尽量选用造价低、坚固耐用、机械强度高、化学稳定性好及耐腐蚀的填料。

(二)常用填料

常用填料分为实体填料和网体填料两大类。实体填料包括环形填料、鞍形填料和波纹

填料等;网体填料有鞍形网、θ 网环等。用于制造填料的材料可以是金属,也可以是陶瓷、塑料等非金属材料。金属填料强度高,壁薄,空隙率和比表面积均较大,多用于无腐蚀性物料的分离。陶瓷填料应用得最早,其润湿性能好,但因壁厚,空隙小,阻力大,气液分布不均匀,传质效率低,且易破碎,仅用于高温、强腐蚀场合。塑料填料近年来发展很快,因其价格低廉,质轻耐腐,加工方便,在工业上应用日趋广泛,但润湿性能差。

填料的填充方法可采用散装或整砌两种方式。前者分散随机堆放,后者在塔中成整齐的有规则排列。装散装填料前先在塔内灌满水,然后从人孔或塔顶将填料倒入,边倒边将填料表面扒平,填料装至规定高度后,放净塔内的水。装整砌填料,人进入塔内进行排列,直至装到规定的高度。早期使用的填料为碎石、焦炭等天然块状物,后来广泛使用瓷环和木栅等人造填料。据文献报道,目前散装填料中金属环矩鞍形填料综合性能最好,而整砌填料以波纹填料为最优,下面分别介绍。

(1) 拉西环

拉西环是最早使用的填料。其几何形状为外径与高度相等的空心圆柱,如图 3-11(a)、(b)、(c)所示,其壁厚在强度允许的情况下尽量薄一些,以提高空隙率,降低堆积密度。拉西环在填料塔中有乱堆及整砌两种充填方式。乱堆填料装卸方便,但是气体阻力较大。一般直径在 50 mm 以下的填料都采用乱堆方式。除常用的陶瓷环和金属环外,拉西环还有用石墨、塑料等材质制造的,以适应不同介质的要求。拉西环的主要缺点在于液体的沟流及壁流现象较严重,操作弹性范围较狭窄,气体阻力较大等。近年来拉西环使用逐渐减少。

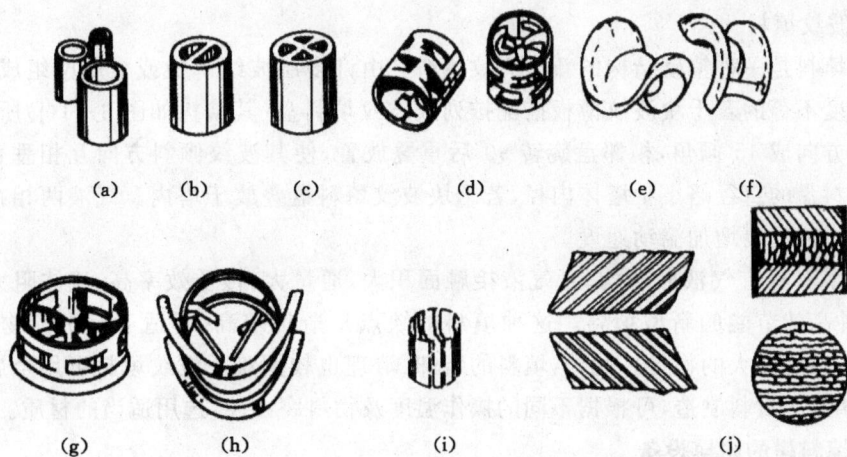

图 3-11 几种填料形状

(2) 鲍尔环

鲍尔环填料是在拉西环填料的基础上加以改进而研制的填料,如图 3-11(d)所示。其结构是在拉西环的侧壁上开出一排或两排位置交错的窗口,窗口的一边仍与圆环本体相连,其余边向内弯向环的中心以形成舌片,而在环上形成开孔。无论鲍尔环如何堆积,其气液流通顺畅,气体阻力大大降低,液体有多次聚集、滴落和分散的机会,并且内外表层均可有效利用。此外,使用鲍尔环填料不会产生严重的偏流和沟流现象,因此,即使填料层较高,一般也不需要分段,并无需设置液体再分布装置。

鲍尔环的性能优于拉西环。鲍尔环因其具有生产能力大、气体流动阻力小、操作弹性较大、传质效率较高等优点，而被广泛应用于工业生产中。鲍尔环可用陶瓷、金属或塑料等材料。

（3）阶梯环

其结构如图 3-11(g) 所示。阶梯环是在鲍尔环的基础上改进得到的填料。其壁面上与鲍尔环一样有开孔和内弯的舌片，但其高度仅为直径的 1/3～1/2，而且在环的一端制成锥形翻边，锥形翻边的高度一般为环高的 1/5。阶梯环较小的高径比和它的锥形翻边结构，使得填料之间呈点式接触，形成的填料层均匀，空隙率大，有利于液体的均匀分布，使阶梯环填料具有更大的处理能力和更高的传质效率。与鲍尔环相比，其气体通过能力可以提高10%～20%。

（4）鞍形填料

鞍形填料有弧鞍与矩鞍两种。鞍形填料是敞开型填料，如图 3-11(e) 所示，其特点为表面全部敞开，不分内外，液体在表面两侧均匀流动，流体通道为圆弧形，使流体阻力减小。矩鞍形填料是在弧鞍形填料的基础上发展起来的，如图 3-11(f) 所示。它的构形比较简单，加工比弧鞍方便，一般用陶瓷制造。

（5）金属鞍环填料

金属鞍环填料是综合了鲍尔环填料通量大及鞍形填料的液体再分布性能好的优点而开发出的新型填料，如图 3-11(h) 所示。

（6）波纹填料

波纹填料是一种整砌结构的新型高效填料。由许多层波纹薄板或金属网组成，有高度相同但长度不等的若干块波纹薄板搭配排列成波纹填料盘（其结构如图 3-11(j) 所示）。波纹与水平方向成 45° 倾角，相邻盘旋转 90° 后重叠放置，使其波纹倾斜方向互相垂直。每一块波纹填料盘的直径略小于塔体内径，若干块波纹填料盘叠放于塔内。气液两相在各波纹盘内呈曲折流动以增加湍动速度。

波纹填料具有气液分布均匀、气液接触面积大，通量大、传质效率高、流体阻力小等优点，是一种高效节能的新型填料。这种填料的缺点是造价较高，不适于有沉淀物、容易结疤、聚合或黏度较大的物料。此外，填料的装卸、清理也较困难。波纹填料可用金属、陶瓷、塑料、玻璃钢等材料制造，可根据不同的操作温度及物料腐蚀性，选用适当的材质。

三、填料塔的附属设备

设计填料塔时，有些附属结构如果设计不当，将会造成填料层气液分布不均，严重影响传质效果；或者阻力过大降低塔的生产能力。现对一些主要附属结构的功能及工艺设计要求简介如下，其具体结构可查阅有关设计参考资料。

（一）液体分布器

液体分布器的作用是把液体均匀地分布在填料表面上，以确保填料塔有效工作。因此，要求填料塔顶必须设置液体分布器来为填料层提供良好的液体初始分布，保证填料表面完全润湿，获得较高的吸收率。液体分布装置的结构形式很多，常用的有如下几种：① 莲蓬头式喷洒器；② 盘式分布器；③ 齿槽式分布器；④ 多孔环管式分布器。分别如图 3-12 至图 3-15 所示。

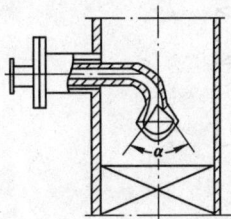

图 3-12 莲蓬头式喷洒器

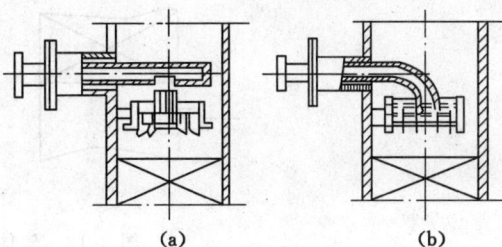

图 3-13 盘式分布器

（二）液体再分布器

液体在乱堆填料层内向下流动时，有一种逐渐偏向塔壁的现象。在直径较小的塔中这种现象就更显著。为避免因发生这种现象使填料表面利用率下降，在每隔一定高度的填料层上设置一再分布器（图 3-6 和图 3-17），将沿塔壁流下的液体导向填料层内。液体再分布器的作用是用来改善液体在填料层中向塔壁流动的效应。

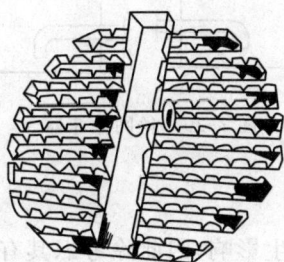

图 3-14 齿槽式分布器

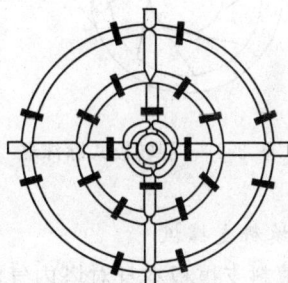

图 3-15 多孔环管式分布器

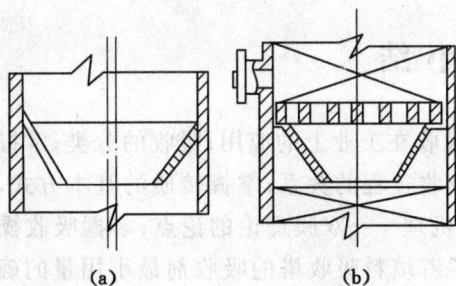

图 3-16 截锥式再分布器

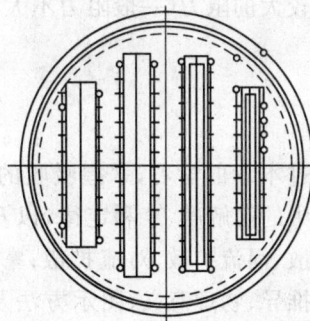

图 3-17 多孔盘式再分布器

（三）气体分布装置

一般说来，实现气相均匀分布要比液相容易，故气体入塔的分布装置也相对简单。但对于大塔径低压力降的填料塔来说，设置性能良好的气相分布装置仍然是十分重要的。即对于直径较小的填料塔，多采用简单的进气分布装置；对于直径大于 2.5 m 的大塔，则需要性能更好的气体分布装置，如图 3-18 所示。

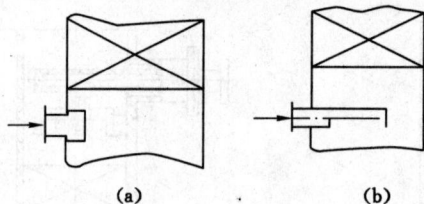

图 3-18　气体分布形式

（四）除沫装置

由于气体在塔顶离开填料层时带有大量的液沫和雾滴，为回收这部分液体，常需在塔顶设置除沫器。常用的除沫器有旋流板式除沫器（图 3-19）以及丝网除沫器（图 3-20）。

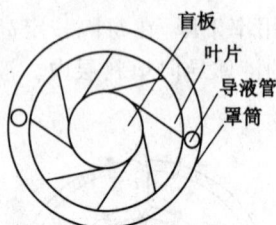

图 3-19　旋转板式除沫器

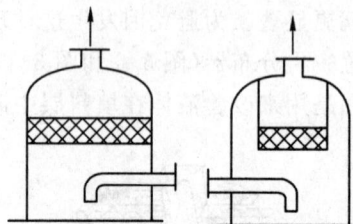

图 3-20　丝网除沫器

（五）填料支撑板

由于填料支撑板本身对塔内气液的流动状态也会产生影响，因此除考虑其有足够的强度和刚度以支持填料及其所持液体的重量外，还应考虑其对流体流动的影响；要保证有足够的开孔率（一般要大于填料的空隙率）；在结构上应有利于气液相的均匀分布，同时不至于产生较大的阻力（一般阻力不大于 20 Pa）。

本章小结

通过本章的学习，掌握吸收的有关概念；吸收在工业上的应用；吸收的分类；掌握气体在液体中的溶解度、亨利定律，以及相平衡与吸收过程的关系；掌握传质的基本方式，包括分子扩散、涡流扩散、对流扩散；掌握吸收过程机理——双膜理论的论点；掌握吸收操作线方程的推导、物理意义、图示方法及其应用。了解填料吸收塔的吸收剂最小用量的确定及吸收剂用量的计算；了解填料塔的构造；了解填料的特性和常用的填料。

思　考　题

一、简答题

1. 吸收操作在化工生产中有哪些用途？
2. 选择吸收剂应该从哪几个方面考虑？
3. 双膜理论的要点有哪些？

4. 相平衡关系在吸收操作过程中有哪些应用?

二、计算题

1. 气体中含 NH_3 3%(摩尔分数),在操作压力为 2.027×10^5 Pa 下通入填料塔用水吸收,已知 NH_3 在水中的平衡关系为 $p_{NH_3}^* = Ex_{NH_3}$,$E = 2.67 \times 10^5$ Pa,求所得氨水的最大浓度(分别以摩尔分数和物质的量比表示)。

2. 1.013×10^5 Pa 和 20 ℃时,NH_3 在水中的气相平衡分压为 2×10^3 Pa,液相溶解度:2.5 kg · $(100$ kg$)^{-1}$,试求此时的相平衡系数 m、亨利系数 E 和溶解度系数 H。

3. 已知在 20 ℃及 1 atm 下某一空气与 SO_2 的混合气体中含 SO_2 10%(体积分数),某一 SO_2 的水溶液中含 SO_2 1.5%(质量分数),试把 SO_2 在混合气体中的浓度及在水溶液中的浓度换算为用摩尔分数及比摩尔分数表示的浓度。

4. 在某逆流吸收塔中,用纯溶剂吸收混合气中易溶组分,设备高为无穷大,入塔 $y_1 =$ 8%(体积分数),平衡关系为 $Y = 2X$,如图 3-21 所示。(1) 若液气比(摩尔比,下同)为 2.5,吸收率为多少? (2) 若液气比为 1.5,吸收率为多少?

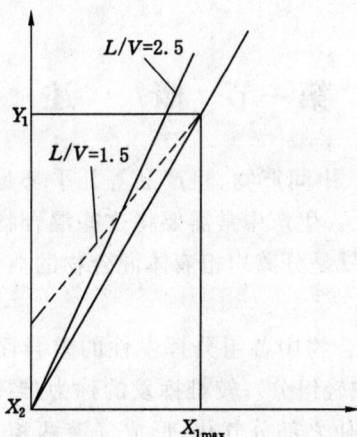

图 3-21　习题 4 图

5. 一填料吸收塔,用来从空气和丙酮蒸气组成的混合气中回收丙酮,用水做吸收剂。已知条件:混合气中丙酮蒸气的含量为 6%(体积分数),所处理的混合气中的空气量为 1 400 m^3/h,操作在 293 K 和 101.3 kPa 下进行,要求丙酮的回收率达 98%。若吸收剂用量为 154 kmol/h,那么吸收塔溶液出口浓度为多少?

第四章　精　馏

【本章重点】两组分的相平衡关系，双组分连续精馏的计算，影响精馏过程的主要因素。

【本章难点】精馏原理与精馏过程分析，双组分连续精馏塔的计算，操作线方程，q 线方程，理论塔板数的确定。

【学习目标】明确相对挥发度、理论塔板的概念；了解精馏原理；熟悉 $t—x—y$ 和 $x—y$ 相图；能够进行连续稳定精馏塔物料衡算及操作线方程计算；会求理论塔板数。

第一节　概　述

化工生产中所处理的原料、中间产物、粗产品等几乎都是由若干化合物所组成的混合物，而且其中大部分是均相物系。生产中常需要将这些混合物分离成为较纯净或几乎纯态的物质（组分）。而蒸馏和精馏就是分离均相液体混合物的典型单元操作，在化工生产中应用十分广泛。

蒸馏就是根据均相液体混合物中各组分挥发性的差异而进行分离的一种操作。其中较易挥发的称为易挥发组分（或轻组分）；较难挥发的称为难挥发组分（或重组分）。例如在容器中将苯和甲苯的溶液加热使之部分气化，形成气液两相。当气液两相趋于平衡时，由于苯的挥发性能比甲苯强（即苯的沸点较甲苯低），气相中苯的含量必然较原来溶液高，将蒸气引出并冷凝后，即可得到含苯较高的液体。而残留在容器中的液体，苯的含量比原来溶液的低，也即甲苯的含量比原来溶液的高。这样，溶液就得到了初步的分离。若多次进行上述分离过程，即可获得较纯的苯和甲苯。

蒸馏按操作方式可分为简单蒸馏、平衡蒸馏（闪蒸）、精馏和特殊精馏；按原料中所含组分数目可分成双组分精馏及多组分精馏；按操作压力则可分为常压蒸馏、加压蒸馏及减压（真空）蒸馏；按操作是否连续又可分为连续蒸馏和间歇蒸馏。本章将重点讨论常压下双组分连续精馏。

第二节　双组分溶液的气液相平衡

根据溶液中同分子间与异分子间作用力的差异，溶液可分为理想溶液和非理想溶液。理想溶液实际上并不存在，但是在低压下当组成溶液的物质分子结构及化学性质相近时，如苯—甲苯、甲醇—乙醇、正己烷—正庚烷以及石油化工中所处理的大部分烃类混合物等可视为理想溶液。

溶液的气液相平衡是精馏操作分析和过程计算的重要依据。气液相平衡是指溶液与其上方蒸气达到平衡时气液两相间各组分组成之间的关系。

一、拉乌尔定律

当理想溶液的气液两相呈平衡时,溶液上方组分的分压与溶液中该组分的摩尔分数成正比,即

$$p_A = p_A^0 x_A \tag{4-1}$$

$$p_B = p_B^0 x_B = p_B^0 (1 - x_A) \tag{4-2}$$

式中　x_A——溶液中组分的摩尔分数;

　　　p——溶液上方组分的平衡分压,Pa;

　　　p^0——同温度下纯组分的饱和蒸气压,Pa。

下标 A 表示易挥发组分,B 表示难挥发组分。

式 4-1 所示的关系称为拉乌尔定律。

为了简单起见,常略去上式表示相组成的下标,习惯上以 x 和 y 分别表示易挥发组分在液相和气相中的摩尔分数,以 $(1-x)$ 和 $(1-y)$ 分别表示难挥发组分的摩尔分数。

一般温度下,溶液的蒸气压是不大的,为了简便起见,可近似地看成是理想气体,对于非理想溶液的气液平衡关系可用修正的拉乌尔定律或实验数据来表示。

溶液上方的总压 P 等于各组分的分压之和,即

$$P = p_A + p_B \tag{4-3}$$

或　　　　　　　　　　$P = p_A^0 + p_B^0 (1 - x_A)$

整理上式得到

$$x_A = \frac{P - p_B^0}{p_A^0 - p_B^0} \tag{4-4}$$

式(4-4)称为泡点方程,表示平衡物系的温度和液相组成的关系。

由道尔顿分压定律可得

$$y_A = \frac{p_A}{P} \tag{4-5}$$

或　　　　　　　　　　$$y_A = \frac{p_A^0}{P} x_A$$

代入式(4-4),可得

$$y_A = \frac{p_A^0}{P} \left(\frac{P - p_B^0}{p_A^0 - p_B^0} \right) \tag{4-6}$$

式(4-6)表示气液平衡时气相组成与平衡温度之间的关系,称为露点方程。根据此式可计算一定压力下,某蒸气混合物的露点温度。

式(4-4)和式(4-6)是用饱和蒸气压表示双组分理想溶液的气液相平衡关系的,如果已知纯组分的饱和蒸气压,即可求出各温度下的 x、y 值。

二、双组分气液相平衡图

用相图来表达气液相平衡关系比较直观、清晰,而且影响精馏的因素可在相图上直接反映出来,对于双组分精馏过程的分析和计算非常方便。精馏中常用的相图有以下两种。

1. 沸点—组成图

(1) 结构

t—x—y 图数据通常由实验测得。以苯—甲苯混合液为例,在常压下,其 t—x—y 图如图 4-1 所示,以温度 t 为纵坐标,液相组成 x_A 和气相组成 y_A 为横坐标(x,y 均指易挥发组分的摩尔分数)。图中有两条曲线,下曲线表示平衡时液相组成与温度的关系,称为液相线;上曲线表示平衡时气相组成与温度的关系,称为气相线或露点线。两条曲线将整个 t—x—y 图分成三个区域,液相线以下代表尚未沸腾的液体,称为液相区;气相线以上代表过热蒸气区;被两曲线包围的部分为气液共存区。

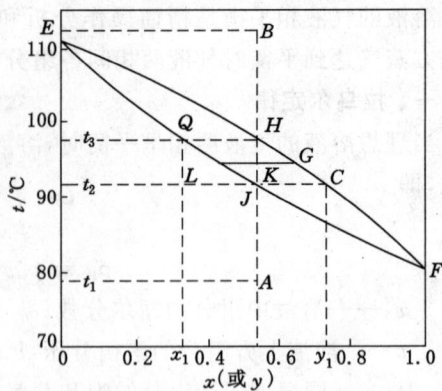

图 4-1 苯—甲苯物系的 t—x—y

（2）应用

在恒定总压下,组成为 x,温度为 t_1（图中的点 A）的混合液升温至 t_2（点 J）时,溶液开始沸腾,产生第一个气泡,相应的温度 t_2 称为泡点,产生的第一个气泡组成为 y_1（点 C）。同样,组成为 y,温度为 t_4（点 B）的过热蒸气冷却至温度 t_3（点 H）时,混合气体开始冷凝产生第一滴液滴,相应的温度 t_3 称为露点,凝结出第一个液滴的组成为 x_1（点 Q）。F、E 两点为纯苯和纯甲苯的沸点。

操作中,根据塔顶、塔底温度,确定产品的组成,判定是否合乎质量要求;反之,则可以根据塔顶、塔底产品的组成,判定温度是否合适。

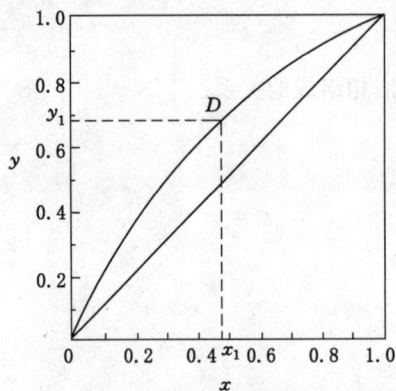

图 4-2 苯—甲苯物系的 y—x 图

2. 气液相平衡图（y—x 图）

在两组分精馏的图解计算中,应用一定总压下的 y—x 图非常方便快捷。

y—x 图表示在恒定的外压下,蒸气组成 y 和与之相平衡的液相组成 x 之间的关系。图 4-2 是 101.3 kPa 的总压下,苯—甲苯混合物系的 y—x 图,它表示不同温度下互成平衡的气液两相组成 y 与 x 的关系。图中任意点 D 表示组成为 x_1 的液相与组成为 y_1 的气相互相平衡。图中对角线 $y=x$ 为辅助线。两相达到平衡时,气相中易挥发组分的浓度大于液相中易挥发组分的浓度,即 $y>x$,故平衡线位于对角线的上方。平衡线离对角线越远,说明互成平衡的气液两相浓度差别越大,溶液就越容易分离。常见两组分物系常压下的平衡数据,可从物理化学或化工手册中查得。

三、相对挥发度和气液相平衡方程

除了相图以外,气液平衡关系还可用相对挥发度来表示。溶液中两组分的挥发度之比称为两组分的相对挥发度,用 α 表示。例如,α_{AB} 表示溶液中组分 A 对组分 B 的相对挥发度,根据定义有

$$\alpha_{AB} = \frac{\nu_A}{\nu_B} = \frac{p_A/x_A}{p_B/x_B} = \frac{p_A x_B}{p_B x_A} \tag{4-7}$$

式中 ν_A——A 物质挥发度；

ν_B——B 物质挥发度。

若气体服从道尔顿压分压定律，则

$$\alpha_{AB} = \frac{P y_A x_B}{P y_B x_A} = \frac{y_A x_B}{y_B x_A} \tag{4-8}$$

对于理想溶液，因其服从拉乌尔定律，则

$$\alpha_{AB} = \frac{p_A^0}{p_B^0} \tag{4-9}$$

式(4-9)说明理想溶液的相对挥发度等于同温度下纯组分 A 和纯组分 B 的饱和蒸气压之比。p_A^0、p_B^0 随温度而变化，但 p_A^0/p_B^0 随温度变化不大，故一般可将 α 视为常数，计算时可取其平均值。

对于二元体系，$x_B = 1 - x_A$，$y_B = 1 - y_A$，通常认为 A 为易挥发组分，B 为难挥发组分，略去下标 A、B，则由式(4-8)可得

$$y = \frac{\alpha x}{1 + (\alpha - 1)x} \tag{4-10}$$

上式称为相平衡方程，在精馏计算中用式(4-10)来表示气液相平衡关系更为简便。

由式(4-10)可知，当 $\alpha = 1$ 时，$y = x$，气液相组成相同，二元体系不能用普通精馏法分离；当 $\alpha > 1$ 时，分析式(4-10)可知，$y > x$。α 越大，y 比 x 大得越多，互成平衡的气液两相浓度差别越大，组分 A 和 B 越易分离。因此由 α 值的大小可以判断溶液是否能用普通精馏方法分离及分离的难易程度。

α 随温度变化。对理想溶液，α 值随温度变化很小，可取定值或用塔顶温度和塔底温度的相对挥发度的几何平均值。

【例 4-1】 苯(A)—甲苯(B)的饱和蒸气压数据如表 4-1 所示，试计算在总压 101.3 kPa 下苯—甲苯的混合液的气液平衡数据和平均相对挥发度(该溶液可视为理想溶液)。

表 4-1　　　　　　　　　　　　　例 4-1 附表 1

温度/℃	80.1	85.0	90.0	95.0	100.0	105.0	110.6
p_A^0/kPa	101.3	116.9	135.5	155.7	179.2	204.2	240.0
p_B^0/kPa	40.0	46.0	54.0	63.3	74.3	86.0	101.3

解 以 90 ℃下的数据为例，计算过程如下：

$$x_A = \frac{P - p_B^0}{p_A^0 - p_B^0} = \frac{101.3 - 54}{135.5 - 54} = 0.580\,4$$

$$y_A = \frac{p_A^0}{P} x_A = \frac{135.5}{101.3} \times 0.580\,4 = 0.776\,3$$

$$\alpha = \frac{p_A^0}{p_B^0} = \frac{135.5}{54} = 2.509$$

其他温度下的计算结果列于表 4-2。

温度/℃	80.1	85.0	90.0	95.0	100.0	105.0	110.6
x	1.000 0	0.780 0	0.580 4	0.411 3	0.257 4	0.129 4	0
y	1.000 0	0.900 1	0.776 3	0.632 2	0.455 3	0.260 8	0
α	2.533	2.541	2.509	2.460	2.412	2.374	2.369

表 4-2　　　　　　　　　　　　例 4-1 附表 2

平均相对挥发度为

$$\alpha_m = \frac{1}{7}(2.533 + 2.541 + 2.509 + 2.460 + 2.412 + 2.374 + 2.369) = 2.457$$

第三节　精馏基本原理及精馏过程

简单蒸馏、平衡蒸馏仅是进行一次部分气化和冷凝的过程,故只能部分地分离液体混合物。而精馏是通过多次部分气化和部分冷凝的过程,将液体混合物加以分离,并获得高纯度产品的一种操作。

多次进行部分气化或部分冷凝以后,最终可以在气相中得到较纯的易挥发组分,而在液相中得到较纯的难挥发组分。这就叫做精馏。

一、精馏原理

1. 多次部分气化和多次部分冷凝

如图 4-3 所示,设原始二元混合液的组成为 x,物系点的位置为 S 点,此时体系的温度为 T_4,气液两相的组成分别为 y_4 和 x_4。

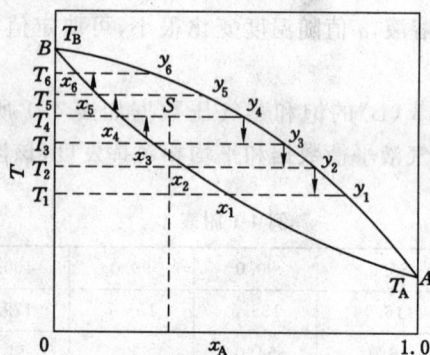

图 4-3　精馏过程的 $T—x$ 示意图

先考虑液相部分,对组成为 x_4 的液相加热到 T_5,液相部分气化,此时,气、液相组成分别为 y_5 和 x_5。把浓度为 x_5 的液相再加热到 T_6,产生部分气化而得到组成分别为 y_6 和 x_6 的气相和液相,显然,$x_4 > x_5 > x_6$,即液相中的易挥发组分不断降低,并沿着液相线变化,最后靠近纵轴,得到纯 B。

对于气相部分,若所组为 y_4 的气相冷到温度为 T_3,则气相将部分冷凝为液体,得到组成为 x_3 的液相和组成为 y_3 的气相,使组成为 y_3 的气相再冷凝到 T_2,则可得到气相的组成为 y_2 及组成为 x_2 的液相,依次类推。从图 4-3 可以看出 $y_1 > y_2 > y_3 > y_4$。如果继续下去,反复地把气相冷凝，最后可得到接近于纯 A 的蒸气组成。

总之，多次反复地部分气化和部分冷凝的结果，使气相组成下降，最后蒸出来的是纯 A；液相组成沿液相线上升，最后剩余的是纯 B。

2. 塔板上气液两相的操作分析

图 4-4 为板式塔中任意第 n 块塔板的操作情况。如原料液为双组分混合物，下降液体来自第 $n-1$ 块板，其易挥发组分的浓度为 x_{n-1}，温度为 t_{n-1}。上升蒸气来自第 $n+1$ 块板，其易挥发组分的浓度为 y_{n+1}，温度为 t_{n+1}。当气液两相在第 n 块板上相遇时，$t_{n+1} >$

图 4-4

t_{n-1}，因而上升蒸气与下降液体必然发生热量交换，蒸气放出热量，自身发生部分冷凝，而液体吸收热量，自身发生部分气化。由于上升蒸气与下降液体的浓度互相不平衡，液相部分气化时易挥发组分向气相扩散，气相部分冷凝时难挥发组分向液相扩散。结果下降液体中易挥发组分浓度降低，难挥发组分浓度升高；上升蒸气中易挥发组分浓度升高，难挥发组分浓度下降。

若上升蒸气与下降液体在第 n 块板上接触时间足够长，两者温度将相等，都等于 t_n，气液两相组成 y_n 与 x_n 相互平衡，称此塔板为理论塔板。实际上，塔板上的气液两相接触时间有限，气液两相组成只能趋于平衡。

由以上分析可知，气液相通过一层塔板，同时发生一次部分汽化和一次部分冷凝。通过多层塔板，即同时进行了多次进行部分汽化和多次部分冷凝，最后，在塔顶得到的气相为较纯的易挥发组分，在塔底得到的液相为较纯的难挥发组分，从而达到所要求的分离程度。

二、精馏过程

料液自塔(图 4-5)的中部某适当位置连续地加入塔内，塔顶设有冷凝器将塔顶蒸气冷凝为液体。冷凝液的一部分回到塔顶，称为回流液，其余作为塔顶产品(馏出液)连续排出。

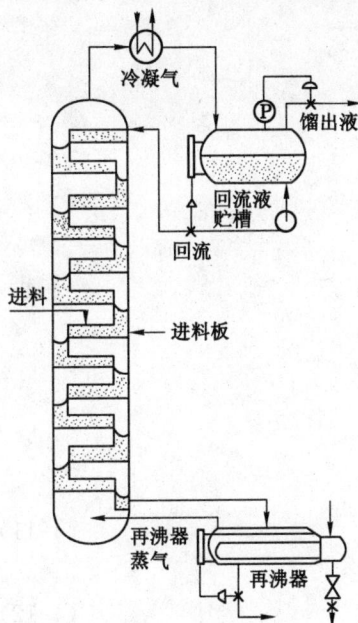

图 4-5 典型精馏塔

在塔内上半部(加料位置以上)上升蒸气和回流液体之间进行着逆流接触和物质传递。塔底部装有再沸器(蒸馏釜)以加热液体产生蒸气，蒸气沿塔上升，与下降的液体逆流接触并进行物质传递，塔底连续排出部分液体作为塔底产品。在塔的加料位置以上，上升蒸气中所含的重组分向液相传递，而回流液中的轻组分向气相传递。如此物质交换的结果，使上升蒸气中轻组分的浓度逐渐升高。只要有足够的相际接触表面和足够的液体回流量，到达塔顶的蒸气就成为高纯度的轻组分。塔的上半部完成了上升蒸气的精制，即除去其中的重组分，因而称为精馏段。在塔的加料位置以下，下降液体(包括回流液和加料中的液体)中的轻组分向气相传递，上升蒸气中的重组分向液相传递。这样，只要两相接触面和上升蒸气量足够，到达塔底的液体中所含的轻组分就可降至很低，从而获得高纯度的重组分。塔的下半部完成了下降液体中重组分的提浓，即提出了轻组分，因而称为提馏段。一个完整的精馏塔应包括精馏段和提馏段，在这样的塔内可将一个双组分混合物连续地、高纯度地分离为轻、重两组分。回流是构成气、液两相接触传质的必要条件,没有气液两相的接触也就无从进行物质交换。

另一方面,组分挥发度的差异造成了有利的相平衡条件($y>x$)。这使上升蒸气在与自身冷凝回流液之间的接触过程中,重组分向液相传递,轻组分向气相传递。

相平衡条件 $y>x$ 使必需的回流液的数量小于塔顶冷凝液量的总量,即只需要部分回流而无需全部回流。这样,才有可能从塔顶抽出部分冷凝液作为产品。

第四节　双组分连续精馏塔的基本计算

精馏过程比较复杂,影响因素很多,为了简化连续精馏的计算,假设如下:① 恒摩尔气化。在精馏过程中,精馏段内每层板上升的蒸气摩尔流量相等,以 V 表示。提馏段内也是如此,以 V' 表示。但两段的上升蒸气摩尔流量不一定相等。② 恒摩尔溢流。在精馏过程中,精馏段内每层板下降的液体摩尔流量相等,以 L 表示。提馏段内也如此,以 L' 表示。但两段的下降液体摩尔流量不一定相等。③ 塔顶采用全凝器,即自塔顶引出的蒸气在冷凝器中全部冷凝,所以馏出液和回馏液的组成与塔顶蒸气的组成相同。④ 塔釜或再沸器采用间接蒸气加热。

一、全塔物料衡算

通过全塔物料衡算,可以求出精馏产品的流量(D、W),组成(x_D、x_W)和进料流量(F),组成(x_F)之间的关系。

对图 4-6 所示的连续精馏塔做全塔物料衡算,并以单位时间为基准。

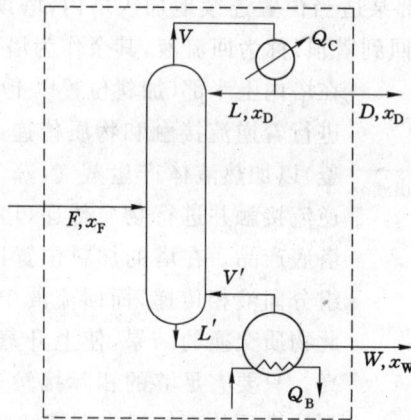

图 4-6　全塔物料衡算

总物料衡算:

$$F = D + W \tag{4-11}$$

易挥发组分衡算:

$$Fx_F = Dx_D + Wx_W \tag{4-12}$$

式中　F——原料液流量,kmol/h;

　　　D——塔顶产品(馏出液)流量,kmol/h;

W——塔底产品(釜残液)流量,kmol/h;

x_F——原料液中易挥发组分的摩尔分数;

x_D——馏出液中易挥发组分的摩尔分数;

x_W——釜残液中易挥发组分的摩尔分数。

在精馏计算中,分离程度除用两种产品的摩尔分数表示外,有时还用回收率表示,回收率是指回收了原料中易挥发(或难挥发)组分的百分数。

塔顶易挥发组分的回收率 η_D:

$$\eta_D = \frac{Dx_D}{Fx_F} \times 100\% \tag{4-13}$$

塔底难挥发组分的回收率 η_W:

$$\eta_W = \frac{W(1-x_W)}{F(1-x_F)} \times 100\% \tag{4-13a}$$

亦可求出馏出液的采出率 D/F 和釜液采出率 W/F,即:

$$\frac{D}{F} = \frac{x_F - x_W}{x_D - x_W} \tag{4-14}$$

$$\frac{W}{F} = \frac{x_D - x_F}{x_D - x_W} \tag{4-15}$$

【例 4-2】 每小时将 15 000 kg 含苯 40% 和含甲苯 60% 的溶液,在连续精馏塔中进行分离,要求将混合液分离为含苯 97% 的馏出液和釜残液中含苯不高于 2%(以上均为质量百分数)。操作压力为 101.3 kPa。试求馏出液及釜残液的流量及组成(以千摩尔流量及摩尔分数表示)。

解 将质量百分数换算成摩尔分数

$$x_F = \frac{\dfrac{0.4}{78}}{\dfrac{0.4}{78} + \dfrac{0.6}{92}} = 0.44$$

$$x_W = \frac{\dfrac{0.02}{78}}{\dfrac{0.02}{78} + \dfrac{0.98}{92}} = 0.023\ 5$$

$$x_D = \frac{\dfrac{0.97}{78}}{\dfrac{0.97}{78} + \dfrac{0.03}{92}} = 0.974$$

原料液平均摩尔质量:

$$M_{m_F} = 0.44 \times 78 + 0.56 \times 92 = 85.8\ \text{kmol/h}$$

原料液的摩尔流量:

$$F = \frac{15\ 000}{85.8} = 175\ \text{kmol/h}$$

由全塔物料衡算式

$$F = D + W$$
$$FX_F = DX_D + WX_W$$

代入数据

$$175 = D + W$$

$$175 \times 0.44 = 0.974D + 0.023\ 5W$$

解出：$D = 76.7\ \text{kmol/h}, W = 98.3\ \text{kmol/h}$。

二、操作线方程

（一）精馏段操作线方程

在图 4-7 虚线所划定的范围内做物料衡算。

总物料衡算：

$$V = L + D \qquad (4\text{-}16)$$

易挥发组分的物料衡算：

$$Vy_{n+1} = Lx_n + Dx_D \qquad (4\text{-}17)$$

式中　V——精馏段内每块塔板上升的蒸气摩尔流量，kmol/h；

　　　L——精馏段内每块塔板下降的液体摩尔流量，kmol/h；

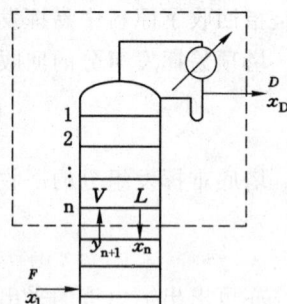

图 4-7　精馏段物料衡算

　　　y_{n+1}——从精馏段第 n+1 板上升的蒸气组成，摩尔分数；

　　　x_n——从精馏段第 n 板下降的液体组成，摩尔分数。

由式(4-17)得：

$$y_{n+1} = \frac{L}{V}x_n + \frac{D}{V}x_D = \frac{L}{L+D}x_n + \frac{D}{L+D}x_D \qquad (4\text{-}18)$$

令 $R = L/D$，R 称为回流比，于是上式可写为：

$$y_{n+1} = \frac{R}{R+1}x_n + \frac{1}{R+1}x_D \qquad (4\text{-}19)$$

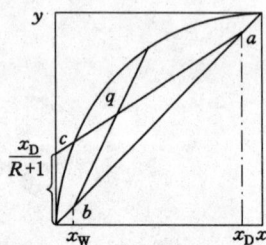

图 4-8　操作线做法

式(4-18)、(4-19)均称为精馏段操作线方程。该方程表示在一定操作条件下，从任意板下降的液体组成 x_n 和与其相邻的下一层板上升的蒸气组成 y_{n+1} 之间的关系。该直线过对角线上 $a(x_D, x_D)$ 点，以 $R/(R+1)$ 为斜率，或在 y 轴上的截距为 $\dfrac{x_D}{R+1}$。即图 4-8 所示的直线 ac。

在馏出液恒定时，回流液量由回流比决定。

【例 4-3】　将含 24%（摩尔分数，下同）易挥发组分的某液体混合物送入一连续精馏塔中。要求馏出液含 95% 易挥发组分，釜液含 3% 易挥发组分。送入冷凝器的蒸气量为 850 kmol/h，流入精馏塔的回流液为 670 kmol/h，试求：(1) 每小时能获得多少千摩尔的馏出液，多少千摩尔的釜液；(2) 回流比 R；(3) 精馏段操作线方程。

解　(1)　　　　　　　$V = L + D$

所以　　　　　　$D = V - L = 850 - 670 = 180\ \text{kmol/h}$

$$F = D + W = 180 + W$$

$$Fx_F = Dx_D + Wx_W$$

则： $F\times 0.24=180\times 0.95+(F-180)\times 0.03$

$F=788.6\ \text{kmol/h}$

所以： $W=F-D=788.6-180=608.6\ \text{kmol/h}$

（2）回流比 R： $R=\dfrac{L}{D}=\dfrac{670}{180}=3.72$

（3）精馏段操作线方程：

$$y_{n+1}=\frac{R}{R+1}x_n+\frac{x_D}{R+1}=\frac{3.72}{3.72+1}x_n+\frac{0.95}{3.72+1}=0.788x_n+0.201$$

（二）提馏段操作线方程

按图 4-9 虚线范围（包括提馏段第 m 层板以下塔板及再沸器）做物料衡算。

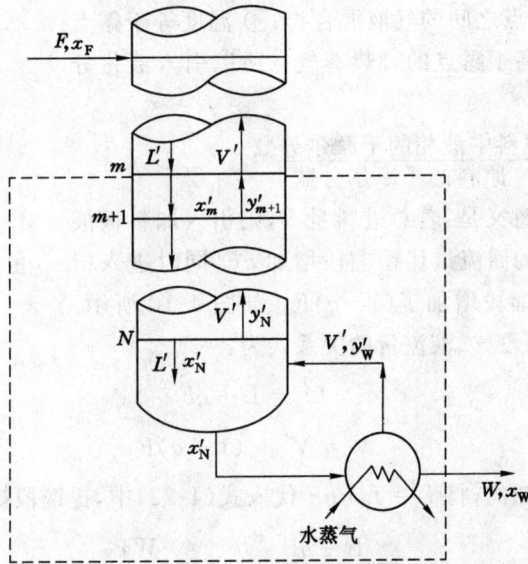

图 4-9 提馏段操作线方程推导

总物料衡算：

$$L'=V'+W \tag{4-20}$$

易挥发组分衡算：

$$L'x_m'=V'y_{m+1}'+Wx_W \tag{4-21}$$

提馏段操作线方程：

$$y_{m+1}'=\frac{L'}{L'-W}x_m'-\frac{W}{L'-W}x_W \tag{4-22}$$

式中　L'——提馏段下降液体的摩尔流量，kmol/h；

V'——提馏段上升蒸气的摩尔流量，kmol/h；

x_m'——提馏段第 m 层板下降液相中易挥发组分的摩尔分数；

y_{m+1}'——提馏段第 $m+1$ 层板上升蒸气中易挥发组分的摩尔分数。

提馏段操作线方程反映了一定操作条件下，提馏段内的操作关系。在稳定操作条件下,提馏段操作线方程为一直线,斜率为$\dfrac{L'}{L'-W}$,截距为$\dfrac{W}{L'-W}$。由式(4-22)可知,当$x_m'=x_W$时,$y_{m+1}'=x_W$,即该点位于$y-x$图的对角线上,如图4-8中的点b;当$x_m'=0$时,$y_{m+1}'=-Wx_W/(L'-W)$,该点位于y轴上,则直线bq即为提馏段操作线。由图4-8可见,精馏段操作线和提馏段操作线相交于点q。

应予指出,提馏段内液体摩尔流量L'不仅与精馏段液体摩尔流量L的大小有关,而且它还受进料量及进料热状况的影响。

三、进料状况对操作线的影响

生产过程中待分离混合物的受热状况可能有五种,即:① 温度低于泡点的过冷液体;② 温度等于泡点的饱和液体;③ 温度介于泡点和露点之间的气液混合物;④ 温度等于露点的饱和蒸气;⑤ 温度高于露点的过热蒸气。所以引入液化分率q:

$$q = \dfrac{\text{原料中液相的千摩尔分数}}{\text{原料的千摩尔分数}}$$

液化分率的物理意义是:若总进料量F,则引入加料板液体量qF,所以提馏段的回流量比精馏段增加qF,同时进入精馏段上升蒸气量比提馏段增加了$(1-q)F$。如图4-10所示。

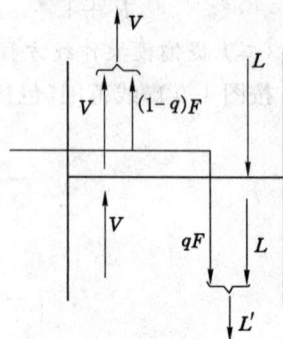

图4-10 加料板流量关系

因此在进料板上、下两段气、液流量的关系式为:

$$L' = L + qF \tag{4-23}$$

$$V = V' + (1-q)F \tag{4-24}$$

如果式中q是已知的,将$L'=L+qF$代入式(4-22)中,提馏段操作线方程可写为

$$y = \dfrac{L+qF}{L+qF-W}x - \dfrac{Wx_W}{L+qF-W} \tag{4-25}$$

式(4-25)标在$y-x$相图上是过点(x_W,x_W)的一条直线,其斜率是$\dfrac{L+qF}{L+qF-W}$,在轴上的截距是$-\dfrac{W}{L+qF-W}x_W$。

在两操作线交点处,气、液相间的关系应既符合精馏段操作线方程式,也应符合提馏段操作线方程式。可将两操作线方程式联立求得交点的轨迹。

$$y = \dfrac{q}{q-1}x - \dfrac{x_F}{q-1} \tag{4-26}$$

式(4-26)称为操作线交点的轨迹方程式。将式(4-26)标在$y-x$相图上是过点(x_F,x_F)的一条直线,其斜率是$\dfrac{q}{q-1}$,在y轴上的截距是$-\dfrac{x_F}{q-1}$。式(4-26)也称为q线方程。

不同进料热状况的q值,进料板精馏段、提馏段的气、液流量关系及q线斜率列于表4-3中。

表 4-3　　不同进料热状况的 q 值范围及其与精馏段、提馏段气液流量的关系

进料热状况	q 值范围	精馏段、提馏段的气、液流量关系	q 线斜率 $q/(q-1)$
冷液体	>1	$L'>L+F;V'>V$	$1\sim\infty$
饱和液体	1	$L'=L+F;V=V'$	∞ 垂线
气液混合	$0\sim1$	$L'=L+qF;V=V'+(1-q)F$	$-\infty\sim0$
饱和蒸气	0	$L'=L;V=V'+F$	0 水平线
过热蒸气	<0	$L'<L;V>V'+F$	$0\sim1$

【例 4-4】　一连续精馏塔分离二元理想混合溶液,已知某层塔板上的气、液相组成分别为 0.83 和 0.70,与之相邻的上层塔板的液相组成为 0.77,而与之相邻的下层塔板的气相组成为 0.78(以上均为轻组分 A 的摩尔分数,下同)。塔顶为泡点回流。进料为饱和液体,其组成为 0.46,塔顶与塔底产量之比为 2/3。试求:(1) 精馏段操作线方程;(2) 提馏段操作线方程。

解　(1) 精馏段操作线方程:

$$y_{n+1}=\frac{R}{R+1}x_n+\frac{x_D}{R+1}$$

将该板和上层板的气液相组成代入有:

$$0.83=\frac{R}{R+1}0.77+\frac{x_D}{R+1} \tag{a}$$

再将该板和下层板的气液相组成代入有:

$$0.78=\frac{R}{R+1}0.70+\frac{x_D}{R+1} \tag{b}$$

联解(a)、(b)两式可得:$R=2.5,x_D=0.98$。

则精馏段的操作线方程为:　$y=0.714x+0.28$

(2) 提馏段操作线方程:

$$y_{m+1}=\frac{L'}{L'-W}x_m-\frac{Wx_W}{L'-W}$$

$$L'=L+qF,F=D+W,q=1(\text{泡点进料})$$

所以有:

$$y_{m+1}=\frac{L+D+W}{L+D}x_m-\frac{Wx_W}{L+D}$$

$$y_{m+1}=\frac{R+1+W/D}{R+1}x_m-\frac{W/D}{R+1}x_W \tag{c}$$

$$\frac{D}{W}=\frac{x_F-x_W}{x_D-x_F}\frac{2}{3}=\frac{0.46-x_W}{0.98-0.46}$$

可得 $x_W=0.113$。

将有关数据代入式(c)可得提馏段操作线方程为:$y=1.429x-0.048$。

四、理论塔板数的求法

精馏塔理论塔板数的计算,常用的方法有逐板计算法、图解法。在计算理论板数时,一般需已知原料液组成、进料热状态、操作回流比及所要求的分离程度,利用气液相平衡关系

和操作线方程求得。

（一）逐板计算法

如图 4-11 所示，根据所处理物系的生产任务及分离要求，利用该物系的气液平衡方程及操作线方程，自塔顶开始计算。塔顶蒸气全部冷凝，则塔顶蒸气组成 y_1 与馏出液组成 x_D 相同，即 $y_1 = x_D$，由于离开每层理论板的气、液两相是互相平衡的，由 y_1（或 x_D）通过平衡关系（平衡线）求得 x_1，将 x_1 代入精馏段操作线方程，求得下一板（第二板）上升蒸气组成 y_2，即

$$y_2 = \frac{R}{R+1} x_1 + \frac{1}{R+1} x_D$$

同理，再利用平衡线方程，由 y_2 求出 x_2，以及由操作线方程，由 x_2 求出 y_3，如此依次逐板计算。设计时通常选定精馏段操作线与提馏段操作线交点处的液体浓度 x_F' 作为精馏段的终点，所以当 $x_{n-1} \geqslant x_F'$，而 $x_n < x_F'$ 时，第 n 板即为进料板，精馏段的理论塔板数即为 $(n-1)$ 块。

图 4-11　逐板计算法示意图

进料板以下，改用提馏段操作线方程和平衡线方程，继续用上述方法逐板计算，直到所求得的 $x_s \leqslant x_w$ 为止。塔板序号由塔顶第一块算起，则全塔理论板数为 S 块，提馏段理论塔板数为 $(S-n+1)$，S 中包括再沸器所提供的一块理论板，因此由塔板提供的理论板为 $N = (S-1)$ 块。

逐板计算法是求算理论板层数的基本方法，计算结果较准确，且可同时求得各层板上的气液相组成。但该法比较繁琐，尤其当理论板层数较多时更甚。当然，在计算机应用日趋广泛的情况下，逐板计算法的应用必将越来越广泛。

（二）图解法

对于一个平衡数据为已知的二元组分体系，计算理论塔板数的方法可以采用图解法（图 4-12）。它只不过是逐板计算法的图解，即应用塔内气液相平衡关系和操作关系，在 y—x 图上做直角梯级，每个梯级就代表一块理论板。利用前面提到的 y—x 图上绘制精馏段操作线和提馏段操作线以后，当塔顶采用全凝器时，从塔顶最上一层塔板（第一块塔板）上升蒸气的组成与馏出液组成是相同的，即 $y_1 = x_D$。

图 4-12 上的 a 点是精馏段操作线最初的一点。从 a 点画一水平线交平衡线于点 1，点 1 的横坐标 x_1 就是与 y_1 成平衡的液体浓度。这相当于逐板计算法中，根据 y_1 利用平衡关系求出 x_1。自点 1 引垂线交精馏段操作线于点 $1'$，其横坐标为 x_1。根据操作线的意义，其纵坐标就是 y_2，即第二块塔板上升的蒸气浓度。这相当于逐板计算法中，根据 x_1 利用操作线求 y_2。由点 $1'$ 再做水平线与平衡线交于点 2，点 2 的横坐标即为与 y_2 成平衡的液相组成，即相当于逐板法中的又一次利用平衡关系。然后又由点 2 做垂线交精馏段操作线于点 $2'$，并由其纵坐标得出 y_3。如此逐步画出梯级，便可依次求得各层理论塔板上的气液相组成。

当梯级的垂线开始落在两操作线的交点 M 的左边时，说明该塔板上液相组成已开始小于进料组成 x_F，故应进入提馏段，梯级的绘制则改在平衡线与提馏段操作线之间，直到最后

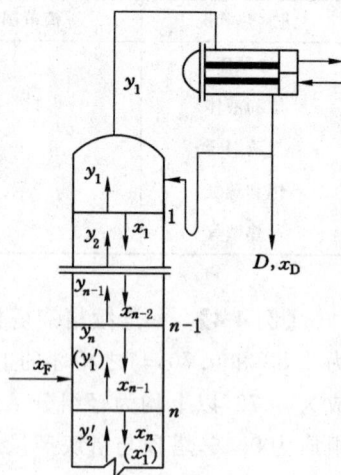

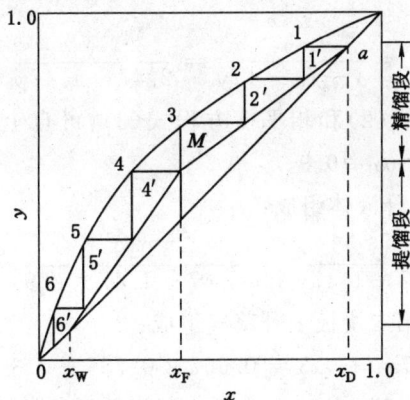

图 4-12 图解法求理论塔板数示意图

一个梯级的垂线到达 x_W 或小于 x_W 值为止。

图 4-12 中,梯级的总数为 6。从上向下数第 3 块跨过交点 M,即第 3 块为加料板。精馏段塔板数目 $n=2$ 块;在提馏段中,除去一块相当于理论板的塔釜外,提馏段的理论塔板数目(包括加料板)为 $m-1=4-1=3$ 块,故全塔理论塔板数(不包括再沸器)为

$$N_T = n + (m-1) = 2 + 3 = 5$$

如果塔顶的冷凝装置采用的是分凝器,因为离开分凝器的气相与液相可视为互成平衡,故分凝器本身也相当于一块理论塔板,此时,精馏段理论塔板数应比梯级数少 1,即 $n-1$ 块。

【例 4-5】 在一常压连续精馏塔内分离苯—甲苯混合物,已知进料液流量为 80 kmol/h,料液中苯含量 40%(摩尔分数,下同),泡点进料,塔顶流出液含苯 90%,要求苯回收率不低于 90%,塔顶为全凝器,泡点回流,回流比取 2,在操作条件下,物系的相对挥发度为 2.47。试分别用逐板计算法和图解法计算所需的理论板数。

解 (1)根据苯的回收率计算塔顶产品流量:

$$D = \frac{\eta \cdot F \cdot x_F}{x_D} = \frac{0.9 \times 80 \times 0.4}{0.9} = 32 \text{ kmol/h}$$

由物料恒算计算塔底产品的流量和组成:

$$W = F - D = 80 - 32 = 48 \text{ kmol/h}$$

$$x_W = \frac{Fx_F - Dx_D}{W} = \frac{80 \times 0.4 - 32 \times 0.9}{48} = 0.066\,7$$

已知回流比 $R=2$,所以精馏段操作线方程为:

$$y_{n+1} = \frac{R}{R+1}x_n + \frac{x_D}{R+1} = \frac{2}{2+1}x_n + \frac{0.9}{2+1} = 0.667x_n + 0.3 \tag{1}$$

提馏段操作线方程为:

$$L' = L + qF = L + F = RD + F = 2 \times 32 + 80 = 144 \text{ kmol/h}$$

$$V' = V - (1-q)F = V = (R+1)D = 3 \times 32 = 96$$

$$y_{m+1} = \frac{L'}{V'}x_m - \frac{Wx_W}{V'} = \frac{144}{96}x_m - \frac{48 \times 0.066\,7}{96} = 1.5x_m - 0.033 \tag{2}$$

相平衡方程式可写成：

$$x = \frac{y}{\alpha - (\alpha-1)y} = \frac{y}{2.47 - 1.47y} \tag{3}$$

利用操作线方程式(1)，式(2)和相平衡方程式(3)，可自上而下逐板计算所需理论板数。因塔顶为全凝器，则：$y_1 = x_D = 0.9$。

由式(3)求得第一块板下降液体组成：

$$x_1 = \frac{y_1}{2.47 - 1.47y_1} = \frac{0.9}{2.47 - 1.47 \times 0.9} = 0.785$$

利用精馏段操作线计算第二块板上升蒸气组成：

$$y_2 = 0.667x_1 + 0.3 = 0.667 \times 0.785 + 0.3 = 0.824$$

交替使用式(1)和式(3)直到 $x_n \leq x_F$，然后改用提馏段操作线方程，直到 $x_n \leq x_W$ 为止。计算结果见表4-4。

表 4-4 各层塔板上的气液组成

	1	2	3	4	5	6	7	8	9	10
y	0.9	0.824	0.737	0.652	0.587	0.515	0.419	0.306	0.194	0.101
x	0.785	0.655	0.528	0.431	$0.365<x_F$	0.301	0.226	0.151	0.089	$0.044<x_W$

精馏塔内理论塔板数为 $10-1=9$ 块，其中精馏段4块，第5块为进料板。

(2) 图解法计算所需理论板数：在直角坐标系中绘出 $y-x$ 图(图略)。根据精馏段操作线方程式(1)，找到 $a(0.9, 0.9)$，$c(0, 0.3)$ 点，连接 ac 即得到精馏段操作线。根据式(2)提馏段操作线，通过 $b(0.066\,7, 0.066\,7)$，以1.5为斜率作直线 bq，即为提馏段操作线。

从 a 点开始在平衡线与操作线之间绘直角梯级，直至 $x_n \leq x_W$ 为止。由图可见，理论板数为10块，除去再沸器一块，塔内理论塔板数为9块，其中精馏段4块，第5块为进料板，与逐板计算法结果一致。

五、回流比的影响与选择

在精馏过程中，回流比的大小直接影响精馏的操作费用和设备费用。回流比有两个极限，一个是最小回流比，一个是全回流。生产中采用的回流比界于二者之间。

(一)回流比的影响

全回流即塔顶上升蒸气经冷凝器冷凝后全部冷凝液均引回塔顶作为回流。全回流时塔顶产品量 $D=0$，塔底产品量 $W=0$，为了维持物料平衡，不需加料，即 $F=0$。由于全回流时塔板分离效率最大，所以达到一定的要求时所需的塔板数最少，故是回流比的上限。

在精馏塔计算时，对一定的分离要求(指定 x_D，x_W)而言，当回流比减到某一数值时，两操作线交点恰好落在平衡线上，相应的回流比称为最小回流比，以 R_{min} 表示。在最小回流比条件下操作时，在两操作线交点上下塔板无增浓作用，所以此区称为恒浓区(或称挟紧区)，交点称为挟紧点。此时分离混合液需要无穷多塔板，因此最小回流比是回流比的下限。

(二)适宜回流比的选择

精馏操作存在一适宜回流比。在适宜回流比下进行操作，设备费及操作费之和为最小。

在精馏设备的设计计算中,通常操作回流比为最小回流比的 $1.1\sim2$ 倍,也就是 $R=(1.1-2)R_{\min}$。

【例 4-6】 在常压操作的精馏塔中分离苯—甲苯混合液。已知物系的相对挥发度为 2.4,原料液组成为 0.44,要求将混合液分离为含苯 0.974 的馏出液和釜残液中含苯不高于 0.023 5(均为摩尔分数分数)。泡点进料,塔顶为全凝器,塔釜为间接蒸气加热,操作回流比为最小回流比的 2 倍。求精馏段操作线方程。

解 对于泡点进料,则

$$x_q = 0.44, y_q = \frac{2.4x_q}{1+1.4x_F} = \frac{2.4\times0.44}{1+1.4\times0.44} = 0.653$$

$$R_{\min} = \frac{x_D - y_q}{y_q - x_q} = \frac{0.974-0.653}{0.653-0.44} = 1.51$$

$$R = 2R_{\min} = 2\times1.51 = 3.02$$

则精馏段操作线方程为:

$$y = \frac{R}{R+1}x + \frac{x_D}{R+1} = 0.75x + 0.24$$

第五节　精　馏　塔

完成精馏的塔设备称为精馏塔。塔设备为气液两相提供充分的接触时间、面积和空间,以达到理想的分离效果。根据塔内气液接触部件的结构形式,可将塔设备分为两大类:板式塔和填料塔。

板式塔的塔内沿塔高装有若干层塔板,相邻两板有一定的间隔距离。塔内气、液两相在塔板上互相接触,进行传热和传质,属于逐级接触式塔设备。填料塔塔内装有填料,气液两相在被润湿的填料表面进行传热和传质。属于连续接触式塔设备。下面重点介绍板式塔。

一、板式塔的结构

在塔板上设有气、液两相的通道。气体通道有多种形式,各种塔板形式具有不同的性能。为了维持塔板上有一定的液层厚度,在塔板上设有溢流堰,液相横向流过塔板,通过溢流堰进入通向下一层塔板的液相通道降液管或溢流管。常用的溢流管有圆形和弓形两种,溢流管下端留有底隙,以方便液相从溢流管中流入下层塔板。溢流管要插入下层塔板的液层中形成液封,以阻止板下蒸气从溢流管进入上层空间。根据塔径的大小及液体流量的大小,可以设一个、多个或不设溢流管,并分别称为单边溢流、多边溢流或无溢流塔板。当液体横向流过塔板时,要克服板上各种阻力,所以液体在进板处的液面比出板处高,此液面差称为液面落差,是板上液体流动的推动力。液面落差会使板上各处的板效率不同,通常用缩短液体的行程和减少流体阻力的方法来减少液面落差。可见,在多数板式塔内气液两相的流动,从总体上是逆流,而在塔板上两相为错流流动。板式塔的结构如图 4-13 所示。

二、塔板的类型

塔板有错流、逆流两种,见表 4-5。

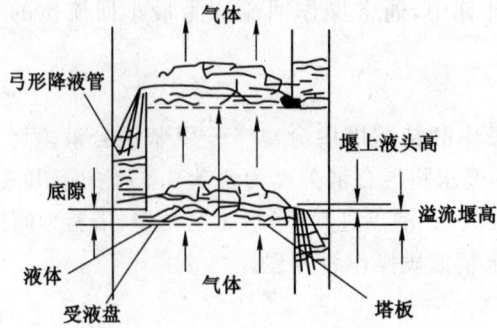

图 4-13　板式塔的结构示意图

表 4-5　　　　　　　　　　　　　　　塔板的分类

分类	结构	特点	应用
错流塔板	塔板间设有降液管。液体横向流过塔板,气体经过塔板上的孔道上升,在塔板上气、液两相呈错流接触,如图4-14(a)所示	适当安排降液管位置和溢流堰高度,可以控制板上液层厚度,从而获得较高的传质效率。但是降液管约占塔板面积的20%,影响了塔的生产能力,而且,液体横过塔板时要克服各种阻力,引起液面落差,液面落差大时,能引起板上气体分布不均匀,降低分离效率	应用广泛
逆流塔板	塔板间无降液管,气、液同时由板上孔道逆向穿流而过,如图4-14(b)所示	结构简单、板面利用充分,无液面落差,气体分布均匀,但需要较高的气速才能维持板上液层,操作弹性小,效率低	应用不及错流塔板广泛

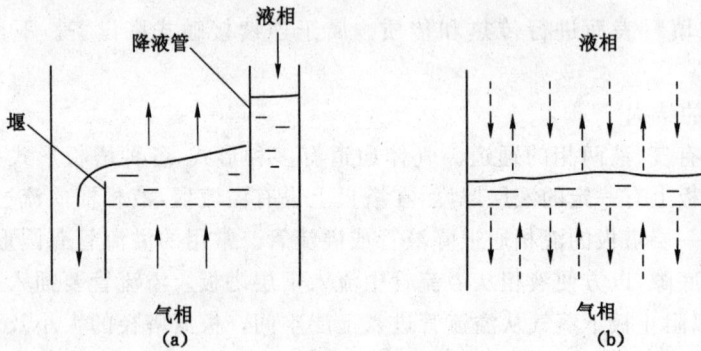

图 4-14　塔板分类

　　下面只介绍错流塔板。按照塔板上气液接触元件不同,可分为多种形式。

　　1. 泡罩塔

　　泡罩塔是工业上应用最早的气、液传质设备之一。泡罩塔每层塔板上开有若干个孔,孔上焊有短管作为上升气体的通道,称为升气管(图4-15)。升气管上覆以泡罩,泡罩下部周边开有许多齿缝。齿缝一般有矩形、三角形及梯形三种,常用的是矩形。泡罩在塔板上以等边三角形的形式排列。

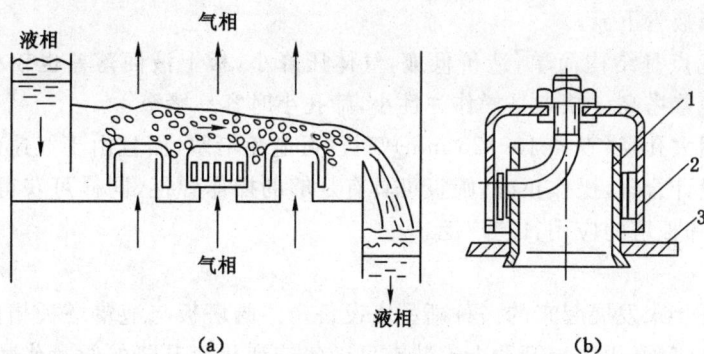

图 4-15　泡罩塔板
1——升气管;2——泡罩;3——塔板

泡罩塔板的气体通道是升气管和泡罩。由于升气管高出塔板,即使在气体负荷很低时也不会发生严重漏液。因而泡罩塔板具有很大的操作弹性。升气管是泡罩塔区别于其他塔板的主要结构特征。

操作时,液体横向流过塔板,靠溢流堰保持塔板上有一定厚度的流动液层,齿缝浸没于液层之中而形成液封。气体从升气管上升通过齿缝进入液层时,被分散成许多细小的气泡或流股,在板上液层中充满气泡而形成鼓泡层和泡沫层,为气液两相提供了大量的传质界面。

泡罩塔的优点是因升气管高出液层,不易发生漏液现象,有较好的操作弹性,即当气液有较大的波动时,仍能维持几乎恒定的板效率;塔板不易堵塞,适用于处理各种物料。缺点是塔板结构复杂,金属耗量大,造价高,安装检修不便;气体阻力较大,液面落差较大,致使生产能力及板效率均较低。近年来,泡罩塔已逐渐被筛板塔和浮阀塔所取代。

2. 筛板塔

筛板塔结构如上图 4-16 所示。

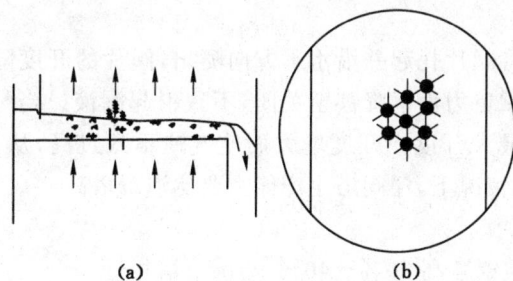

图 4-16　筛板塔

塔板上开有许多均布的筛孔,孔径一般为 3~8 mm,筛孔在塔板上呈正三角形排列。塔板上设置溢流堰,使板上能维持一定厚度的液层。

操作时,上升气流通过筛孔分散成细小的流股,在板上液层中鼓泡而出,气液间密切接触而进行传质。在正常的操作气速下,通过筛孔上升的气流,应能阻止液体经筛孔向下泄漏。液体通过降液管下流。

筛板塔的优点是结构简单,造价低廉,气体压降小,板上液面落差也较小,生产能力及塔板效率都较泡罩塔高。缺点是操作弹性小,筛孔小时容易堵塞。

近年来采用大孔径(直径10～25 mm)筛板,可避免堵塞,而且由于气速的提高,生产能力增大。只要设计合理,操作正确,筛板可具有足够的操作弹性,同样可获得较满意的塔板效率,故近年来筛板塔的应用日趋广泛。

3. 浮阀塔

浮阀塔是近年来发展起来的一种新型塔设备。浮阀塔板与泡罩塔板相比,其主要改进之处是取消了升气管,用塔板开孔上安装有可随气速变化而升降的阀片代替泡罩。浮阀形式如图4-17所示。

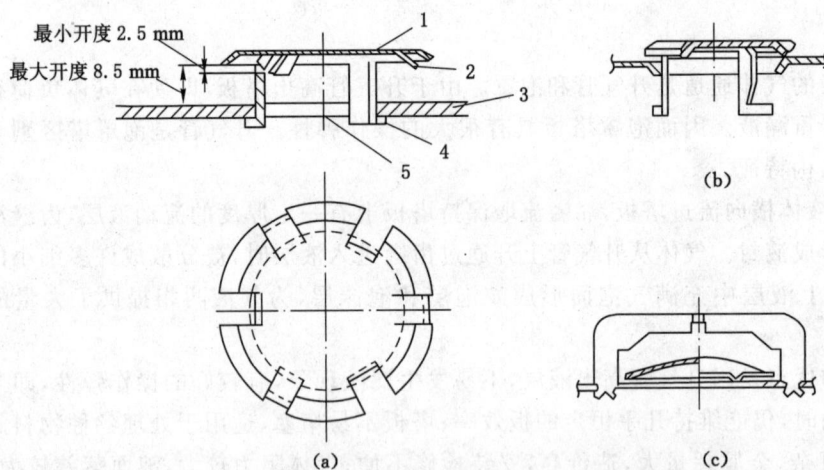

图4-17　几种浮阀形式

(a) F1型浮阀;(b) V—4型浮阀;(c) T型浮阀

1——阀片;2——定距片;3——塔板;4——底脚;5——阀孔

当气体通过阀孔时将阀片托起并沿水平方向喷出,阀片的开度随气量的改变而自动变化。当气量小时阀片依靠重力而下降甚至关闭,不致引起漏液。当气量大时,阀片浮起,由阀"脚"钩住塔板来维持最大开度。开度增大而使气速不致过高,从而降低压降,也使液泛气速提高,故在高液气比情况下,浮阀塔生产能力要比泡罩塔高。

浮阀塔的优点如下:

① 生产能力大,比泡罩塔高20%～40%,与筛板塔相近。

② 操作弹性大,在较宽的气速范围内板效率变化较小。其弹性范围(即蒸气或气体的最大负荷与最小负荷之比)为7～9。

③ 由于气液接触良好,蒸气以水平方向吹出,雾沫夹带小,故板效率比泡罩塔高15%左右。

④ 塔板没有复杂的障碍物,因此液体流动阻力小,液面梯度较小,蒸气分布均匀。

⑤ 有较强的适应性,对黏度大及易聚合的物系也能正常操作。

⑥ 结构简单,安装、维修容易,制造费用约为泡罩塔的 $60\%\sim80\%$。

4. 喷射型塔板

喷射塔塔板是针对上述三种塔板的不足改进而成的新型塔板。泡罩塔板、筛板塔板和浮阀塔板在气液相接触过程中,气相与液相的流动方向不一致,操作气速较高时,雾沫夹带现象严重,塔板效率下降,其生产能力也受到限制。喷射塔塔板由于气相喷出的方向与液体的流动方向相同,利用气体的动能来强化气液两相的接触与搅动,克服了上述塔板的缺点,减少了塔板的压强降和雾沫夹带量,使塔板效率提高。由于操作时可以采用较大气速,生产能力也得到提高。

喷射塔塔板分为固定型喷射塔板和浮动型喷射塔板。固定型的舌形喷射塔板,如图4-18 所示。塔板上有许多舌形孔,舌片与塔板面成一定的角度,向塔板的溢流出口侧张开,塔板的溢流出口侧不设溢流堰,只有降液管。操作时,上升的气体穿过舌孔,以较高的速度沿舌片的张开方向喷出,与从上层塔板下降的液体接触,形成喷射状态,气液强烈搅动,提高了传质效率。其优点是开孔率较大,操作气速比较高,生产能力大。由于气体和液体的流动方向一致,液面落差小和雾沫夹带量少,塔板上的返混现象大为减少,塔板效率较高,压力降也较小。缺点是舌孔面积固定,操作弹性相对较小。另外液流被气流喷射到降液管上,液体通过降液管时会夹带气泡到下层塔板,使塔板效率降低。

浮动型喷射塔板上装有能浮动的舌片,如图4-19 所示。塔板上的浮舌随气流速度大小的变化而浮动,调节了气流通道的截面积,使气流以适宜的气速通过缝隙,保持了较高的塔板效率。其主要优点是生产能力大,压力降小,操作弹性大,液面落差小等;缺点是有漏液及吹干现象,在液体量变化较大时,由于操作不太稳定而影响塔板效率。

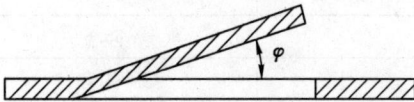

图 4-18　舌形喷射塔板　　　　　　　图 4-19　浮动型喷射塔板

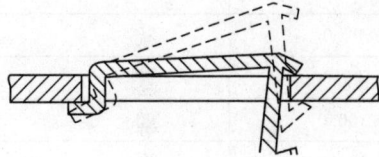

本 章 小 结

本章首先介绍了如何用相对挥发度表示气液平衡关系,阐明精馏的基本原理,然后通过物料衡算导出精馏塔的精馏段和提馏段操作线方程、泡点进料线方程,进而讨论精馏塔理论塔板数和实际塔板数的计数原理和方法、回流比对精馏操作的影响与选择,最后对精馏设备做简单介绍。

通过学习,应掌握两组分物系的气液平衡关系、$t—x—y$ 图、$x—y$ 图、拉乌尔定律、泡点方程、露点方程、相对挥发度及其影响因素;掌握操作线方程、进料热状况、q 的意义及计算、最小回流比的概念和确定,以及理论板数的确定(图解法,逐板计算法)。

学习中,要理解精馏原理、恒摩尔流假设、回流比的概念和对精馏过程的影响;了解各种板式塔的结构和塔板的类型。

思 考 题

一、简答题

1. 蒸馏是如何分类的?

2. 用图解法求理论塔板数时,为什么说一个三角形梯级代表一块理论块?

3. 精馏塔进料量对塔板层数有无影响? 为什么?

4. 为什么说全回流时,所需的理论板数最少?

5. 精馏塔有哪些形式? 各有什么特点?

二、计算题

1. 在 96 ℃时,苯(A)、甲苯(B)、空气(C)混合气体的总压力 101.3 kPa(绝压),其中空气的分压为 3.3 kPa。求该条件下的平衡气、液两相组成及苯—甲苯的相对挥发度。(A、B 组分均服从拉乌尔定律。已知 96 ℃时,$p_A^0 = 160.52$ kPa,$p_B^0 = 65.66$ kPa)

2. 纯苯和纯甲苯的饱和蒸气压与温度的关系如表 4-6 所示。试根据表中的数据作 101.3 kPa 下苯和甲苯的 $t—x,y—x$ 图(此溶液服从乌拉尔定律)。

表 4-6　　　　　　　　纯苯和纯甲苯的饱和蒸气压与温度的关系

温度/℃	纯苯饱和蒸气压 p_A^0	纯甲苯的饱和蒸气压 p_B^0
80.2	101.3	40.0
84.2	113.6	44.4
88.0	130.0	50.5
92.0	143.7	57.6
96.0	160.5	65.6
100.0	179.2	74.5
104.0	199.3	83.3
108.0	221.2	93.9
110.0	233.0	101.3

3. 某二元混合物蒸汽,其中轻、重组分的摩尔分数分别为 0.75 和 0.25,在总压为 300 kPa 条件下被冷凝至 40 ℃,所得的气、液两相达到平衡。求其气相摩尔数和液相摩尔数之比(已知轻、重组分在 40 ℃时的蒸汽压分别为 370 kPa 和 120 kPa)。

4. 用一连续精馏塔分离二元理想溶液,进料量为 100 kmol/h,进料组成为 0.4(摩尔分数),馏出液组成为 0.9。残液中含苯 1%(组成均以摩尔分数计)。(1)馏出液和残液气化量每小时各多少千摩尔?(2)饱和液体进料时,已估算塔釜每小时气化量为 132 kmol,则回流比为多少?

5. 一连续操作的精馏塔,将 175 kmol/h 含苯 44% 和甲苯 56% 的混合液分离为含苯 97.4% 的馏出液和含苯 2.35% 的残液(以上均为摩尔分数)。操作压力为 101.3 kN/m²。试求原料液在以下三种进料情况下的 q 线方程式:① 进料为泡点的液体;② 进料为饱和蒸汽;③ 进料为气、液各半的混合物。

6. 用一连续操作的精馏塔在常压下分离苯—甲苯混合液,原料液含苯 0.5(摩尔分数,下同),塔顶馏出液含苯 0.9,塔顶采用全凝器,回流比为最小回流比的 1.5 倍,泡点进料,设加料板上的液相组成与料液组成相同,在此温度下苯的饱和蒸汽压为 145.3 kPa,试求离开进料板的上一层理论塔板的液相组成。

7. 用间歇精馏分离含易挥发组分为 0.2 的料液。料液量为 100 kmol,要求馏出液组成为 0.95,釜残液组成为 0.05(均为摩尔分数)。采用保持馏出液组成恒定的操作方法。已知体系的相对挥发度为 2.5。(1) 试求馏出液量和釜残液量;(2) 若最终操作回流比为最小回流比的 1.5 倍,计算所需要理论板数。

第五章 干 燥

【本章重点】湿空气性质,固体物料干燥过程的相平衡,恒定干燥条件下的干燥曲线和干燥速度曲线,基本干燥过程计算,典型干燥设备的工作原理、结构特点。

【本章难点】湿空气的性质,干燥过程的物料衡算及干燥速率。

【学习目标】能熟练计算湿空气的性质参数,会利用干燥过程的物料衡算,平衡关系和速率关系,进行干燥器最基本的计算及干燥设备的选型。

第一节 概 述

在化学工业中,有些固体物料、半成品和成品含有湿分(水或其他溶剂),为便于贮藏使用或进一步加工的需要,必须除去其中的湿分,简称去湿。去湿的方法很多,如机械去湿法,即利用压榨、过滤和离心分离等机械方法去湿;物理化学去湿法,即用氯化钙、浓硫酸、硅胶等吸湿性物料为干燥剂除去湿分;热能去湿法,即借助热能使物料的湿分气化,并将产生的蒸气排除,这种以热能除去固体物料中湿分的操作称为固体干燥,简称干燥。

干燥过程的本质是使湿分从固相转移到气相,固相为被干燥的物料,气相为干燥介质。干燥过程得以进行的条件是,必须使干燥物料表面上的蒸气压强超过干燥介质的蒸气分压强,这样才能使物料表面的湿分气化,而正是由于表面湿分的不断气化,物料内部的湿分才可以继续扩散到其表面,然后被干燥介质带走,以保持一定的气化湿分的推动力。如果压差为零,表示干燥介质和物料之间已无湿气传递,干燥即行停止。

一、干燥过程的分类

按操作压强分为常压干燥和真空干燥。真空干燥主要用于处理热敏性、易氧化或要求产品中湿分含量很低的场合。

按操作方式分为连续操作和间歇操作。间歇操作适用于小批量、多品种或要求干燥时间很长的特殊场合。

按传热方式可分为传导干燥、对流干燥、辐射干燥、介电加热干燥以及由其中的两种或多种组合的联合干燥。

① 传导干燥:热能通过传热壁面以传导方式传给物料,产生的湿分蒸气被气相(又称干燥介质)带走,或用真空泵排走。例如纸制品可以铺在热滚筒上进行干燥。该方法热能利用率高,但与传热面接触的物料易过热变质,物料温度不易控制。

② 对流干燥:使干燥介质直接与湿物料接触,热能以对流方式加入物料,产生的蒸气被干燥介质带走。干燥介质在这里是载热体又是载湿体。在对流干燥中干燥介质的温度易

调节,湿物料不易产生过热。但是干燥介质离开干燥器时要带出大量的热量,因此对流干燥热损失大,能量消耗高。

③ 辐射干燥:由辐射器产生的辐射能以电磁波形式达到固体物料的表面,为物料吸收而转变为热能,从而使湿分气化。例如用红外线干燥法将自行车表面油漆烘干。该法生产强度大,干燥均匀且产品洁净,但能量消耗大。

④ 介电加热干燥:将需要干燥电解质物料置于高频电场中,电能在潮湿的电介质中变为热能,可以使液体很快升温气化。这种加热过程发生在物料内部,故干燥速率较快,例如微波干燥食品。

目前,在工业生产中应用最普遍的是对流干燥,通常使用的干燥介质是空气,被除去的湿分是水分。本章以对流干燥为主要讨论内容。

二、对流干燥

1. 对流干燥

典型的对流干燥工艺流程如图 5-1。

空气经预热器加热后进入干燥器,气流与湿物料在此直接接触,空气沿流动方向温度降低,湿含量 H 增加,废气自干燥器另一端排出。

2. 对流干燥原理

对流干燥的原理如图 5-2。对流干燥过程中,物料表面温度 θ_i 低于气相主体温度 t,因此热气流将热能传至固体物料表面,再由物料表面传至物料内部,这是一个传热过程。

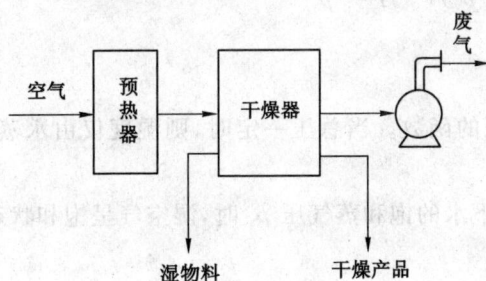

图 5-1 对流干燥流程示意图

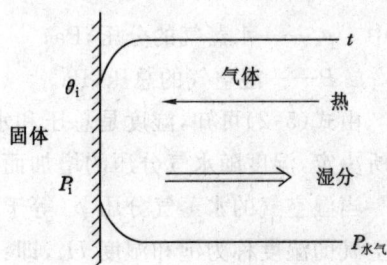

图 5-2 对流干燥过程的传热与传质

固体物料表面水气分压 P_i 高于气相主体中水气分压 $P_{水气}$,因此水气由固体物料内部以液态或气态扩散至物料表面,再透过物料表面气膜扩散至热气流主体,这是一个传质过程。

所以,对流干燥是传热和传质同时进行的过程。干燥速率的快慢与好坏,与湿物料和热空气之间的传热、传质速率有关。

第二节 湿空气的性质及湿物料的性质

对流干燥操作中,作为干燥介质的热空气实际上并不是纯净的绝干空气,而是绝干空气和水蒸气的混合物,故称之为湿空气。湿空气的性质决定着干燥过程能否进行以及进行得快慢,是干燥计算的基础。通常干燥操作在常压或减压下进行,因此,可把作为干燥介质的湿空气按理想气体来处理。

随着干燥过程的进行,湿空气中水气的含量不断增加,而绝干空气质量不变,因此为了计算方便,湿空气的许多参数均以单位质量的绝干空气为基准,本章选取 1 kg 绝干空气作为基准。

一、湿空气的性质

1. 湿度(湿含量)H

湿度又称湿含量、绝度湿度,定义为湿空气中所含的水蒸气的质量与绝干空气的质量之比,以符号 H 表示,它可表示为:

$$H = \frac{湿空气中水蒸气的质量}{湿空气中绝干空气的质量} = \frac{M_v n_v}{M_g n_g} = \frac{18 n_v}{29 n_g} \qquad (5\text{-}1)$$

式中　H——湿空气的湿度,kg 水气/kg 绝干空气;

　　　　M_v——水蒸气的千摩尔质量 kg/kmol;

　　　　M_g——绝干空气的千摩尔质量,kg/kmol;

　　　　n_g——绝干空气的物质的量,kmol;

　　　　n_v——水蒸气的物质的量,kmol。

对理想气体混合物,湿空气中水蒸气和绝干空气的物质的量之比等于它们的分压比,于是,式(5-1)可表示为:

$$H = \frac{18 p_v}{29(P - p_v)} = \frac{0.622 p_v}{P - p_v} \qquad (5\text{-}2)$$

式中　p_v——水蒸气的分压,Pa;

　　　　P——湿空气的总压,Pa。

由式(5-2)可知,湿度是总压和水气分压的函数。当总压一定时,则湿度仅由水蒸气分压所决定,湿度随水气分压的增加而增大。

当湿空气的水蒸气分压 p_v 等于同温度下水的饱和蒸气压 p_s 时,湿空气呈饱和状态,此时空气的湿度称为饱和湿度 H_s,即:

$$H_s = \frac{0.622 p_s}{P - p_s} \qquad (5\text{-}3)$$

式中　H_s——湿空气的饱和湿度,kg 水气/kg 绝干空气。

2. 相对湿度 φ

当总压一定时,湿空气中的水气分压 p_v 与同温度下水的饱和蒸汽压 p_s 之比的百分数,称为相对湿度百分数,简称相对湿度,符号为 φ,即:

$$\varphi = \frac{p_v}{p_s} \times 100\% \qquad (5\text{-}4)$$

相对湿度可以用来衡量湿空气的不饱和程度。$\varphi = 100\%$ 时,湿空气中水气分压等于同温度下水的饱和蒸汽压,湿空气的水蒸气已达到饱和,不能再吸收水分。相对湿度小于 100% 的湿空气能作为干燥介质。φ 值愈小,表明湿空气偏离饱和程度越远,吸收水气的能力越强。由此可见,空气的湿度 H 仅表示空气中水气含量,而相对湿度 φ 值能反应出湿空气吸收水气的能力。

若将式(5-4)代入式(5-2),可得:

$$H = \frac{0.622\varphi p_s}{P - \varphi p_s} \qquad (5\text{-}5)$$

由上式可知,在一定的总压下,相对湿度 φ 与湿度 H 及饱和蒸汽压 p_s 有关,而 p_s 又与温度有关,因此,只要知道湿空气的温度和湿度,就可以计算出相对湿度。

3. 湿空气的比体积 v_H

湿空气中,1 kg 绝干空气的体积和其所带有的 H kg 水蒸气的体积之和,称为湿空气的比体积或比容,在压力为 101.3 kN/m² 时,即:

$$v_H = \frac{每立方米湿空气}{每千克绝干空气} = \left(\frac{1}{29} + \frac{H}{18}\right) \times 22.4 \times \frac{t + 273}{273} \qquad (5\text{-}6)$$

式中 v_H——湿空气的比体积,m³/kg 绝干气。

由式(5-6)可知,在常压下,湿空气的比体积随湿度 H 和温度 t 的增大而增大。

4. 湿空气的比热容 c_H

常压下将绝干空气和其中的水蒸气的温度提高所需要的热量,称为湿空气的比热容,简称湿比热,kJ/(kg·℃)。

$$c_H = c_g + H c_v = 1.01 + 1.88H \qquad (5\text{-}7)$$

式中 c_H——湿空气的比热;

c_g——绝干空气的比热;

c_v——水蒸气的比热。

5. 湿空气的焓 I_H

湿空气中 1 kg 绝干气的焓和其所带有的 H kg 水蒸气的焓之和,称为湿空气的焓,即:

$$I_H = I_g + H I_v \qquad (5\text{-}8)$$

式中 I_H——湿空气的焓 ,kJ/kg 绝干气;

I_g——绝干空气的焓 ,kJ/kg 绝干气;

I_v——水蒸气的焓 ,kJ/kg 水蒸气。

焓是一个相对值,以 0 ℃作为基准。则

$$I_g = c_g t, I_v = r_0 + c_v t$$

将 I_g 和 I_v 代入(5-8)得

$$I_H = c_g t + H(r_0 + c_v t) = c_H t + H r_0 = (1.01 + 1.88H)t + 2\,490H \qquad (5\text{-}9)$$

式中 r_0——0 ℃时的水蒸气的潜热,其值为 2 490 kJ/kg。

6. 干球温度 t

用普通温度计测得的湿空气温度为其真实温度,称为干球温度,用符号 t 表示,单位为℃或 K。

7. 湿球温度 t_W

图 5-3 所示的玻璃湿球温度计感温体(水银球)用湿纱布包裹,纱布下端浸在水中,以保证纱布一直处于充分润湿状态,这样测得的温度为湿空气的湿球温度,用 t_W 表示,单位为℃或 K。

湿球温度 t_W 实质上是湿空气与湿纱布之间传质和传热达稳定时湿纱布中水的温度,由湿球温度的原理可知,不饱和湿空气的湿球温度 t_W 总是低于其干球温度。t_W 与 t 差距愈小,表明空气中的水分含量愈接近饱和。

湿球温度的工程意义在于：在干燥过程中恒速干燥阶段时湿球温度即是湿物料表面的温度。

8. 露点温度 t_d

将不饱和的空气在总压和湿度不变的情况下冷却至饱和状态时对应的温度，称为该空气的露点温度，以符号 t_d 表示，单位为℃或 K。在露点温度时，原湿空气的水蒸气分压等于露点温度下饱和水蒸气压，此时空气的湿度为饱和湿度。由式(5-3)可得：

$$H_{s,td} = \frac{0.622 p_{s,td}}{P - p_{s,td}} \qquad (5-10)$$

式中　$H_{s,td}$——湿空气的饱和湿度，kg 水气/kg 绝干空气；

　　　　$p_{s,td}$——露点温度下水的饱和蒸汽压，Pa。

图 5-3　湿球温度计

整理式(5-10)可得：

$$p_{s,td} = \frac{H_{s,td} \times P}{0.622 + H_{s,td}} = \frac{H \times P}{0.622 + H} \qquad (5-11)$$

在确定湿空气的露点 t_d 时，将湿空气的湿度及总压代入式(5-11)求得饱和蒸气压，由饱和水蒸气表查出的对应温度即为该湿空气的露点 t_d。

9. 绝热饱和温度 t_{as}

热饱和过程中，气、液两相最终达到的平衡温度称为绝热饱和温度，以 t_{as} 表示。绝热饱和过程是指不饱和气体在与外界绝热的条件下和大量的液体接触，若时间足够长，使传热、传质趋于平衡，则最终气体被液体蒸气所饱和，气体与液体温度相等的过程。

绝热饱和温度 t_{as} 和湿球温度 t_w 是两个完全不同的概念，但两者都是湿空气状态(t 和 H)的函数。

实验测定证明，对空气—水系统，可以近似认为绝热饱和温度 t_{as} 与湿球 t_w 数值相等，而湿球温度比较容易测定。

由以上讨论可知，湿空气的湿度 H 主要通过测定干球温度 t、湿球温度 t_w、露点温度 t_d 后计算得到。三个温度之间的关系如下：

对于不饱和湿空气，有 $t > t_{as}(t_w) > t_d$。

对于饱和湿空气，有 $t = t_{as}(t_w) = t_d$。

【例 5-1】　常压下 25 ℃的湿空气，其湿度为 0.0188 kg 水/kg 干空气，试求：① 湿空气中的水气分压；② 湿空气的相对湿度；③ 湿空气的比热容；④ 湿空气的焓；⑤ 湿空气的露点。

解　① 水气分压 p_v 由式(5-2)计算，即

$$H = \frac{0.622 p_v}{P - p_v} \Rightarrow 0.0188 = \frac{0.622 p_v}{101.3 - p_v}$$

解得

$$p_v = 2.972 \text{ kPa}$$

② 相对湿度 φ：25 ℃时水蒸气的饱和气压为 $p_s = 3.168$ kPa，由式(5-4)计算相对湿度 φ，即

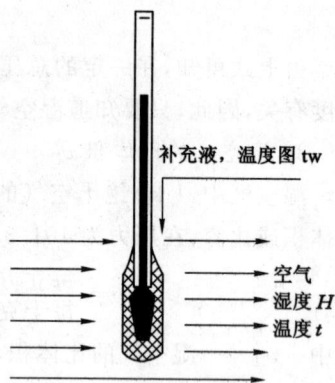

$$\varphi = \frac{p_v}{p_s} \times 100\% = \frac{2.972}{3.1684} \times 100\% = 93.80\%$$

可见,该湿空气已经接近饱和,不宜作为干燥介质。

③ 湿空气的比热容 c_H:由式(5-7)计算比热容 c_H,即:

$$c_H = 1.01 + 1.88H = 1.01 + 1.88 \times 0.0188 = 1.045 \text{ KJ/(kg} \cdot \text{℃})$$

④ 湿空气的焓 I_H:由式(5-9)计算:

$$I_H = c_H t + H r_0 = (1.01 + 1.88H)t + 2490HI_H$$
$$= c_H t + 2490H = 1.045 \times 25 + 2490 \times 0.0188$$
$$= 72.94 \text{ kJ/kg 干空气}$$

⑤ 湿空气的露点 t_d:将湿空气等冷却到饱和状态时的温度为露点,此过程中,水气分压亦不变,$p_v = 2.972$ kPa 即为水的饱和蒸气压,由饱和水蒸气压表查得对应的饱和温度为 23.3 ℃,即为露点。

二、湿物料的性质

待干燥的湿物料通常是由各种类型的绝干物料和液态湿分组成的。干燥过程中,湿物料表面的水分向空气主流中扩散,同时物料内部的水分也源源不断地向表面扩散。不同类型的物料以及物料中水分的性质都会对干燥过程产生影响。

从干燥机理角度出发,将物料中的水分分为以下几种。

(一)平衡水分与自由水分

当物料与一定温度、湿度的空气相接触时,如果物料表面的水分蒸汽压与空气中水的蒸汽分压不相等时,物料就会释放出水分或吸收水分,最终水分将在气、固两相间达到平衡,此时湿物料中的含水量称为该物料的平衡水分,以 X^* 表示。物料中的水分超过 X^* 的那部分水分,称为自由水分。

(二)结合水分和非结合水分

结晶水、小毛细管内的水分、细胞内的水分等,均是借化学力或物理化学力与固体相结合的,这部分水称为结合水。那些机械地附着在物料表面的水分,或物料堆积层中大空隙中的水分,与固体相互结合力较弱,称为非结合水。

两种分类方法的不同为:平衡水分与自由水分,结合水分与非结合水分是两种概念不同的区分方法。自由水分是在干燥中可以除去的水分,而平衡水分是不能除去的,自由水分和平衡水分的划分除与物料有关外,还决定于空气的状态。非结合水分是在干燥中容易除去的水分,而结合水分较难除去,是结合水还是非结合水仅决定于固体物料本身的性质,与空气状态无关。

第三节 干燥过程的物料衡算与干燥速率

以空气作为干燥介质的对流干燥过程是,气流与湿物料直接接触,从而除去被干燥物料中的水分。在干燥过程的设计计算中,进行物料衡算和热量衡算的目的是:计算出湿物料中水分蒸发量、原始空气用量以及所需提供的热量,根据空气用量选择适宜型号的鼓风机,根据热负荷设计或选择换热器及干燥器的有关尺寸。

干燥速率的测定实验大多在恒定干燥条件下进行,即干燥过程中空气的湿度、温度、速度以及与湿物料的接触状况不变。大量空气与少量湿物料的接触情况可以认为是在恒定干燥条件下进行的。

一、干燥过程的物料衡算

（一）物料中含水量的表示方法

湿物料中的含水量有两种表示方法。

1. 湿基含水量 w

$$w = \frac{湿物料中水分的质量}{湿物料总质量} \tag{5-12}$$

式中　w——湿基含水量，kg 水/kg 湿料。

2. 干基含水量 X

$$X = \frac{湿物料中水分的质量}{湿物料中绝干物料的质量} \tag{5-13}$$

式中　X——干基含水量，kg 水/kg 绝干物料。

在工业生产中，常以湿基含水量表示物料中含水分的多少；而在干燥计算中，由于湿物料中的绝干物料在干燥过程中不发生变化，故用干基含水量计算比较简便。湿基含水量和干基含水量的换算关系为：

$$w = \frac{X}{1+X} \tag{5-14}$$

$$X = \frac{w}{1-w} \tag{5-15}$$

（二）干燥过程的物料衡算

对如图 5-4 所示的连续干燥器做水分的物料衡算。以 1 h 为基准，若不计干燥过程中物料损失量，则在干燥前后物料中绝对干料的质量不变，即

$$G_c = G_1(1-w_1) = G_2(1-w_2) \tag{5-16}$$

式中　G_1——进干燥器的湿物料的质量流量，kg/s；

G_2——离开干燥器的产品的质量流量，kg/s；

G_c——绝干物料的质量流量，kg/s；

w_1、w_2——干燥前后物料的湿基含水量，kg 水/kg 料。

由上式可以得出 G_1，G_2 之间的关系：

$$G_1 = G_2\frac{1-w_2}{1-w_1}; \quad G_2 = G_1\frac{1-w_1}{1-w_2} \tag{5-17}$$

干燥器的总物料衡算为

$$G_1 = G_2 + W$$

图 5-4　干燥器物料衡算示意图

则蒸发的水分量为

$$W = G_1 - G_2 = G_1\frac{w_1-w_2}{1-w_2} = G_2\frac{w_1-w_2}{1-w_1} \tag{5-18}$$

式中　W——水分蒸发量，kg/h。

若以干基含水量表示，则水分蒸发量可用下式计算：

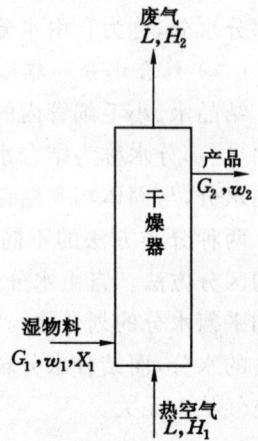

$$W = G_c(X_1 - X_2) \tag{5-19}$$

在干燥过程中,从湿物料中蒸发出来的水分被空气带走,故湿物料中水分的减少量等于空气中水分的增加量,即可得出:

$$W = L(H_2 - H_1) = G_c(X_1 - X_2) \tag{5-20}$$

式中　L——干空气的质量流量,kg/s;

　　　X_1、X_2——干燥前后的干基含量,kg 水/kg 绝干物料;

　　　H_1、H_2——进、出干燥器的湿物料的湿度,kg 水/kg 干空气。

（三）空气消耗量 L

蒸发 W 的水分所消耗的绝干空气量为

$$L = \frac{G_c(X_1 - X_2)}{H_2 - H_1} = \frac{W}{H_2 - H_1} \tag{5-21}$$

式中　L——单位时间内消耗的绝干空气量,kg/s。

将式(5-21)等号两侧均除以 W 得:

$$l = \frac{L}{W} = \frac{1}{H_2 - H_1} \tag{5-22}$$

式中,l 为每蒸发 1 kg 水分所消耗的绝干空气量,称为单位空气消耗量,单位为 kg 干空气/kg 水。由于通过预热器前后空气的湿度不变,设 H_0 为进入预热器的空气的湿度,则 $H_0 = H_1$,则有

$$l = \frac{L}{W} = \frac{1}{H_2 - H_0} \tag{5-23}$$

由上可见,空气的用量 l 仅与 H_2、H_0 有关,与路径无关。湿度 H_0 与气候条件有关,夏季湿度大,消耗的空气量最多,因此在选择输送空气的通风机时,应以全年中最大空气消耗量为依据,通风机的通风量 V 计算如下:

$$V = L \times v_H = L \times (0.773 + 1.244H) \times \frac{t + 273}{273} \tag{5-24}$$

式中湿度 H 和温度 t 为通风机所在安装位置的空气湿度和温度。

【例 5-2】　某干燥器处理湿物料量为 800 kg/h。要求物料干燥后含水量由 30% 减至 4%（均为湿基）。干燥介质为空气,初温为 15 ℃,相对湿度为 50%,经预热器加热至 120 ℃,出干燥器时温度为 45 ℃,相对湿度为 80%。已知:$t_0 = 15$ ℃,$\varphi_0 = 50\%$ 时空气的湿度 $H_0 = 0.005$ kg 水/kg 干空气;在 $t_2 = 45$ ℃,$\varphi_2 = 80\%$ 时的湿度为 $H_2 = 0.052$ kg 水/kg 干空气。试求:① 水分蒸发量 W;② 空气消耗量 L、单位消耗量 l;③ 如鼓风机装在进口处,求鼓风机之风量 V。

解　① 由公式(5-18)可得

$$W = G_1 \frac{w_1 - w_2}{1 - w_2} = 800 \times \frac{0.3 - 0.04}{1 - 0.04} = 216.7 \text{ kg/h}$$

② 空气通过预热器湿度不变,即

$$H_0 = H_1$$

$$L = \frac{W}{H_2 - H_1} = \frac{W}{H_2 - H_0} = \frac{216.7}{0.052 - 0.005} = 4\,610 \text{ kg 干空气/h}$$

$$l = \frac{1}{H_2 - H_0} = \frac{1}{0.052 - 0.005} = 21.3 \text{ kg 干空气/kg 水}$$

③ 风量 V：

$$v_H = (0.773 + 1.244 \times H_0) \frac{t_0 + 273}{273}$$

$$= (0.773 + 1.244 \times 0.005) \frac{15 + 273}{273}$$

$$= 0.822 \ \text{m}^3/\text{kg 干空气}$$

$$V = L v_H = 4\ 610 \times 0.822 = 3\ 790 \ \text{m}^3/\text{h}$$

二、恒定干燥条件下的干燥速率

通常按空气状态的变化情况,将干燥过程分为恒定干燥操作和非恒定(或变动)干燥操作两大类。恒定干燥是指干燥过程中空气的温度、湿度、流速及与物料的接触方式等不发生变化的干燥,如用大量空气干燥少量的物料。变动干燥是指在干燥过程中空气的状态不断变化的干燥,如连续操作的干燥过程。本节仅讨论恒定条件下的操作。

(一) 干燥实验和干燥曲线

在干燥器设计中,需要知道达到一定的干燥要求物料所需的干燥时间,而干燥时间的确定取决于干燥速率。由于干燥过程既涉及传热过程又涉及传质过程,机理比较复杂,目前只能通过干燥实验来测定干燥曲线,进而获得干燥速率曲线。

1. 干燥实验

用大量的热空气干燥少量的湿物料,实验过程中空气的温度、湿度、气速及流动方式恒定不变。每隔一段时间测定物料的质量变化,并记录每一时间间隔 $\Delta \tau$ 内物料的质量变化 $\Delta W'$,直到物料的质量不再随时间变化,物料中所含水分即为该干燥条件下物料的平衡水分。然后再将物料放到电烘箱内烘干到恒重为止(控制烘箱内的温度低于物料的分解温度),称量即得绝干物料的质量。

2. 干燥曲线

干燥曲线是指干基含水量与干燥时间之间的关系曲线。上述实验数据经整理后可得如图 5-5 所示的物料含水量 X 与干燥时间 τ 关系曲线,称为干燥曲线。

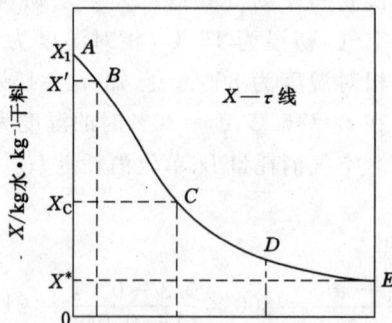

图 5-5 恒定干燥条件下的干燥曲线

(二) 干燥速率和干燥速率曲线

干燥速率(水分汽化速率)为单位时间在单位干燥面积上汽化的水分质量,用符号 U 表示,单位是 kg/(m² · s)。

其微分表达式为

$$U = \frac{\mathrm{d}W}{A\,\mathrm{d}\tau} = \frac{\mathrm{d}\left[G_c(X_1 - X_c)\right]}{A\,\mathrm{d}\tau} = -\frac{G_c\,\mathrm{d}X}{A\,\mathrm{d}\tau} \tag{5-25}$$

式中　A——干燥面积,m²;

　　　$\mathrm{d}W$——汽化水分量,kg;

　　　τ——干燥时间,h。

式(5-25)中负号表示物料含水量随干燥时间的增加而减少。

将干燥速率对物料湿含量作图得到的曲线,称为干燥速率曲线。图 5-6 为恒定干燥条件下典型的干燥速率曲线,由实验测得的有关数据绘制。干燥速率曲线表明在一定干燥条件下干燥速率U与物料含水量X之间的关系。从干燥速率曲线可以看出,干燥过程明显地分为两个阶段——恒速干燥阶段和降速干燥阶段。

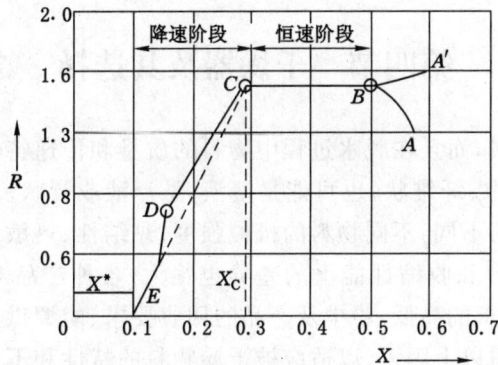

图 5-6　干燥速率曲线

(1) 恒速干燥阶段

此阶段的干燥速率如图 5-6 中 BC 段所示。

这一阶段中,物料的干燥速率保持恒定,其值不随物料含水量多少而变。整个物料表面都有充分的非结合水分,物料表面与空气间的传热和传质过程与测定湿球温度的情况类似。此时物料内部水分扩散速率大于表面水分汽化速率,故属于表面汽化控制阶段。这阶段干燥速率的大小,主要取决于物料外部的干燥条件(空气的性质),而与湿物料的性质关系很小。

(2) 降速干燥阶段

降速干燥阶段如图 5-6 所示 CE 段。

这阶段中,干燥速率随物料含水量的减少而降低,干燥速率曲线的转折点(C点)称为临界点,该点的干燥速率U_c仍等于等速阶段的干燥速率,与该点对应的物料含水量,称为临界X_c。当物料的含水量降到临界含水量以下时,物料的干燥速率亦逐渐降低。

降速干燥阶段的干燥速率主要决定于物料本身的结构、形状和大小等,而与空气的性质无关。空气传给湿物料的热量大于水分汽化所需的热量,故物料表面的温度不断上升,而最后接近于空气的温度。

需要指出的是，干燥曲线或干燥速率曲线是在恒定的空气条件下获得的，对指定的物料，空气的温度、湿度不同，速率曲线的位置也不同。

（3）临界点

两个干燥阶段之间的交点 C 称为临界点，与点 C 对应的物料含水量称为临界含水量，以 X_c 表示。点 C 为恒速段的终点，降速段的起点，其干燥速率仍等于恒速干燥阶段的速率，以 U_c 表示。临界含水量随物料的性质、厚度及干燥速率而变。例如，无孔吸水性物料的临界含水量比多孔物料的大；在一定的干燥条件下，物料层越厚，X_c 值越大；干燥介质温度高、湿度低，则恒速干燥段干燥速率大，这可能使物料表面板结，较早地进入降速干燥段，X_c 较大。

临界含水量 X_c 值越大，转入降速干燥段越早，对于相同的干燥任务所需的干燥时间越长，对干燥过程来说是很不利的。减低物料层的厚度，加强对物料的搅拌，增大干燥面积，如采用气流干燥器或流化床干燥器，X_c 值一般均降低。

第四节　干燥器及其选择

被干燥物料种类繁多，而且在脱水过程中物料的质量和传递特性也在变化。湿物料的形态可能是块、颗粒、粉末、纤维状，也可能是溶液、悬浮液或膏状；由于物料内部结构的不同以及与水分结合强度的不同，不同物料的机械强度、黏结性、热敏性、有无毒性、耐污染程度以及干燥过程中的变形和收缩性能上的差异也很大；各种产品对质量的要求也各不相同，例如对最终含水量要求的高低、粉尘及产品的回收要求、能源供应条件等。选择和设计干燥器时必须要全面考虑以上因素，以适应被干燥物料的特性和不同产品的规格要求。同时要求干燥设备的生产能力和热利用率要高。操作时应将物料尽可能地分散，降低物料的临界含水量，使更多的水分在速度较高的恒速阶段除去，缩短降速阶段的干燥时间，以提高生产能力。在物料耐热允许的条件下，空气的入口温度尽可能高或采用逆流操作，以减少废气带热损失和节省设备容积。

干燥器除满足上述条件之外，还应考虑环保和劳动条件，便于控制和操作。

一、干燥器的分类

通常，干燥器可按加热方式分成以下四类：

（1）对流干燥器：如厢式干燥器、气流干燥器、沸腾干燥器、转筒干燥器、喷雾干燥器等。

（2）传导干燥器：如滚筒干燥器、真空盘架式干燥器等。

（3）辐射干燥器：如红外线干燥器。

（4）介电加热干燥器：如微波干燥器。

二、常用干燥器构造及特点

（一）厢式干燥器

厢式干燥器又称盘式干燥器，一般为间歇式操作。小型的称为烘箱，大型的称为烘房。其基本结构如图 5-7 所示。在外壁保温的干燥室内，放有多层支架，每层支架上安放着多个物料盘，被干燥物料放在盘架 7 上的浅盘内，物料的堆积厚度约为 10～100 mm。新鲜空气由风机 3 吸入，经加热器 5 预热后沿挡板 6 水平掠过各浅盘内物料的表面，对物料进行干燥。废气经排出管 2 排出。为了提高热效率,可对部分废气循环使用,废气循环量由吸入口或排出口的挡板进行调节。空气的流速应以使物料不被气流挟带出干燥器为原则,一般为 1~10 m/s。这种干燥器的浅盘也可放在能移动的小车盘架上,以方便物料的装卸,减轻劳动强度。

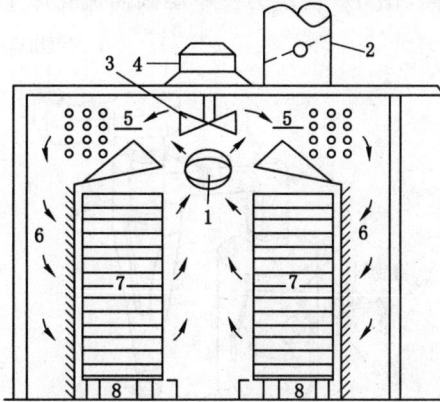

图 5-7 厢式干燥器

1——空气入口;2——空气出口;3——风机;4——电动机;

5——加热器;6——挡板;7——盘架;8——移动轮

厢式干燥器的优点是结构简单,设备投资少,适应性强。缺点是劳动强度大,装卸物料热损失大,产品质量不易均匀。一般应用于粒状、片状、膏状、批量小、多品种物料的干燥,尤其适合实验室应用。

(二)洞道式干燥器

如图 5-8 所示,洞道内铺设铁轨。盛湿料的钢盆分层放在料车上,装料后进入洞道,在铁轨上向出口端缓慢移动,小车彼此紧靠,在进口端用机械推动或靠轨道的倾斜(1/200)而自由滑动。洞门必须严密,洞宽不超过 3.5 m。洞道长不超过 50 m,洞长决定物料所需的干燥时间。干燥介质可用空气或烟道气,其速度以有效洞道截面计算时不小于 2~3 m/s,其最大速度一般以不吹走物料为限。

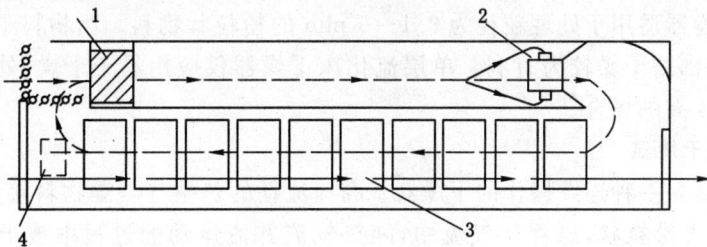

图 5-8 洞道式干燥器

1——加热器;2——风扇;3——装料车;4——排气口

洞道式干燥器的主体是金属结构,也可以是混凝土结构。洞道干燥器的结构多样,操作简单,能量消耗不大,适于物料连续长时间的干燥,多用于具有一定形状的比较大的物料,如砖瓦、陶瓷坯、木材、人造丝及皮革的干燥。

（三）流化床干燥器

流化床干燥器又称为沸腾床干燥器。这种干燥装置通常包括热风发生器、旋风分离器、引风机、加料及卸料器等。图5-9所示为一单层圆筒流化床干燥器。

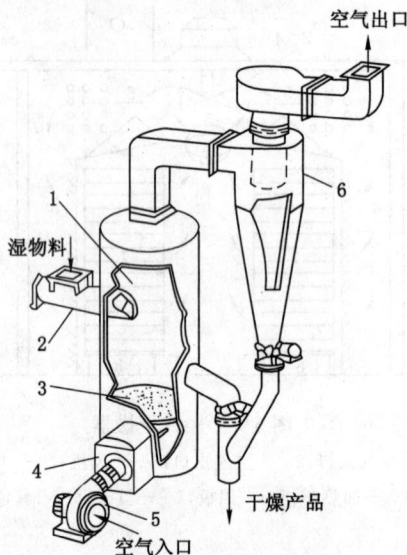

图5-9　单层圆筒流化床干燥器

1——流化床；2——进料器；3——分布板；4——加热器；5——风机；6——旋风分离器

流化床干燥器结构简单,造价低,操作维修方便。与气流干燥器相比,其气流阻力较低,物料磨损较轻,气—固分离容易,床层温度均匀,热效率较高。另外,物料在干燥器中的停留时间可由出料口控制,因此,可以改变产品含水量。其主要问题是:操作控制要求高,而且因颗粒在床层中高度混合,可能引起物料的返混和短路,使其在干燥器中的停留时间不匀,部分物料未经完全干燥即离开干燥器,而另一部分物料则因停留时间过长而产生过度干燥现象。

流化床干燥器适用于处理粒径为0.1～6 mm的粉粒状物料。当物料干燥过程存在降速阶段时,采用沸腾干燥较为有利。单层流化床干燥器仅应用易于干燥,处理量较大且对产品的要求不太高的场合。

（四）气流干燥器

气流干燥器是一种连续操作的干燥器。高速流动的热空气与湿物料接触,湿物料首先被热气流分散成粉粒状,悬浮于气流中,随热气流并流运动的过程中被干燥。如图5-10所示。

其主体为直径约为0.2～0.85 m的直立干燥管,管长一般10～20 m。操作时,新鲜空气由风机吸入,经加热器加热后从干燥管底部进入,湿物料经料斗由加料器连续送入干燥管下部。在干燥管中与高速上升的热气流接触,热气流与物料并流流过干燥管的过程中进行传热和传质,使物料得以干燥,干燥产品随气流进入旋风分离器与废气分离后被收集。

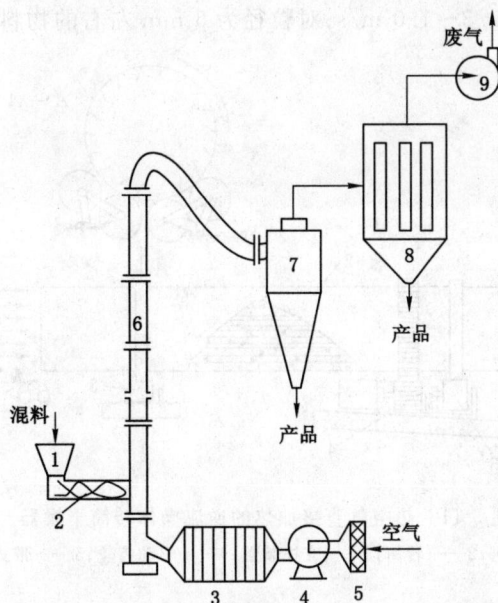

图 5-10 气流干燥装置

1——加料斗;2——加料器;3——加热器;4——鼓风机;

5——过滤器;6——气流干燥管;7——旋风分离器;

8——袋滤器;9——引风机

气流干燥器有直管型、脉冲管型、倒锥型、套管型、环型和旋风型等。

气流干燥器具有以下特点:

① 处理量大,干燥强度大。由于气流的速度可高达 $20 \sim 40$ m/s,物料又悬浮于气流中,因此气固间的接触面积大,热质传递速率快。对粒径在 $50 \ \mu m$ 以下的颗粒,可得到干燥均匀且含水量很低的产品。

② 干燥时间短。物料在干燥器内一般只停留 $0.5 \sim 2$ s,故即使干燥介质温度较高,物料温度也不会升得太高。因此,适用于热敏性、易氧化物料的干燥。

③ 设备结构简单,占地面积小,输送方便,操作稳定,成品质量均匀,但对所处理物料的粒度有一定的限制。

④ 产品磨损较大。由于干燥管内气速较高,物料颗粒之间、物料颗粒与器壁之间将发生相互摩擦及碰撞,对物料有破碎作用,因此气流干燥器不适于易粉碎的物料。

⑤ 对除尘设备要求严,系统的流体阻力较大。

⑥ 适应于处理晶体或小颗粒物料,如硼酸、无水硫酸钠、氯化钾等。

(五)转筒干燥器

图 5-11 所示的是用热空气直接加热的逆流操作转筒干燥器,其主体为一端略高的旋转圆筒。湿物料从转筒较高的一端送入,热空气由另一端进入,气固在转筒内逆流接触。随着转筒的旋转,物料在重力作用下流向较低的一端。通常转筒内壁上装有若干块抄板,其作用是将物料抄起后再洒下,当转筒旋转一周时,物料被抄起和洒下一次,以增大干燥表面积,提高干燥速率。为了减少粉尘的飞扬,气体在干燥器内的速度不宜过高,对粒径为1 mm

左右的物料,气体速度为 0.3~1.0 m/s;对粒径为 5 mm 左右的物料,气速在 3 m/s 以下。

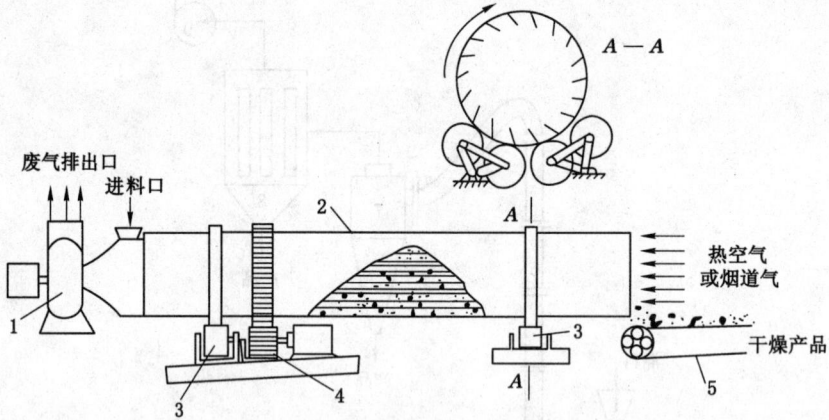

图 5-11　热空气直接加热的逆流操作转筒干燥器
1——鼓风机;2——转筒;3——支撑装置;4——驱动齿轮;5——带式输送器

转筒干燥器的优点是机械化程度高,生产能力大,流体阻力小,容易控制,产品质量均匀,对物料的适应性较强,不仅适用于处理散粒状物料,也可处理黏性膏状物料或含水量较高的物料。转筒干燥器的缺点是设备笨重,金属材料耗量多,热效率低(约为 30%~50%),结构复杂,占地面积大,传动部件需经常维修等。

（六）喷雾干燥器

喷雾干燥器用喷雾器将含水量在 75%~80% 以上的溶液、悬浮液、浆状或熔融液等喷成细雾滴分散在热气流之中,使水分迅速蒸发而达到干燥的目的。图 5-12 所示是一种喷雾干燥器。操作时,高压的溶液从喷嘴呈雾状喷出,雾状的液滴能均匀地分布在干燥室中。干燥介质可用热空气或烟道气,温度 227~727 ℃。热气体从干燥室的上端进入,把汽化的水分带走。

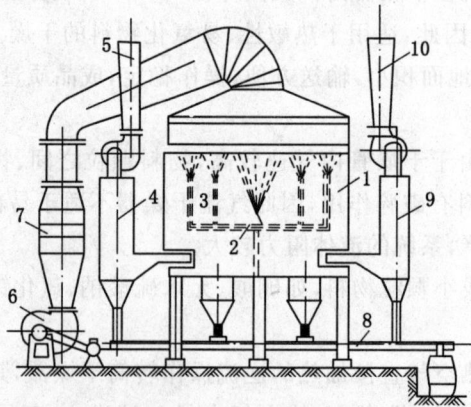

图 5-12　喷雾干燥器
1——干燥室;2——旋转十字管;3——喷嘴;4,9——袋滤器;
5,10——废气排出管;6——送风机;7——空气预热器;8——螺旋卸料器喷雾干燥器的优点是干燥速度快,干燥时间短,因此特别适用于干燥热敏性物料,例如牛奶、蛋品、血浆、洗涤剂、抗菌素、酵母和染料等。喷雾干燥能处理低浓度溶液,且可由料液直接得到干燥产品,可省去蒸发、结晶、分离和粉碎等操作。它操作稳定,容易连续化和自动化;能避免干燥过程中粉尘飞扬,改善劳动条件。其缺点是干燥强度小,体积传热膜系数低,设备体积大,热效率低,能量消耗大,操作弹性小。

（七）高频和微波干燥

湿物料在高频电场中的干燥称为高频干燥,又叫介电加热干燥。在高电压交变电场的作用下,物料中极性分子(水分子)的排列取向随电磁场变化,水分子做振动回转,相邻的水分子间因振动而产生摩擦,在内部产生热量,使物料被加热,水分汽化,达到干燥的目的。通常,频率小于 300 MHz 的称为高频,频率在 300 MHz 到 3×10^5 MHz 的电磁波(波长 $1\ 000^{-1}$ mm)称为微波。高频干燥适用于厚板及导热性能差的物料,主要用于木材加工业以及烟叶捆、玻璃钢、皮革、布匹、陶瓷坯等的干燥。

微波干燥近年来得到了越来越多的应用。我国目前用于工业加热的微波频率有 915 MHz 和 2 450 MHz 两大系列。有单管型、多管型、隧道式、立柜式、循环式等多种形式微波设备,广泛用于食品、医药、化工、农副产品深加工等的干燥、杀菌和保鲜等。使用中,可根据加热材料的形状、大小、含水量来选择。纯粹用微波干燥运转成本很高,但在减速干燥期间,当水分很难用热空气干燥和传导传热除去时,微波干燥可以作为辅助手段提高干燥速率。如在冷冻干燥中,残留的冰可以用微波干燥法除去。

与传统的干燥方法相比,微波干燥具有选择性加热、时间短、效率高、节能环等优势。

近年来,人们把开发干燥器的重点转向开发组合干燥器,即根据物料干燥的特定规律对多种干燥器进行科学组合,发挥每种干燥器的优点。

三、干燥器的选型

干燥操作是一种比较复杂的过程,很多问题还不能从理论上解决,干燥器的类型和种类也很多,主要由物料的性质决定其所使用的干燥设备。在选择干燥器时,首先应根据湿物料的形状、特性、处理量、处理方式及可选用的热源等选择出适宜的干燥器类型。通常,干燥器选型应考虑以下各项因素:

（1）被干燥物料的性质如热敏性、粘附性、颗粒的大小及形状、磨损性及腐蚀性、毒性、可燃性等。如对液态物料的干燥,可采用喷雾干燥器、转鼓干燥器或搅拌间歇真空干燥器;对粉粒状物料的干燥,可考虑采用气流干燥器、流化床干燥器;厢式和洞道式干燥器的适应范围较宽,从粉粒、块、片、短纤维到膏糊状物料都适应。

（2）对干燥产品的要求如干燥产品的含水量、形状、粒度分布、粉碎程度等。如干燥食品时,产品的几何形状、粉碎程度均对成品的质量及价格有直接的影响。干燥脆性物料时应特别注意成品的粉碎与粉化。

（3）根据物料的干燥速率曲线与临界含水量确定干燥时间时,应先由实验测出干燥速率曲线,确定临界含水量 X_C。物料与介质接触状态、物料尺寸与几何形状对干燥速率曲线的影响很大。如物料粉碎后再进行干燥时,除了干燥面积增大外,一般临界含水量值也降低,有利于干燥。因此,当无法用与设计类型相同的干燥器进行实验时,应尽可能用其他干燥器模拟设计时的湿物料状态进行实验,并确定临界含水量 X_C 值。

（4）固体粉粒的回收及溶剂的回收。

（5）可利用的热源的选择及能量的综合利用。

（6）干燥器的占地面积、排放物及噪声是否满足环保要求。

本 章 小 结

本章主要介绍以湿空气为干燥介质、湿分为水的对流干燥过程的理论基础,对湿空气的性质、干燥过程的相平衡、干燥过程的基本计算、工业常用干燥设备进行了较为详细的讨论。

通过学习,要掌握湿度和相对湿度的定义;掌握干球温度、湿球温度、露点温度和绝热饱和温度;重点掌握焓湿图,利用它来判断湿空气的状态;掌握恒定干燥条件下的干燥曲线和干燥速度曲线;掌握干燥过程的物料衡算。

通过本章学习,理解湿物料中水分的性质,干燥过程的机理及速率特征;了解物料的平衡水分和自由水分以及结合水和非结合水;了解各种干燥器的结构特点和应用场合及干燥器的选型。

思 考 题

一、简答题

1. 对流干燥的原理是什么?

2. 结合水与非结合水,平衡水分与自由水分有何区别?

3. 如何测得湿球温度?

4. 干燥器是怎么分类的?

二、计算题

1. 已知湿空气的总压为 101.3 kPa,干球温度为 20 ℃,相对湿度 50％。求其他湿空气的状态参数,包括湿度、湿球温度、绝热饱和温度、露点温度、湿比热和焓值。

2. 某干燥器每小时处理湿物料 1 200 kg,干燥操作使物料的湿基含水量由 35％减至 8％。干燥介质是空气,初温是 20 ℃,相对湿度是 60％,经预热器加热至 120 ℃后进入干燥器。设空气离开干燥器时的温度是 40 ℃,并假设已达 80％饱和。（1）求水分蒸发量;（2）求空气消耗量和单位空气消耗量;（3）如干燥收率为 90％,求产品量。

3. 某湿物料用热空气进行干燥,空气的初始温度为 20 ℃,初始湿含量为 0.006 kg 水/kg 干空气,为保证干燥产品质量,空气进入干燥器的温度不得高于 90 ℃。若空气的出口温度选定为 60 ℃,并假定为理想干燥器,试求将空气预热至最高允许温度 90 ℃进入干燥器,蒸发每千克水分所需要的空气量。

第六章 液—液萃取

第一节 概 述

利用原料液中各组分在适当溶剂中溶解度的差异而实现混合液中组分分离的过程称为液—液萃取,又称溶剂萃取。液—液萃取是 20 世纪 30 年代用于工业生产的液体混合物分离技术。随着萃取应用领域的扩展,回流萃取、双溶剂萃取、反应萃取、超临界萃取及液膜分离技术相继问世,使得萃取成为分离液体混合物很有生命力的操作单元之一。

一、液—液萃取的原理

萃取操作过程如图 6-1 所示。原料液中含有溶质 A 和稀释剂(或原溶剂)B。为分离溶质 A,选择加入萃取剂 S,使原料液与萃取剂在混合槽中充分接触,溶质 A 从稀释剂相向萃取剂相转移。由于稀释剂 B 和萃取剂 S 部分互溶或不互溶,因此经过充分传质后的两液相进入沉降分层器中利用密度差分层,得到两个液相,萃取剂 S 将原料中的 A 大量分出,和少量 B 形成萃取相 E;稀释剂 B,少量溶质和溶剂形成萃余相 R。

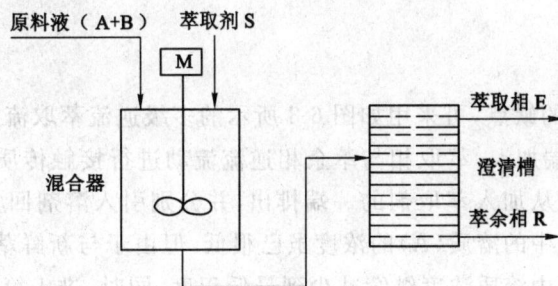

图 6-1 萃取操作示意图

所选择的萃取剂(或溶剂)S 应有较好的选择性,即对溶质 A 的溶解度愈大愈好,而对稀释剂 B 的溶解度则愈小愈好。

二、液—液萃取基本流程

萃取过程是将溶剂（S）加入到原料液（A＋B）中，经充分混合接触传质，使被萃取组分在萃取相和萃余相之间达到萃取分配平衡，然后完全分层，最后使溶剂和溶质分离，溶剂再生循环使用，因此，萃取操作系统就应该包含有混合器、分离器和溶剂再生设备。根据混合液与溶剂的接触方式，一般可将萃取操作流程分为以下几种。

1. 单级萃取

图 6-1 可视为单级萃取流程示意图。原料液 F（即 A＋B）和溶剂 S 以一定速度加入混合器中。在搅拌器作用下使两相充分接触，当通过萃取所获得的萃取相和萃余相达到相平衡时，即称这样一个平衡过程为一个平衡级或理论级。萃取相与萃余相以一定速率离开分离器，然后再分别引入溶剂回收设备。

2. 多级错流萃取

单级萃取所得的萃余相中往往还含有较多的溶质，为了进一步萃取其中的溶质，可采用多级错流萃取流程。

图 6-2 所示为多级错流萃取流程，即将若干个单级接触萃取设备串联使用。原料液依次通过各级，并在每一级中加入新鲜萃取剂（对萃取剂而言是并联的）。萃取相和最后一级的萃余相分别进入溶剂回收设备。通常要求最后一级引出的萃余相中所含溶质应降低到预定的生产要求。这种流程能获得较高的萃取率，但所需萃取剂用量较大，回收溶剂时能耗大。

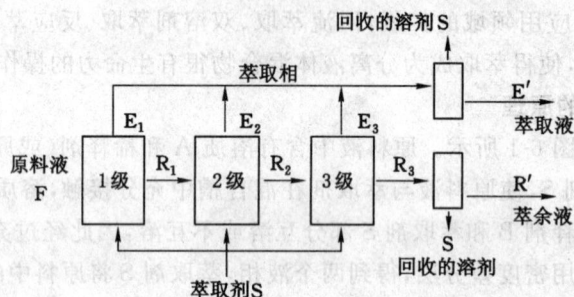

图 6-2　多级错流萃取流程示意图

3. 多级逆流萃取

为改进多级错流的缺点，可采用如图 6-3 所示的多级逆流萃取流程。其操作是将原料液和萃取剂分别从两端加入，萃取相与萃余相逆流流动进行接触传质，最终萃取相从加料端排出，最终的萃余相从加入萃取剂的一端排出，并分别引入溶剂回收设备中。在此流程中，进入末级的萃余相中的溶质（A）的浓度虽已很低，但由于与新鲜萃取剂接触，仍具有一定的推动力，故能使其中溶质浓度继续减少到最低程度；同时，进入第一级的萃取相 E_2，虽然其中所含溶质浓度已经较高，但在第一级中与平衡浓度更高的原料液 F 接触，故仍能发生传质过程，使其中的溶质 A 的浓度进一步提高。这种流程萃取效果好，消耗萃取剂较少，在工业上应用最为广泛。

三、萃取剂的选择

在萃取操作中，能否选择一种性能优良且价格低廉的萃取剂，对萃取的得率与经济效

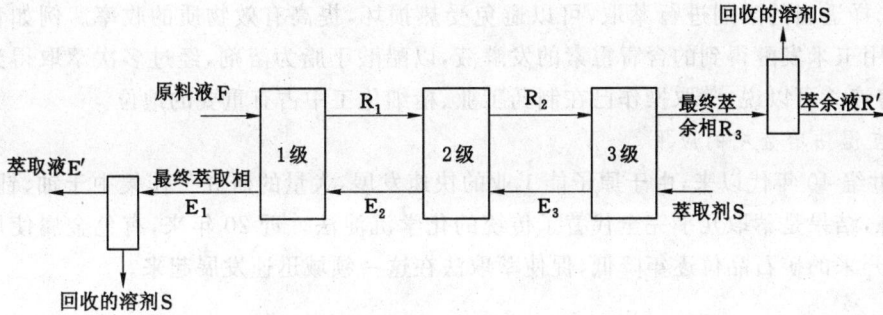

图 6-3　多级逆流萃取流程示意图

果均有很大影响,因此在选择萃取剂时,应考虑以下几个方面:

① 选择性。选择与混合液中溶质(组分 A)有较大溶解能力的液体。

② 影响分层的因素。为了使萃取相和萃余相能较快地分层,要求萃取剂与原溶剂有较大的密度差。此外,萃取剂与原溶液、原溶剂之间的界面张力也有重要的影响。若界面张力过小,则分散相的液滴很细,不易合并集聚,严重时会产生乳化现象,因而难于分层;但如果张力很大,液体又不易分散,则在混合时相界面很小,接触不良,两相传质后离平衡态甚远,即"级效率"(相当于塔板效率)很低,也不适宜。因此界面张力要适中,其中首要的还是满足易分层的要求。

③ 溶剂回收的难易。分层后的萃取相和萃余相,通常以蒸馏法进行分离,回收萃取剂S供循环使用,故要求 S 与其他组分的相对挥发度大,特别是不应有恒沸物形成。为节约回收所消耗的热量,要求浓度低的组分较易挥发。若 S 为易挥发组分,或因溶质几乎不挥发而采用蒸发法分离,则希望 S 的气化潜热要小。

④ 其他　萃取剂应满足一般工业要求:稳定性好,腐蚀性小,无毒,不易燃,不易爆,来源容易,价格较低等;此外,还希望它的黏度小,以利于输送及传质,还要便于贮存;蒸气压低,以减少气化损失。

一般说来,很难找到满足上述所有要求的萃取剂,而溶剂又是萃取过程的首要问题,故应对可能供选用的溶剂充分了解其主要性质,再根据实际情况细加权衡、合理选择。

四、液—液萃取在工业上的应用

1. 在石油化工中的应用

一般石油化工工业萃取过程分为如下三个阶段:

(1)混合过程:将一定量的溶剂加入到原料液中,采取措施使之充分混合,以实现溶质由原料向溶剂的转移。

(2)沉降分层:分离出萃取相 E 和萃余相 R。

(3)脱除溶剂:获得萃取液 E′和萃余液 R′,回收的萃取剂循环使用。

随着石油工业的发展,液—液萃取已广泛应用于分离和提纯各种有机物质。轻油裂解和铂重整产生的芳烃混合物的分离就是其中的一例。

此外用脂类溶剂萃取乙酸,用丙烷萃取润滑油中的石蜡等也得到了广泛的应用。

2. 在生物化工中和精细化工中的应用

在生化制药的过程中,生成很复杂的有机液体混合物。这些物质大多为热敏性混合物。若选择适当的溶剂进行萃取,可以避免受热损坏,提高有效物质的收率。例如青霉素的生产,用玉米发酵得到的含青霉素的发酵液,以醋酸丁脂为溶剂,经过多次萃取得到青霉素的浓溶液。可以说,萃取操作已在制药工业、精细化工中占有重要的地位。

3. 在湿法冶金中的应用

20 世纪 40 年代以来,由于原子能工业的快速发展,大量的研究工作集中于铀、钍、镤等金属提炼,结果是萃取几乎完全代替了传统的化学沉淀法。近 20 年来,有色金属使用量的剧增,而开采的矿石品位逐年降低,促使萃取法在这一领域迅速发展起来。

第二节　三元体系的液液相平衡

液—液萃取过程至少涉及三个组分,即萃取剂、溶质和稀释剂。要把三元体系的每个组分的含量都表示清楚,常采用三角形坐标描述三元体系的组成和相平衡关系,它可以是等边三角形、等腰三角形或不等腰三角形,如图 6-4 所示。

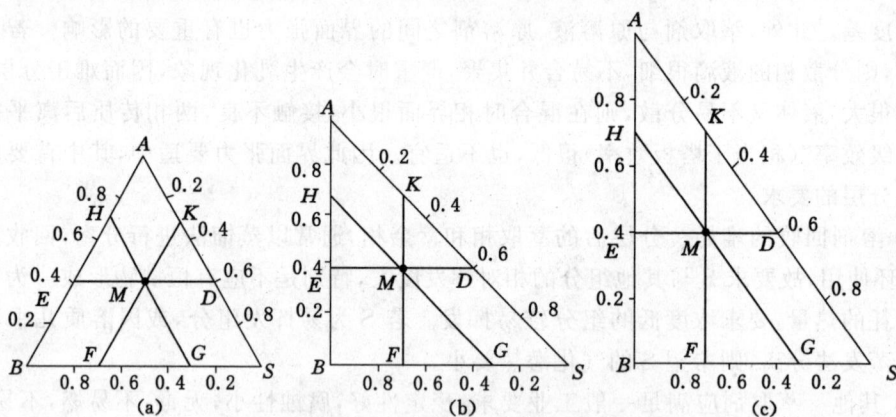

图 6-4　三元体系组成在三角形坐标图上的表示方法
(a) 等边三角形;(b) 等腰三角形;(c) 不等腰三角形

一、三元体系在三角形相图中的组成表示

如图 6-4(b)所示三角形的三个顶点 A、B、S 各代表一种纯组分,习惯上以顶点 A 表示纯溶质,B 表示稀释剂,S 表示萃取剂。三角形各边上任一点表示一个二元混合物的组成(质量分数)。如 E 点表示为 A 和 B 的混合物,其中两组分的含量用其状态点离三角形顶点的相对距离表示。可直接由图上读出 B 为 $0.60(x_B = \overline{AE})$,$A$ 为 $0.40(x_A = \overline{BE})$,$S$ 的组成为零。从图上看出 E 点靠近三角形顶点 B,所以 B 的含量高。

三角形内任一点表示一定组成的三元混合物,其组成可用从该点到三角形三边的距离来计算,可用其到三边的垂线相对长度来表示,也可以用相应的边长表示,即从 M 点做三条平行于三角形各顶点的对边的直线 $\overline{MD}$,$\overline{MF}$ 和 $\overline{MG}$,则 $\overline{SD}$,$\overline{SG}$ 和 $\overline{BF}$ 分别相当于混合物 M 中的 A,B 和 S 的含量,即 M 点的组成为

$$x_A : x_B : x_S = \overline{SD} : \overline{SG} : \overline{BF} = 0.40 : 0.30 : 0.30$$

显然

$$x_A + x_B + x_S = 1.0$$

比较上述三种形式的三角形坐标图，由于采用等腰直角三角形便于在一般直角坐标纸上标绘和读取数据，或进行图解计算，故较其他两种更为常用。由图 6-4(b)可知，M 点的横坐标即是溶剂 S 的质量分数，$x_S = 0.30$，其纵坐标是溶质 A 的质量分数，$x_A = 0.40$，于是得到

$$x_B = 1.0 - (x_A + x_S) = 1.0 - (0.40 + 0.30) = 0.30$$

二、杠杆定律

在萃取操作计算中，经常要用到杠杆定律。杠杆定律表明，当两个三元混合物 R 和 E 形成一个新的混和物 M 时，或者一个混合物 M 分离为两个混合物 R 和 E 时，其质量与组成之间的关系，在三角形坐标图中 R、E 和 M 三点必须在一条直线上。

设质量为 R kg，组成为 x_A，x_B 和 x_S 的 R 相，与质量为 E kg，组成为 y_A、y_B 和 y_S 的 E 相混合，混合物总量为 M kg，对应组成为 z_A，z_B，z_S。根据质量守恒定律，混合前后的总物料及组分 A 和 S 的物料衡算式如下：

$$M = E + R \tag{6-1}$$

$$Mz_A = Rx_A + Ey_A \tag{6-2}$$

$$Mz_S = Rx_S + Ey_S \tag{6-3}$$

式中，E 为萃取相的量，kg 或 kg/h；M 为混合液总量，kg 或 kg/h；R 为萃余相的量，kg 或 kg/h；x_A 和 x_S 分别为组分 A 和 S 在萃取余相中的质量分数；y_A 和 y_S 分别为组分 A 和 S 在萃取相中的质量分数；z_A 和 z_S 分别为组分 A 和 S 在总混合液中的质量分数。由以上三式得出

$$\frac{E}{R} = \frac{z_A - x_A}{y_A - z_A} = \frac{z_S - x_S}{y_S - z_S} \tag{6-4}$$

即通过物流衡算由上式可确定点 M 的组成。

通过杠杆定律，可将物料衡算用图解的方式表达。如图 6-5 所示，点 M，E 及 R 必处在同一直线上，且 E 相与 R 相的量与线段 $\overline{MR}$ 和 $\overline{ME}$ 成比例，即

$$\frac{E}{R} = \frac{\overline{MR}}{\overline{ME}} \tag{6-5}$$

上式即为杠杆定律。点 M 的位置可根据杠杆定律由下式确定

$$\frac{R}{M} = \frac{\overline{ME}}{\overline{RE}} \tag{6-6}$$

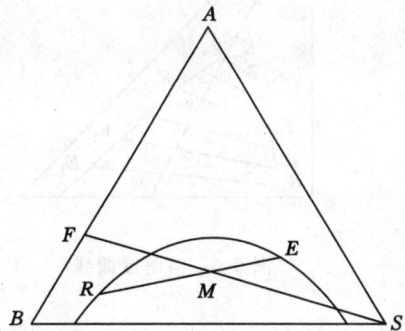

图 6-5 杠杆定律的应用

若将纯溶剂 S 加到由 A，B 的组成的混合溶液中，则混合点 M 与 F 及 S 在同一直线上，且有如下关系：

$$\frac{S}{F} = \frac{\overline{MF}}{\overline{MS}} \tag{6-7}$$

三、三角形相图

液—液萃取过程可以根据各组分的互溶度的不同，而将混合液分为如下两类，即：

第一类物系：① 溶质 A 可完全溶于 B 及 S，但 B 与 S 不互溶；② 溶质 A 可完全溶于 B

及 S,但 B 与 S 部分互溶。

第二类物系:① 溶质 A 可完全溶于 B,但 A 与 S 及 B 与 S 部分互溶。

工业上常见的第一类物系有丙酮(A)—水(B)—甲基异丁基酮(S)、醋酸(A)—水(B)—苯(S)及丙酮(A)—氯仿(B)—水(S)等;第二类物系有甲基环己烷(A)—正庚烷(B)—苯胺(S)、苯乙烯(A)—乙苯(B)—二甘醇(S)等。在萃取操作中,第一类物系较为常见,以下主要讨论这类物质。

(一)溶解度曲线和辅助曲线

(1)溶解度曲线及联结线

设溶质 A 可完全溶于 B 及 S,但 B 与 S 为部分互溶,其平衡相图如图 6-6 所示。此图是在一定温度下绘制的,图中曲线 $R_1R_2R_iR_nKE_nE_iE_2E_1$ 称为溶解度曲线,该曲线将三角形相图分为两个区域:曲线以内的区域为两相区,以外的区域为均相区。位于两相区内的混合物分成两个互相平衡的液相,称为共轭相,连接两共轭液相相点的直线称为连接线,如图 6-6 中的 R_iE_i 线($i=0,1,2,\cdots,n$)。显然萃取操作只能在两相区内进行。

(2)辅助曲线和临界混溶点

一定温度下,测定体系的溶解度曲线时,实验测出的连接线的条数(即共轭相的对数)总是有限的,此时为了得到任何已知平衡液相的共轭相的数据,常借助辅助曲线(亦称共轭曲线)。

辅助曲线的作法如图 6-7 所示,通过已知点 R_1、R_2、$\cdots$ 分别作 BS 边的平行线,再通过相应连接线的另一端点 E_1、E_2、$\cdots$ 分别作 AB 边的平行线,各线分别相交于点 F、G、$\cdots$,联接这些交点所得的平滑曲线即为辅助曲线。

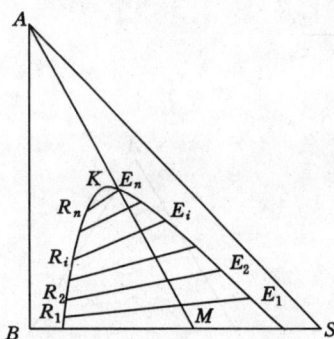

图 6-6 溶解度曲线

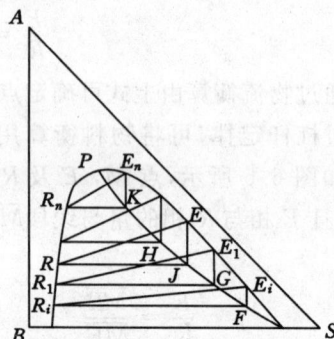

图 6-7 辅助曲线

利用辅助曲线可求任何已知平衡液相的共轭相。如图 6-7 所示,设 R 为已知平衡液相,自点 R 作 BS 边的平行线交辅助曲线于点 J,自点 J 作 AB 边的平行线,交溶解度曲线于点 E,则点 E 即为 R 的共轭相点。

辅助曲线与溶解度曲线的交点为 P,表明通过 P 点的连接线无限短,在该点处,两共轭相的组成无限趋近而变为一相,故称点 P 为临界混溶点。显然,P 点处的三元混合物已不能用萃取的方法进行分离。P 点将溶解度曲线分为两部分:靠原溶剂 B 一侧为萃余相部分,靠溶剂 S 一侧为萃取相部分。由于连接线通常都有一定的斜率,因而临界混溶点一般并不在溶解度曲线的顶点。

(二)分配曲线和分配系数

1. 分配系数

三角形相图描述了三元混合物各组分的平衡关系,但在萃取过程中,溶质组分在萃取相和萃余相的分配关系最为重要,是萃取操作的基础,其分配情况可用分配系数表示。

在一定温度下,当三元混合液的两个液相达平衡时,溶质在 E 相和 R 相中的组成之比称为分配系数,以 k_A 表示,即:

$$k_A = \frac{\text{组分 A 在 E 相中的浓度}}{\text{组分 A 在 R 相中的浓度}} = \frac{y_A}{x_A} \tag{6-8}$$

或

$$y_A = k_A x_A \tag{6-8a}$$

同理,组分 B 也有类似的表达式。

分配系数 k_A 表达了溶质在两个平衡液相中的分配关系。显然,k_A 值愈大,萃取分离的效果愈好。k_A 值与连接线的斜率有关。不同物系具有不同的分配系数 k_A 值,同一物系,其 k_A 值随温度和组成不同而变。

2. 分配曲线

三元体系的相平衡关系也可以在直角坐标系中表达,如图 6-8 所示。以萃余相 R 中溶质 A 的组成 x_A 为横标,以萃取相 E 中溶质 A 的组成 y_A 为纵标,互成平衡的 E 相和 R 相中组分 A 的组成均标于直角坐标图上,连接每一对共轭相得到的点,即得到曲线 $OHIP$,称为分配曲线。图示条件下,在分层区浓度范围内,E 相内溶质 A 的组成 y_A 均大于 R 相内溶质 A 的组成,即分配系数 $k_A > 1$,故分配曲线位于 $y = x$ 线上侧。

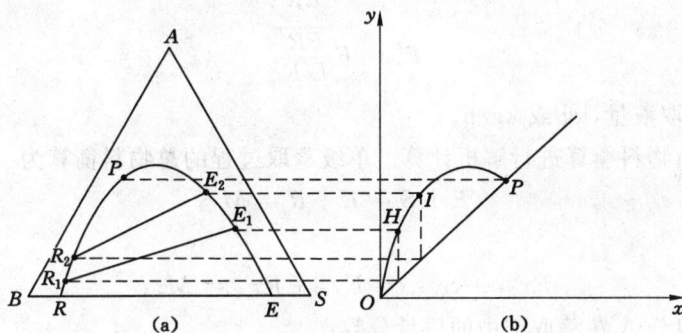

图 6-8 直角坐标相图与三角形相图

第三节 单级萃取计算

单级萃取流程前面已经介绍过,其过程简单,操作灵活,可连续进行,也可间歇进行。在单级萃取操作中,一般需将组成为 x_{FA} 及处理量为 F 的原料液进行分离,规定萃余相组成 x_A,要求计算溶剂用量、萃余相及萃取相的量以及萃取相组成。

如图 6-9 所示,在三角形相图上,根据 x_{FA} 及 x_A 确定点 F 及点 R,过点 R 作连接线与 FS 线交于 M 点,与溶解度曲线交于 E 点。图中 E' 及 R' 点分别为从 E 相及 R 相中脱除全部溶剂后的萃取液及萃余液组成坐标点。

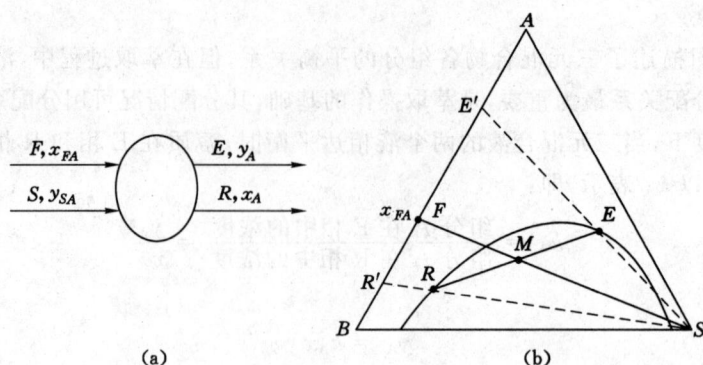

图 6-9　单级萃取相图

根据杠杆定律,得

$$S = F\frac{\overline{FM}}{\overline{SM}} \tag{6-9}$$

式中　F——原料液量,kg 或 kg/h;

　　　S——萃取剂量,kg 或 kg/h。

即求得萃取剂用量。

同理

$$E = M\frac{\overline{MR}}{\overline{ER}} \tag{6-10}$$

$$E' = F\frac{\overline{FR'}}{\overline{E'R'}} \tag{6-11}$$

式中　E'——萃取液量,kg 或 kg/h。

此外,也可由物料衡算进行解析计算。单级萃取过程的总物料衡算为

$$F + S = E + R = M \tag{6-12}$$

组分 A 物料衡算

$$Fx_{FA} + Sy_{SA} = Ey_A + Rx_A = Mz_A \tag{6-13}$$

式中　x_{FA}——组分 A 在萃取剂中的质量分数;

　　　y_{SA}——组分 A 在萃取剂中的质量分数。

由上两式整理得

$$E = \frac{M(z_A - x_A)}{y_A - x_A} \tag{6-14}$$

同理可得

$$E' = \frac{F(x_{FA} - x_A')}{y_A' - x_A'} \tag{6-15}$$

$$R' = F - E' \tag{6-16}$$

式中　R'——萃余液量,kg 或 kg/h;

　　　x_A'——组分 A 在萃余液中的质量分数;

　　　y_A'——组分 A 在萃取液中的质量分数。

【例6-1】　含溶质 A 为 0.4(质量分数,下同)的二元混合液,用纯溶剂 S 做单级萃取,物系的溶解度曲线及辅助曲线如图 6-10 所示。料液的处理量为 100 kg/h,若要求萃余相中组分 A 降到 0.25,试求:① 萃取剂 S 的用量;② 萃取相 E 和萃余相 R 的组成及流量;③ 萃取液及萃余液的组成和流量。

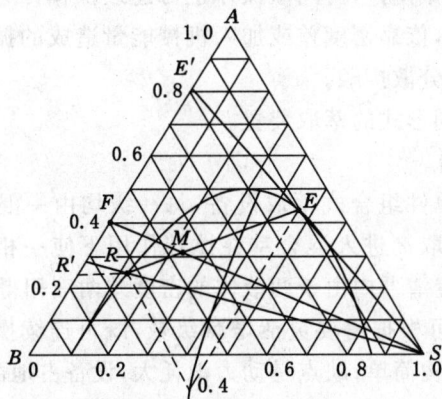

图 6-10　例 6-1 附图

解　① 根据溶质组分 A 在原料液中质量分数为 0.4 的已知条件,在三角形相图的 AB 边上确定 F 点,连接点 F 和 S。而组分 A 在萃余相中的质量分数为 0.25,在图上确定点 R,该点位于溶解度曲线上,由 R 点及辅助曲线确定对应的萃取相 E,连接点 E 及 R,得平衡连接线 $\overline{ER}$,该线与 $\overline{FS}$ 相交于 M 点,即混合点。从图上量出线段 $\overline{FM}$ 及 $\overline{MS}$ 的长度,由杠杆定律得萃取剂 S 的用量为

$$S = F\frac{\overline{FM}}{\overline{MS}} = 100 \times \frac{14}{47} = 29.8 \text{ kg/h}$$

② 由图读得两相的组成为

E 相　　　　　　　　　$y_A = 0.44$,　$y_B = 0.10$,　$y_S = 0.46$

R 相　　　　　　　　　$x_A = 0.25$,　$x_B = 0.64$,　$x_S = 0.11$

总物料衡算　　　　　　$F + S = 100 + 29.8 = E + R$

组分 A 物料衡算　　　　$Fx_{FA} = 100 \times 0.4 = Ey_A + Rx_A = 0.44E + 0.25R$

联立求解以上两式得　　　$E = 39.8 \text{ kg/h}$;　$R = 90 \text{ kg/h}$

③ 连接点 S 及 E,并延长与 AB 边相交于 E′点,读得萃取液的组成 $y_A' = 0.82$;$y_B' = 0.18$。连接点 S 及 R,并延长与 AB 边相交于 R′点,读得萃余液的组成 $x_A' = 0.27$;$x_B' = 0.73$。

由物料衡算得　　　　　　$E' + R' = F = 100$

$$Fx_{FA} = 100 \times 0.4 = E'y_A' + R'x_A' = 0.82E' + 0.27R'$$

联立求解以上两式得

$$E' = 23.6 \text{ kg/h};　R' = 76.4 \text{ kg/h}$$

第四节　萃取设备及其选择

萃取设备的类型很多,按照构造特点大体可分为三类:一是单件组合式,如混合—澄清器,两相间的混合多依靠机械搅拌,可间歇操作也可连续操作;二是塔式,如填料塔、筛板塔和转盘塔等,连续操作方式,依靠密度差或加入机械能量造成的振荡使两相混合;三是离心式,依靠离心力造成两相间分散接触。

下面简单介绍几种不同形式的萃取装置。

一、混合—澄清萃取器

混合—清澄器是一种单件组合式萃取设备,每一级均由一混合器与一澄清器组成,如图 6-11 所示。原料液与萃取剂进入混合室在搅拌作用下使一相液体分散在另一相中,充分接触后进入澄清器。在澄清器内由于两液体的密度差两液相得以分层。

该萃取设备的优点是可根据需要灵活增减级数,既可连续操作也可间歇操作,传质效率高,操作稳定,弹性大,结构简单;缺点是动力消耗大,设备占地面积大。

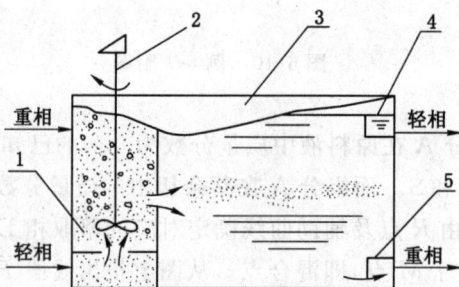

图 6-11　混合—澄清器
1——混合器;2——搅拌器;3——澄清器;4——轻相溢出口;5——重相溢出口

二、塔式萃取设备

塔式萃取设备的显著特征是液—液两相借密度差和重力进行垂直逆向流动。因不断更新液面,一方面对传质起着很大的作用,进而也影响到所需的塔高。

1. 筛板萃取塔

筛板萃取(图 6-12)塔是逐级接触式萃取设备,一般情况下,筛板的孔径为 3~9 mm,孔距为孔径的 3~4 倍,板间距为 150~600 mm。在塔内两相依靠密度差,在重力的作用下,进行分散和逆向流动。若以轻相为分散相,在其从下而上通过塔板上的筛孔时被分散成细小的液滴,与塔板上横向流动的连续相充分接触进行传质。穿过连续相的轻相液滴逐渐凝聚,在每层塔板的上层空间形成一清液层,该清液层在压力差的推动下,经上层筛板再次被分散成液滴。如此分散、凝聚交替进行,直至塔顶澄清分层,然后排出。而连续相则横向流过塔板,在筛板上与分散相液滴接触传质后,由降液管流至下一层塔板。每一块筛板及板上空间的作用相当于一级混合—澄清槽。

若以重相为分散相,则重相穿过板上的筛孔,分散成液滴落入连续的轻相中进行传质,穿过轻液层的重相液滴逐渐凝聚在筛板的下部空间,自上而下流动,轻相则连续地从筛板上部空间横向流过,从升液管进入上层塔板。

筛板萃取塔结构简单;造价低廉;减小了轴向返混;由于分散相的多次分散和聚集,液滴表面不断更新,传质效率较高。

2. 填料萃取塔

用于萃取的填料塔与用于气、液传质过程的填料塔结构基本相同,如图 6-13 所示。重液、轻液分别从塔顶、塔底进入,一般适宜将润湿性较差和流动性较大的液体作为分散相,以扩大两相间的接触面积,另一相为连续相。在操作过程中,通过喷洒器使分散相生成细小液滴。填料的作用是减少连续相的纵向返混及使液滴不断破裂而更新。

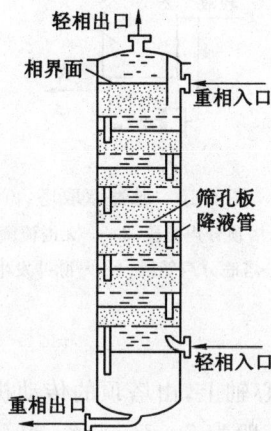

图 6-12　筛板萃取塔

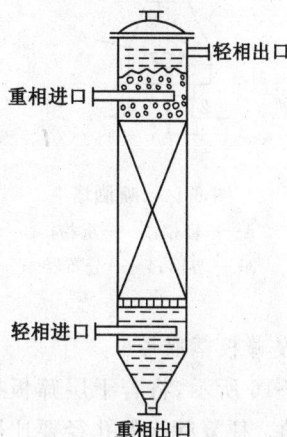

图 6-13　填料萃取塔

填料萃取塔构造简单,操作方便,适用于腐蚀性液体,在工业中应用较多。

3. 喷洒塔

喷洒塔又称喷淋塔,见图 6-14。喷洒塔无任何内件,阻力小,结构简单,投资费用少,易维护。但两相很难均匀分布,轴向返混严重。分散相在塔内只有一次分散,无凝聚和再分散作用,因此提供的理论级数不超过1~2级,分散相液滴在运动中一旦合并很难再分散,导致沉降或浮升速度加大,相际接触面和时间减少,传质效率差。另外,分散相液滴在缓慢的运动中表面更新慢,液滴内部湍动程度低,传质系数小。

4. 脉冲萃取塔

脉冲萃取塔亦称液体脉动筛板塔,是指由于外力作用使液体在塔内产生脉冲运动的筛板塔,其结构与气—液传质过程中无降液管的筛板塔类似,如图 6-15 所示。塔两端直径较大部分为上澄清段和下澄清段,中间为两相传质段,其中装有若干层具有小孔的筛板,板间距较小,一般为 50 mm。在塔的下澄清段装有脉冲管,萃取操作时,由脉冲发生器提供的脉冲使塔内液体做上下往复运动,迫使液体经过筛板上的小孔,使分散相破碎成较小的液滴分散在连续相中,并形成强烈的湍动,从而促进传质过程的进行。

脉冲萃取塔的效率与脉动的振幅和频率密切相关,脉动过分激烈,会导致严重的轴向返混,传质效率反而降低。一般认为频率较高、振幅较小时萃取效果较好。

脉冲萃取塔的优点是结构简单,传质效率高,但生产能力一般不太高,在化工生产中受到一定的限制。

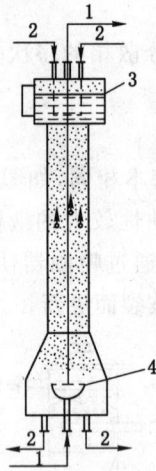

图 6-14　喷洒塔

1——轻相；2——重相；

3——界面；4——分布器

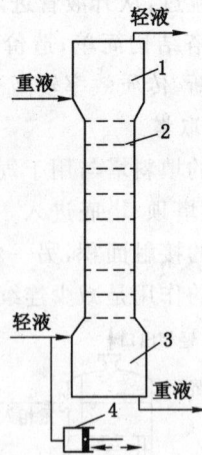

图 6-15　脉冲萃取塔

1——塔顶分声能段；2——无溢流筛板；

3——塔底分声能段；4——脉冲发生器

5. 往复筛板萃取塔

如图 6-16 所示，将若干层筛板按一定间距固定在中心轴上，由塔顶的传动机构驱动而做往复运动。往复筛板的孔径要比脉动筛板的孔径大，一般为 7～16 mm。当筛板向上运动时，迫使筛板上侧的液体经筛孔向下喷射；反之，当筛板向下运动时，又迫使筛板下侧的液体向上喷射。为防止液体沿筛板与塔壁间的缝隙走短路，应每隔若干块筛板，在塔内壁设置一块环形挡板。

往复筛板萃取塔的效率与塔板的往复频率密切相关。当振幅一定时，在不发生液泛的前提下，效率随频率的增大而提高。

往复筛板萃取塔可较大幅度地增加相际接触面积和提高液体的湍动程度，传质效率高，流体阻力小，操作方便，生产能力大，在石油化工、食品、制药等工业中应用广泛。

6. 转盘萃取塔

转盘萃取塔的结构如图 6-17 所示。在塔体内壁面上按一定间距装有若干个环形挡板，称为固定环，固定环将塔内分割成若干个小空间。每个小空间装有一转盘，转盘固定在中心转轴上，转轴由塔顶的电动机驱动。为便于装卸，转盘的直径小于固定环的内径。

萃取操作时，转盘随中心轴高速旋转，在液体中产生的剪应力将分散相破裂成许多细小的液滴，在液相中产生强烈的涡流运动，从而增大了相际接触面积和传质系数。同时固定环的存在在一定程度上抑制了轴向返混，因而转盘萃取塔的传质效率较高。

转盘萃取塔的萃取效果较好，生产能力大，设备也可以小型化，近年来应用于各种萃取场合。

三、离心式萃取设备

当两液体的密度差很小(可至 10 kg/m³)或界面张力甚小而易乳化或黏度很大时，仅依靠重力的作用难以使两相间很好地混合或澄清，这时可以利用离心力的作用强化萃取效果。图 6-18 所示为常用的离心式萃取器，又称离心萃取机。它由一个高速旋转的螺旋转

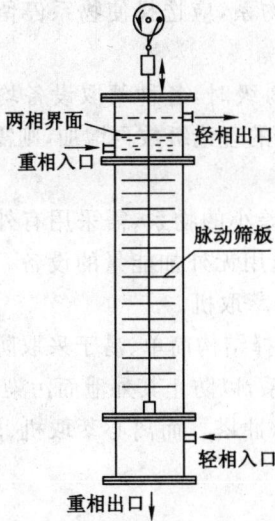

图 6-16 往复筛板萃取塔

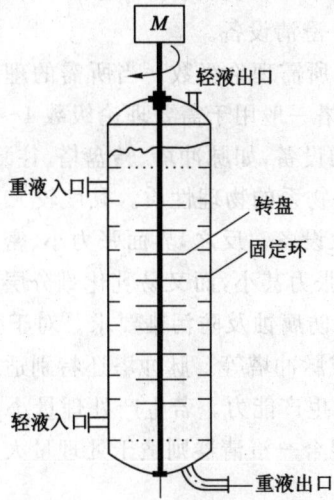

图 6-17 转盘萃取塔

子,装在固定的外壳中组成。螺旋转子是由多孔长带卷成的,它的旋转速度为 2 000～5 000 r/min。操作时,轻液被送至螺旋的外圈,而重液则由螺旋中心引入。在离心力场的作用下,重液相由螺旋的中部向外流,轻液相由外圈向中部流动,于是两相在相互逆流过程中,于螺旋形通道内密切接触。最后,重液相从螺旋的最外层经出口通道逆流到器外,轻相则由萃取器中部经出口流到器外。

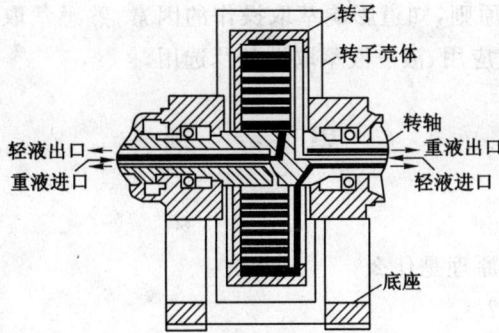

图 6-18 离心萃取机

离心萃取器结构紧凑,处理能力大,能有效地强化萃取效果,特别适用于其他萃取设备难以处理的物系。缺点是结构复杂,造价高,能耗大,从而使其应用受到限制。

四、液—液萃取设备的选择

液—液萃取设备的形式很多,性能各异,在选择萃取设备时,应根据实验数据及操作经验,从设备的性能特点、操作费用、设备投资及物系的性质等方面考虑。通常,选择时需考虑的因素如下:

(1)停留时间。对在萃取过程中易发生分解的物系,应考虑选择停留时间短的萃取设备——离心萃取机;对萃取过程中伴随有慢化学反应的物系,应选择使物系停留时间较长的混合—澄清设备。

(2) 所需理论级数。当所需的理论级数不大于 2～3 级时,各种萃取设备均可满足要求;筛板塔一般用于需要理论级数 4～5 级的情况;当所需的理论级数再增加,则需选用有能量输入的设备,如脉冲塔、转盘塔、往复筛板塔等。

(3) 物系的物理性质。黏度较大、界面张力大、密度差小的物系,需采用有外加能量输入的萃取设备。反之,界面张力小、密度差大的物系,可选用无外加能量的设备。对密度差小、界面张力甚小,而又易乳化难分层的物系,则选择离心萃取机。

(4) 防腐蚀及防污染要求。对于强腐蚀性物系,宜选择结构简单、易于采取防腐措施的填料塔或脉冲塔等。脉冲塔还特别适用于有放射性的物系,以防止其外泄而污染环境。

(5) 生产能力。若生产处理量小,可选用填料塔和脉冲塔。而离心萃取机、转盘塔、筛板塔及混合—澄清器则适于处理量大的场合。

本 章 小 结

本章应用三角形相图和分配曲线,描述了萃取操作物系的平衡关系,通过物料衡算和物系平衡关系对单级过程进行了简单计算,并介绍了其他萃取方法及萃取设备的分类和选择。

通过本章的学习,应熟练掌握萃取过程的原理,部分互溶物系的液—液相平衡关系,单级萃取的计算;对于组分 B、S 部分互溶体系,要会熟练地利用杠杆定律在三角形相图上迅速准确地进行萃取过程计算。

应理解溶剂选择的原则,知道影响萃取操作的因素,熟悉萃取剂和操作条件的合理选择,了解萃取操作的工业应用、液—液萃取设备及选用。

思 考 题

一、简答题

1. 萃取操作的基本原理是什么?
2. 如何选择萃取剂?
3. 何谓分配系数?分配系数与萃取效果有什么关系?
4. 萃取设备如何选择?

二、计算题

1. 含醋酸 $x_{FA}=0.2$ 的水溶液 100 kg,在 25 ℃下用纯乙醚为溶剂做单级萃取,萃余相中醋酸的 $x_A=0.1$(均为质量分数,下同)。已知 25 ℃下物系的平衡关系为:$y_A=1.75x_A^{1.2}$,$y_S=1.618-0.64\exp(1.96y_A)$,$x_S=0.067+1.43x_A^{2.273}$。试求:(1) 萃取相、萃余相的量及组成;(2) 溶剂用量;(3) 平衡两相中醋酸的分配系数。

2. 组成 $x_A=0.65$,$x_B=0.35$ 的液体混合物,用溶剂 S 进行单级萃取,其相图如图 6-19 所示。试求:① 处理 1.5 t 物料所需的溶剂量;② 萃取相的量和萃余相的量;③ 萃取液和萃余液的量。

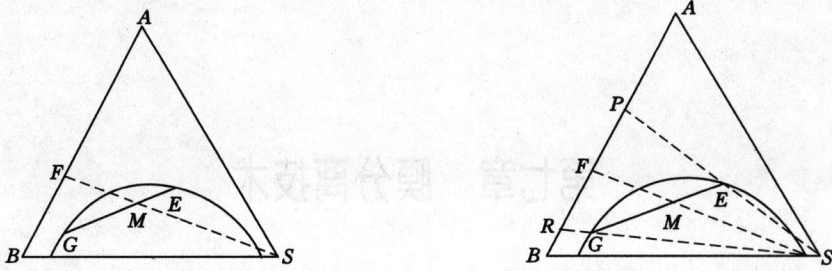

图 6-19 计算题 2 图

第七章　膜分离技术

第一节　概　　述

膜分离技术是 20 世纪 60~70 年代发展起来的一种新的分离方法。与传统的分离操作相比,膜分离具有能耗低、占地少、无污染等优点,目前已广泛应用于海水淡化、纯水生产、环保、医药、生物、化工、食品等领域。随着膜技术的不断发展,膜分离已成为目前分离、纯化混合物的最重要的方法之一,因此受到各工业发达国家的高度重视,前景十分广阔。

一、膜的定义及分类

（一）膜的定义

在一种流体相(液态或气态)内或两种流体相之间,用一个较为致密的薄层(<0.5 mm)凝聚相物质把流体相分隔成为两部分,这一薄层物质就是膜。膜本身可以是均匀的一相,也可以是由两相以上的凝聚态物质所构成的复合体。显然,膜既可以是固态的,也可以是液态的;既可以是完全透过性的,也可以是半透过性的。不论膜有多薄,它都必须要起到隔离作用,以阻止膜两侧的流体相直接接触。

膜是膜分离技术的核心,膜材料的化学性质和膜的结构对膜分离的性能起着决定性用。对膜材料的要求是:具有良好的成膜性、热稳定性、化学稳定性、耐酸碱性、耐微生侵蚀和耐氧化性能。膜可厚可薄,其结构可以是均质的,也可以是非均质的。膜可以是天然存在的,也可以是合成的;可以是中性的,也可能带电。

（二）膜的分类

（1）按膜的材料分类(表 7-1)

（2）按膜的分离原理分类

根据分离膜的分离原理和推动力的不同,可将其分为微孔膜、超过滤膜、反渗透膜、纳滤膜、渗析膜、电渗析膜、渗透蒸发膜等。

（3）按膜的形态分类

按膜的形状分为平板膜、管式膜和中空纤维膜。

（4）按膜的结构分类

表 7-1　　　　　　　　　　　　　　　　　膜材料的分类

类　别	膜材料	举　例
纤维素酯类	纤维素衍生物类	醋酸纤维素,硝酸纤维素,乙基纤维素等
非纤维素酯类	聚砜类	聚砜,聚醚砜,聚芳醚砜,磺化聚砜等
	聚酰(亚)胺类	聚砜酰胺,芳香族聚酰胺,含氟聚酰亚胺等
	聚酯、烯烃类	涤纶,聚碳酸酯,聚乙烯,聚丙烯腈等
	含氟(硅)类	聚四氟乙烯,聚偏氟乙烯,聚二甲基硅氧烷
	其他	壳聚糖,聚电解质等

按膜的结构分为对称膜、非对称膜、复合膜。

对称膜又称为均质膜,是一种均匀的薄膜,膜两侧截面的结构及形态完全相同,包括致密的无孔膜和对称的多孔膜两种,图 7-1(a)所示。一般对称膜的厚度在 $10\sim200~\mu m$ 之间,传质阻力由膜的总厚度决定,降低膜的厚度可以提高透过速率。

非对称膜的横断面具有不对称结构,如图 7-1(b)所示。

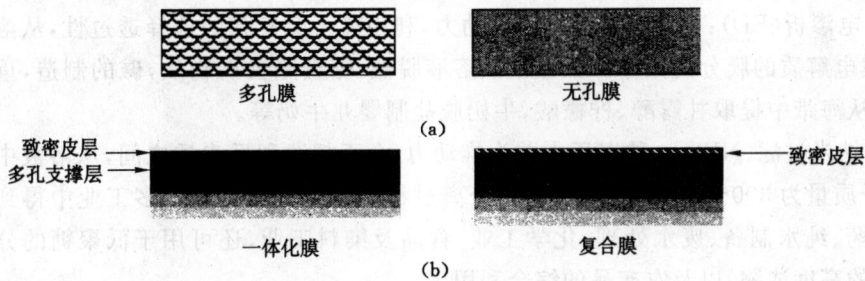

多孔膜　　　　　　　　　无孔膜

(a)

致密皮层
多孔支撑层　　　　　　　　　　　　　　　　　　致密皮层

一体化膜　　　　　　　　　复合膜

(b)

图 7-1　不同类型膜横断面示意图

(a) 对称膜;(b) 非对称膜

一体化非对称膜是用同种材料制备的,由厚度为 $0.1\sim0.5~\mu m$ 的致密皮层和 $50\sim150~\mu m$ 的多孔支撑层构成,其支撑层结构具有一定的强度,在较高的压力下也不会引起很大的形变。此外,也可在多孔支撑层上覆盖一层不同材料的致密皮层构成复合膜。显然,复合膜也是一种非对称膜。对于复合膜,可优选不同的膜材料制备致密皮层与多孔支撑层,使每一层独立的发挥最大作用。非对称膜的分离主要或完全由很薄的皮层决定,传质阻力小,其透过速率较对称膜高得多,因此非对称膜在工业上应用十分广泛。

二、膜分离技术的分类及定义

就膜分离过程的实质而言,它是物质透过或被截留于膜的过程,与筛分过程近似。根据膜孔径的大小(表 7-2)而实现物质的分离,因此,可以按照被分离粒子或分子的大小予以分类,大致可有六种膜分离过程。除了依据表 7-2 所列的四种(微滤、超滤、反渗透和纳米过滤)以外,还有与上述分离粒径交叉重叠的,如渗析和电渗析。这六种膜分离过程的定义如下。

表 7-2 膜按孔径分类

膜	微滤膜	超滤膜	反渗透膜	纳米过滤膜
孔径	0.025~14 μm	0.001~0.02 μm	0.0001~0.001 μm	平均直径 2 nm

(1) 微滤(MF)：以多孔细小薄膜为过滤介质，压力差(约 200 kPa)为推动力，使不溶物浓缩过滤的操作。

(2) 超滤(UF)：以压力差为推动力，按粒径选择分离溶液中所含微粒和大分子的膜分离过程。用于纯水制造，食品、药品和生物制品的浓缩，从发酵池中回收葡萄糖以及精制纸浆废水处理等。

(3) 反渗透(RO)：以压力差从溶液中分离出溶剂的膜分离操作。如海(盐)水脱盐，溶液、液体食品脱水，从水中除去离子或其他物质等。

(4) 渗析(DL)：一种以浓度差为推动力，溶质沿浓度梯度的方向从浓溶液透过膜向稀溶液扩散的过程，又称透析。其中既有溶剂产生流动又有溶质产生流动的过程。允许小分子通过，截留大分子；用于人工肾(血液透析)、化工及食品中高聚物及低分子的分离等。

(5) 电渗析(ED)：一种以电位差为推动力，利用离子交换膜的选择透过性，从溶液中脱除或富集电解质的膜分离操作。如氨基酸溶液脱盐，糖蜜除去矿物质，碱的制造，重金属离子回收，从海带中提取甘露醇、柠檬酸，牛奶脱盐制婴儿牛奶等。

(6) 纳米过滤(NF)：一种以压力差为推动力，介于超滤和反渗透之间，从溶液中分离出相对分子质量为 300~1 000 的物质的膜分离过程。纳米过滤已在许多工业中得到有效应用，如制药、纯水制备、废水处理、化学工业、食品及染料工业，还可用于低聚糖的分离和精制、果汁的高度浓缩，以及农产品的综合利用等。

膜技术和其他一切高新技术一样，产品更新快，技术含量高，而且品种较多，生产规模小。它的利用虽为各行各业带来巨大效益，然而，膜分离往往只是生产流程中的一个部分，如果技术不配套就不能发挥作用，因此，结合各行各业进行应用开发就显得十分重要。

三、膜分离过程操作方式

膜分离过程有两种过滤方式：终端过滤和错流过滤，如图 7-2 所示。

终端过滤是以压力作为推动力，进料流体的流动方向与过滤膜的表面垂直，并且透过液通过过滤膜的方向与进料流体一致。而流体中的污染物将会附着在过滤膜表面，所以过

图 7-2 终端过滤和错流过滤示意图
(a)终端过滤；(b)错流过滤

滤组件如膜过滤芯,要频繁更换,使用周期较短,而且大部分过滤芯不能通过清洗再生使用。

错流过滤的渗透液通过过滤介质的方向垂直于进料的方向,而进料流体的流动方向与过滤介质的表面平行,进料以一定的流速冲刷膜表面,从而有效地控制膜污染,使过滤过程得以连续进行,膜组件的使用寿命比较长。

选择采用终端过滤还是错流过滤,主要根据流体中固形物的含量多少来确定。在固形物的含量小于 0.1% 时,才选用终端过滤;如果固形物含量大于 0.5%,则基本采用错流过滤。

第二节　膜材料和膜组件

一、膜材料

用做分离膜的材料包括天然的与人工合成的有机高分子材料和无机材料。原则上讲,凡能成膜的高分子材料和无机材料均可用于制备分离膜。但实际上,能真正成为工业化膜的膜材料并不多。这主要决定于膜的一些特定要求,如分离效率、分离速度等。此外,也取决于膜的制备技术。

各种膜过程所需的常用膜材料如表 7-3 所示。

表 7-3　　　　　　　　　　　各种膜过程所需的常用制膜材料

膜过程	膜材料
微滤	聚四氟乙烯、聚偏氟乙烯、聚丙烯、聚乙烯; 聚碳酸酯、聚(醚)砜、聚(醚)酰亚胺、聚脂肪酰胺、聚醚醚酮等; 氧化铝、氧化锆、氧化钛、碳化硅
超滤	聚(醚)砜、磺化聚砜、聚偏二氟乙烯、聚丙烯腈、聚(醚)酰亚胺、聚脂肪酰胺、聚醚醚酮、纤维素类等,氧化铝、氧化锆
纳滤	聚酰(亚)胺
反渗透	二醋酸纤维素、三醋酸纤维素、聚芳香酰胺类、聚苯并咪唑(酮)聚酰(亚)胺、聚酰胺酰肼、聚醚脲等
电渗析 膜电解	含有离子集团的聚电解质:磺酸型、季胺型等; 四氟乙烯和含磺酸或羧酸的全氟单体共聚物
渗透气化	弹性态或玻璃态聚合物:聚丙烯腈、聚乙烯醇、聚丙烯酰胺等
气体分离	弹性态聚合物:聚二甲基硅氧烷、聚甲基戊烯; 玻璃态聚合物:聚酰亚胺、聚砜
膜接触器	疏水聚合物:聚四氟乙烯、聚丙烯、聚乙烯、聚偏氟乙烯等
透析	亲水聚合物:再生纤维素、醋酸纤维素、乙烯—乙烯醇聚合物、乙酸—醋酸乙烯脂共聚物

二、膜的制备

膜属于高分子电解质。其制备通常包括 3 个过程:成膜、引进交联结构、导入活性离子交换基团。其制造工艺主要包括以下几种形式。

1. 相转化膜

相转化是一种以某种控制方式使聚合物从液态转变为固体的过程,这种固化过程通常是由于一个均相液态转变成两个液态(液液分层)而引发的。在分层达到一定程度时,其中一个液相(聚合物浓度高的相)固化,结果形成了固体本体。通过控制相转化的初始阶段,可以控制膜的形态,即是多孔的还是无孔的。

相转化有不同的方法,如溶剂蒸发、控制蒸发沉淀、热沉淀、蒸气相沉淀及浸没沉淀。大部分的相转化膜是利用浸没沉淀制得的。

2. 等离子聚合

等离子聚合是在多孔表面上沉积很薄且致密皮层的另一种方法。通过在高达 10 MHz 下的放电位气体电离可以得到等离子体。等离子反应器有两种:① 电极位于反应器内部;② 线圈位于反应器外部。

图 7-3 所示为利用反应器外线圈放电而实现等离子聚合的一种设备,常称为无电极发光放电。反应器压力维持在 $10 \sim 10^3$ Pa。一进入反应器,气体就发生电离。分别进入反应器的反应物由于与离子化的气体碰撞而变成各种自由基,这些自由基之间可以发生反应,所生成的产物的分子量足够大时,便会沉淀出来(如在膜上)。气体及反应单体的流量控制在等离子聚合中是十分关键的。通过严格控制反应器中单体浓度(分压)可以制得 50 nm 左右的很薄的膜。影响膜厚的其他因素还包括聚合时间、真空度、气体流量、气体压力和频率等。所制成的聚合物的结构通常很难控制,一般为高度交联的。

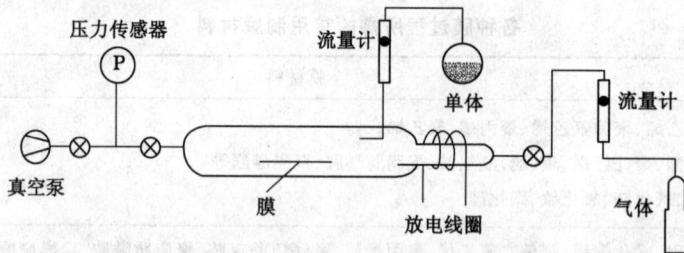

图 7-3 等离子聚合设备图

3. 均质致密膜改性

将均质膜进行化学或物理改性可以大大改变其本征性质,特别是当引入离子基团时。这类带电膜也可以用于电渗析过程,因等离子对电渗析过程是必需的。

均质致密膜改性一般有两种方法,一种是化学法,另一种是物理法。化学改性方法是对聚乙烯进行改性。聚乙烯是十分重要的一种本体塑料,但却不太适用于制膜,在这种材料中可很容易引入阳离子交换或阴离子交换基团。这些离子基团可以使其从疏水的变成亲水的。除聚乙烯外,也可以对其他聚合物,如聚四氟乙烯或聚砜进行化学改性,从而使膜的性能有明显的改善,而化学和热稳定性保持不变。化学改性可以使所有类型的本体聚合物的本征性质得到改变。物理改性方法是接枝,这种方法可将多种不同的基团引入高聚物中,从而生成性质完全不同的膜。

4. 新型膜材料的开发

各种新型膜材料的开发,推动着膜科学技术向纵深发展。各种形状或构型(平板膜、管式膜、塔式膜、中空纤维膜、毛细管膜等）的功能分子膜，如微滤膜、超滤膜、反渗透膜、离子交换膜、透析膜、气体分离膜、渗透蒸发膜、蒸馏膜以及酶膜反应器等的应用，产生了显著的经济效益和社会效益。因此，在某种程度上可以说，新型膜材料的开发决定着膜技术的发展和应用前景。

开发新型膜材料，改革膜体结构并加强"超薄膜"和"复合膜"的研究已为国内外膜技术的最新发展动向。

三、膜组件

各种分离装置的核心部分就是膜组件。它是将膜以规则排列的形式组装在一个基本单元设备内，在外界压力作用下，实现对溶质和溶剂的分离。目前，工业上常用的超滤或反渗透膜组件形式主要有板框式、管式、卷式和中空纤维式等四种。

（一）板框式膜组件

板框式膜组件采用平板膜，其结构与板框过滤机类似，用板框式膜组件进行海水淡化的装置如图 7-4 所示。在多孔支撑板两侧覆以平板膜，采用密封环和两个端板密封、压紧。海水从上部进入组件后，沿膜表面逐层流动，其中纯水透过膜到达膜的另一侧，经支撑板上的小孔汇集在边缘的导流管后排出，而未透过的浓缩咸水从下部排出。

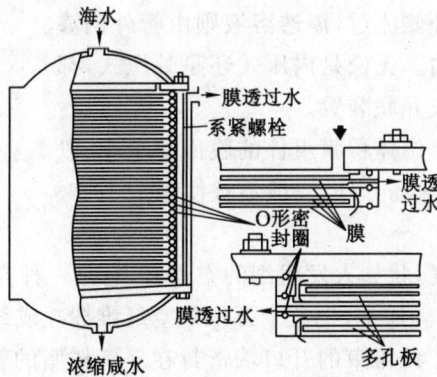

图 7-4　板框式膜器

板框式膜组件的优点是组装方便，膜的清洗更换比较容易，料液流通截面较大，不易堵塞，同一设备可视生产需要而组装不同数量的膜。但其缺点是需密封的边界线长；为保证膜两侧的密封，对板框及其起密封作用的部件的加工精度要求高；每块板上料液的流程短，通过板面一次的透过液相对量少，所以为了使料液达到一定的浓缩度，需经过板面多次，或者料液需多次循环。

（二）卷式膜组件

卷式膜组件也是用平板膜制成的，其结构与螺旋板式换热器类似。如图 7-5 所示，支撑材料插入三边密封的信封状膜袋，袋口与中心集水管相接，然后衬上起导流作用的料液隔网，两者一起在中心管外缠绕成筒，装入耐压的圆筒中即构成膜组件。使用时料液沿隔网流动，与膜接触，透过液透过膜，沿膜袋内的多孔支撑物流向中心管，然后由中心管导出。

目前卷式膜组件应用比较广泛。与板框式膜相比，卷式膜组件的设备比较紧凑，单位体积内的膜面积大。其缺点是制作工艺复杂，清洗不方便，膜有损坏不易更换，尤其是易堵

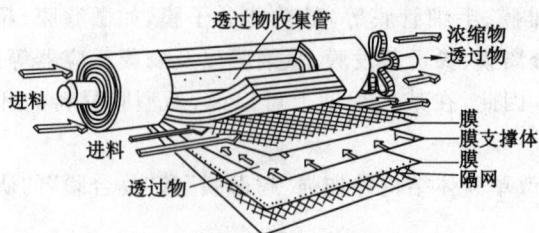

图 7-5　螺旋卷式膜器

塞,因而限制了其发展。近年来,预处理技术的发展克服了这一困难,因此卷式膜组件的应用范围将更为扩大。

(三)管式膜组件(图 7-6)

管式膜组件有外压式和内压式两种。对内压式膜组件,膜被直接浇铸在多孔的不锈钢管内或用玻璃纤维增强的塑料管内。加压的料液流从管内流过,透过膜的渗透溶液在管外侧被收集。对外压式膜组件,膜则被浇铸在多孔支撑管外侧面。加压的料液流从管外侧流过,渗透溶液则由管外侧渗透通过膜进入多孔支撑管内。无论是内压式还是外压式,都可以根据需要设计成串联或并联装置。

管式膜组件的缺点是单位体积膜组件的膜面积少,一般仅为 $33\sim330\ m^2/m^3$,除特殊场合外,一般不被使用。

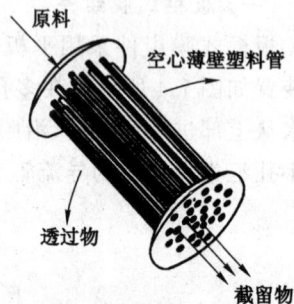

图 7-6　管式膜组件

(四)中空纤维膜组件

中空纤维是一种高强度,状如人发粗细的空心管,它是一种自身支撑膜,纤维外径为 $50\sim200\ \mu m$,内径 $25\sim42\ \mu m$。通常,把数十万根中空纤维捆扎成纤维束弯成 U 形,并装入圆柱形耐压容器内,见图 7-7。纤维束的开口端密封在环氧树脂的管板中,而纤维束中心轴处安置一个原水分配管,使原水沿径向流过纤维束。纤维束外包裹网布,既可使其固定,又可使原水形成滞流状态。净化水透过纤维管壁后,沿纤维的中空内腔流经管板后引出,浓缩水在容器的另一端排出。

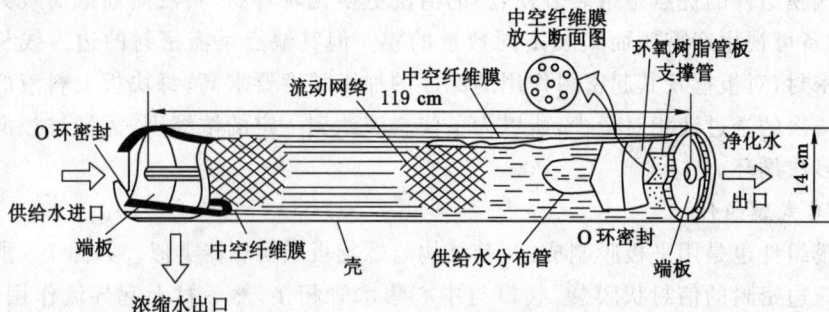

图 7-7　中空纤维式膜组件

原水既可与中空纤维平行,也可以成径向流动,因为滤液只能从一端引出,因此,在平行流动情况下,根据纤维中滤液的流动与原水同向还是逆向可以分为并流或逆流操作。

这种装置的主要优点是,单位体积中所含过滤面积大,操作压力较低(<0.25 MPa),动力较低,该膜不需支撑材料,使用寿命较长。缺点是制造技术复杂,操作时原料液需要预处理,易堵塞,清洗不易。

第三节 膜分离过程的应用

从 20 世纪初到 20 世纪 90 年代,膜技术基本已经从实验室步入工业化,并在水处理、食品工业、环境保护、化工与石油化工、电子、冶金、国防等领域得到成功的应用。目前全球膜产业的规模超过百亿美元,正以年 30%的速度递增。

一、超滤和微滤

(一) 超滤

超滤技术始于 1861 年,其过滤粒径介于微滤和反渗透之间,约 5~10 nm,在 0.1~0.5 MPa 的静压差推动下截留各种可溶性大分子,如多糖、蛋白质、酶等相对分子质量大于 500 的大分子及胶体,形成浓缩液,达到溶液的净化、分离及浓缩目的。

超滤技术的核心部件是超滤膜,均为不对称膜,形式有板框式、卷式、管式和中空纤维状等。

1. 超滤的截留机理

在超滤过程中,溶质被截留的过程可分为三种情况:一是溶质在膜表面和微孔孔壁上被吸附(一次吸附);二是与微孔孔径大小相当的溶质堵塞在微孔中被除去(堵塞);三是颗粒大于微孔孔径的溶质被机械截留在膜表面,即发生所谓的机械筛分。第三种情况是超滤截留溶质的主要机理。其工作原理示意见图 7-8。

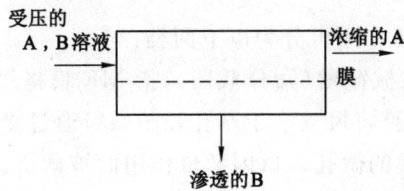

图 7-8 超滤器的工作原理示意图

超滤膜两侧的渗透压力较小,所以超滤的操作压力较反渗透小得多,一般控制在 0.04 ~0.7 MPa。

2. 超滤的应用

超滤技术广泛用于微粒的脱除,包括细菌、病毒、热源和其他异物的除去,在食品工业、电子工业、水处理工程、医药、化工等领域已经获得广泛的应用,并在快速发展着。

① 在水处理领域中,超滤技术可以除去水中的细菌、病毒、热源和其他胶体物质,因此用于制取电子工业超纯水和医药工业中的注射剂、各种工业用水的净化以及饮用水的净化。

② 在食品工业中,乳制品、果汁、酒、调味品等生产中逐步采用超滤技术,如在牛奶或乳

清中蛋白和低分子量的乳糖与水的分离,果汁澄清和去菌消毒,酒中有色蛋白、多糖及其他胶体杂质的去除等,酱油、醋中细菌的脱除等方面,较传统方法显示出经济、可靠、保证质量等优点。

③ 在医药和生物化工生产中,常需要对热敏性物质进行分离提纯,超滤技术对此显示其突出的优点。用超滤来分离浓缩生物活性物(如酶、病毒、核酸、特殊蛋白等)是相当合适的;从动植物中提取的药物(如生物碱、荷尔蒙等),其提取液中常有大分子或固体物质,很多情况下可以用超滤来分离,使产品质量得到提高。

④ 在废水处理领域,超滤技术用于电镀过程淋洗水的处理是成功的例子之一。在汽车和家具等金属制品的生产过程中,用电泳法将涂料沉积到金属表面上后,必需用清水将产品上吸着的电镀液洗掉。洗涤得到含涂料1%～2%的淋洗废水,用超滤装置分离出清水,涂料得到浓缩后可以重新用于电涂,所得清水也可以直接用于清洗,即可实现水的循环使用。目前国内外大多数汽车工厂使用此法处理电涂淋洗水。

⑤ 超滤技术也可用于纺织厂废水处理。纺织厂退浆液中含有聚乙烯醇(PVA),用超滤装置回收PVA,清水回收使用,而浓缩后的PVA浓缩液可重新上浆使用。

随着新型膜材料(功能高分子、无机材料)的开发,膜的耐温、耐压、耐溶剂性能得以大幅度提高,超滤技术在石油化工、化学工业以及更多的领域应用将更为广泛。

(二) 微滤

微滤又称微孔过滤,它属于精密过滤,是能够过滤微米级的微粒和细菌,能够截留溶液中的沙砾、淤泥、黏土等颗粒和贾第虫、隐孢子虫、藻类及一些细菌等,而大量溶剂、小分子及大分子溶质都能透过的膜的分离过程。

1. 微滤的分离机理

微滤的分离机理类似于"筛分",微滤膜的结构起着决定性的作用,膜的结构不同,截留机理也有较大差异。

通常认为微孔滤膜的截留作用可分为以下两类:

(1) 膜表面层截留:① 机械截留(筛分截留),指 MF 膜将尺寸大于其孔径的微粒等杂质截留;② 吸附截留,指 MF 膜将尺寸小于基孔径的微粒通过物理或化学作用吸附而截留;③ 架桥截留,指固体颗粒在膜的微孔入口因架桥作用而被截留。

(2) 膜内部截留(也称为网络截留),这种截留发生在膜的内部,往往是由于膜孔的曲折而形成的。

除上述截留之外,某些情况下,还有静电截留。

2. 微孔膜的特点

微孔膜是均匀的多孔薄膜,厚度在 90～150 μm 左右,过滤粒径在 0.025～10 μm 之间,操作压为 0.01～0.2 MPa。到目前为止,国内外商品化的微孔膜约有 13 类,总计 400 多种。

微孔膜的主要优点如下:

(1) 孔径均匀,过滤精度高。能将液体中所有大于制定孔径的微粒全部截留。

(2) 孔隙大,流速快。一般微孔膜的孔密度为 107 孔/cm², 微孔体积占膜总体积的 70%～80%。由于膜很薄,阻力小,其过滤速度较常规过滤介质快几十倍。

(3) 无吸附或少吸附。

(4) 无介质脱落。微孔膜为均一的高分子材料,过滤时没有纤维或碎屑脱落,因此能得到高纯度的滤液。

微孔膜的缺点如下：

（1）颗粒容量较小，易被堵塞。

（2）使用时必须有前道过滤的配合，否则无法正常工作。

3. 微滤的应用

（1）在水精制过程中，微滤技术可以除去细菌和固体杂质，可用于医药、饮料用水的生产。

（2）在电子工业超纯水制备中，微滤可用于超滤和反渗透过程的预处理和产品的终端保安过滤。微滤技术亦可用于啤酒、黄酒等各种酒类的过滤，以除去其中的酵母、霉菌和其他微生物，使产品澄清，并延长存放期。

（3）微滤技术在药物除菌、生物检测等领域也有广泛的应用。

（三）浓差极化与膜污染

对于压力推动的膜过滤，无论是反渗透，还是超滤与微滤，在操作中都存在浓差极化现象。在操作过程中，由于膜的选择透过性，被截留组分在膜料液侧表面都会积累形成浓度边界层，其浓度大大高于料液的主体浓度，在膜表面与主体料液之间浓度差的作用下，溶质从膜表面向主体的反向扩散，这种现象称为浓差极化，如图7-9所示。

浓差极化使得膜面处浓度 c_i 增加，加大了渗透压，在一定压差 Δp 下使溶剂的透过速率下降，同时 c_i 的增加又使溶质的透过速率提高，使截留率下降。

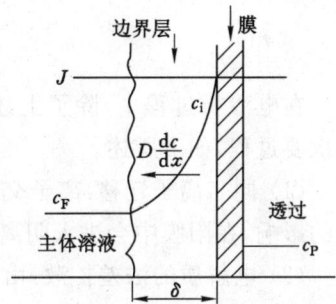

图 7-9　浓差极化

膜污染是指料液中的某些组分在膜表面或膜孔中沉积导致膜透过速率下降的现象。组分在膜表面沉积形成的污染层将产生额外的阻力，该阻力可能远大于膜本身的阻力而成为过滤的主要阻力；组分在膜孔中的沉积，将造成膜孔减小甚至堵塞，实际上减小了膜的有效面积。膜污染主要发生在超滤与微滤过程中。

浓差极化与膜污染均使膜透过速率下降，是操作过程的不利因素，应设法降低。减轻浓差极化与膜污染的主要途径如下：

（1）对原料液进行预处理，除去料液中的大颗粒。

（2）增加料液的流速或在组件中加内插件以增加湍动程度，减薄边界层厚度。

（3）定期对膜进行反冲和清洗。

二、电渗析

（一）电渗析原理与过程

电渗析是在直流电场的作用下，利用阴、阳离子交换膜对溶液中阴、阳离子的选择透过性而使溶液中的溶质与水分离的一种物理化学过程。

一系列阴、阳膜交替排列于两电极之间组成许多由膜隔开的小水室，如图7-10所示。当原水进入这些小室时，在直流电场的作用下，溶液中的离子做定向迁移，阳离子向阴极迁移，阴离子向阳极迁移。但由于离子交换膜具有选择透过性，结果一些小室离子浓度降低而成为淡水室，与淡水室相邻的小室则因富集了大量离子而成为浓水室，从淡水室和浓水室分别得到淡水和浓水。原水中的离子得到了分离和浓缩，水便得到了净化。

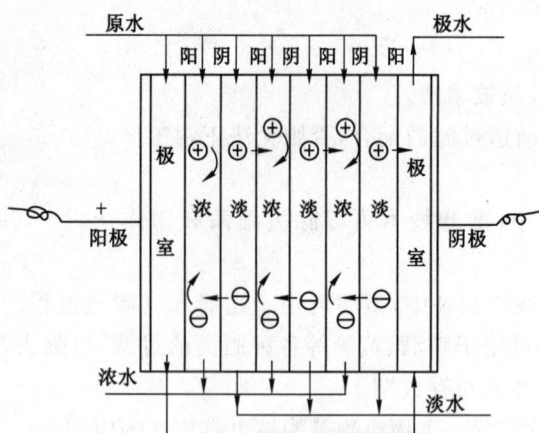

图 7-10　电渗析分离原理图

在电渗析过程中,除了上述离子电迁移和电极反应两主要过程以外,同时还发生一系列次要过程,如下所述。

(1)同名离子迁移:离子交换膜的选择透过性不能达到 100%,再加上膜外溶液浓度过高的影响,在阳膜中会进入阴离子,阴膜中会进入阳离子,从而进行同名离子迁移。

(2)电解质的浓差扩散:由于膜两侧溶液浓度不同,受浓度差的推动作用,电解质由浓水室向淡水室扩散,其扩散速度随两室浓度差的提高而增加。

(3)水的渗透:淡水室的水由于渗透压的作用向浓缩室渗透,渗透量随浓差提高而增加。

(4)水的电渗透:反离子和同名离子实际上都是水合离子,由于离子的水合作用,在反离子和同名离子迁移的同时,将携带一定数量的水分子迁移。

(5)水的解离:当溶液中离子未能及时地补充到膜表面时,还将迫使水分子解离成 H^+ 和 OH^- 进行迁移,称为极化。

(6)压差渗漏:当膜的两侧存在压差时,溶液由压力大的一侧向压力小的一侧渗漏。因此在操作中,应使膜两侧压力趋向平衡,以减小压差渗漏损失。

(二)电渗析器的构造

电渗析器是一定数量的离子交换膜对、隔板、极框和两端的电极等组件,用压板和压紧螺杆组合而成的。膜堆是电渗析最基本的单元,它是由一张阳膜、一张隔板甲、一张阴膜和一张隔板乙所组成的。一定数量的膜对堆叠在一起就组成膜堆。其最外两道各有一极框及电极。然后用铁板及夹具,将上述极框、电极隔板及离子交换膜夹紧,再配以进水及出水管道和管件,见图 7-11 和图 7-12。电渗析要进行工作,必须有水泵、整流器等辅助设备,还必须有进水预处理设施。通常把电渗析器及其辅助设备总称为电渗析装置。可见,一套电渗析装置至少含有一个电渗析器。

电渗析设备中的离子交换膜在整个设备中是最重要的部件,膜性能的优劣对设备的脱盐能力起着决定性的作用。离子交换膜通常以聚乙烯等高分子材料为基膜,基膜的高分子链上,接有可以电离出阳离子或阴离子的活性基团,活性基团由固定基团和解离离子组成。

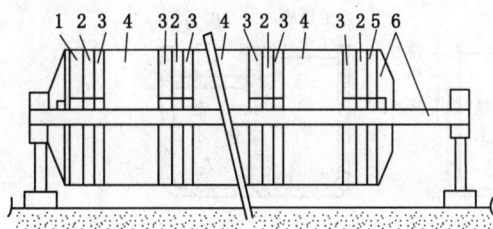

图 7-11　立式电渗析器侧面图
1——阳极室;2——导水板;3——压紧板;4——膜堆;
5——阴极室;6——压滤机式锁紧装置

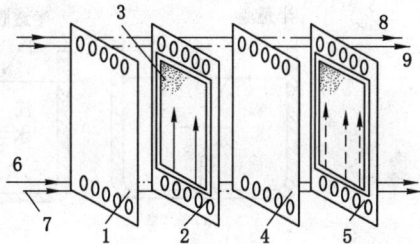

图 7-12　电渗析器的内部结构图
1——阴膜;2——浓水隔板框;3——隔板网;4——阳膜;
5——淡水隔板框;6,9——淡水进、出方向;
7,8——浓水进、出方向

所以可将离子交换膜看成是薄膜状的离子交换树脂或是一种固体电解质。阳离子交换膜的固定基团带负电荷,形成负电荷壁垒因而阻挡水中阴离子通过;阴离子交换膜反之,其正电荷壁垒阻挡水中的阳离子通过。

随着电渗析技术的发展,离子交换膜的品种不断增多,如一价离子选择性透过膜、大孔性阴离子交换膜、表面改性季铵阴膜、氯乙醇橡胶膜以及特殊用途膜等。这些膜大多具有较高的耐腐蚀、抗氧化、热稳定性优良等性能,有些品种国外已开始应用于工业生产。我国从 1958 年起先后研究出 10 余种离子交换膜,但目前大量生产的仍以聚乙烯异相离子交换膜为主。

(三)电渗析的应用

自电渗析技术问世后,其在苦咸水淡化,饮用水及工业用水制备方面展示了巨大的优势。

(1)饮用水及过程水的应用:电渗析法可将苦咸水或海水淡化,也可应用于浓缩海水制盐。

(2)工业医药废水处理:电渗析可用于从金属酸洗废水中回收酸与金属,如电镀废水中回收铜、锌、镍、铬等。既能回收利用水和有用资源,又减少污染排放。

(3)食品工业的应用:可用于脱出有机物中的盐、酸的脱除和中和、从蛋白质水解液和发酵液中分离氨基酸等。

(4)化学工业的应用:可对无机酸、碱和盐进行提纯。

三、反渗透

(一)反渗透机理

反渗透是利用反渗透膜选择性地只透过溶剂(通常是水)的性质,对溶液施加压力,克服溶剂的渗透压,使溶剂从溶液中透过反渗透膜而分离出来的过程。如图 7-13 所示,当淡水与盐水用一张能透过水的半透膜隔开时,水透过膜从淡水侧向盐水侧渗透,过程的推动力是淡水和盐水的化学位之差,此时膜两侧的压力差称为渗透压。随着水的不断渗透,盐水侧水位升高。当升高到盐水侧压力 p_2 与淡水侧压力 p_1 之差等于渗透压时,渗透过程达到动态平衡,宏观渗透量为零。如果在盐水侧加压,使盐水侧与淡水侧压差 (p_2-p_1) 大于渗透压,则盐水中的水将通过半透膜流向淡水侧,这种在压力作用下使渗透现象逆转的过程就是反渗透。因为溶质不能透过半透膜,所以反渗透过程将使右侧盐水失去水而增浓。

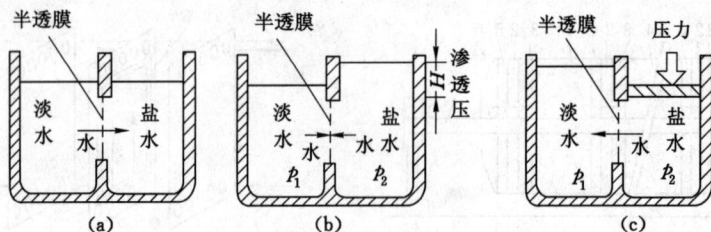

图 7-13　渗透、渗透平衡及反渗透

为了进行反渗透,在膜两侧施加的压差必须大于膜两侧溶液的渗透压差,原料液中溶质浓度愈高,渗透压愈大,反渗透过程实际操作压力就愈高。一般反渗透过程的操作压差为 2~10 MPa。过程使用非对称性膜与复合膜。

(二) 反渗透应用

反渗透膜最早应用于苦咸水淡化。随着膜技术的发展,反渗透技术已扩展到化工、电子及医药等领域。反渗透过程主要是从水溶液中分离出水,分离过程无相变化,不消耗化学药品,这些基本特征决定了它以下的应用范围。

(1) 海水、苦咸水的淡化制取生活用水,硬水软化制备锅炉用水,高纯水的制备。近年来,反渗透技术在家用饮水机及直饮水给水系统中的应用更体现了其优越性。

(2) 在医药、食品工业中用以浓缩药液、果汁、咖啡浸液等。与常用的冷冻干燥和蒸发脱水浓缩等工艺比较,反渗透法脱水浓缩成本较低,而且产品的疗效、风味和营养等均不受影响。

(3) 印染、食品、造纸等工业中用于处理污水,回收利用废液中有用的物质等。

四、纳滤

纳滤膜的孔径为纳米级,介于反渗透膜 RO 和超滤膜 UF 之间,因此称为"纳滤"。纳滤膜的表层较 RO 膜的表层要疏松得多,但较 UF 膜的要致密得多。因此其制膜关键是合理调节表层的疏松程度,以形成大量纳米级的表层孔。

(一) 纳滤的原理

纳滤的分离原理近似机械筛分。当溶液由泵增压后进入纳滤膜时,在纳滤膜表面发生分离,溶剂和其他小分子量溶质透过纳滤膜,大分子溶质(如糖等)被纳滤膜截留,从而达到分离和纯化的目的。

在实际应用中,通常条件下纳滤膜组件是竖直安装在系统上的,与物料流向一致。在物料浓缩过程中,物料在泵的压力下进入纳滤系统,由于纳滤膜的截留性能,水及少部分分子量小的可溶于水的物质可透过膜与原物料分离,形成透过水流,被移送或排放,其他物料则被截留,形成浓缩物料流。在给料泵的作用下,物料仍进行高速连续流动,将浓缩物料输出系统外,进入浓缩循环罐中,进行循环浓缩,同时自行清理了膜孔表面滞留的截留物,从而实现阶段性连续作业,直至达到预定的浓缩分离目的。

(二) 纳滤技术的应用

纳滤技术最早也是应用于海水及苦咸水淡化方面的。由于该技术对低价离子与高价离子的分离特性良好,因此在硬度高和有机物含量高、浊度低的原水处理及高纯水制备中颇受瞩目；在食品行业中，纳滤膜可用于果汁生产，可大大节省能源；在医药行业可用于氨基酸生产、抗生素回收等方面；在石化生产的催化剂分离回收等方面更有着不可比拟的作用。

五、渗透蒸发

（一）渗透蒸发的基本原理

原料液进入膜组件，因为膜后侧处于低压，易挥发组分通过膜后即汽化成蒸气，蒸气用真空泵抽走或用惰性气体吹扫等方法除去，使渗透过程不断进行。原液中各组分通过膜的速率不同，透过膜快的组分就可以从原液中分离出来。膜组件流出的渗余物是纯度较高、透过速率较慢的组分。

为了增大过程的推动力、提高组分的渗透通量，一方面要提高料液温度，通常在流程中设预热器；另一方面要降低膜后侧组分的蒸气分压。

（二）渗透蒸发的应用

渗透蒸发作为一种无污染、高能效的膜分离技术已经引起广泛的关注。该技术最显著的特点是很高的单级分离度，节能且适应性强，易于调节。

（1）有机溶剂脱水：最典型的过程为工业乙醇脱水制备无水乙醇，其分离能耗比恒沸精馏低得多，目前在工业上已大规模应用。

（2）水中有机物的脱除：如从发酵液中除去醇、从废水中除去挥发性有机污染物等。

（3）有机物的分离：如苯/环己烷、丁烷/丁烯等的分离，但目前多处于基础研究阶段。

六、气体分离

气体膜分离技术始于 20 世纪后半期，它具有投资少、能耗低、使用方便，操作弹性大等特点，是世界各国特别关注的高新技之一；特别是在石油、天然气、化工等领域。

（一）气体膜分离的基本原理

气体膜分离是在膜两侧压力差的作用下，利用气体混合物中各组分在膜中渗透速率的差异而实现分离的过程，其中渗透快的组分在渗透侧富集，相应渗透慢的组分则在原料侧富集。气体分离流程示意图如图 7-14 所示。

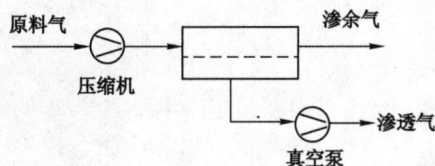

图 7-14　气体分离过程示意图

气体分离膜可分为多孔膜和无孔（均质）膜两种。在实际应用中，多采用均质膜。气体在均质膜中的传递靠溶解—扩散作用，其传递过程由三步组成：

① 气体在膜上游表面吸附溶解；

② 气体在膜两侧分压差的作用下扩散通过膜；

③ 在膜下游表面脱附，此时渗透速率主要取决于气体在膜中的溶解度和扩散系数。

（二）气体分离膜的应用

气体膜分离过程工业化的时间较短，但发展却十分迅速。

（1）氢气的回收利用

氢气是重要的化工原料，它主要来源于电解水和合成气。用传统的分离方法回收氢的费用太高，一般都将含氢尾气作为低热值的燃料烧掉，这是一种很大的浪费。利用膜分离方法从合成氨尾气中回收氢，可使氢的回收率达到 95％以上，带来巨大的经济效益。

（2）从空气中制取富氮气体和富氧气体

用膜法可制得摩尔分数为 95％的氮气，主要用于惰性保护防爆，如易燃液体的储存、运送等，还可用于食品保鲜；用膜法可制取含氧 60％的富氧气，主要用于助燃和医疗保健等。

此外，气体膜分离还可用于 CO_2 的回收或脱除、气体脱湿干燥、氦的提取、有机物蒸气回收等。

本 章 小 结

本章介绍了膜及膜分离技术的定义和分类，微滤、超滤、反渗透、纳米过滤、反渗透、电渗析和渗透蒸发的基本原理及应用。

通过本章学习，可了解膜分离技术的特点及应用情况，了解膜和膜组件的类型、膜的制备，了解主要膜分离过程的基本原理和实际应用。

思 考 题

1. 膜的定义是什么？
2. 膜组件有几种类型？各有什么特点？
3. 什么叫浓差极化？
4. 减少浓差极化和膜污染的途径有哪些？

下篇　化学工艺篇

第八章　化学工艺基础

> 【本章重点】化学工艺中常见的化学原料和加工方法,化工过程主要效率指标的意义与计算,催化剂的组成、性能指标和常用的制备方法。
>
> 【本章难点】化工过程主要效率指标的意义与计算。
>
> 【学习目标】掌握化工生产中常见的原料及其特点,了解各种原料的加工方法和途径;掌握化工单元反应的主要类型,了解化工单元操作的基本类型和化工工艺程序;掌握工业催化剂的组成和主要性能指标,了解催化剂的常用制备方法。

第一节　化工原料资源及其加工

　　自然界中包括大气层、地壳表面、大陆架、海洋、生物圈等蕴藏着各类资源都可作为化学工业加工的初始原料。而化学工业中最常用的化工原料资源主要有无机化学矿物资源、煤碳、石油、天然气等化石能源、生物可再生资源等。

　　一、无机化学矿物资源及其加工

　　化学矿物是化肥工业、化工、冶金及其他相关工业的原料,是除石油、天然气和煤以外的一类重要矿物资源。

　　我国化学矿产资源丰富,有磷矿、硫铁矿、自然硫、钾盐、钾长石、含钾页岩、明矾石、硼矿、天然碱、化工灰岩、重晶石、芒硝、钠硝石、蛇纹石、砷矿、锶矿、金红石、镁盐、溴、碘、沸石等20多种。在这些矿物中,硫铁矿、重晶石、芒硝、硼矿及磷矿储量居世界前列,稀土矿的储量则居世界首位。

　　由于磷矿、硫铁矿及硼矿等化学矿物的储量居世界前列且产量较大,下面简要介绍其分布情况、资源特点和加工概况。

　　(1) 磷矿

　　磷矿是磷酸盐类矿物的总称,是一种重要的化工矿物原料。可用来生产磷肥、磷酸、单质磷、磷化物和磷酸盐等。磷矿分磷块岩、磷灰石和岛磷矿三种,其中有工业价值的为磷块岩和磷灰石。世界上磷矿资源较丰富的国家有摩洛哥、南非、美国、俄罗斯及中国。我国磷矿主要分布在西南和中南地区。虽然中国磷矿储量为世界第四位,但高品位矿储量较少。

　　(2) 硫铁矿

　　硫铁矿是硫化铁矿物的总称,它包括主要成分为 FeS_2 的黄铁矿与主要成分为 Fe_nS_{n+1} ($n \geqslant 5$)的磁硫铁矿。纯粹黄铁矿 $w(\text{硫})=53.45\%$,磁硫铁矿 $w(\text{硫})=36.5\%\sim40.8\%$。硫铁矿有块状与粉状两种。块状硫铁矿是专门从矿山开采供制酸使用的含硫量符合工业标准的原矿,也包括从煤矿中检出的块状含煤硫铁矿;粉状硫铁矿则为制硫酸而开采的、经过浮选符合工业标准的硫精矿。

（3）硼矿

硼是无机盐工业的重要原料。硼矿石加工是先制取硼砂和硼酸,由硼砂和硼酸可制造一系列含硼化合物及元素硼。元素硼广泛地用于冶金、医药、玻璃、陶瓷、肥料、纺织、制革、油漆、颜料等工业部门。在现代新技术上,硼与氢、锂、铍的化合物是高能喷气燃料;锆和钛的硼化物制成的陶瓷金属和氧化硼是超高温、超硬质材料,在国防航天工业中用途极大。

世界已探明硼矿(B_2O_3)储量 2.95 亿吨,主要分布于土耳其、美国、中国、俄罗斯及南美洲。大部分集中在美国和土耳其,其产量大约占世界产量的 90%。我国硼矿探明储量 4 908万吨,主要为辽宁的硼酸盐矿,其次为青藏高原的盐湖硼矿。

二、石油及其加工

石油是一种棕黑色的黏稠液体。它含有几万种碳氢化合物,另外还含有一些含氮和含硫的化合物。石油的主要成分是烷烃、环烷烃和少量芳烃,可以用来制备燃料和各种基本化工原料及石油产品,其中以制取化工原料为目的的加工方法主要有以下几种。

（1）催化重整

重整的最初目的是将重整原料油(沸程 95 ℃以下)和直馏汽油(沸程 95～130 ℃)里的一部分环烷烃和烷烃转变为芳烃,以提高汽油的辛烷值。后来化学工业对芳烃的需要量日益增长,使重整成为制取苯、甲苯和二甲苯等芳烃的重要方法之一。

（2）热裂解

当将直馏汽油、轻柴油、减压柴油等原料油加热到 750～800 ℃进行热裂解时,除了发生高碳烷烃裂解为低碳烯烃和二烯烃的主要反应以外,还发生各种芳构化反应。裂解的主要目的是制取乙烯、丙烯和丁二烯等烯烃。

（3）催化裂化

催化裂化的主要目的是将直馏轻柴油、重柴油或润滑油等高沸程原料油中的高碳烷烃加氢裂化成低碳烷烃,同时发生异构化、环烷化和芳构化等反应而得到高辛烷值汽油。催化裂化所得到的轻柴油馏分中含有相当多的重质芳烃,其中主要是多烷基苯和烷基萘。

（4）临氢脱烷基化

重整的石脑油馏分(沸程 66.5～156 ℃)中苯、甲苯和二甲苯的比例约为 1∶5.4∶3.8。由于甲苯的需要量比苯和二甲苯少,又发展了甲苯在氢气存在下脱烷基制取苯的方法(Cr_2O_3/Al_2O_3催化剂,540 ℃)。

石油制取化工原料的方法很多,主要的途径见图 8-1。

三、煤炭及其加工

在各大陆、大洋岛屿都有煤分布,但煤在全球的分布很不均衡,各个国家煤的储量也很不相同。中国、美国、俄罗斯等是煤炭储量丰富的国家,也是世界上主要产煤国。

煤主要由碳、氢、氧、氮、硫和磷等元素组成,碳、氢、氧三者总和约占有机质的 95% 以上,是非常重要的能源,也是冶金、化学工业的重要原料。

煤化工范畴内加工路线主要有以下几种。

（1）煤干馏

它是在隔绝空气条件下加热煤,使其分解生成焦炭、煤焦油、粗苯和焦炉气的过程。煤

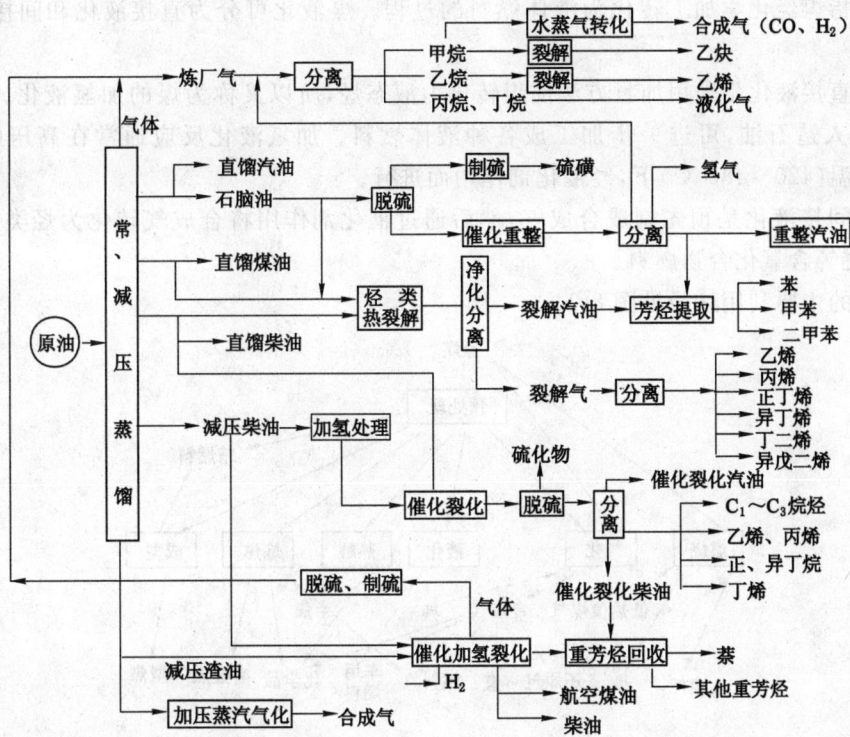

图 8-1 石油制取化工原料的主要途径

干馏过程又分以下两类。

煤的高温干馏,也称炼焦,是在炼焦炉中隔绝空气于 900~1 100 ℃进行的干馏过程。产生焦炭、焦炉气、粗苯、氨和煤焦油。焦炉气主要成分是氢(54%~63%)和甲烷(20%~32%);粗苯中主要含苯、甲苯、二甲苯、三甲苯、乙苯等单环芳烃,以及少量不饱和化合物和含硫化合物,还有很少量的酚类和吡啶等;煤焦油中含有多种重芳烃、酚类、烷基萘、吡啶、咔唑、蒽、菲、芴等,以及杂环有机化合物,目前已被鉴定的有 400~500 种,是制取塑料、染料、香料、农药、医药等的原料。其中含量最大且应用广的是萘,目前工业萘来源仍以煤焦油为主。

煤的低温干馏,是在较低终温(500~600 ℃)下进行的干馏过程,产生半焦、低温焦油和煤气等产物。由于终温较低,分解产物的二次热解少,故产生的焦油中除含较多的酚类外,烷烃和环烷烃含量较多而芳烃含量很少,是人造石油的重要来源之一,早期的灯用煤油即由此制造。半焦可经气化制合成气。

(2) 煤气化

它是指在高温(900~1 300 ℃)下使煤、焦炭或半焦等固体燃料与气化剂反应,转化成主要含有氢、一氧化碳等气体的过程。生成的气体组成随固体燃料性质、气化剂种类、气化方法、气化条件的不同而有差别。煤气化生成的 H_2 和 CO 是合成氨、合成甲醇以及碳一化工的基本原料,还可用来合成甲烷,称为替代天然气,可作为城市煤气。

(3) 煤液化

它是指煤经化学加工转化为液体燃料的过程。煤液化可分为直接液化和间接液化两类过程。

煤的直接液化是采用加氢方法使煤转化为液态烃，所以又称为煤的加氢液化。液化产物亦称为人造石油，可进一步加工成各种液体燃料。加氢液化反应通常在高压（10～20 MPa）、高温（420～480 ℃）下，经催化剂作用而进行。

煤的间接液化是预先制成合成气，然后通过催化剂作用将合成气转化为烃类燃料、甲醇、二甲醚等含氧化合物燃料。

煤炭的主要利用途径见图 8-2。

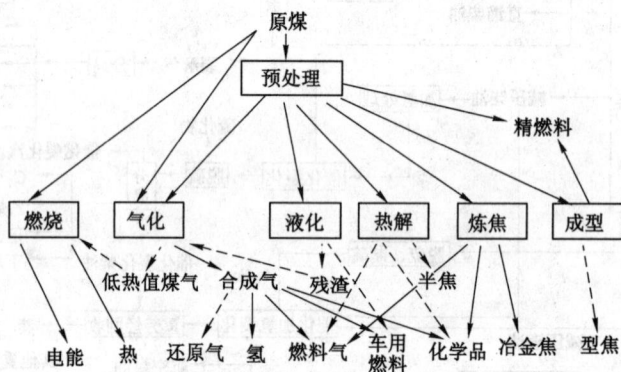

图 8-2　煤碳的主要利用途径

四、天然气及其加工

天然气是埋藏在地下的可燃性气体，其主要成分是甲烷。中国天然气资源较丰富，主要气田产区是陕甘宁盆地、新疆地区、四川东部地区及南海地区等。天然气既可单独存在，又可与石油、煤等伴生（称为油田气和煤层气）。

天然气的热值高、污染少，是一种清洁能源，在能源结构中的比例逐年提高。它同时又是石油化工的重要原料资源。天然气加工利用主要有以下几方面。

（1）天然气制氢气和合成氨

天然气的用途之一是制造氨和氮肥，尿素是当今世界上产量最大的化工产品之一，目前中国开采的天然气中有一半以上用于制造氮肥。氨也是制造硝酸及许多无机和有机化合物的原料。天然气制氢也是当前工业制氢的主要工艺之一。

（2）天然气经合成气路线的催化转化制燃料和化工产品

由天然气制造合成气（$CO+H_2$），再由合成气合成甲醇开创了廉价制取甲醇的生产路线。以甲醇为基本原料，可合成汽油、柴油等液体燃料和醋酸、甲醛、甲基叔丁基醚等一系列化工产品。由合成气经改良费托合成制汽油、煤油、柴油工艺已经成熟，合成气直接催化转化为低碳烯烃、乙二醇的工艺正在开发。

（3）天然气直接催化转化成化工产品

天然气中甲烷直接在催化剂作用下进行选择性氧化，生成甲醇和甲醛；在有氧或无氧条件下催化转化成芳烃；甲烷催化氧化偶联生成乙烯、乙烷等。这些过程尚未工业化。

（4）天然气热裂解制化工产品

天然气在 930～1 230 ℃裂解生成乙炔和炭黑。从乙炔出发可制氯乙烯;乙醛;醋酸;氯丁二烯;1,4-丁二醇;1,4-丁炔二醇;甲基丁烯醇;醋酸乙烯;丙烯酸等乙炔化工产品。炭黑可做橡胶的补强剂和填料,也是油墨、电极、电阻器、炸药、涂料、化妆品的原材料。

(5) 甲烷的氯化、硝化、氨氧化和硫化制化工产品

可分别制得甲烷的各种衍生物,例如氯代甲烷、硝基甲烷、氢氰酸、二硫化碳等。

(6) 湿性天然气中 C2～C4 烷烃的利用

湿性天然气中 C2～C4 烷烃可深冷分离出来,是优良的制取乙烯、丙烯的热裂解原料。

天然气制取化工原料的主要途径见图 8-3。

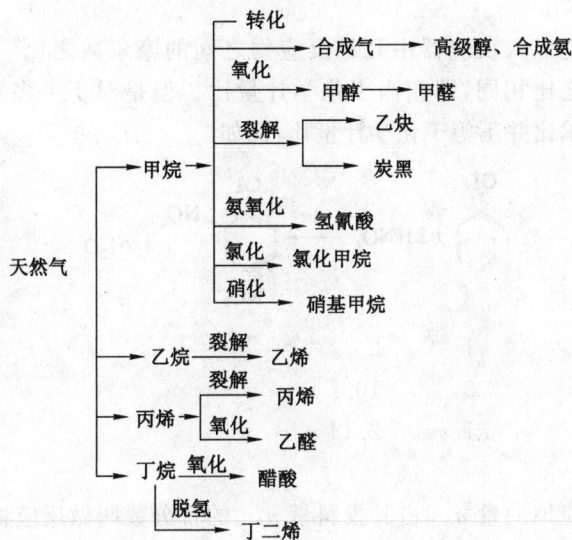

图 8-3 天然气制取化工原料的主要途径

五、生物质资源及其加工

生物质是指通过光合作用而形成的各种有机体,包括所有的动植物和微生物。而所谓生物质能(biomass energy),就是太阳能以化学能形式贮存在生物质中的能量形式,即以生物质为载体的能量。它直接或间接地来源于绿色植物的光合作用,可转化为常规的固态、液态和气态燃料,取之不尽、用之不竭,是一种可再生能源,同时也是唯一一种可再生的碳源。

目前人类对生物质能的利用,包括直接用做燃料,如农作物的秸秆、薪柴等;间接作为燃料,如农林废弃物、动物粪便、垃圾及藻类等,它们通过微生物作用生成甲烷,或采用热解法制造液体和气体燃料;利用生物或化学方法转化为其他化工产品或原料,如通过生物质的厌氧发酵制取甲烷,用热解法生成燃料气、生物油和生物炭,用生物质制造乙醇和甲醇燃料,以及利用生物工程技术培育能源植物,发展能源农场等。

常见的化学加工工艺如下。

含糖或淀粉的生物质水解可以得到各种单糖,例如葡萄糖、果糖、甘露蜜糖、木糖、半乳糖等。如果用适当的微生物酶进行发酵,可得到乙醇、丙酮/丁醇、丁酸、乳酸、葡萄糖酸和醋酸等。

含纤维素的农副产品经水解可以得到己糖 $C_6H_{12}O_6$（主要是葡萄糖）和戊糖 $C_5H_{10}O_5$（主要是木糖）。己糖经发酵可得到乙醇，戊糖经水解可得到糠醛。

从含油的动植物可以得到各种动物油和植物油，它们也是有用的化工原料。油脂经水解可以得到甘油和各种脂肪酸。

另外，从某些动植物还可以提取药物、香料、食品添加剂以及制备它们的中间体。

第二节　化工过程的主要效率指标

一、反应物的摩尔比

反应物的摩尔比是加入反应器中几种反应物之间的摩尔数之比。这个摩尔比可以和化学反应式的摩尔数之比相同，即相当于化学计量比。但是对于大多数有机反应来说，投料的各种反应物的摩尔比并不等于化学计量比，例如。

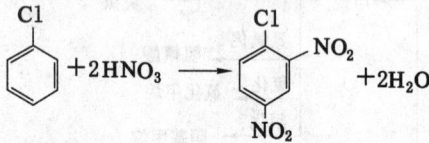

$$\text{Cl}\underset{}{\bigcirc} + 2HNO_3 \longrightarrow \underset{NO_2}{\overset{Cl}{\bigcirc}}{}^{NO_2} + 2H_2O$$

化学计量比	1	2
投料摩尔数	5	10.7
反应物的摩尔比	1	2.14

二、转化率

某一反应物A反应掉的量 $n_{A,R}$ 占其投料量 $n_{A,in}$ 的百分数叫做反应物 A 的转化率 X_A。

$$X_A = \frac{n_{A,R}}{n_{A,in}} \times 100\% = \frac{n_{A,in} - n_{A,out}}{n_{A,in}} \times 100\%$$

转化率可分为单程转化率、总转化率和平衡转化率三种。

① 单程转化率：以反应器为研究对象，参加反应的原料量占反应器原料总量的百分数称为单程转化率。

$$X = \frac{\text{某一反应物的转化量}}{\text{该反应物的起始量}}$$

② 总转化率：以包括循环系统在内的反应器、分离设备的反应体系为研究对象，参加反应的原料量占进入反应体系总原料量的百分数称为总转化率。

下面以乙炔与醋酸合成醋酸乙烯酯为例说明单程转化率和总转化率之间的计算关系。

【例 8-1】 假设每小时流经各物料线的物料中所含乙炔的量为：$m_A = 600$ kg，$m_B = 5\,000$ kg，$m_C = 4\,450$ kg，$m_D = 4\,400$ kg，$m_E = 50$ kg。计算乙炔的单程转化率和总转化率。

解：

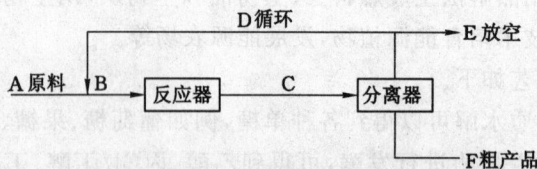

单程转化率：$[(5\,000 - 4\,450)/5\,000] \times 100\% = 11\%$。

总转化率：$[(600-50)/600]\times100\%=91.67\%$。

③ 平衡转化率：指某一化学反应到达化学平衡状态时转化为目的产物的某种原料量占该种原料起始量的百分数。

平衡转化率由体系的热力学性质和操作条件确定，是转化率的最高极限值，任何反应的转化率都不可能超过平衡转化率。

三、选择性

选择性是指体系中转化成目的产物的某反应物的量与参加所有反应而转化的该反应物总量之比。用符号 S 表示。其定义式如下：

$$S=\frac{转化为目的产物的某反应物的量}{该反应物的转化总量}$$

选择性也可按下式表达为：

$$S=\frac{实际所得的目的产物量}{按某反应物的转化总量计算应得到}$$

如：某一反应物 A 转化为目的产物 P 时，化学计量系数是 a/p，设 A 输入和输出反应器的物质的量为 $n_{A,in}$ 和 $n_{A,out}$，实际生成目的产物 P 的物质的量为 n_P，理论上应消耗的 A 的物质的量为 $n_P\times a/p$，则由 A 生成 P 的选择性 S 为：

$$aA+bB=pP$$

$$S_A=\frac{n_P\dfrac{a}{p}}{n_{A,R}}\times100\%=\frac{n_P\dfrac{a}{p}}{n_{A,in}-n_{A,out}}\times100\%$$

四、收率（产率）

收率亦称产率，是从产物角度来描述反应过程的效率，符号为 Y，其定义式为：

$$Y=\frac{转化为目的产物的某反应物的量}{该反应物的起始量}$$

通常人们将按上述方法计算出的收率称为单程收率。对于由多个工序组成的化工生产过程，可以分别用每个阶段的收率概念来表示各工序产品的变化情况，而整个生产过程可以用总收率来表示实际效果。非反应工序阶段的收率是实际得到的目的产品的量占投入该工序的此种产品量的百分率，而总收率计算方法为各工序分收率的乘积。

根据转化率、选择性和收率的定义可知，相对于同一反应物而言，三者有以下关系：

$$Y=SX$$

【例 8-2】　苯胺磺化生产对氨基苯磺酸的过程，投入 100 mol 的苯胺，生成了 89 mol 的氨基苯磺酸和少量焦油，产物分离出了未反应的苯胺 2 mol，试求该反应的转化率、选择性和收率。

解：

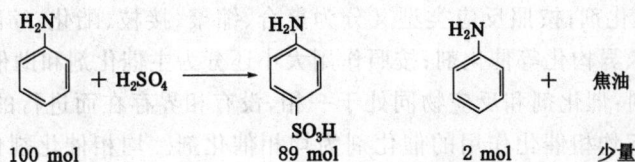

$$X_{苯胺}=\frac{100-2}{100}\times100\%=98\%$$

$$S = \frac{89 \times 1}{100 - 2} \times 100 = 90.82\%$$

$$Y = X_{苯胺} \times S = 98\% \times 90.82\% = 89.0\%$$

化工过程的核心是化学反应,提高反应的转化率、选择性和产率是提高化工过程效率的关键。

五、生产能力

生产能力是指一个设备、一套装置或一个工厂在单位时间内生产的产品量或在单位时间内处理的原料量,其单位为 kg/h,t/d 或 kt/a。

例如,300 h/a 乙烯装置表示该装置生产能力为每年可生产乙烯 300 kt;600 kt/a 炼油装置表示该装置生产能力为每年可加工原油 600 kt。

六、生产强度

生产强度是指设备单位特征几何尺寸的生产能力,其单位经常为 kg/(h·m³),t/(d·m³),或 kg/(h·m²),t/(d·m²)等。

七、消耗定额

所谓消耗定额是指生产单位产品所消耗的各种原料及辅助材料——水、燃料、电和蒸汽等的量。对于主要反应物来说,它实际上就是质量收率的倒数。

第三节　工业催化剂

催化剂是指能够加速化学反应速度,而反应过程中其化学性质和物质的量均不发生变化的物质,催化剂的这种作用叫做催化作用;能明显抑制化学反应的物质上叫做抑制剂。

一、催化剂的基本特征

① 催化剂只能加速化学反应到达平衡,缩短到达平衡所需要的时间,而不影响化学平衡的位置。

② 催化剂具有加速某一特定反应的能力,即催化剂对反应具有明显的选择性。

③ 催化剂虽然对正逆反应同等加速,但并不意味着用于正反应的催化剂都能直接用于逆向反应,要用于逆向反应还必需考虑其他因素。例如:加氢反应主要采用金属(如 Ni)催化剂,而脱氢反应主要采用金属氧化物作为催化剂,这是因为高温有利于脱氢,但是在高温下一方面重金属催化剂容易烧结,另一方面有机化合物易分解析碳,覆盖在重金属的表面上,两种作用都容易使催化剂失去活性。

④ 催化剂具有一定的寿命周期。

二、催化剂的分类

催化剂种类繁多,按状态可分为液体催化剂和固体催化剂;按反应体系的相态分为均相催化剂和多相催化剂;按照反应类型又分为聚合、缩聚、接枝、酯化、缩醛化、加氢、脱氢、氧化、还原、烷基化、异构化等催化剂;按照作用大小还分为主催化剂和助催化剂等。

① 均相催化剂:催化剂和反应物同处于一相,没有相界存在而进行的反应,称为均相,以及催化作用,能起均相催化作用的催化剂为均相催化剂。均相催化剂包括液体酸、碱催化剂和固体酸、碱催化剂,以及溶性过渡金属化合物(盐类和络合物)等。均相催化剂以分子或离子独立起作用,活性中心均一,具有高活性和高选择性。

② 多相催化剂：又称非均相催化剂，指催化剂和反应物处于不同的状态。例如，在生产人造黄油时，通过固态镍（催化剂），能够把不饱和的植物油和氢气转变成饱和的脂肪。固态镍是一种多相催化剂，被它催化的反应物则是液态（植物油）和气态（氢气）。

③ 生物催化剂：是植物、动物和微生物产生的具有催化能力的有机物。生物体的化学反应几乎都在酶的催化作用下进行。活的生物体利用它们来加速体内的化学反应。如果没有酶，生物体内的许多化学反应就会进行得很慢，难以维持生命。大约在 37 ℃的温度中，人体中的酶的工作状态是最佳的。如果温度高于 50 ℃或 60 ℃，酶就会被破坏掉而不能再发生作用。因此，利用酶来分解衣物上的污渍的生物洗涤剂，在低温下使用最有效。酶在生理学、医学、农业、工业等方面，都有重大意义。

三、固体催化剂的组成与性能指标

1. 组 成

固体催化剂通常不是单一的物质，而是由多种物质组成的，绝大多数工业催化剂由三个部分组成。

① 催化活性物质

它指的是对目的反应具有良好催化活性的成分。对于具体反应，其催化活性物质是通过大量实验筛选出来的。例如，对于强氧化反应的催化剂，其活性组分通常都是五氧化二钒。

② 助催化剂

助催化剂本身没有催化活性或催化活性很小，但是能提高催化活性物质的活性、选择性或稳定性。助催化剂主要是在高温下稳定的各种金属氧化物、非金属氧化物、金属盐和金属元素。

③ 载体

载体是催化活性组分和助催化剂的支持物、黏结物或分散体。由于使用了载体，在催化剂中催化活性组分和助催化剂的含量可以很低。载体的机械作用是增加催化活性组分的比表面，抑制微晶增长，从而延长催化剂的寿命，使催化剂具有足够的孔隙度、机械强度（硬度、耐磨性、耐压强度等）、热稳定性、比热和导热率等。另外，有些载体还常常与催化活性组分发生某种化学作用，改变了催化活性组分的化学组成和结构，从而改善了催化剂的活性和选择性。因此，在制备催化剂时载体的选择也是很重要的。

2. 固体催化剂的性能指标

① 比表面：通常把 1 g 催化剂所具有的表面积称为该催化剂的比表面积，m^2/g。由于气—固相催化反应是在固体催化剂表面上进行的，所以催化剂比表面积的大小直接影响到催化剂的活性，进而影响催化反应的速率。工业催化剂常加工成一定粒度的、多孔性物质并使用载体使活性组分高度的分散，其目的是增加催化剂与反应物的接触表面积。

② 活性：在工业上，催化剂的活性通常用单位体积（或单位重量）催化剂在特定反应条件下，在单位时间内所得到的目的产物的体积（重量）来表示。对于某些催化反应，工业催化剂的活性还使用在特定的气体时空速度下，反应物的转化率或目的产物的收率来表示。

③ 选择性：它指的是特定催化剂专门对某一化学反应起加速作用的性能。其选择性也是用某一反应物通过催化剂后转变为目的产物时理论消耗的摩尔数占该反应物在反应中

实际消耗掉的总摩尔百分数来表示的。催化剂的选择性与催化剂的组成、制法和反应条件等因素有关。

④ 寿命:它指的是催化剂在工业反应器中使用的总时间。催化剂在使用过程中,由于温度、压力、气氛、毒物的影响,以及焦油或积碳的生成等因素,都会或多或少地使催化剂发生某些物理的或化学的变化,例如熔结、粉化以及结晶结构或比表面的变化等,这些都会影响催化剂中的活性中心,从而影响催化剂的活性和选择性。当催化剂的活性和选择性下降到一定程度,并且不能设法恢复其活性时,就需要更换催化剂。工业催化剂的寿命与反应类型、催化剂的组成和制法等因素有关。有些催化剂的寿命可长达数年,有的催化剂寿命只有几小时。

催化剂使用一定时间后,因活性下降,需要活化再生,这个使用时间叫作催化剂的活化周期。

四、催化剂的毒物、中毒和再生

催化剂因微量外来物质的影响,使其活性和选择性下降的现象叫做催化剂的中毒。微量外来物质叫做催化剂的毒物。

1. 催化剂的毒物

在工业生产中,催化剂的毒物通常来自反应原料。有时毒物也可能是在催化剂制备过程中混入的,或者是来自其他污染源。由于中毒作用通常发生在催化活性组分表面的活性中心上,所以微量毒物就能引起催化剂活性显著下降。

2. 催化剂的中毒

中毒是由于毒物与催化活性组分发生了某种作用,因而破坏或遮盖了活性中心所造成的。毒物在活性中心吸附较弱或化合较弱,可以用简单的方法使催化剂恢复活性的中毒现象叫做可逆中毒或暂时中毒。毒物与活性中心结合很强,不能用一般方法将毒物除去的中毒现象叫做不可逆中毒或永久中毒。催化剂暂时中毒,可设法再生。催化剂永久中毒后,就需要更换新鲜催化剂。

3. 催化剂中毒的预防和再生

为了避免催化剂的中毒,一种新型催化剂在投入生产使用前,都应指出哪些是毒物,以及这些毒物在反应原料中的最高允许含量。当原料中有害物质的含量超过规定时,必须对原料进行精制,或换用其他原料。催化剂暂时中毒可用空气、水蒸气或氯气在一定温度下通过催化剂以除去积炭、焦油物或硫化氢等毒物。当催化剂活性下降很慢,使用较长时间才需要进行再生时,再生过程可以就在反应器中进行。

五、催化剂制备方法简介

制造催化剂的每一种方法,实际上都是由一系列的操作单元组合而成的。为了方便,人们把其中关键而具特色的操作单元的名称定为制造方法的名称。传统的方法有机械混合法、沉淀法、浸渍法、溶液蒸干法、热熔融法、浸溶法(沥滤法)、离子交换法等,近年来发展的新方法有化学键合法、纤维化法等。

(1) 机械混合法

指将两种以上的物质加入设备内混合。此法简单易行,例如转化—吸收型脱硫剂的制造,是将活性组分(如二氧化锰、氧化锌、碳酸锌)与少量黏结剂(如氧化镁、氧化钙)的粉料计量连续加入一个可调节转速和倾斜度的转盘中,同时喷入经计量的水。粉料滚动混合黏结,形成均匀直径的球体,此球体再经干燥、焙烧即为成品。

(2) 沉淀法

此法用于制造要求分散度高并含有一种或多种金属氧化物的催化剂。在制造多组分催化剂时,适宜的沉淀条件对于保证产物组成的均匀性非常重要。通常的方法是在一种或多种金属盐溶液中加入沉淀剂,经沉淀、洗涤、过滤、干燥、成型、焙烧(或活化),即得最终产品。如果在沉淀桶内放入不溶物质,使金属氧化物或碳酸盐附着在此不溶物质上沉淀,则称为附着沉淀法。沉淀法需要高效的过滤洗涤设备,以节约水,避免漏料损失。

(3) 浸渍法

将具有高孔隙率的载体(如硅藻土、氧化铝、活性炭等)浸入含有一种或多种金属离子的溶液中,保持一定的温度,溶液进入载体的孔隙中,将载体沥干,经干燥、煅烧,载体内表面上即附着一层所需的固态金属氧化物或其盐类。浸渍法可使催化活性组分高度分散,并均匀分布在载体表面上,在催化过程中得到充分利用。制备含贵金属(如铂、金、锇、铱等)的催化剂常用此法,其金属含量通常在 1% 以下。制备价格较贵的镍系、钴系催化剂也常用此法,其所用载体多数已成型,故载体的形状即催化剂的形状。另有一种方法是将球状载体装入可调速的转鼓内,然后喷入含活性组分的溶液或浆料,使之浸入载体中,或涂覆于载体表面。

(4) 喷雾蒸干法

喷雾蒸干法常用于制备颗粒直径为数十微米至数百微米的流化床用催化剂。如间二甲苯流化床氨化氧化制间二甲腈催化剂的制造,先将给定浓度和体积的偏钒酸盐和铬盐水溶液充分混合,再与定量新制的硅凝胶混合,泵入喷雾干燥器内,经喷头雾化后,水分在热气流作用下蒸干,物料形成微球催化剂,从喷雾干燥器底部连续引出。

(5) 热熔融法

热熔融法是制备某些催化剂的特殊方法,适用于少数不得不经过熔炼过程的催化剂,为的是借助高温条件将各个组分熔炼成为均匀分布的混合物,配合必要的后续加工,可制得性能优异的催化剂。这类催化剂常有高的强度、活性、热稳定性和很长的使用寿命。主要用于制造氨合成所用的铁催化剂——将精选磁铁矿与有关的原料在高温下熔融、冷却、破碎、筛分,然后在反应器中还原。

(6) 浸融法

从多组分体系中,用适当的液态药剂(或水)抽去部分物质,可制成具有多孔结构的催化剂。例如骨架镍催化剂的制造,将定量的镍和铝在电炉内熔融,熔料冷却后成为合金。将合金破碎成小颗粒,用氢氧化钠水溶液浸泡,大部分铝被溶出(生成偏铝酸钠),即形成多孔的高活性骨架镍。

(7) 离子交换法

某些晶体物质(如合成沸石分子筛)的金属阳离子(如 Na^+)可与其他阳离子交换。将其投入含有其他金属(如稀土族元素和某些贵金属)离子的溶液中,在控制浓度、温度、pH 值条件下,使其他金属离子与 Na^+ 进行交换。离子交换反应发生在交换剂表面,可使贵金属铂、钯等以原子状态分散在有限的交换基团上,从而得到充分利用。此法常用于制备裂化催化剂,如稀土分子筛催化剂。

发展中的新方法有以下几种:

① 化学键合法。近十年来此法大量用于制造聚合催化剂。其目的是使均相催化剂固态化。能与过渡金属络合物化学键合的载体，一般表面都具有某些官能团（或经化学处理后接上官能团），如—X、—CH₂X、—OH 基团。将这类载体与膦、胂或胺反应，使之膦化、胂化或胺化，然后利用表面上磷、砷或氮原子的孤电子对与过渡金属络合物中心金属离子进行配位络合，即可制得化学键合的固相催化剂。

② 纤维化法：用于含贵金属的载体催化剂的制造。如将硼硅酸盐拉制成玻璃纤维丝，用浓盐酸溶液腐蚀，变成多孔玻璃纤维载体，再用氯铂酸溶液浸渍，使其载以铂组分。根据实用情况，将纤维催化剂压制成各种形状和所需的紧密程度，如用于汽车排气氧化的催化剂，可压紧在一个短的圆管内。如果不是氧化过程，也可用碳纤维。但纤维催化剂的制造工艺较复杂，成本高。

本章小结

本章主要概述化学工业中常用的化工原料、原料的典型加工方式和可以获得的化学产品；简述了常见的化工单元过程以及化工工艺过程的流程；介绍了化工过程的主要效率指标；简述了催化剂的组成、性能指标及制备方法。本章内容小结如下：

① 磷矿、硫铁矿、硼矿等无机化学矿物资源成分、用途及典型加工方法；石油的特性及以制取化工原料为目的的加工方法，如催化重整等；煤化工加工路线及可获得的产品；天然气的加工方法及可获得的化工产品。

② 化工过程主要效率指标的定义及其计算。

③ 工业催化剂的基本特征、组成和性能指标；催化剂的中毒与再生；催化剂的常见工艺制备方法。

思 考 题

一、简答题

1. 化学工业原料资源主要有哪些？

2. 从石油和天然气中获得基本有机原料的途径有哪些？

3. 转化率、产率和收率三者有什么关系？

4. 什么是生产能力？什么是消耗定额？

5. 固体催化剂的组成与性能指标有哪些？

6. 常见催化剂的制备方法有哪些？

二、计算题

1. 在裂解炉中通入气态烃混合物为 2 000 kg/h，参加反应的原料为 1 000 kg/h。裂解后得到乙烯 840 kg/h，以通入原料计，求乙烯收率和选择性（或产率）及原料的转化率。

2. 在一套乙烯液相氧化制乙醛的装置中，通入反应器的乙烯量为 7 000 kg/h，得到产品乙醛的量为 4 400 kg/h，尾气中含乙烯 4 500 kg/h，求原料乙烯的转化率和乙醛的收率。

3. 用乙烷生产乙烯，通入的新鲜原料乙烷为 5 000 kg/h，裂解气分离后，没反应的乙烷 2 000 kg/h,又返回继续反应,最终分析裂解气中含乙烷 1 500 kg/h,求乙烷总转化率。

4. 以乙烯为原料生产乙醛,通入反应器的乙烯为 7 000 kg/h,参加反应的乙烷量为 4 550 kg/h,没有参加反应的乙烷 5% 损失掉,其余循环回装置,得到乙醛 3 332 kg/h,求乙醛的原料消耗定额。

第九章 煤 化 工

【本章重点】煤气的冷却和硫铵工艺过程,煤气化机理,煤气化主要工艺,气化炉结构及特点,煤炭液化机理,煤炭液化典型工艺流程。

【本章难点】硫铵生产工艺及原理,煤炭气化原理,气化炉结构。

【学习目标】掌握煤气冷鼓工艺、喷淋式饱和器法生产硫铵工艺及粗苯回收工艺的流程、饱和器法生产硫铵的原理及流程、焦油前处理及蒸馏的工艺流程;掌握煤炭气化的过程和每个过程中发生的主要化学反应,了解固定床气化、流化床气化的典型工艺及与工艺相对应的气化炉的结构,了解新型煤气化技术;掌握费—托合成机理和典型的费—托合成工艺及设备,了解煤炭直接液化的主要工艺过程和各工艺的特点。

第一节 概 述

煤化工是经化学方法将煤炭转换为气体、液体和固体产品或半产品,而后进一步加工成化工、能源产品的工业。主要包括煤的气化 、液化 、干馏,以及焦油加工和电石乙炔化工等。

一、煤化工的发展历程

煤化工开始于 18 世纪后半叶,19 世纪形成了完整的煤化工体系。进入 20 世纪,许多以农林产品为原料的有机化学品多改为以煤为原料生产,煤化工成为化学工业的重要组成部分。第二次世界大战以后,石油化工发展迅速,很多化学品的生产又从以煤为原料转移到以石油、天然气为原料,从而削弱了煤化工在化学工业中的地位。

在煤化工可利用的生产技术中,炼焦是应用最早的工艺,并且至今仍然是化学工业的重要组成部分;煤的气化在煤化工中占有重要地位,用于生产各种气体燃料;煤气化生产的合成气是合成液体燃料等多种产品的原料;煤直接液化,即煤高压加氢液化,可以生产人造石油和化学产品。在石油短缺时,煤的液化产品将替代目前的天然石油。

新型煤化工以生产洁净能源和可替代石油化工的产品为主,如柴油、汽油、航空煤油、液化石油气、乙烯原料、聚丙烯原料、替代燃料(甲醇、二甲醚)等,它与能源、化工技术结合,可形成煤炭—能源化工一体化的新兴产业。

二、煤化工前景

纵观化学工业的发展历史,每次原料结构的变化总伴随着化学工业的巨大变革。1984年世界化石燃料探明的可采储量,煤约占 74%,而石油约占 12%,天然气约占 10%,从资源角度看,煤将是潜在的化工主要原料。未来煤化工将在哪些领域,以什么速度发展,将取决于煤化工本身技术的进展以及石油供求状况和价格的变化。从近期来看,钢铁等冶金工业所用的焦炭仍将依赖于煤的焦化,而炼焦化学品如萘、蒽等多环化合物仍是石油化工较难替代的有机化工原料;煤的气化随着气化新技术的开发应用,仍将是煤化工的一个主要方面;将煤气化制成合成气,然后通过碳一化学合成一系列有机化工产品的开发研究,是近年来进展较快,且引起关注的领域;从煤制取液体燃料,无论是采用低温干馏、直接液化或间接液化,都取决于技术经济的评价。

本章将主要介绍焦化产品的化学加工、煤炭气化及煤炭液化工艺。

第二节　焦化产品回收

一、概述

1. 炼焦化学品的用途

煤在炼焦时产生的气体和液体产物全部转入荒煤气。荒煤气经净化回收后,可将化学产品从中分离出来,得到焦油、粗苯、硫铵(氨水)、粗轻吡啶、硫氰化物、黄血盐等化工原料和产品。

从焦炉煤气中冷凝下来的煤焦油,其中含有上万种有机化合物,95%为芳香族化合物。世界芳烃总需要量的25%来源于煤焦油,多环芳烃和杂环芳烃95%来源于煤焦油,蒽、菲、芘、咔唑和喹啉等产品几乎100%来源于煤焦油。全世界每年从煤焦油中提取约500万吨化工产品,广泛应用于塑料、合成纤维、染料、合成橡胶、医药、农药等领域。

回收的粗苯主要是由芳烃和少量烯烃以及脂肪烃的混合物所组成,通过精制加工后,可得到甲苯、二甲苯、古马隆树脂、噻吩、溶剂油等产品。

经过回收净化后的焦炉煤气主要含有 H_2、CH_4 和 CO 等气体。净焦炉煤气是高热值的燃气,可用做工业及民用燃料,也可以作为生产甲醇等产品的原料。

因此,回收和加工炼焦化学产品,对合理利用我国煤炭资源、提高煤炭加工转化的经济效益有着十分重要的意义。

2. 炼焦化学产品的组成和产率

炼焦化学产品的组成和数量随干馏温度及原煤性质变化而变化,由每个炭化室逸出的煤气组成随炭化时间而异,但由于焦炉整个炉组的生产是连续的,正常生产情况下,焦炉煤气的总体组成基本是一致的,高温干馏产品产率见表9-1所示。

表 9-1　　　　　　　　高温干馏产品产率

产品	焦炭	净煤气	焦油	化合水	粗苯	氨	其他
产率/%	70~78	15~19	2.6~4.5	2~4	0.8~1.4	0.25~0.35	0.9~1.1

粗煤气是刚从炭化室逸出的焦炉煤气,其组成见表9-2所示。

表 9-2　　　　　　　　粗煤气组成

产品	水蒸气	焦油气	粗苯	氨	硫化氢	氰化物	轻吡啶碱	萘	氮
含量/g/m³	250~450	80~120	30~45	8~16	6~30	1.0~2.5	0.4~0.6	10	2~2.5

净煤气即回收化学产品和净化后的煤气,其组成见表 9-3。

表 9-3 净煤气组成

产品	H_2	CH_4	乙烯等重烃	CO	CO_2	O_2	N_2
含量/g·m⁻³	54～59	23～28	2.0～3.0	5.5～7.0	0.5～2.5	0.3～0.7	3.0～5.0

3. 炼焦化学品回收的方法

从荒煤气中回收化学产品,多数焦化厂采用冷却冷凝的方法。自焦炉导出的粗煤气温度一般为 650～800 ℃,经过冷却析出焦油和水后,用鼓风机抽吸和加压来输送煤气,然后按一定顺序进行粗煤气处理,以便回收和精制吡啶、粗苯、氨等化学产品,并得到净化的煤气。从粗煤气中回收与精制化学品的流程见图 9-1。

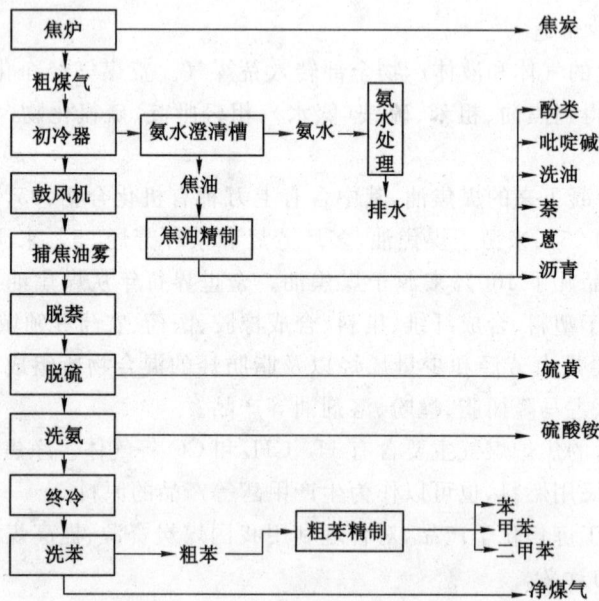

图 9-1 炼焦化学产品的回收与精制总流程

二、煤气的冷却及焦油氨水的分离

(一)煤气的初步冷却

1. 煤气初步冷却的作用

从炭化室导出的荒煤气温度达 650～800 ℃,必须冷却,其目的有以下几点:

① 防止荒煤气中的化学产品发生裂解,初步净化煤气,为后续工段创造有利条件;

② 利于荒煤气中化学产品的回收;

③ 减轻回收工序管道和设备的堵塞和腐蚀;

④ 净化煤气,缩小煤气体积,减小输送煤气的管道和设备尺寸,特别是降低鼓风机的负荷及能量消耗。

2. 煤气初冷工艺

由于采用冷却器的形式不同,煤气冷却所采取的工艺流程方式不同,可分为间接冷却、直接冷却和间冷—直冷混合冷却三种。目前我国绝多数焦化厂采用管式间接冷却器进行煤气的初步冷却。

管式初冷器的煤气间接初冷流程如图 9-2 所示。

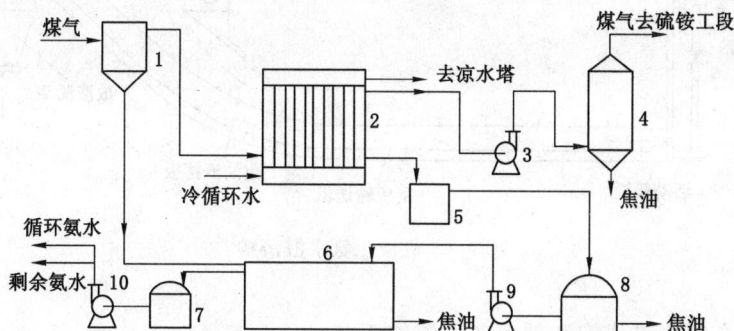

图 9-2 煤气间接初冷工艺流程图
1——气液分离器;2——管式初冷器;3——鼓风机;4——电捕焦油器;5——冷凝液水封槽;
6——焦油氨水澄清槽;7——氨水中间槽;8——冷凝液中间槽;9——冷凝液泵;10——循环氨水泵

(二)焦油和氨水的分离

粗煤气初步冷却后,冷凝下来的氨水、焦油和焦油渣必须要进行分离,原因如下。

① 氨水要循环到集气管进行喷洒冷却,若含有焦油和固体颗粒物,就会堵塞喷嘴。

② 焦油需要进一步精制加工,在精制前要求含水分小于 3%～4%,灰分小于 0.1%。首先,因为氨水的存在使耗热量和冷却水用量增加,水洗使设备容积和阻力增大。氨水中的盐当加热到大于 250 ℃时,将分解出 HCL 和 SO_3,会腐蚀焦油精制车间的设备;其次,焦油中的焦油渣固体颗粒是焦油灰分的主要来源,而焦油的高沸点馏分沥青的质量主要取决于灰分。另外,焦油渣会在导管和设备中逐渐积累,影响正常操作,而且固体还有助于形成稳定的油水乳化液。

氨水、焦油和焦油渣的分离方法有很多种。焦化厂一般利用重力沉降原理分离煤焦油、氨水和焦油渣。常用的设备为机械化氨水澄清槽。

机械化氨水澄清槽的结构见图 9-3。从气液分离器来的焦油氨水混合液从澄清槽头部入口进入,氨水经尾部浮焦油渣挡板和氨水溢流槽流出。分出渣和氨水的焦油从尾部经液位调节器压出。焦油液位由液位调节器调节,以保证焦油有足够的分离时间。

三、煤气中氨的回收

炼焦煤在焦炉干馏过程中,煤中的元素氮大部分与氢化合生成氨,小部分转化为吡啶等含氮化合物,它们随煤气从炭化室逸出。氨的生成量相当于装入煤量的 0.25%～0.35%,粗煤气中的含氨量一般为 6～9 g/m³。氨是化工原料,又是腐蚀介质,因此必须从焦炉煤气中脱除。

对于氨的回收,目前我国广泛采用的是生产硫铵和无水氨工艺,采用的主要工艺有饱和器法生产硫酸铵、酸洗塔法生产硫酸铵、弗萨姆法生产无水氨。

无水氨主要用于制造氮肥和复合肥料,还可用于制造硝酸、各种含氮无机盐及有机物中间体、磺胺药、聚氨酯、聚酰胺纤维和丁腈橡胶等。此外,还常用做制冷剂。

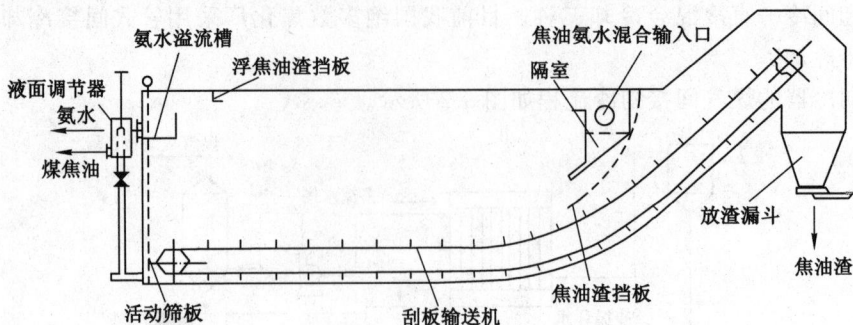

图 9-3　机械化氨水澄清槽

本节主要介绍喷淋式饱和器生产硫酸铵工艺。

1. 硫酸铵生产原理

硫酸铵生产是利用氨与硫酸的中和反应生成$(NH_4)_2SO_4$（中式盐）。此反应是在饱和器内由煤气中的氨与硫酸接触而发生的不可逆化学反应。

母液中硫酸的浓度，一般以质量百分率来表示，称为酸度。当酸度为$1\%\sim2\%$时，反应结果主要生成中式盐，酸度提高时生成酸式盐：

$$NH_3 + H_2SO_4 \rightarrow NH_4HSO_4（硫酸氢铵）$$

酸式盐被氨进一步饱和而转为中式盐：

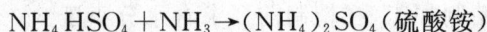

$$NH_4HSO_4 + NH_3 \rightarrow (NH_4)_2SO_4（硫酸铵）$$

酸度越高，酸式盐含量就越高，当酸度为$12\%\sim14\%$时，主要是生成酸式盐。饱和器生成硫铵时溶液酸度一般为$4\%\sim8\%$，故溶液中同时含有硫酸铵和硫酸氢铵，这种硫酸溶液在生产上称为母液。

2. 工艺流程

喷淋式饱和器法生产硫酸铵的工艺流程见图 9-4。

将电捕焦油器捕除焦油雾后的煤气在预热器中预热到 55～70 ℃，与剩余氨水经过蒸氨、分凝后的氨气一起进入饱和器，在饱和器中煤气中的氨被硫酸母液中和吸收，生成硫酸铵结晶。煤气经除酸器除去夹带的酸雾后排出，此时煤气的含氨量小于 0.1 g/m^3。沉在饱和器底部的结晶随同母液一起被结晶泵送入结晶槽，再由结晶槽底部自流入离心机。经离心分离和用温水洗涤的硫酸铵结晶用螺旋输送机送入沸腾干燥器，用热空气干燥后成为硫酸铵成品。硫酸铵送入硫酸铵贮斗，经包装、称量送入成品库。离心机滤液同结晶槽溢流母液一起自流入饱和器。硫酸从硫酸高置槽中自流入饱和器。器中母液酸度保持在 4%～6%。

喷淋式饱和器生产硫酸铵工艺，具有煤气系统阻力小、结晶颗粒较大、硫酸铵质量好、工艺流程短、易操作、设备使用寿命长等特点。

3. 硫铵生产的主要设备——喷淋式饱和器

喷淋式饱和器的结构见图 9-5。喷淋式饱和器全部采用不锈钢制作，由上部的喷淋室和下部的结晶室组成。喷淋室由本体、外套筒和内套筒组成。煤气进入本体后，向下在本体与外套筒的环形室内流动，然后向上流出喷淋室，再沿切线方向进入外套筒与内套间，旋

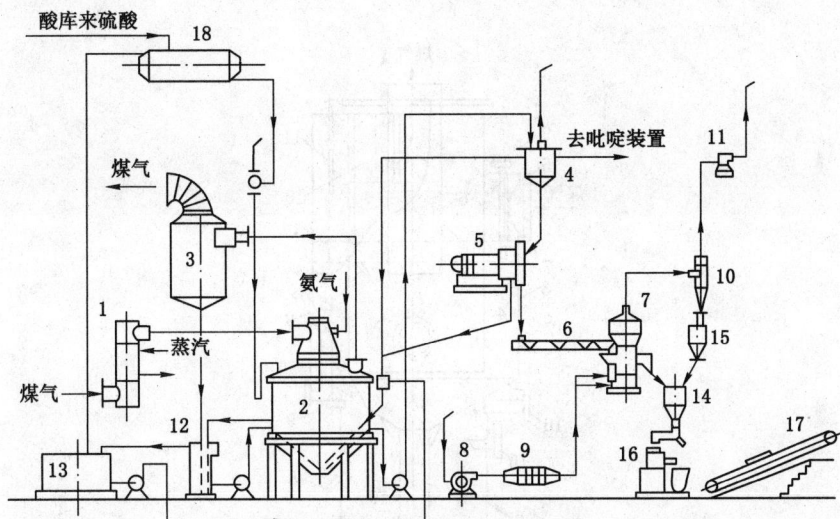

图 9-4 饱和器法的工艺流程

1——煤气预热器;2——饱和器;3——除酸器;4——结晶槽;5——离心机;6——螺旋输送机;7——沸腾干燥器;
8——送风机;9——热风器;10——旋风分离器;11——排风机;12——溢流槽;13——母液贮槽;
14——硫酸铵贮斗;15——细粒硫酸铵贮斗;16——硫酸铵包装机;17——带式输送机;18——硫酸高置槽

转向下进入内套筒,由顶部排出。外套筒与内套筒形成旋风式分离器,起到除去煤气中夹带的液滴的作用。在煤气入口和煤气出口间分隔成两个弧形分配箱,其内设置喷嘴数个,朝向煤气流。在喷淋室的下部设有母液满流管,控制喷淋室下部的液面,促使煤气由入口向出口在环形室内流动。喷淋室由降液管与结晶室连通,循环母液通过降液管从结晶室的底部向上返,硫铵晶核不断生成和长大,同时颗粒分级,最小颗粒升向顶部,从结晶室上部出口接到循环泵,大颗粒结晶从室下部抽出。在煤气出口设有母液喷淋装置。在煤气入口和煤气出口设有温水喷淋装置,以清洗喷淋室。

四、粗苯回收

(一)概述

焦炉煤气经氨回收后进入粗苯工段,在此进行苯族烃的回收并制取粗苯。

1. 粗苯的组成和性质

在脱除氨后仍以气态存在于焦炉煤气中的苯族碳氢化合物称为粗苯。粗苯的主要成分是苯、二甲苯、甲苯及三甲苯等,此外,还含有一些不饱和化合物、硫化物及少量的酚类和吡啶碱类。在用洗油回收煤气中的苯族烃时,则尚有少量轻质馏分掺杂在其中。

2. 煤气中粗苯回收的方法

(1)洗油吸收法

用洗油在专门的洗苯塔吸收煤气中的粗苯,然后将吸收了粗苯的洗油(富油),在脱苯装置中脱出粗苯,脱粗苯后的洗油(贫油)经过冷却后重新回到洗苯塔以吸收粗苯。国内焦化厂都采用洗油吸收法回收煤气中的粗苯。这是本节将要介绍的主要内容。

(2)吸附法

用活性炭等固体吸附剂,吸附焦炉煤气中的粗苯,然后用水蒸气蒸馏的方法脱出粗苯。

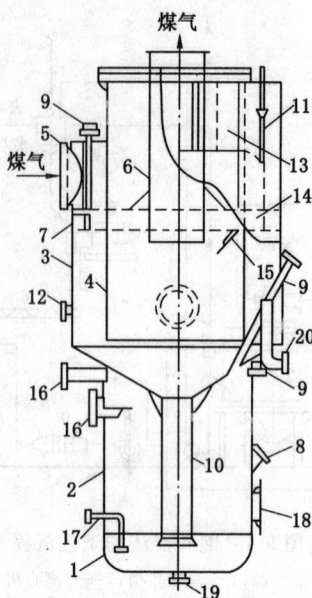

图 9-5　喷淋式饱和器

——封头;2——下筒体;3——外筒体;4——内筒体;5——煤气入口;6——煤气出口;7——循环回流入口;

8——回流母液入口;9——温水喷淋管;10——降液管;11——母液喷淋管;12——蒸汽清扫管;

13——切线形煤气通道;14——母液分配管;15——循环母液喷淋管;16——母液出口管;

17——结晶抽出管;18——人孔;19——放空管;20——溢流管

此法粗苯得率高,但是吸附剂价格昂贵,所以,在工业上应用受到限制。

(3)加压冷冻法

把焦炉煤气加压到 0.8 MPa 并冷冻到 -45 ℃,使粗苯冷凝下来。此法所得的粗苯质量好,颜色透明,180 ℃前馏出物可达 96%。脱苯后的煤气含苯 1 g/m³,适合于焦炉煤气远距离输送或送往合成氨厂使用。

(二)煤气终冷和除萘

煤气经过氨回收工段后,温度为 55~60 ℃,但是粗苯回收主要影响因素之一就是回收温度,当煤气中苯族烃的含量一定时,如果洗油吸收苯的吸收温度较低,吸收推动力增大,苯回收率增加。实践证明,最适宜的温度是 20~28 ℃。但煤气经过饱和器后,温度一般为50~65 ℃。为了有效地利用洗油吸收煤气中的粗苯,必须进行煤气的最终冷却。煤气中含萘约 1.3 g/m³,在冷却煤气的同时,煤气中的萘会部分析出,所以还要除萘。

煤气终冷和油洗萘法的工艺流程见图 9-6。

来自氨回收工段的 55~60 ℃煤气进入木格填料塔或洗萘塔,被由塔顶喷淋下来的富油洗涤。萘溶于富油,富油进塔温度比煤气高 5~7 ℃,煤气含萘可由 2~3 g/m³ 降到 0.8 g/m³ 左右。从洗萘塔顶出来的煤气,温度约升高 2 ℃,进入煤气终冷塔,被喷淋下来的冷却水冷却后至洗苯塔。

该流程所用的循环水量,仅为煤气终冷和焦油洗萘法用水量的一半,因而可以减少污

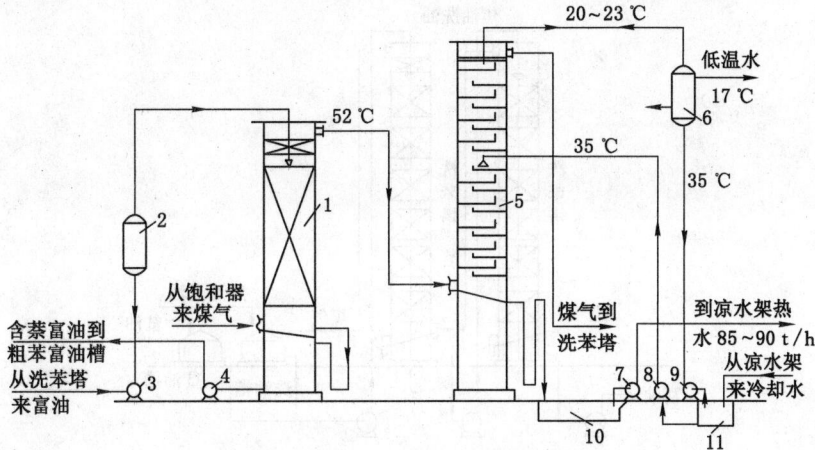

图 9-6 油洗萘和煤气终冷工艺流程
1——洗萘塔；2——加热器；3——富油泵；4——含萘富油泵；5——煤气终冷塔；6——循环水冷却器；
7——热水泵；8,9——循环水泵；10——热水池；11——冷水池

水排放量。由于上述流程的油洗萘过程系在较高温度下进行,因而洗萘塔后煤气含萘量还较高,终冷塔排出的水有时有浮油。

（三）粗苯回收

1. 粗苯回收原理

焦炉煤气回收粗苯通常采用洗油吸收粗苯法。洗油吸收粗苯工艺包括了洗油吸苯和富油脱苯两道工序。洗油吸苯用洗油洗涤煤气吸收苯族烃,吸收了苯族烃的洗油称为富油。富油脱苯是用蒸汽蒸馏出溶解在富油中的苯族烃,富油脱苯后的洗油称为贫油。

（1）洗油吸收苯族烃的基本原理

用洗油吸收煤气中的粗苯烃是物理吸收过程,服从亨利定律和道尔顿定律,当煤气中苯族烃的分压大于洗油液面上苯族烃的平衡蒸汽压时,煤气中苯族烃即被洗油吸收,二者差值越大,则吸收过程进行的越容易,吸收速率也越快。

（2）脱苯原理

脱苯原理实际上是精馏原理,由挥发度不同的组分组成的混合液在精馏塔内多次地进行部分气化和部分冷凝,使其分离出几乎纯态组分的过程,在精馏过程中,当加热互不相溶的液体混合物时,如果塔内的总压力等于几个混合组分的饱和蒸汽分压之和时,液体开始沸腾,但是从富油中蒸出粗苯,要求达到脱苯条件,必需将富油加热到 250～300 ℃,这实际上是不可行的。

为了降低蒸馏温度采用水蒸气法蒸馏。在脱苯过程中通入大量的直接水蒸气,当塔内总压力为一定值时,气相中水蒸气所占的分压越高,则粗苯和洗油的蒸汽分压就越低,这样就可以在较低的温度下（远低于 250～300 ℃）,将粗苯完全地从洗油中蒸馏出来。

2. 粗苯回收工艺

（1）洗油吸苯

洗油吸苯的工艺流程如图 9-7 所示。

从终冷塔来的焦炉煤气（20～25 ℃）依次通过串联的洗苯塔,与塔顶喷洒的煤焦油洗油

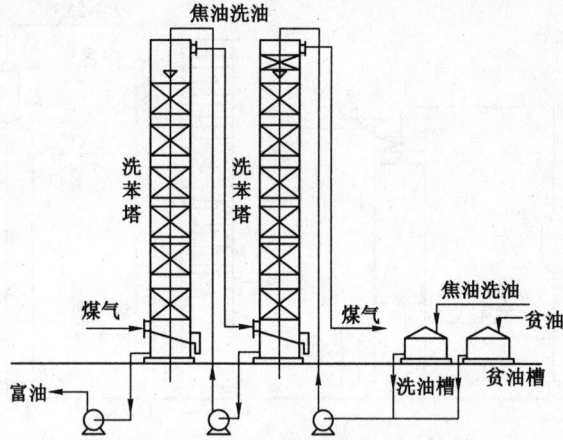

图 9-7 洗油吸苯工艺流程图

逆流接触,脱除粗苯后,煤气从塔顶排出。塔底排出含粗苯约 2.5% 的富油,送脱苯工序蒸馏脱苯。脱苯后的贫油又送回吸苯工序循环使用。

洗油吸苯的主要设备是洗苯塔。常用的洗苯塔多为填料塔,结构见图 9-8。

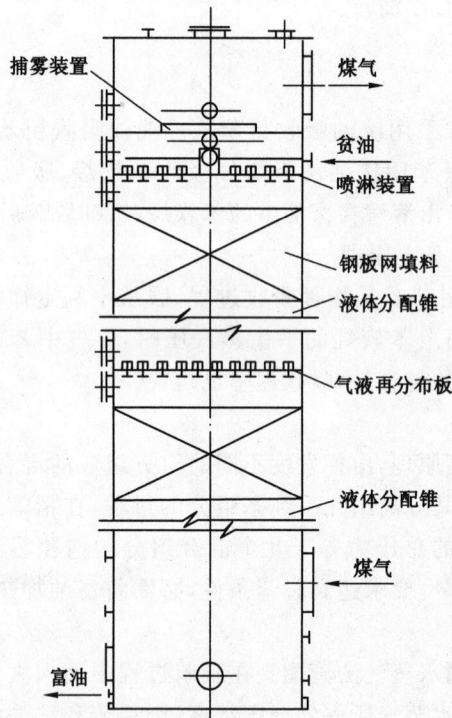

图 9-8 填料式洗苯塔

填料塔内设有喷淋装置、填料装置、液体分配锥、气液再分布板和捕雾装置等。填料装置有钢板网、木格栅和花形填料等三种形式。洗油通过塔顶的喷淋装置均匀分布于填料表面并与从塔底进入的煤气逆流接触。吸收了煤气中粗苯的富油从塔底排出,脱除粗苯后的煤气则经捕雾装置从塔顶排出。

（2）富油脱苯

焦油洗油在洗苯塔内循环使用,吸收了一些饱和化合物(如环二稀等),在高温下发生聚合,使洗油的黏度增加,输送困难,洗苯塔内阻力增大,洗油的比重也随之增大,230～300 ℃的馏出量减少,颜色变黑。一方面洗油黏度增加,洗油在洗苯塔填料上难以分布均匀,造成煤气中苯类难以被洗油吸收;另一方面,洗油比重增大,使洗油吸收能力降低。以上两个原因,导致洗苯塔后煤气含苯量增加,粗苯产量和质量下降。所以要对吸收苯后的富油进行脱苯再生。

富油脱苯有预热器加热法和管式炉加热法两种。本书主要介绍管式炉加热法。

管式炉加热法的工艺流程如图 9-9 所示。从洗油吸苯工序来的富油经油气换热器、油油换热器进入脱水塔,塔顶逸出的油气和水蒸气的混合物经冷凝器进入油水分离器。脱水塔底排出的富油用泵送入管式炉加热到 180～190 ℃后,进入脱苯塔。含苯 1％～1.5％富油进入洗油再生器,用管式炉加热的过热蒸汽直接蒸吹,带油的蒸汽由再生器顶排出进入脱苯塔下部,残渣从再生器底部排放。脱苯塔顶油气出口保持在 103～105 ℃,脱苯塔顶逸出的粗苯蒸气经油气换热器降温、冷凝器冷凝和油水分离后流入粗苯中间槽。部分粗苯送到脱苯塔顶做回流,其余粗苯做两苯塔的原料。脱苯塔底排出的热贫油,经油油换热器入塔身下部的热贫油槽,再用泵送贫油冷却器冷却后,去洗油吸苯工序循环使用。粗苯经两苯塔分馏,塔顶逸出的轻苯蒸气经冷凝器和油水分离器进入回流槽。部分轻苯送到两苯塔顶做回流,其余为产品。塔侧线引出精重苯,塔底排出萘溶剂油。

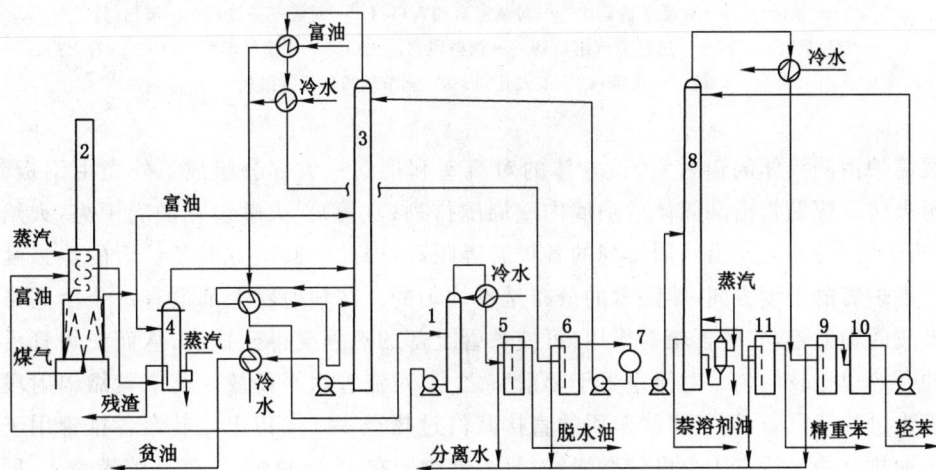

图 9-9　管式炉加热法的工艺流程

1——脱水塔;12——管式炉;3——脱苯塔;4——洗油再生器;5——脱水塔油水分离器;6——粗苯油水分离器;
7——粗苯中间槽;8——两苯塔;9——轻苯油水分离器;10——轻苯回流槽;11——精重苯油水分离器

管式炉加热法的主要设备为管式加热炉。管式加热炉的炉型有几十种。按其结构形式分为箱式炉、立式炉和圆筒炉。按燃料燃烧的方式分为有焰炉和无焰炉。我国焦化厂脱苯蒸馏用的管式加热炉均为有焰燃烧的圆筒炉,其结构如图 9-10 所示。

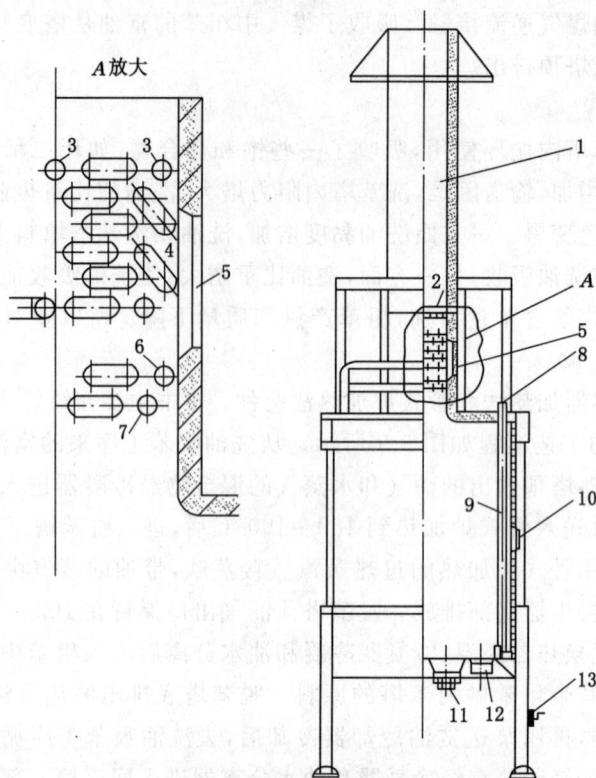

图 9-10 管式炉结构示意图

1——烟囱;2——对流室顶盖;3——对流室富油入口;4——对流室炉管;5——清扫门;
6——饱和蒸汽入口;7——过热蒸汽出口;8——辐射段富油出口;9——辐射段炉管;10——看火门;
11——火嘴;12——人孔;13——调节闸板的手摇鼓轮

    圆筒炉由圆筒体的辐射室、长方体的对流室和烟囱三大部分组成。外壳由钢板制成,内衬耐火砖。辐射管沿圆筒体的炉墙内壁周围排列(立管)。火嘴设在炉底中央,火焰向上喷射,与炉管平行,且与沿圆周排列的各炉管等距离,因此沿圆周方向各炉管的热强度是均匀的。沿炉管的长度方向,热强度的分布是不均匀的。在辐射室上部设有一个由高铬镍合金钢做成的辐射锥,它的再辐射作用,可使炉管上部的热强度得到提高,从而使炉管沿长度方向的受热也比较均匀。对流室置于辐射室之上,对流管水平排放。其中紧靠辐射段的两排横管为过热蒸汽管,用于将脱苯用的直接蒸汽过热至 400 ℃以上。其余各排管用于富油的初步加热。炉底设有 4 个煤气燃烧器,每个燃烧器有 16 个喷嘴,煤气从喷嘴喷入,同时吸入所需的空气。温度为 130 ℃左右的富油分两程先进入对流段,然后再进入辐射段,加热到 180～200 ℃后去脱苯塔。

五、焦油加工

(一)概述

    焦油是煤在干馏过程中所得的黑褐色、黏稠性的油状液体。根据干馏温度的不同,可以将煤焦油分成以下几类:

    ① 低温焦油:干馏温度在 450～600 ℃;

② 中温焦油:干馏温度在 700～900 ℃;

③ 高温焦油:干馏温度在 1 000 ℃。

炼焦过程中产生的焦油称为高温焦油。目前,我国煤焦油产量已达 1 300 万 t,占世界总产量的 70% 以上。

1. 焦油的组成

煤焦油组成中包括了如苯、苯酚这样低分子量的简单物质,也包含了在真空下也不易蒸发的,分子量达数千的非常复杂物质,因此煤焦油是一种十分复杂的混合物。煤焦油中有机化合物估计有一万种以上,已被鉴定的约有 500 多种。煤焦油化学组成特点是:① 主要是芳香族化合物,而且大多数是两个环以上的稠环芳香族化合物,而烷烃、烯烃和环烷烃化合物很少;② 含有杂环的含氧、含氮和含硫化合物;③ 含氧化合物,如呈弱酸性的酚类以及中性的古马隆、氧芴等;④ 含氮化合物,主要包括弱碱性的吡啶、喹啉及它们的衍生物,还有吡咯类如吲哚、咔唑等;⑤ 含硫化合物,如噻吩、硫酚、硫杂茚等;⑥ 煤焦油中各种烃的烷基化合物数量甚少,而且它们的含量随着分子中环数增加而减少。

2. 焦油中可获得的主要产品

高温煤焦油是一种主要由芳烃组成的复杂混合物,可提取的化合物约 200 种。常规的无水煤焦油提取物及含量见表 9-4。其中有许多产品是石油化工难以得到的。发展煤焦油深加工产业不仅可提高资源利用率和经济效益,还有利于环境保护。

表 9-4 　　　　　　　　　　无水煤焦油各馏分产率及切取温度范围

组分	水分	轻油	酚油	萘油	洗油	一蒽油	二蒽油	沥青
含量/%	4	0.6	2	11.5	5.5	20	6	54.4
切取温度/℃		<170	170～210	210～230	230～300	300～330	330～360	>360

(二)焦油前处理

1. 贮存及质量均和

生产过程中如有不同来源的粗焦油则要进行质量均和、初步脱水及脱渣。焦油油库通常至少设三个贮槽——一个接收焦油,一个静置脱水,一个向管式炉送油,三槽轮换使用。焦油贮槽为钢板焊制的立式柜,焦油贮槽结构见图 9-11。

2. 焦油脱水

(1) 焦油脱水的必要性

焦油中有一定的水分,焦油含水多,会因延长脱水时间而降低生产能力,增加焦油蒸馏的耗热量;且水在焦油中能够形成稳定的乳浊液,在受热时,乳浊液中的小水滴不能立即蒸发,而容易过热,当继续升高温度时,这些小水滴会急剧蒸发,会造成突沸冲油现象;水分多,会使系统的压力增加,此时,必须降低焦油处理量,否则会造成高压,有引起管道、设备破裂,有导致火灾的危险;水分带入的腐蚀性铵盐,会腐蚀管道和设备。所以,焦油在蒸馏前,其中的水分必须脱除。

(2) 焦油脱水方法

焦油的脱水可分两步进行。焦油的初步脱水是在焦油贮槽内加热静置脱水,焦油温度

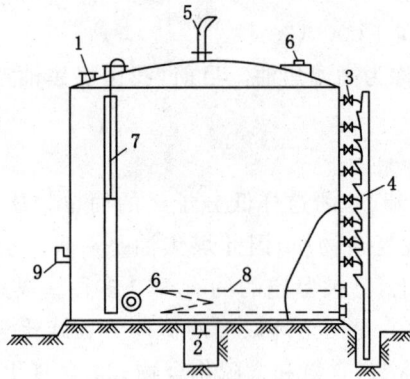

图 9-11　煤焦油贮槽

1——焦油入口;2——焦油出口;3——放水旋塞;4——放水竖管;5——放散管;

6——人孔;7——液面计;8——蒸汽加热器;9——温度计

维持在 70~80 ℃,静置 36 h 以上,水和焦油因密度不同而分离。静置脱水可使焦油中水分初步脱至 2%~3%。

焦油最终脱水常采用的方法是在管式炉的对流段及一次蒸发器内进行。将焦油在管式炉对流段被加热到 120~130 ℃,然后在一次蒸发器内闪蒸脱水,使油水分可脱至 0.5%以下。脱水工艺流程见图 9-12。

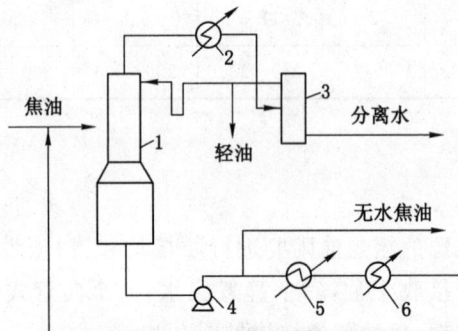

图 9-12　焦油脱水工艺

1——脱水塔;2——冷凝器;3——油水分离器;4——焦油循环泵;

5——焦油、沥青换热器;6——蒸汽加热器

3.焦油脱盐

(1)焦油脱盐的必要性

焦油中所含的挥发性铵盐在最终脱水阶段即被除去,而绝大部分的固定铵盐仍留在脱水焦油中,固定铵盐中氯化铵占 80%,其余为硫酸铵、硫氰化铵、亚硫酸铵及硫代硫酸铵等。当焦油被加热到 220~250 ℃时,其中的固定铵盐分解为氨和游离酸,会严重腐蚀管道和设

备,因此焦油在送入管式炉加热前,必须脱盐。

(2)焦油脱盐的方法

① 为了降低循环氨水中固定铵盐的含量,可把回收车间的冷凝氨水全部混入循环氨水中,蒸氨塔由原来处理冷凝氨水改为处理混合氨水。这样可使循环氨水中大量固定铵盐,借蒸氨塔排出,固定铵盐的含量可降至 $1\sim2.5$ g/L。

② 用纯碱溶液分解固定铵。向焦油中加入 $8\%\sim12\%$ 的 Na_2CO_3 溶液,考虑到到 Na_2CO_3 和焦油的混合程度不够,纯碱应过量 25%,使残留在乳化水中的少量固定铵盐,完全转化为高温下不容易分解的钠盐,在焦油蒸馏中留在沥青中成为灰分。焦油脱盐后,应使每千克焦油中的固定铵含量小于 0.1 g。

(三)焦油蒸馏工艺

用蒸馏方法从焦油中回收化学产品的方法很多,国内常采用的方法有单塔式焦油蒸馏工艺和两塔式焦油蒸馏工艺,对此两种工艺叙述如下。

1. 单塔式焦油蒸馏工艺

单塔焦油蒸馏工艺流程见图 9-13。焦油在管式炉对流段加热到 $125\sim140$ ℃后,去一段蒸发器,在此焦油中大部分水和轻油蒸发出来,混合蒸汽由一段蒸发器顶排出来,温度为 $105\sim110$ ℃,经冷凝冷却后进行油水分离,得到轻油。无水焦油由一段蒸发底部排放至无水焦油槽。于焦油送去加热脱水的抽出泵前加入碱液,在脱水的同时进行脱盐。无水焦油用泵送到管式炉辐射段,加热到 $390\sim405$ ℃,再进入二段蒸发器进行一次蒸发,分出各馏分的混合蒸气和沥青。沥青由二段蒸发器底去沥青槽,混合蒸气温度为 370 ℃~375 ℃,则送到馏分塔进行精馏。馏分塔塔底产出二蒽油馏分;侧线分别采出一蒽油馏分、洗油馏分、萘油馏分、酚油馏分。这些馏分经各自的冷却器冷却,然后进入各自的中间槽。侧线引出得塔板数可根据馏分组成改变。

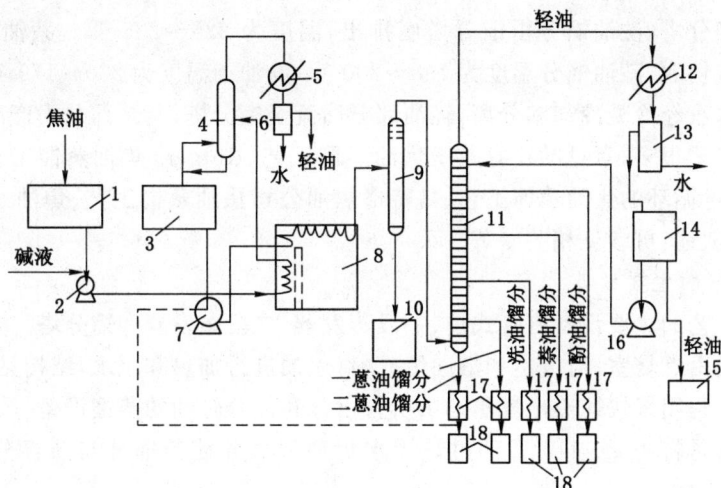

图 9-13 单塔式焦油脱水和蒸馏工艺流程

1——焦油槽;2,7,16——泵;3——无水焦油槽;4——一段蒸发器;5,12——冷凝器;
6,13——油水分离器;8——管式加热炉;9——二段蒸发器;10——沥青槽;11——馏分槽;
14——中间槽;15,18——产品中间槽;17——冷却槽

馏分塔顶出来的轻油和水的混合物经冷凝冷却，油水分离，轻油进入中间槽，部分回流，剩余部分作为中间产品送去粗苯精制车间加工。蒸馏用的直接蒸汽，经管式炉加热至450 ℃，分别送入各塔塔底。

2. 两塔式焦油蒸馏流程

两塔流程与单塔流程的不同之处是增加了蒽油塔。两塔流程见图 9-14。

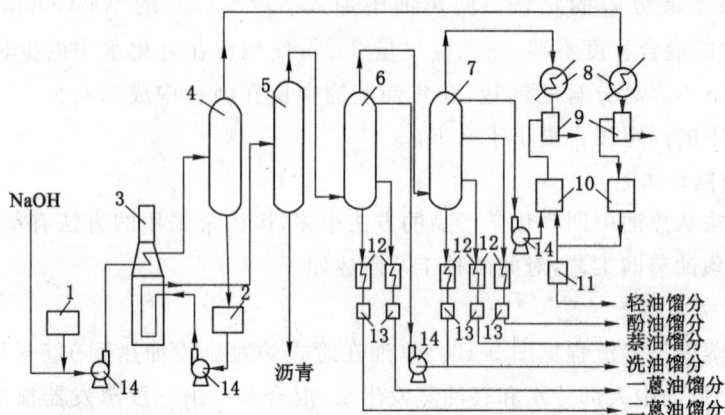

图 9-14　两塔式焦油蒸馏流程

1——焦油槽；2——无水焦油；3——管式加热炉；4——一段蒸发器；5——二段蒸发器；
6——蒽油塔；7——馏分塔；8——冷凝器；9——油水分离器 10——中间槽；
11,13——产品中间塔；12——冷却器；14——泵

二段蒸发器顶的各馏分混合蒸气进入蒽油塔，蒽油塔塔顶用洗油馏分回流。塔底排出温度为 330~355 ℃的二蒽油。蒽油塔塔板侧线切取温度为 280~295 ℃的一蒽油。蒽油塔顶的油气进入馏分塔，洗油馏分由馏分塔底排出，温度为 225~235 ℃。萘油馏分、酚油馏分由馏分塔侧线切取，萘油馏分温度为 198~200 ℃，酚油馏温度为 260~170 ℃。馏分塔顶出来的轻油和水汽经冷凝冷却和分离，轻油部分回流至馏分塔，其余部分为产品。

焦油蒸馏工艺很多，常见的还有减压焦油蒸馏工艺、Rütgers 焦油蒸馏工艺、GFT 焦油蒸馏工艺、带沥青循环的焦油蒸馏工艺、吕特格焦油公司焦油蒸馏工艺、焦油二次蒸馏工艺等，在此不一一叙述，可参见相关专著。

3. 焦油蒸馏的主要设备

焦油蒸馏工艺的主要设备有管式炉、一段蒸发器、二段蒸发器和馏分塔。

管式炉主要由燃烧室、对流室和烟囱组成，对焦油进行加热和脱水，结构见图 9-15。

一段蒸发器是用来快速蒸出煤焦油中所含水分和部分轻油的蒸馏设备。

二段蒸发器是将 400~410 ℃的过热无水焦油闪蒸并使其馏分与沥青分离的蒸馏设备，其结构见图 9-16。

在两塔式流程中所用的二段蒸发器不带精馏段，构造比较简单。在一塔式流程中使用的二段蒸发器带有精馏段。

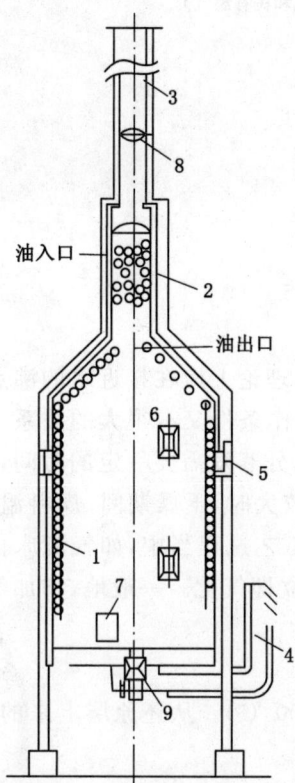

图 9-15　焦油蒸馏加热管式炉

图 9-16　二段蒸发器

1——辐射管；2——对流管；3——烟囱；4——风箱；
5——防爆门；6——观察孔；7——人孔；
8——烟囱翻板；9——燃烧器

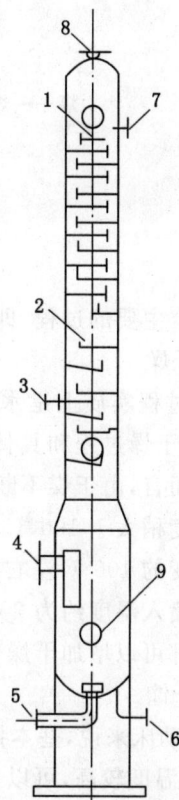

1——浮阀塔板；2——隔板；3——进料口；
4——来自再沸器的气相入口；5——再沸器泵吸入口；
——脱水焦油出口；7——回流口；8——气相出口；9——人口

第三节　煤 的 气 化

一、概述

1. 煤炭气化的定义和目的

煤在一定温度和压力条件下，通过加入气化剂被转化为煤气的过程称为煤气化。其反应过程是以煤为原料，以载氧的气体(包括空气、氧气、水蒸气、CO_2 等)为气化介质，通过煤的热解反应、燃烧反应和气化反应，生成由 CO、H_2、CH_4、CO_2、N_2、H_2O 和 C_mH_n 等主要成分组成的煤气，通常煤气中还含有 H_2S、COS、CS_2、NH_3、HCN、卤化物和粉尘等杂质。

煤气化是煤洁净、高效利用煤炭的最主要途径之一，是许多能源高新技术的关键技术和重要环节，如燃料电池、煤气联合循环发电技术等。煤制气应用领域非常广泛，如图 9-17 所示。

2. 气化的几个重要过程

不同的气化过程因采用的炉型不同，所以操作条件不同，气化剂及燃料组成也不同，但

```
                  ┌──→ 燃料气（工业燃气和民有燃气）
                  ├──→ 化工原料气
煤 ──→ 煤气 ──→  ├──→ 煤气联合循环发电
                  ├──→ 燃料电池
                  └──→ 液体燃料
```

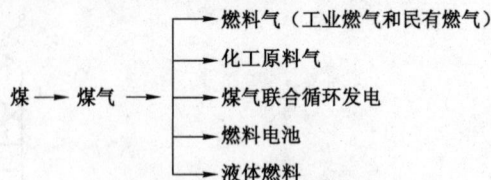

图 9-17　煤气化产品用途

基本都包括三个主要的过程,即煤的干燥、干馏、热解过程。

（1）煤的干燥

煤的干燥过程实质上是水分从微孔中蒸发的过程,理论上应在接近水的沸点下进行,但实际生产中,干燥过程和具体的气化工艺过程及其操作条件又有很大的关系。例如,对于移动床气化而言,由于煤不断向高温区缓慢移动,且水分蒸发需要一定的时间,因此水分全部蒸发的温度稍大于 100 ℃。当气化煤中水分含量较大时,干燥期间,煤料温度在一定时间内处于不变的 100 ℃左右。而在其他的一些气化工艺过程当中,如气流床化时,由于粉煤是直接被喷入温度约为 2 000 ℃左右高温区,水分立即气化。一般地,增加气体流速、提高气体温度都可以增加干燥速度。

（2）煤的干馏

① 对于移动床来说,基本接近于低温干馏（500～600 ℃）。从还原层上来的气体基本不含氧气,而且温度较高,可以视为隔绝空气加热即干馏。

② 对于沸腾床和气流床气化工艺,由于不存在移动床的分层问题,因而情况稍微复杂,尤其对于气流床来讲,煤的几个主要变化过程几乎是瞬间同时进行的。

③ 煤的加热分解除了和煤的品质有关系,还与煤的颗粒粒径、加热速度、分解温度、压力和周围气体介质有关。

（3）煤的热解

煤热解的结果是生成三类分子:小分子(气体)、中等分子(焦油)、大分子(半焦)。就单纯热解作用产生的气体而言,煤气热值随煤中挥发分的增加而增加,随煤的变质程度的加深氢气含量增加而烃类和二氧化碳含量减少。煤中的氧含量增加时,煤气中二氧化碳和水含量增加。煤气的平均分子量则随热解的温度升高而下降.即随温度的升高大分子变小,煤气数量增多。

3. 煤气化过程的主要化学反应

在气化炉中,煤受热分解,馏出低分子碳氢化合物甲烷,焦油等,煤转变成煤半焦,煤半焦同气化剂中的氧气、蒸汽以及反应产物中的 CO_2、H_2 等发生一系列化学反应,生成煤气。其主要化学反应如下。

① 燃烧反应（又称氧化反应）

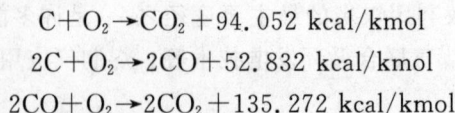

$$C + O_2 \rightarrow CO_2 + 94.052 \text{ kcal/kmol}$$

$$2C + O_2 \rightarrow 2CO + 52.832 \text{ kcal/kmol}$$

$$2CO + O_2 \rightarrow 2CO_2 + 135.272 \text{ kcal/kmol}$$

② 发生炉煤气反应（又称 CO_2 还原反应）

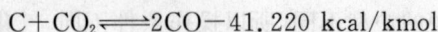

$$C + CO_2 \rightleftharpoons 2CO - 41.220 \text{ kcal/kmol}$$

③ 蒸汽分解反应（又称水煤气反应）

$$C+H_2O \Longrightarrow H_2+CO-31.38 \text{ kcal/kmol}$$

水煤气反应是气化的主反应：

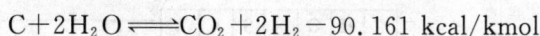

$$C+2H_2O \Longrightarrow CO_2+2H_2-90.161 \text{ kcal/kmol}$$

④ 变换反应

$$CO+H_2O \Longrightarrow CO_2+H_2+9.839 \text{ kcal/kmol}$$

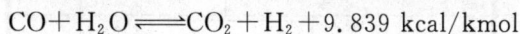

⑤ 甲烷生成反应

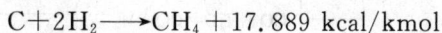

$$C+2H_2 \longrightarrow CH_4+17.889 \text{ kcal/kmol}$$

$$CO+3H_2 \longrightarrow CH_4+H_2O+49.271 \text{ kcal/kmol}$$

二、煤气化工艺

煤气化工艺包括煤的制备、气化剂制备（制氧、蒸汽站）、煤气生产、煤气净化、煤气变换、煤气精制以及甲烷合成等主要流程。下面主要介绍煤气的生产流程。

煤气化工艺的类型很多，分类的方法也很多。最常用的分类方法是按煤和气化剂在气化炉内的运动过程来划分，即煤气化工艺可分为移动床气化工艺、流化床气化工艺、气流床气化工艺和熔融床气化工艺等。这些工艺中又根据采用气化炉炉型的差别等可以分为不同的工艺类型，各工艺中包括的典型工艺见表 9-5。

表 9-5 按入炉煤在炉内的运动过程进行气化工艺分类

气化工艺	典型工艺
移动床气化工艺	UGI 气化工艺、鲁奇（Lurgi）气化工艺、鲁奇加压气化工艺
流化床气化工艺	温克勒气化工艺、高温温克勒（HTW）气化工艺、灰团聚流化床气化工艺（可分为 U—GAS 和 KRW 法两种）
气流床气化工艺	K—T 气化工艺、德士古（Texaco）气化工艺、壳牌（Shell）气化工艺、GSP 气化工艺
熔融床气化工艺	熔盐气化工艺、熔铁气化工艺、熔渣气化工艺

（一）移动床气化工艺

曾称固定床气化，是煤料靠重力下降与气流接触，或气化剂以较低速度（5～6 mm/s）由下而上通过炽热的煤粒床层时，从相对静止的煤粒空隙穿过而相互反应产生煤气的方法。

在移动床气化炉中煤由气化炉顶部加入，自上而下经过干燥层、干馏层、还原层和氧化层，最后形成灰渣排出炉外。

移动床气化分为常压和加压两类，常压移动床气化有混合煤气发生炉、水煤气发生炉和两段式气化炉三种，常见的有连续式气化——鲁奇气化（Lurgi）工艺和间歇式气化——UGI 工艺。加压的移动床气化主要有加压的鲁奇（Lurgi）炉和液态排渣鲁奇炉（BGL）炉等。下面仅介绍鲁奇气化工艺。

移动床加压煤气化炉是鲁奇公司所开发的煤气化技术，其主要特点是带有夹套锅炉固态排渣的加压煤气化炉，原料是碎煤，经加压气化得到粗煤气。煤和气化剂（蒸汽和氧气）在炉中逆流接触，煤在炉中停留时间 1～3 h，压力 2.0～3.0 MPa。因此，通常将这种气化技术称为鲁奇碎煤气化工艺，所采用的气化炉称鲁奇炉。

（1）鲁奇气化原理

固定床的鲁奇炉内气化过程发生的主要化学反应情况,见图 9-18。

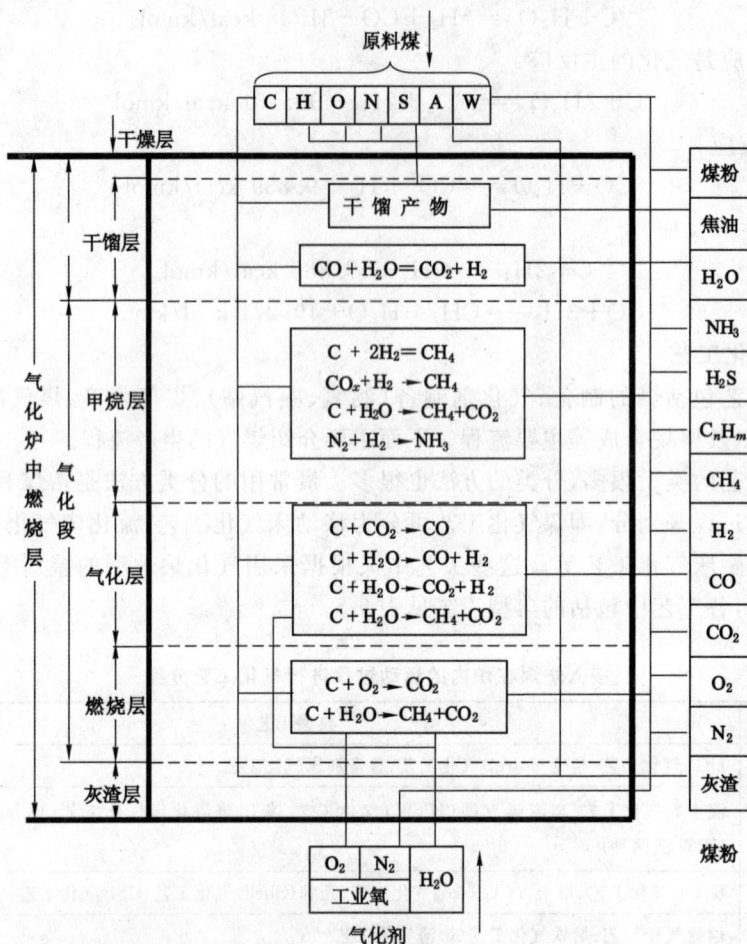

图 9-18　气化过程示意图

鲁奇炉内从炉篦到煤气出口由下向上的分区情况依次为:灰层→燃烧层→气化层→甲烷层→干馏层→干燥层。

说明如下:

① 干燥层:主要将煤中水分(W)干燥。

② 干馏层:将煤中的元素 H、O、N、S 及部分碳以 CO_2、H_2、H_2S、H_2O、N_2、烃类及焦油等物质形式馏出,变换反应可认为处于平衡状态。

③ 甲烷层:在甲烷化的同时,氨合成反应同时进行。

④ 气化层和燃烧层:在进行气化反应和燃烧反应的同时,$2C+2H_2O \rightarrow CH_4+CO_2$ 的甲烷化反应同时进行。

从图 9-18 中可以看出:顶部加入煤,底部通入气化剂,工质在气化炉内进行复杂的物理、化学过程,生成的煤气组成中含有 N_2、H_2O、H_2、O_2、CO、CO_2、CH_4、C_nH_m、H_2S、NH_3、焦油、酚和煤粉等,灰渣则从底部排出,其中含有残碳和灰分。

(2) 鲁奇加压气化对煤质的要求

鲁奇加压气化适宜于气化活性较高的褐煤、弱黏结性煤等。煤种不同,加压气化后煤气的质量不相同。在相同的操作条件下,煤化程度低的煤挥发分高、活性高、气化温度低,产生甲烷含量高,煤气的热值高。

(3) 鲁奇加压气化气化工艺

鲁奇加压气化气化工艺流程见图 9-19。

原料煤由煤仓加入气化炉后,在约 3.0 MPa 压力下,自上而下依次经过干燥、干馏、气化层后到达燃烧层。在此,煤中的残留碳与气化剂中的氧发生燃烧反应,灰渣将热量传递给气化剂后由炉箅排入灰锁。气化剂中的氧自下而上在燃烧层全部参与反应,然后进入气化层,在此水蒸气与碳、CO_2 与碳分别反应,生成了 CO、H_2、CH_4、焦油、苯和酚等组分,即成为粗煤气。鲁奇炉由于出炉气带有大量水分和煤焦油、苯和酚等,冷凝和洗涤下来的污水处理系统比较复杂。生成气的组成(体积比)约为:H_2 37%~39%、CO 17%~18%、CO_2 32%、CH_4 8%~10%,经加工处理可用做城市煤气及合成气。

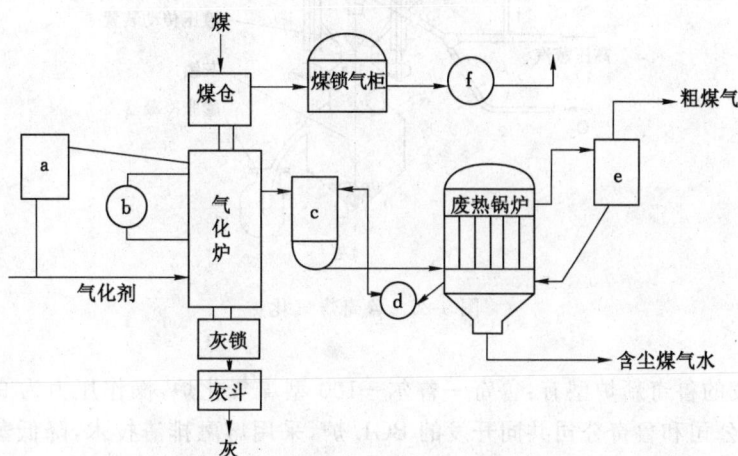

图 9-19　工艺流程简图

a——液滴分离器;b——夹套水强制循环泵;c——洗涤冷却器;d——循环泵;e——煤气液滴分离器;f——风机

(4) 鲁奇气化炉

鲁奇煤气化炉的结构简图见图 9-20。

鲁奇炉是采用加压气化技术的一种炉型,气化强度高。鲁奇炉现已发展到炉径为 5.0 m,每台产气量可达 100 000 m^3/h,已分别应用于美国、中国和南非。

鲁奇煤气化炉的整体结构为立式圆筒形结构。炉体由耐热钢板制成,内有水夹套副产蒸汽。煤自上而下移动先后经历干燥、干馏、气化、部分氧化和燃烧等几个区域,最后变成灰渣由转动炉栅排入灰斗,再减至常压排出。气化剂则由下而上通过煤床,在部分氧化和燃烧区与该区的煤层反应放热,达到最高温度点并将热量供气化、干馏和干燥用。粗煤气最后从炉顶引出炉外。煤层最高温度点必须控制在煤的灰熔点以下。煤的灰熔点的高低决定了气化剂 H_2O/O 比例的大小。高温区的气体含有二氧化碳、一氧化碳和蒸汽,进入气化区进行吸热气化反应,再进入干馏区,最后通过干燥区出炉。粗煤气出炉温度一般在 250~500 ℃之间。

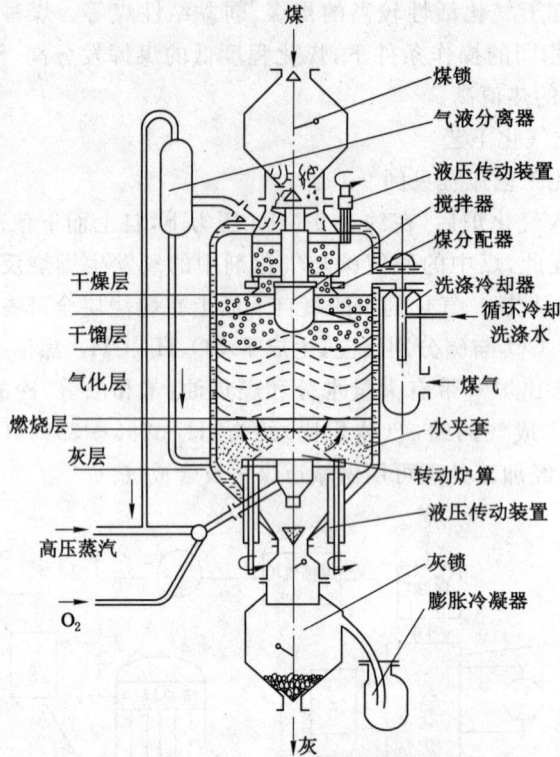

图 9-20　鲁奇煤气化炉

正在开发的鲁奇新炉型有：鲁奇—鲁尔—100 型煤气化炉，操作压力为 9 MPa，两段出气；英国煤气公司和鲁奇公司共同开发的 BGL 炉，采用熔融排渣技术，降低蒸汽用量，提高气化强度并可将生成气中的焦油、苯、酚和煤粉等喷入炉中回炉气化。

（5）鲁奇气化工艺的优缺点

① 操作安全、稳定、可靠。煤料和气化剂逆流而行，创造了优良的热交换条件和最佳的反应条件。炉内设置的煤分布器，能储存一定煤量以适应输煤系统的波动，也可在加料装置发生故障时，提供一定的检修时间，而不需停炉，从而保证了生产的连续性。

② 能耗低。加压气化降低了压缩煤气的动力消耗；充分利用了合成甲烷放出的热量，减少了热耗。

③ 煤种适应广，尤其适用于那些活性较差、灰熔点较高的煤。

④ 煤气用途广，采用不同组成的气化剂，可制得不同用途的煤气。

⑤ 生产能力大，设备结构紧凑，占地面积小。

⑥ 水蒸气分解率较低，约为 40% 左右，故蒸汽耗量高。

⑦ 粗煤气含有一定数量的焦油和酚，对"三废"的处理和排放造成了一定困难。

⑧ 需耗用工业纯氧气、需用块煤做原料等造成加压气化厂建设投资较大，煤气成本较高。

⑨ 气化炉的机械制造要求较高，结构复杂，制造和维修费用较高。

（二）流化床气化工艺

流化床气化是用向上移动的气流使煤料在空间呈沸腾状态的气化过程。气化剂以一定速度由下而上通过煤粒（0～8 mm）床层，使煤粒浮动并互相分离，当气流速度继续增大到一定程度时，煤粒与流体间的摩擦力和它本身的质量相平衡，这时煤粒悬浮在向上流动的气流中做相对运动，犹如沸腾的水泡一样，又称为沸腾床。

流化床气化的基本原理是：在流化床气化炉中，采用气化反应性高的燃料（如褐煤），粒度在 3～5 mm 左右，由于粒度小，再加上沸腾床具有较强的传热能力，因而煤料入炉的瞬间即被加热到炉内温度，几乎同时进行着水分的蒸发、挥发分的分解、焦油的裂化、碳的燃烧与气化过程。有的煤粒来不及热解并与气化剂反应就已经开始熔融，熔融的煤粒黏性强，可以与其他粒子接触形成更大粒子，有可能出现结焦而破坏床层的正常流化，因而流化床内温度不能太高。由于加入气化炉的燃料粒径分布比较分散，而且随气化反应的进行，燃料颗粒直径不断减小，则其对应的自由沉降速度也相应减小。当其对应的自由沉降速度减小到小于操作的气流速度时，燃料颗粒即被带出。

目前常见的流化床气化工艺有温克勒常压流化床气化工艺、恩德常压流化床气化工艺、高温温克勒（HTW）气化工艺、灰熔聚粉煤循环流化床气化工艺等，本书仅介绍温克勒气化工艺。

温克勒气化工艺是流化床技术发展过程中最早应用于工业生产的。1926 年德国在路易那建成了第一个工业生产装置并投入运行，以后世界各国共建有 60 多台温克勒气化炉。

1. 温克勒气化对煤质的要求

温克勒煤气化炉以高活性煤为原料，如褐煤、不黏煤、弱黏煤、长焰煤及中等黏性烟煤等，原料煤要求粒径小于 1 mm 的在 15％以下，大于 10 mm 的在 5％以下，不黏结，灰熔点高于 1 100 ℃，入炉煤水分不大于 20％。能气化含灰 30％～50％的高灰煤。

2. 温克勒气化工艺

温克勒气化工艺流程见图 9-21 所示。温克勒气化工艺过程包括煤的预处理、气化、气化产物显热的利用、煤气的除尘和冷却等。

（1）原理预处理

将原料煤破碎至 0～10 mm，并用烟道气余热等热源进行干燥，控制入炉原料水分在 8％～12％之间。经干燥后的原料可提高气化效率，降低氧耗，并且对原料的输送有利。对于黏结性较强的煤料还必须进行破黏处理，以保证原料的顺利输送和流化床内正常的流化工况。

（2）气化

经预处理后的原料煤进入料斗由螺旋给料机送至气化炉内。气化剂分成两股给入气化炉。一次气化剂（约 60％～75％）从炉栅底送入，二次气化剂（约 25％～40％）送入气化炉内的废热锅炉与床层之间的二次反应区。使用二次气化剂的目的是为了提高煤的气化效率和煤气质量。被煤气带出的粉煤和未分解的碳氢化合物，可以在二次气化剂吹入区的高温环境中进一步反应，从而使煤气中的一氧化碳含量增加、甲烷量减少。生成的煤气由发生炉顶部引出，粗煤气中含有大量的粉尘和水蒸气。灰渣由水冷的排灰螺旋输送器排出。

（3）粗煤气的显热回收

粗煤气的出炉温度较高，一般维持在 700～1 000 ℃，为了防止熔融的飞灰堵塞废热锅

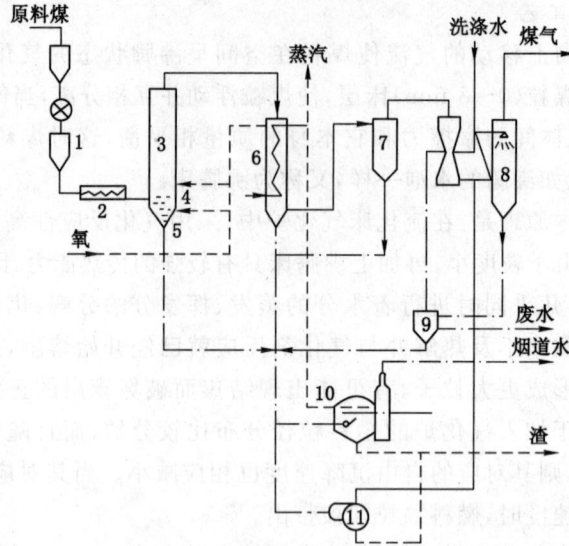

图 9-21　温克勒气化工艺流程示意图

1——锁煤斗系统；2——螺旋输送器；3——气化炉；4——流化床；5——排灰螺旋输送器；6——废热锅炉；

7——旋风除尘器；8——洗涤塔；9——沉降器；10——辅助锅炉；11——气化炉（单设的）

炉的管子,在任何情况下,必须控制煤气出炉温度,使其低于灰熔点,但这对煤气的显热利用造成了困难。一般可采用辐射式废热锅炉,通常可产生压力为 $1.96\sim2.16$ MPa 的水蒸气,并可做气化剂使用,蒸汽产量为 $0.5\sim0.8$ kg/m³ 干煤气。

（4）煤气的除尘和冷却

粗煤气经热量回收后,进入旋风除尘器和洗涤塔,以除去煤气中大部分粉尘和部分水蒸气,使煤气中的含尘量降至 $5\sim20$ mg/m³,温度降至 $35\sim40$ ℃。脱除的粉尘可以与气化炉排出的灰渣一起送往辅助锅炉做燃料。

3. 温克勒气化炉

温克勒气化炉是以德国人 F. 温克勒命名的一种煤气化炉型。1926 年在德国工业化。特点是用气化剂（氧和蒸汽）与煤以沸腾床方式进行气化。

温克勒气化炉为钢制立式圆筒形结构,内衬耐火材料,其结构示意图见图 9-22。

温克勒气化炉采用粉煤为原料,粒度在 $0\sim10$ mm 左右。若煤不含表面水且能自由流动就不必干燥。对于黏结性煤,需要气流输送系统,借以解决螺旋给煤机端部容易出现堵塞的问题。粉煤由螺旋加料器加入圆锥部分的腰部,加煤量可以通过调节螺旋给料机的转数来实现。一般沿筒体的圆周设置互成 180°或 120°角的二到三个加料口,这样有利于煤在整个截面上均匀分布。

温克勒气化炉的炉箅安装在圆锥体部分,蒸汽和氧化剂由炉箅底侧面送入,形成流化床。一般气化剂总量的 $60\%\sim75\%$ 由下面送入,其余的气化剂由燃料层上面 $25\sim4$ m 处的喷嘴喷入,使煤在接近灰熔点的温度下气化,这可以提高气化效率,有利于活性低的煤种气化。通过控制气化剂的组成和流速来调节流化床的温度不超过灰的软化点。较大的富灰颗粒比煤粒的密度大,因而沉到流化床底部,经过螺旋排灰机排出。大约有 30% 的灰从底

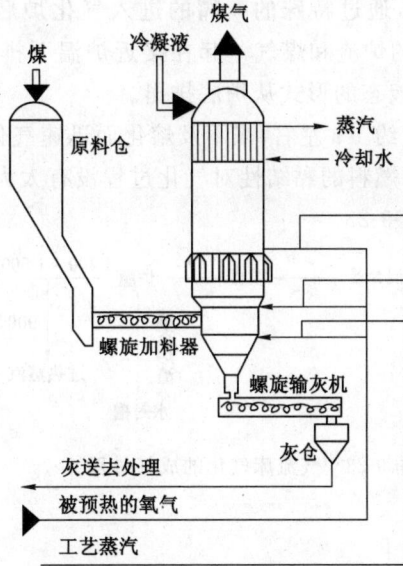

图 9-22 温克勒气化炉

部排出,另外的 70%被气流带出流化床。

温克勒气化炉顶部装有辐射锅炉,是沿着内壁设置的一些水冷管,用以回收出炉煤气的显热,同时,由于温度降低可将熔融的灰颗粒在出气化炉之前重新固化。

4. 温克勒气化工艺的优缺点

温克勒气化炉是已经完全工业化的气化炉,其工艺的优缺点如下:

① 单炉生产能力大。直径 3.3 m 炉气化强度达 2 500~2 700 m³/(m²·h);直径 5.5 m 炉气化强度达 2 000 m³/(m²·h),单炉生产能力为 47 000 m³/h。

② 气化炉结构简单,造价低,其炉棚不转动,操作维修费较低,炉子使用寿命长。

③ 由于气化的是细颗粒的粉煤,因而可以充分利用机械化采煤得到的细粒度煤。

④ 煤气中无焦油,污染小。

⑤ 由于温度和压力偏低,炉内温度要保证灰分不能软化和结渣,一般应控制在 900 ℃ 左右,所以必须使用活性高的煤为气化原料。煤气中二氧化碳的含量偏高,而可燃组分如一氧化碳、氢气、甲烷等含量偏低。

⑥ 出炉煤气的温度几乎和床内温度一样,因而热损失大。

⑦ 流态化使颗粒磨损严重,气流速度高又使出炉煤气的带出物较多。

(三)气流床气化工艺

气流床气化是用适当的喷嘴把细粉煤(<0.1 mm)和气化剂喷入气化室,在足够高的温度和很短的时间内完成气化。

气流床气化过程是气体介质夹带煤粉并使其处于悬浮状态。气化剂的流速远远大于煤粒的终端速度,以致煤粒与气流分子呈平行运动状态,不像在流化床中那样维持层状而随气流一起向前或向上流动。

气流床气化的基本原理如下:微小的粉煤在火焰中经部分氧化提供热量,然后进行气化反应,粉煤与气化剂均匀混合,通过特殊的喷嘴的进入气化炉后瞬间着火,直接发生反应,温度高达 2 000 ℃。所产生的炉渣和煤气一起在接近炉温下排出,由于温度高,煤气中不含焦油等物质,剩余的煤渣以液态的形式从炉底排出。

煤颗粒在反应区内停留时间约 1 s 左右,来不及熔化而迅速气化,而且煤粒能被气流各自分开,不会出现黏结凝聚,因而燃料的黏结性对气化过程没有太大的影响。

气流床气化的成气过程见图 9-23。

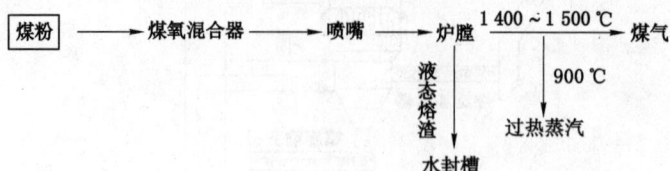

图 9-23　气流床气化的成气过程

气流床气化过程主要反应如下:

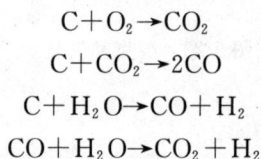

$$C+O_2 \rightarrow CO_2$$
$$C+CO_2 \rightarrow 2CO$$
$$C+H_2O \rightarrow CO+H_2$$
$$CO+H_2O \rightarrow CO_2+H_2$$

下面仅介绍德士古(Texaco)气化工艺。

德士古气化工艺最早开发于 20 世纪 40 年代后期。开始的工作重点集中在开发一种天然气的重整工艺,以便为转换成液态烃化合物制造合成气。不久后,重点转向为氨的生产制造合成气。

兖矿鲁南化肥厂的德士古气化装置,是我国从国外引进的第一套德士古煤炭气化装置,目的是采用水煤浆为原料在加压条件下生产合成氨的原料气体。

1. 德士古气化对煤质的要求

目前适宜于水煤浆加压气化的是气化反应活性较高的年轻烟煤。而烟煤中最适宜的是长焰煤、气煤等。

2. 德士古气化工艺

德士古气化工艺主要由制浆和输送、气化和废热回收、煤气冷却净化及三废处理等环节组成。

(1) 制浆和输送

煤经湿磨后,与油或水制成煤浆,典型的煤浆浓度为 60%～70%。煤浆制备可采用干法、湿法以及混合法。煤浆输送的主要设备为低压循环泵和高压料浆泵。低压循环泵一般采用离心泵,主要对煤浆进行泵送、循环和搅拌作用。

(2) 制气和废热回收

加压后的水煤浆与气化剂(一般为高纯氧气,纯度为 98% 以上)经德士古气化炉烧嘴混合后呈雾状,分别经喷嘴中心管及外环隙喷入气化炉燃烧室,在燃烧室中进行复杂的气化反应,反应温度为 1 350～1 450 ℃,压力为 4.0～6.0 MPa,生成粗煤气和熔渣。煤浆在炉内快速气化,制得的粗煤气温度很高,必须回收其显热。德士古气化工艺中有两种常用的工艺流程,图 9-24(a)为激冷流程,图 9-24(b)为废热锅炉流程。对于前者,粗煤气用激冷水直接冷却,后者则使用废热锅炉回收热量,产生的锅炉蒸汽可用于发电。固态熔渣,经碎渣机破碎后进入锁斗系统,锁斗系统设置了一套复杂的自动循环控制系统,用于定期排渣。在排渣时锁斗和气化炉隔离。锁斗系统的循环分为减压、清洗、排渣、充压四部分,每个循环约 30 min,保证在不中断气化炉运行的情况下定期排渣。熔渣进入熔渣槽后经熔渣分离器分离后进入熔渣后处理工序。

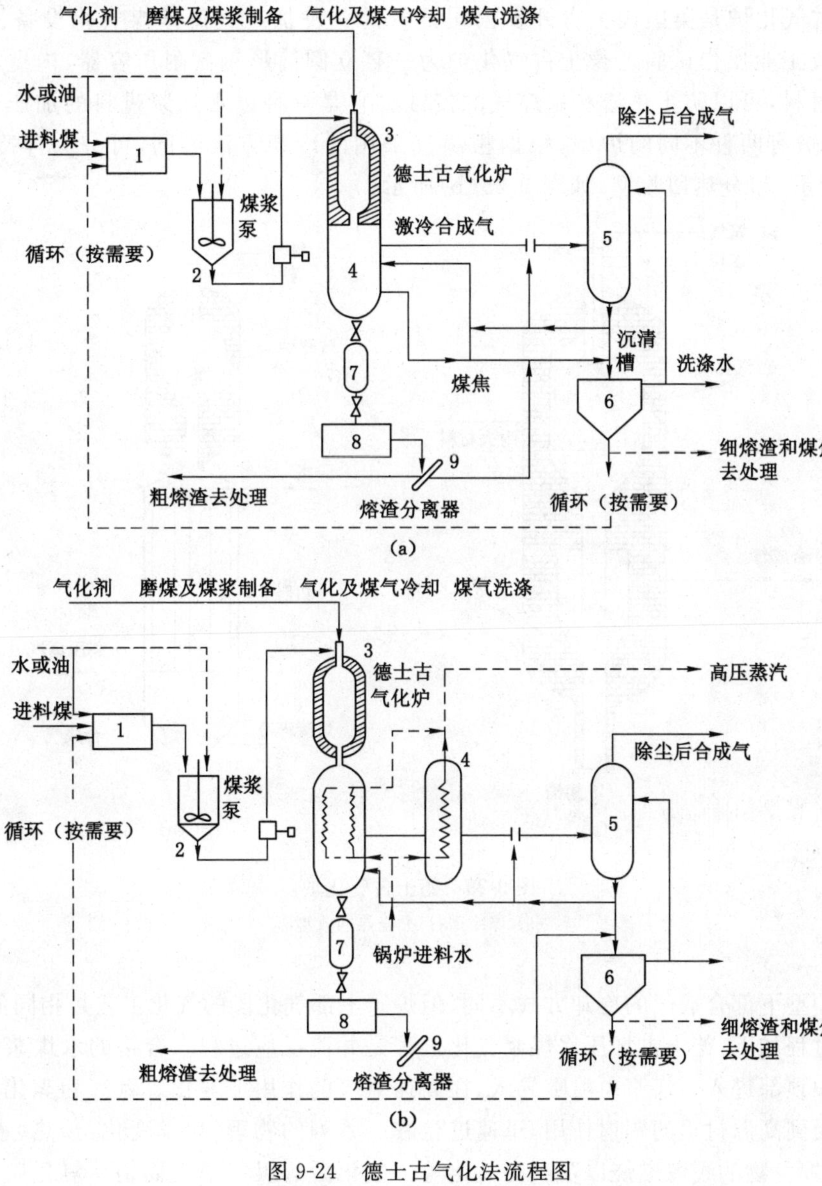

图 9-24　德士古气化法流程图

(a) 激冷式；(b) 废热回收式

1——磨煤机；2——煤浆槽；3——气化炉；4——废热锅炉；5——洗涤塔；

6——熔渣池；7——灰锁；8——渣池；9——分离器

（3）煤气冷却及"三废"处理

粗煤气经回收显热后，进入水洗涤系统，其温度一般为300 ℃左右，需进一步冷却和脱除其中的细灰，可通过煤尘洗涤器加以洗涤冷却。粗煤气的组分单一，不含焦油。煤气需要脱硫，脱除酸气后的尾气，经净化后放空，不存在废气排放问题。废水中只含极少量的酚、氰和氨，只需常规法处理即可排放。

3. 德士古气化炉

德士古气化炉是美国德士古开发公司开发的一种加压气流床煤气化设备。1979年在西德完成工业操作试验。德士古气化炉为一直立圆筒形钢制耐压容器，内壁衬以高质量的耐火材料，可以防止热渣和粗煤气的侵蚀。它是一种以水煤浆进料的加压气流床气化装置，该炉有两种不同的炉型，根据粗煤气采用的冷却方法不同，可分为淬冷型，如图9-25（a）所示，和全热回收型，如图9-25（b）所示。

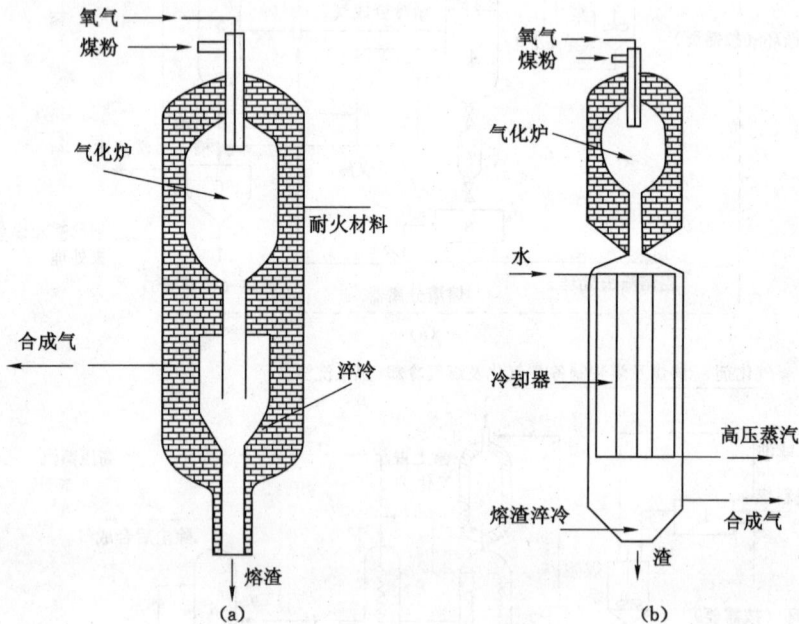

图 9-25　德士古气化炉
（a）淬冷型；（b）全热回收型

两种炉型下部合成气的冷却方式不同，但炉子上部气化段的气化工艺是相同的。

反应过程如下：德士古加压水煤浆气化过程是并流反应过程。合格的水煤浆原料同氧气从气化炉顶部进入。煤浆由喷嘴导入，在高速氧气的作用下雾化。氧气和雾化后的水煤浆在炉内受到高温衬里的辐射作用，迅速进行着一系列的物理、化学变化：预热、水分蒸发、煤的干馏、挥发物的裂解燃烧以及碳的气化等。气化后的煤气中主要是一氧化碳、氢气、二氧化碳和水蒸气。气体夹带灰分并流而下，粗合成气在冷却后，从炉子的底部排出。

分离回收过程如下：在淬冷型气化炉中，粗合成气体经过淬冷管离开气化段底部，淬冷管底端浸没在一水池中。粗气体经过急冷到水的饱和温度，并将煤气中的灰渣分离下来，灰熔渣被淬冷后截留在水中，落入渣罐，经过排渣系统定时排放。之后冷却了的煤气经过侧壁上的出口离开气化炉的淬冷段。然后按照用途和所用原料,将粗合成气在使用前进一步冷却或净化。在全热回收型炉中,粗合成气离开气化段后,在合成气冷却器中从 1 400 ℃被冷却到 700 ℃,回收的热量用来生产高压蒸汽。熔渣向下流到冷却器被淬冷,再经过排渣系统排出。合成气由淬冷段底部送下一工序。

目前大多数德士古气化炉采用淬冷型,优势在于它更廉价,可靠性更高,劣势是热效率较全热回收型的低。

4. 德士古气化工艺的优缺点

① 利用水煤浆便于高压泵输送的特点,可以制备压力很高的粗煤气,便于化学产品的后续生产过程的衔接,因而德士古气化炉对于化工厂更具有吸引力。

② 能充分利用厂区周围的一切污水源来制作水煤浆,有利于解决污水的处理问题。

③ 气化炉运行费用较低,不像干法供煤那样,需要花费能量去干燥湿煤。

④ 碳的转化率不是很高,一般只有 96%～98%,影响气化效率的提高。

⑤ 湿煤气中的水蒸气含量较多,热煤气效率的提高要靠较复杂的显热回收设备。

⑥ 气化所需的氧耗较多,大约是 1 kg O_2/ kg 干煤。

⑦ 炉堂耐火砖的寿命短、价格高、更换时间长;水煤浆泵和喷嘴易于磨损,更换频次高,影响气化炉运行周期。

(四) 新型煤气化技术

目前已实现工业化应用的煤气化技术尽管各有优势,但存在的缺点和不足也相当明显。如普遍存在反应温度高,对生成气的净化困难,能耗大,对设备要求高,环境污染严重等不利因素。这也直接促使了以煤的催化气化为代表的第三代煤气化技术的研究。目前,国内外学者正在积极进行煤的催化气化、煤的等离子体气化、煤的太阳能气化和煤的核能余热气化等。

1. 煤的催化气化技术

煤的催化气化是煤在固体状态下进行的,催化剂与煤的粉粒按照一定的比例均匀地混合在一起,煤表面分布的催化剂通过侵蚀开槽作用,使煤与气化剂更好地接触并加快气化反应速率。与传统煤气化技术相比,煤的催化气化技术具有诸多突出优点:

① 添加的催化剂可显著提高气化速率。

② 煤的催化气化实现了煤的温和气化(气化温度降低 200～300 ℃),显著降低了煤气化过程的能耗及对设备材料方面的要求,并且对脱硫、除尘、环保等都非常有利。

③ 可同时进行许多合成过程。在催化剂作用下,可在煤气化的同时合成甲醇、甲烷、氨等化工原料,缩短工业流程,提高工业生产的经济性。

可以预见,煤的催化气化技术取得突破性进展后必将为煤化工业带来革命性的转变。

2. 煤的等离子体气化

煤的等离子体气化是指煤在氧化性电弧灯离子体气氛中生成合成气的过程。其反应机理是,在通入水蒸气的低温等离子体中,含有许多高活性粒子和放射性物质,当粉煤加入到等离子体流中时,煤在高温下和活性粒子发生反应。

在煤的等离子体气化中,等离子体既是热载体又是参加反应的化学反应物。与传统煤气化技术相比,等离子体煤气化反应具有一系列优点:反应速度快、煤的转化率较高(94%～96%),制得的气体中氢气质量分数高(54%～58%),煤种适应范围广,对环境友好等。

目前,该技术在世界范围内已经得到初步研究,俄罗斯、美国、加拿大等国已进行了小型等离子体煤气化的研究,国内清华大学、大连理工大学、太原理工大学等单位也已进行了初步的实验和理论研究。但该技术要实现工业化应用,还有很多技术障碍有待解决。

3.煤的太阳能气化

由于传统的煤气化工艺是燃烧部分煤来提供反应所需要热量的,这不仅增加了能源的消耗,而且由于煤的部分燃烧,既降低了煤气的产率,又增加了气体产品中 CO_2 的含量,造成气体产品中可燃成分的比例及热值的下降,且大量 CO_2 的排放又容易引起温室效应。

煤的太阳能气化技术,利用聚焦太阳能作高温热源,直接辐射到煤气化的反应区,具有一系列的优点:

① 不需要昂贵的纯氧。

② 可避免向周围环境释放污染物质(如 CO_2)。

③ 气体产物不会被副产物的燃烧污染。

④ 有效提高燃料的热值。

⑤ 太阳能以化学能形式储藏于容易输送的煤气中。

此外,太阳能直接辐射反应物可使热量高效、直接地传递到反应区,避免热交换器的限制,可使气化炉的材料问题减至最少。

4.煤的核能余热气化

与太阳能气化相类似,煤的核能余热气化借助于核能或核能余热做煤气化的高温热源,气化过程不需要昂贵的纯氧,可以有效避免温室气体 CO_2 的释放,且核能集中辐射反应区能显著提高反应的热效率和燃料的热值。

目前日本、瑞士、摩洛哥等国已开始核能煤气化的研究。如日本利用高温气冷核反应器(HTGR)余热供应煤气化系统,所得合成气用于工业化合成氨,每年 CO_2 的排放量可减少 $5×10^{-5}$ t。近年来,我国南方地区正大力发展核能,预计到 2020 年将有 20 多座核电机组投入使用,如能在得到核电的同时,利用核能余热进行煤气化制备高质量合成气,综合效益更理想,该技术在我国具有非常好的应用前景。

5.煤的地下气化

煤的地下气化技术是煤气化技术的一个分支领域,是将处于地下的煤炭原地转化为可燃气体的过程。该法集建井、采煤、转化工艺为一体,可以用来开采高硫煤、薄煤层及劣质煤层,可显著提高资源利用率,是一项绿色能源开采技术。煤地下气化的提出有很长的历史,并在 20 世纪初首次在英国获得成功。之后,苏联、美国、英国、日本、比利时等国先后进行了大量的研发工作。其中,苏联的研究成果最突出,率先于 1932 年建成世界上第一座有井式地下气化站。

由于煤地下气化技术有诱人前景,我国在这方面也进行了大量的研发工作,取得了一系列工业化试验成果。1984 年以来,中国矿业大学进行了多次煤炭地下气化模型试验,在煤地下气化过程温度场、浓度场、气化反应速率、气化过程稳定性、燃空区扩展规律等方面进行了大量的理论研究和技术开发,在此基础上,又先后完成了徐州长新河二号井、唐山刘庄矿与昔阳三次工业性试验,提出了我国拥有自主知识产权的"长通道、大断面、两阶段地下气化"技术工艺,并已在山西阳曲、山东新汶等地实现了产业化应用。

第四节　煤　的　液　化

一、概述

1. 煤液化的定义及分类

煤液化是把固体煤炭通过化学加工过程,使其转化成为液体燃料、化工原料和产品的先进洁净煤技术。这里所说的液体燃料产品主要是指汽油、柴油、液化石油气等液体烃类燃料,即通常是采用原油加工而获得的石化产品。因此,人们也把煤液化称为煤制油。

煤液化有两种完全不同的技术路线,一种是直接液化,另一种是间接液化。

煤在氢气和催化剂作用下,通过加氢裂化转变为液体燃料的过程称为直接液化。裂化是一种使烃类分子分裂为几个较小分子的反应过程。因煤直接液化过程主要采用加氢手段,故又称煤的加氢液化法。

煤炭液化过程可将煤中硫等有害元素以及灰分脱除,液体产品是优质较洁净的液体燃料和化学品。因此,煤液化将是未来煤代油的重要途径之一。

2. 煤液化发展概况

煤液化经历了漫长的发展历程,大致可分为三个阶段。

第一阶段是第二次世界大战前及大战期间。因为军事上的需要,德国大力发展煤液化工业。德国的柏吉乌斯(Bergius)于 1913 年研究成功了在高温高压加氢条件下,从煤中得到液体产品技术。1921 年在 Manheim Reinan 建立了 5 t/d 的中试厂。1927 年 I. G. Farben 公司在 Leuna 建成第一个工业厂,采用褐煤＋重油＋氧化钼(催化剂)＋(30 MPa)H_2 的反应条件,第一步液化生成汽油、中油(180~325 ℃)、重油(>325 ℃)。第二步气相加氢,将中油在固定床催化剂上进行异步加氢得到汽油。至 1944 年德国共建了 9 个煤液化厂。提供了战时所需的 98％的航空汽油。该阶段为煤液化的发展期。

第二阶段是煤液化新工艺的开发期,从 20 世纪 50 年代到 70 年代后期。50 年代中东发现大量油田,致使石油生产迅猛发展,而煤液化生产处于停滞状态。1973 年后,由于中东石油发生危机,美国等国重新重视以煤为原料制取液体燃料技术的开发,建立了各种类型大中型示范液化厂。第二次世界大战后,美国在德国煤液化工艺的基础上开发了 SRCⅠ和 SRCⅡ工艺。1973 年美国利用催化液化原理开发了氢煤法(H—Coal)、供氢溶剂法(EDS)。之后又有新的煤炭液化工艺的诞生。

第三阶段是 1982 年至今,煤液化新工艺的研究期。1982 年后期石油市场供大于求,石油价格不断下跌,各大煤液化试验工厂纷纷停止试验。但是各发达国家的实验室研究工作及理论研究工作仍在大量进行。近年来开发出煤油共处理新工艺和超临界抽提煤工艺等。

二、煤的间接液化

煤的间接液化技术是先将煤全部气化成合成气,然后以合成气为原料,在一定温度、压力和催化剂存在下,通过 F—T 合成为烃类燃料油及化工原料和产品的工艺。该工艺过程包括煤气化制取合成气、催化合成烃类产品以及产品分离和改制加工等过程。煤的间接液化技术主要有南非的萨索尔(Sasol)费托合成法、美国 Mobil 的甲醇制汽油法和荷兰 Shell 的中质馏分合成(SMDS)间接液化工艺。本书以费托合成法为例介绍煤的间接液化技术。

1. 费—托合成的化学反应过程

费托合成是指 CO 在固体催化剂作用下非均相氢化生成不同链长的烃类（C1～C25）和含氧化合物的反应。

费托反应十分复杂，费托合成反应化学计量式因催化剂的不同和操作条件的差异将导致较大差别，但可用以下两个基本反应式描述。

① 烃类生成反应

$$nCO + 2nH_2 \rightarrow (-CH_2-)_n + nH_2O$$

② 水气变换反应

$$CO + H_2O \rightarrow H_2 + CO_2$$

由以上两式可得合成反应的通用式：

$$2nCO + nH_2 \rightarrow (-CH_2-)_n + nCO_2$$

由以上两式可以推出烷烃和烯烃生成的通用计量式如下。

烷烃生成反应：

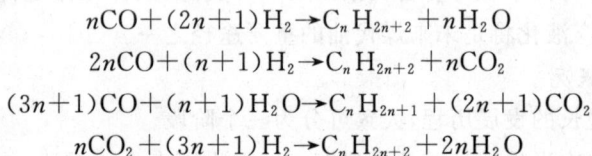

$$nCO + (2n+1)H_2 \rightarrow C_nH_{2n+2} + nH_2O$$
$$2nCO + (n+1)H_2 \rightarrow C_nH_{2n+2} + nCO_2$$
$$(3n+1)CO + (n+1)H_2O \rightarrow C_nH_{2n+1} + (2n+1)CO_2$$
$$nCO_2 + (3n+1)H_2 \rightarrow C_nH_{2n+2} + 2nH_2O$$

烯烃生成反应：

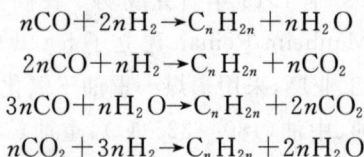

$$nCO + 2nH_2 \rightarrow C_nH_{2n} + nH_2O$$
$$2nCO + nH_2 \rightarrow C_nH_{2n} + nCO_2$$
$$3nCO + nH_2O \rightarrow C_nH_{2n} + 2nCO_2$$
$$nCO_2 + 3nH_2 \rightarrow C_nH_{2n} + 2nH_2O$$

反应的副产物是 H_2O 和 CO_2，当 CO 浓度增加时，副产物由 H_2O 向 CO_2 变化，但不影响产物的生成。F—T 反应非常复杂，它和合成单一产物甲醇的反应很不相同，即使对烷烃来说，其产品可包括 C1～C50 的化合物。

间接液化的主要反应就是上面的反应，但由于反应条件的不同，还有甲烷生成反应、醇类生成反应、醛类生成反应等。主要的副反应是甲烷生成反应和游离碳生成反应：

在用铁催化剂时：　　　　　　$2CO + 2H_2 \rightarrow CH_4 + CO_2$

在温度超过 300 ℃时：　　　　$CO_2 + 4H_2 \rightarrow CH_4 + 2H_2O$

游离碳生成反应：　　　　　　$2CO \rightarrow C + CO_2$

2. 典型费托合成工艺

早期已工业化的 F—T 合成工艺技术有 Sasol I 厂采用的 Arge 气相固定床 F—T 合成工艺、Sasol II 厂采用的 Synthol 流化床 F—T 合成工艺、固定床两段合成工艺（MFT）等。本书以 Synthol 流化床 F—T 合成工艺为例进行说明。

(1) Synthol 流化床 F—T 合成工艺

Synthol 流化床 F—T 合成工艺流程见图 9-26。

以煤气化后的净化合成气为新鲜原料，进入加热器加热至 160 ℃后，与分离器来的内部循环器混合形成混合原料由流化床底部水平进气管进入反应器，与反应器内沉淀下来的热催化剂混合，进入提升管和反应器内进行反应，反应器内温度控制在 320～330 ℃。部分

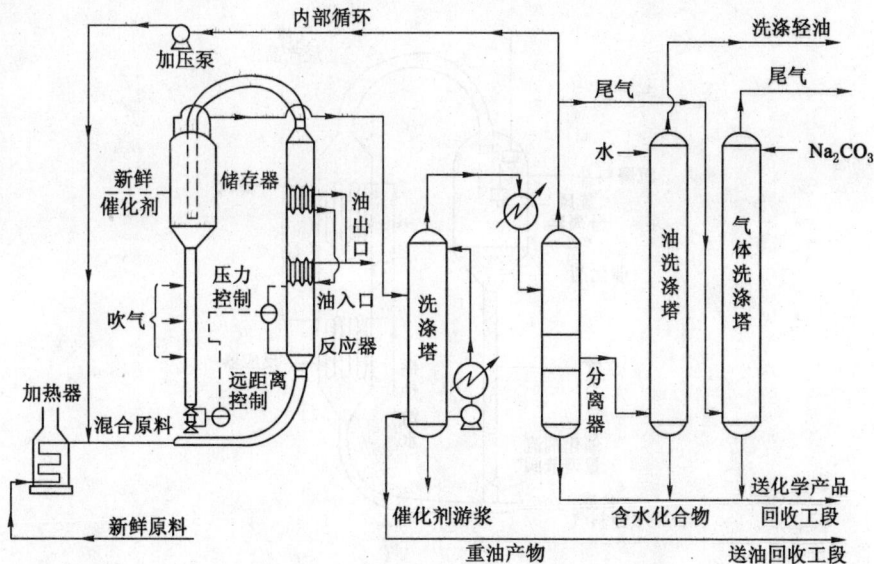

图 9-26 Sasol Ⅱ厂流化床 F—T 合成工艺

反应热由循环冷却用油移出。反应气体和催化剂进入储存器,催化剂在较宽的沉降漏斗中沉降,细颗粒则经旋风分离器与气体分离,由立管向下流动,进料气重新带入反应器内继续使用。反应气体进入热油洗涤塔,经洗涤后析出的重油部分为循环油,用于加热反应器,其余作为重油产物。在热油洗涤塔顶部出来的气体进入气体洗涤分离塔,塔顶不凝气部分作为内部循环原料重新进入反应器,部分进入气体洗涤塔,并以碱液洗涤,气体洗涤塔塔顶排放出弛放气,塔底含水化合物送入化产回收工段处理。塔底排出含水化合物,送入化产回收工段处理,塔中采出成分进入油洗塔,以水洗涤,塔顶获得轻油产品,塔底的含水化合物送入化产回收工段处理。

(2) Synthol 流化床反应器

Synthol 反应器结构如图 2-27 所示。

反应器由四部分组成,即反应器、沉降料斗、旋风分离器和输送装置。反应器的上、下两段设油冷装置,以带出反应热;输送装置包括进气提升管和产物排出管;催化剂分离器内装两组旋风分离器,每组有两个旋流器串联使用。

原料气从反应器底部进入,与立管中经滑阀下降的热催化剂流混合,将气体预热到反应温度,进入反应区。大部分反应热由反应器内的两组换热器带出,其余部分被原料气和产品气吸收。催化剂在较宽的沉降漏斗中,经旋风分离器与气体分离,由立管向下流动而继续使用。

3. 煤间接液化对煤质的基本要求及产物的特点

(1) 煤间接液化对煤质的基本要求

间接液化工艺对煤种的选择性也就是与之相适应的气化工艺对煤种的选择性。对煤质的基本要求如下:

① 煤的灰分要低于 15%,当然越低越有利于气化,也有利于液化。

② 煤的可磨性要好,水分要低,不论采用哪种气化工艺,制粉都是一个重要环节。

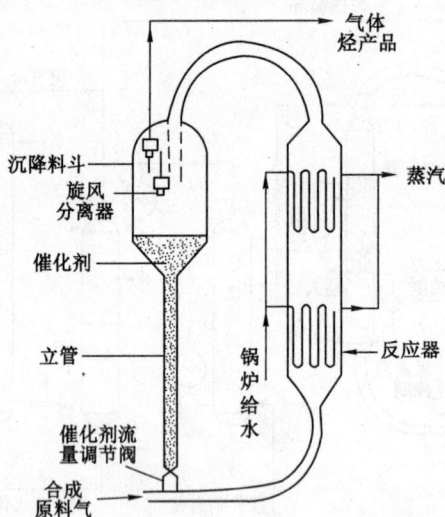

图 9-27　Synthol 气流床反应器

③ 对于用水煤浆制气的工艺,要求煤的成浆性能要好,水煤浆的固体浓度应在 60％以上。

④ 固定床气化要求煤的灰熔点温度越高越好。

煤的间接液化是将煤气化,将生成得氢气和一氧化碳作为原料气,再在一定压力和温度下加催化剂,合成液体油,因此对煤质的要求相对要低些。

(2) 煤间接液化产物的特点

间接液化产物分布较宽,柴油馏分产物的直链烃多,环烷烃少,十六烷值过剩。同时其不含氮硫杂质,凝点高,柴油馏分需经过加氢提质才能得到合格的柴油产品。

4. 煤炭间接液化工艺的优缺点

煤炭间接液化工艺优势如下:

① 合成条件较温和。无论是固定床、流化床还是浆态床,反应温度均低于 350 ℃,反应压力 2.0～3.0 MPa。

② 转化率高。如 Sasol 公司 SAS 工艺采用熔铁催化剂,合成气的一次转化率达到 60％以上,循环比为 2.0 时,总转化率即达 90％左右。Shell 公司的 SMDS 工艺采用钴基催化剂,转化率甚至更高。

③ 煤种适应性强。间接液化不仅适用于年轻煤种(褐煤、烟煤等),特别适合中国主要煤炭资源(年老煤、高灰煤等)的转化。

④ 间接液化的产品非常洁净,无硫氮等污染物,可以加工成优良的柴油、航空用油、汽油等多种燃料,并且可以提供优质的石油化工原料。

⑤ 工艺成熟,有稳定运行的产业化工厂。煤间接液化的大型工业过程在南非经过 50 年的生产实践,目前已经形成了年产 500 多万吨油品和约 200 万吨化学品的产业,是南非的支柱产业。

煤炭间接液化工艺不足如下:

① 油收率低,煤消耗量大。一般情况下,约 $5 \sim 7$ t 原煤产 1 t 成品油。

② 反应物均为气相,设备体积庞大,投资高,运行费用高。

③ 目标产品的选择性较低,合成副产物较多。

三、煤的直接液化

煤的直接液化也称加氢液化,一般是在高压氢气和催化剂存在下加热至 $400 \sim 450$ ℃,使煤粉在溶剂中发生热解、加氢和加氢裂解反应,继而通过气相催化加氢裂解等处理过程,使煤中有机大分子转化为液体燃料小分子的过程。

1. 煤直接液化的反应机理

在煤的液化反应过程中,主要发生四类反应:煤的热解形成自由基的反应、对自由基的供氢反应、脱出杂原子的反应、结焦反应。四类反应如下:

(1) 煤的热解:在煤发生液化反应时,连接煤中有机质大分子结构单元的较弱的桥键首先断裂,生成自由基。

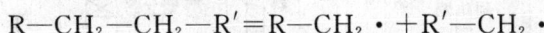

$$R—CH_2—CH_2—R' = R—CH_2 \cdot + R'—CH_2 \cdot$$

(2) 对自由基碎片的供氢:所生成的自由基从溶剂和被催化剂活化的分子氢中获取氢使自身稳定。

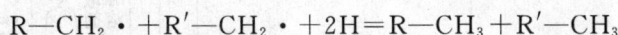

$$R—CH_2 \cdot + R'—CH_2 \cdot + 2H = R—CH_3 + R'—CH_3$$

煤加氢液化过程中,H_2 的主要来源如下:

① 溶解于溶剂中的氢在催化剂作用下变为活性氢。

② 溶剂油提供或传递的氢。

③ 化学反应($CO + H_2O = CO_2 + H_2$)生成的氢。

④ 煤本身提供的氢。煤中的 O、N、S 等原子,逐步生成 CO_2、CO、H_2O、H_2S、NH_3 等。

(3) 脱杂原子反应如下:

脱氧:$—COOH \longrightarrow CO_2$。

酚羟基在催化剂条件下可脱除。

羰基和醌基在加氢条件下可生成 CO 和 H_2O。

脱硫:硫醚键和巯基中的硫易于脱除,生成硫化氢。

(4) 结焦反应:多环芳烃在高温下有自发缩聚成焦的倾向。

2. 几种典型煤直液化工艺

根据煤是一步转化为可蒸馏的液体产品还是分两步转化为可蒸馏的液体产品,可将煤炭直接液化工艺简单地分为单段液化和两段液化工艺两种。

单段液化工艺:通过一个主反应器或一系列反应器生产液体产品。这种工艺可能包含一个合在一起的在线加氢反应器,对液体产品提质而不能直接提高总转化率。属于典型的单段液化工艺有:溶剂精炼煤法(SRC—Ⅰ 和 SRC—Ⅱ 工艺)、埃克森供氢溶剂法(EDS 工艺)、氢煤法(H—Coal 工艺)、德国 IGOR 工艺、日本 NEDOL 工艺、俄罗斯煤加氢液化工艺(FFI 工艺)等。

两段液化工艺:通过两个反应器或两系列反应器生产液体产品。第一段的主要功能是煤的热解,在此段中不加催化剂或加入低活性可弃型催化剂。第一段的反应产物进入第二段反应器中,在高活性催化剂存在下加氢再生产出液体产品。属于典型的两段液化工艺有:催化两段液化工艺(CTSL 工艺)、HTI 工艺、Kerr—McGee 工艺、褐煤液工艺(BCL)、

Pyrosol 工艺、液体溶剂萃取工艺(LSE)、神华煤直接液化技术。本书选择以上工艺中几种代表性工艺进行介绍。

(1) 美国 HTI 工艺

该工艺是在两段催化液化法和 H—Coal 工艺基础上发展起来的,采用近年来新开发的悬浮床反应器和 HTI 拥有专利的铁基催化剂(GelCatTM)。该工艺在高温分离器后串联一台加氢固定床反应器,对液化油进行在线加氢精制。

HTI 工艺流程见图 9-28。

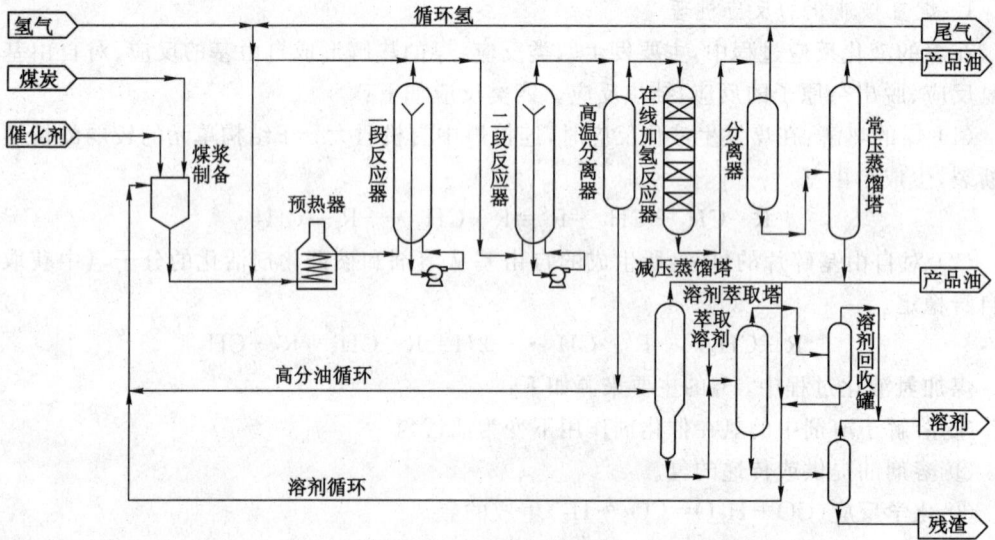

图 9-28　HTI 工艺流程图

煤、催化剂与循环溶剂配成煤浆,预热后,与氢气混合加入到沸腾床反应器的底部。第一反应器操作压力是 17.0 MPa,操作温度在 400～420 ℃。反应产物直接进入第二段沸腾床反应器中,操作压力与第一段相同但操作温度要高,通常达 420～440 ℃。第二反应器的产物进入高温分离器。高温分离器底部含固体的物料减压后,部分循环至煤浆制备单元,称为粗油循环。高温分离器底部其余物料进入减压蒸馏塔,减压蒸馏塔塔底物料进入临界溶剂萃取单元,进一步回收重质油馏分。临界溶剂萃取单元回收的重质油与减压蒸馏塔的塔顶物一起作为循环溶剂,送至煤浆制备单元。临界溶剂萃取单元的萃余物料为液化残渣。

高温分离器气相部分直接进入在线加氢反应器,产品经加氢后,品质提高,进入分离器,气相富氢气体作为循环氢使用。液相产品减压后进入常压蒸馏塔蒸馏切割出产品油馏分。常压蒸馏塔塔底物部分作为溶剂循环至煤浆制备单元。

HTI 工艺的主要特点如下:

① 反应条件相对温和。反应温度 440～450 ℃,反应压力 17 MPa。

② 催化剂是采用 HTI 专利技术制备的铁系胶状高活性催化剂,用量少。

③ 液化油收率高。固液分离采用超临界溶剂萃取方法,从液化残渣中最大限度地回收重油,从而大幅度提高了液化油收率。

④ 在高温分离器后面串联有在线加氢固定床反应器,对液化油进行加氢精制。

⑤ 采用内循环沸腾床(悬浮床)反应器,达到全返混反应器模式。

⑥ 用甲苯类溶剂萃取物做循环溶剂使用时,沥青烯的存在和积累会导致煤浆黏度上升,使操作出现问题。

⑦ 相对俄罗斯 FFI 工艺,反应条件苛刻。

⑧ 工艺不适用于褐煤。

(2) 德国煤液化新工艺(IGOR 工艺)

1981 年,德国鲁尔煤矿公司和费巴石油公司对最早开发的煤加氢裂解为液体燃料的柏吉斯法进行了改进,建成日处理煤 200 t 的半工业试验装置,操作压力由原来的 70 MPa 降至 30 MPa,反应温度 450~480 ℃,固液分离采用真空闪蒸方法,将难以加氢的沥青烯留在残渣中气化制氢,轻油和中油产率可达 50%。把循环溶剂加氢、液化油提质加工和煤的直接液化串联在一套高压系统中,避免了分立流程物料降温降压又升温升压带来的能量损失,并且在固定床催化剂上使 CO_2 和 CO 甲烷化,碳的损失量降到最小。

IGOR 工艺流程见图 9-29。

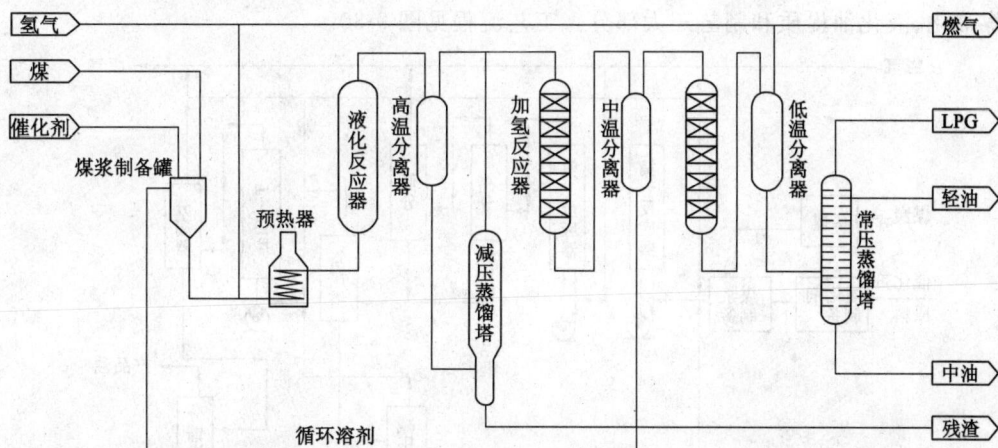

图 9-29 IGOR 工艺流程图

煤与循环溶剂及可弃铁系催化剂赤泥配成煤浆,与氢气混合后预热。预热后的混合物一起进入液化反应器,典型操作温度 470 ℃,压力 30.0 MPa。反应器产物进入高温分离器,高温分离器底部液化粗油进入减压闪蒸塔,减压闪蒸塔底部产物为液化残渣,顶部闪蒸油与高温分离器的顶部产物一起进入第一固定床加氢反应器,反应条件为温度 350~420 ℃,压力 30.0 MPa。第一固定床反应器产物进入中温分离器,中温分离器底部重油为循环溶剂,用于煤浆制备。中温分离器顶部产物进入第二固定床加氢反应器,反应条件为温度 350~420 ℃,压力 30.0 MPa。第二固定床加氢反应器产物进入低温分离器,低温分离器顶部副产氢气循环使用。低温分离器底部产物进入常压蒸馏塔,在常压蒸馏塔中分馏为轻油和重油。

IGOR 工艺的操作条件在现代液化工艺中最为苛刻,适合于烟煤的液化。在处理烟煤时,可得到大于 90% 的转化率。

IGOR 工艺特点如下:

① 催化剂价格低廉、易得。催化剂为炼铝工业的废渣(赤泥)。

② 循环溶剂供氢性能好。循环溶剂来自加氢油,煤液化油转化率高。

③ 液化精制油杂原子含量低。两个液化油加氢精制反应器串联在一个高压系统内。该液化油经过蒸馏就可以得到十六烷值大于 45 的柴油,汽油馏分再经重整即可得到高辛烷值汽油。

④ 反应条件苛刻:温度 470 ℃,压力 30 MPa。

⑤ 投资高。

⑥ 单系列处理量相对神华工艺要小。

(3) 神华煤直接液化工艺

该工艺对美国 HTI 工艺进行了优化。采用两段反应,反应温度 455 ℃,压力 19 MPa,催化剂为人工合成超细铁基催化剂,催化剂用量是干煤重的 1.0%。以较成熟的减压蒸馏进行固液分离,循环溶剂全部加氢。C4 以上油收率为 55% 左右,油品重馏分较多,适宜于柴油产品的生产。神化煤液化工艺是目前世界上首条煤直接液化制油的工业化生产线,分为煤液化、液化油提质和制氢三大部分。工艺流程见图 9-30。

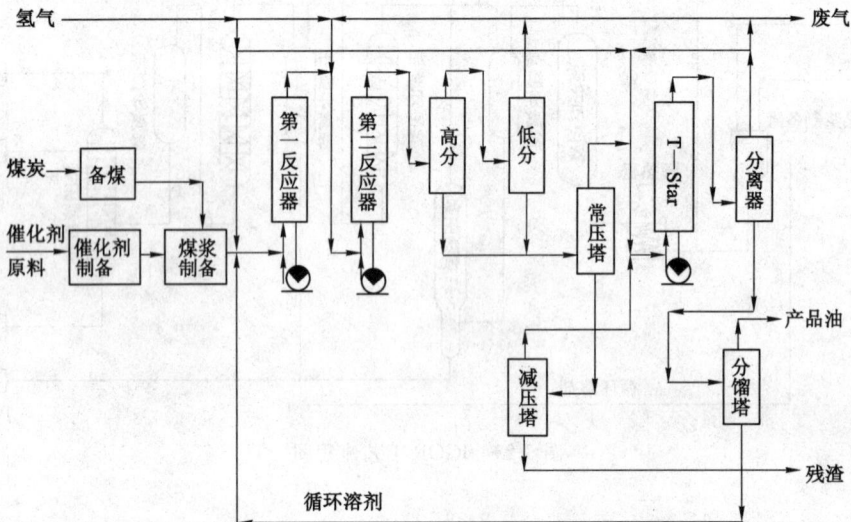

图 9-30 神化煤液化工艺流程图

原料煤和催化剂经备煤工段和催化剂制备工段处理后进入到煤浆制备工段。神化煤液化的煤浆制备全部采用经过深度加氢的供氢循环溶剂,制备出含固体浓度 45%~55% 的高浓度水煤浆。水煤浆预热后与氢气及循环溶剂由第一反应器底部进入第一个强制循环的悬浮床反应器,第一反应器操作压力是 17.0~19.0 MPa,操作温度在 440~465 ℃。反应产物直接进入第二个强制循环的悬浮床反应器中,进一步发生加氢催化反应,操作压力与第一个反应器相同但操作温度要略高。第二反应器的产物进入高温分离器。高温分离器气相部分直接进入低温分离器,低温分离器顶部的不凝气部分循环进入第二反应器,循环利用,部分作为弛放气排放。

高温分离器底部含固体的物料减压后,和低温分离器底部的液体物料一同进入常压塔进行分离,常压塔低采出的重质液化油品进入减压塔进一步蒸馏,达到脱除沥青和固体残渣的目的。减压塔和常压塔塔顶采出气体进入加氢反应器,产品经加氢后,品质提高,产品进入分离器分离。分离出的气相富氢气体作为循环氢使用。液相产品进入分馏塔蒸馏切割出产品油馏分。分馏塔塔底产物部分作为溶剂循环至煤浆制备单元,部分作为产品采出。

神华直接液化技术的特点如下:

① 催化剂为铁基催化剂,原料供给充足,价格便宜,制备工艺简单,操作稳定,活性高,添加量少,油收率高。

② 供氢溶剂预加氢,供氢能力强。

③ 强制循环悬浮床反应器具有空塔液速高,矿物质不易沉积。

④ 反应温度容易控制,产品性质稳定。

⑤ 气体滞留系数低,反应器利用率高。

⑥ 有大的高径比,单系列处理量大。

⑦ 减压蒸馏,液体油品和固体分离不完全,油品损失多。

⑧ 相对俄罗斯FFI工艺,反应条件苛刻。

⑨ 减压阀芯使用寿命短。

⑩ 不适用于褐煤液化。

3. 煤直接液化对煤质的基本要求及产物的特点

(1) 煤直接液化对煤质的基本要求

原料煤的特性对所有直接液化工艺的影响是决定性的。根据加氢液化的大量试验研究,认为原料煤一般应符合以下几个条件:煤种应为高挥发分低变质程度的烟煤和硬质褐煤,碳元素含量大致在 77%～82% 之间;惰质组含量小于 15%;灰分含量小于 10%。

(2) 直接液化产品结构分析

煤直接液化产物构成十分复杂,包括气、液、固三相。气相的主要成分是氢气;固相为未反应的煤、矿物质及催化剂;液相则为轻油(粗汽油)、中油等馏分油及重油。液相馏分油经提质加工(如加氢精制、加氢裂化和重整)得到合格的汽油、柴油和航空煤油等产品。

直接液化工艺的柴油收率在 70% 左右,液化石油气和汽油约占 20%,其余为以多环芳烃为主的中间产品。由于直接液化产物具有富含环烷烃的特点,因此,经提质处理及馏分切割得到的汽油及航空煤油均属于高质量终端产品。另外,加氢液化产物也是生产芳烃化合物的重要原料。

本 章 小 结

本章主要讲述煤化工工艺中的焦化产品回收工艺过程、煤炭气化工艺原理及典型工艺过程、煤炭直接液化和间接液化工艺过程。现将本章内容小结如下:

① 介绍焦炉煤气冷凝、焦油和氨水的分离的工艺过程,机械化焦油氨水澄清槽的工作原理及作用。

② 介绍了喷淋式饱和器法生产硫酸铵的原理和工艺流程,喷淋式饱和器的结构及作用。

③ 概述了粗苯回收和苯加氢精制工艺原理及工艺流程。

④ 介绍了焦油脱水、脱盐前处理工艺的必要性和工艺流程,讲述了单塔式和两塔式焦油蒸馏工艺。

⑤ 介绍煤气化的定义、煤气化过程及过程中发生的化学反应。

⑥ 介绍了德士古气化、鲁奇加压气化、温克勒气化等典型气化工艺的原理,对煤质的要求,工艺过程及工艺的优缺点。

⑦ 以费托合成为例,讲述了煤炭间接液化的原理、工艺流程和对煤质的要求。

⑧ 简述了煤炭直接液化的原理,介绍了美国 HTI 工艺、德国煤液化新工艺(IGOR)、神华煤直接液化工艺的工艺过程及各工艺的特点。

思 考 题

1. 焦炉煤气初冷有何意义?

2. 焦油加工之前,需要脱水和脱盐的原因是什么?

3. 焦炉煤气的组成是怎样的?

4. 为什么在焦化厂的煤气净化过程中要除去氨?

5. 煤气进入洗苯塔前为什么要进行最终冷却?

6. 洗苯过程中,焦油洗油为什么要进行再生?

7. 煤炭气化包含的主要过程是什么?

8. 煤气化过程发生的主要化学反应有哪些?

9. 简述鲁奇气化工艺的优缺点。

10. 对德士古淬冷型气化炉和全热回收型气化炉进行比较。

11. 费托合成的两个基本反应是什么? 主要的副反应是什么?

12. 简述 Synthol 反应器工作过程。

13. 间接液化对煤质的基本要求是什么?

14. 什么是直接液化?

15. 简述神华煤直接液化工艺的特点。

16. 煤直接液化的特点是什么?

第十章 石油化工

【本章重点】石油炼制过程的常减压蒸馏工艺过程,石油催化裂化可发生的反应类型、工艺过程及影响因素,催化重整的反应机理及工艺过程,芳烃转化的目的及工艺过程。

【本章难点】石油催化裂化可发生的反应类型,催化重整的反应机理,芳烃转化的反应机理。

【学习目标】掌握石油炼制至芳烃分离全过程的石油产品加工过程;掌握石油炼制过程中常减压工艺流程、石油催化裂化工艺流程、催化重整工艺流程、4种芳烃转化工艺的典型流程;掌了解各种不同工艺过程的影响因素,了解芳烃分离的常规工艺。

第一节 概 述

一、石油的组成与性质

石油又称原油,是从地下深处开采的棕黑色、可燃粘稠液体,是古代海洋或湖泊中的生物经过漫长的演化形成的混合物,与煤一样属于化石能源。石油的性质因产地而异,密度为 $0.8\sim1.0$ kg/L,黏度范围很宽,凝固点差别很大($30\sim60$ ℃),沸点范围为常温到 500 ℃以上,可溶于多种有机溶剂,不溶于水,但可与水形成乳状液。组成石油的化学元素主要是碳($83\%\sim87\%$)、氢($11\%\sim14\%$),其余为硫($0.06\%\sim0.8\%$)、氮($0.02\%\sim1.7\%$)、氧($0.08\%\sim1.82\%$)及微量金属元素(镍、钒、铁等)。由碳和氢化合形成的烃类构成石油的主要组成部分,约占 $95\%\sim99\%$。

二、石油化学工业的含义

石油化学工业简称石油化工,是以石油和天然气为原料,生产石油产品和石油化工产品的加工工业。

石油化工包括以下三大生产过程:基本有机化工生产过程,有机化工生产过程,高分子化工生产过程。基本有机化工生产过程是以石油和天然气为起始原料,经过炼制加工制得三烯(乙烯、丙烯、丁二烯)、三苯(苯、甲苯、二甲苯)、乙炔和萘等基本有机原料。有机化工生产过程是在"三烯、三苯、乙炔、萘"的基础上,通过各种合成步骤制得醇、醛、酮、酸、酯、醚、腈类等有机原料。高分子化工生产过程是在有机原料的基础上,经过各种聚合、缩合步骤制得合成纤维、合成塑料、合成橡胶等最终产品。

本章仅对石油化工中的石油炼制和芳烃转化过程进行介绍,以便对石油化工工业和典型生产过程有所了解。

三、石油化工在国民经济中的作用

(1) 石油化工是能源的主要供应者

石油炼制生产的汽油、煤油、柴油、重油等是当前主要能源之一。石油化工提供的能源主要做汽车、飞机、轮船、锅炉的燃料,少量用做民用燃料。

(2) 石油化工是材料工业的支柱之一

全世界石油化工提供的高分子合成材料目前产量约 1.5 亿 t。除合成材料外,石油化工还提供了绝大多数的有机化工原料。

(3) 石油化工促进了农业的发展

石化工业提供的氮肥占化肥总量的 80%,农用塑料薄膜的推广使用,加上农药的合理使用以及大量农业机械所需各类燃料,形成了石化工业应用于农业的主力军。

(4) 各工业部门离不开石化产品

现代交通工业的发展与燃料供应息息相关,可以毫不夸张地说,没有燃料,就没有现代交通工业。金属加工、各类机械毫无例外需要各类润滑材料及其他配套材料,消耗了大量石化产品。建材工业是石化产品消耗的新领域,如塑料型材、门窗、铺地材料、涂料被称为化学建材。轻工、纺织工业是石化产品的传统用户,新材料、新工艺、新产品的开发与推广,无不有石化产品的身影。当前,高速发展的电子工业以及诸多的高新技术产业,对石化产品,尤其是以石化产品为原料生产的精细化工产品提出了新要求,这对发展石化工业是个巨大的促进。

四、石油化工的主要加工方法

石油化工的主要加工基本上是通过一次加工、二次加工来生产燃料油品,三次加工获得化工产品。

原油一次加工,主要是采用常压、减压蒸馏的简单物理方法将原油切割为沸点范围不同、密度大小不同的多种石油馏分。各种馏分的分离顺序主要取决于物质沸点的高低。

原油二次加工,主要用化学方法或化学—物理方法,将原油馏分中的重质馏分及渣油再进行化学结构上的破坏加工生成汽油、煤油等轻质油品过程。目的在于提高某种产品收率,增加产品品种,提高产品质量。进行二次加工的工艺很多,主要有催化裂解、催化重整、焦化、加氢裂化等。

石油三次加工是对石油一次、二次加工的中间产品(如轻油、重油、石蜡等)通过化学加工过程生产化工产品的过程。

原油的一次和二次加工,也常常被称为石油炼制。

第二节　石油炼制

石油炼制(简称炼制)工业始于 19 世纪 30 年代,到 20 世纪 40～50 年代形成的现代炼油工业,是最大的加工工业之一。19 世纪 30 年代起,陆续建立了石油蒸馏工厂,产品主要是灯用煤油,汽油没有用途当废料抛弃。19 世纪 70 年代建造了润滑油厂,并开始把蒸馏得到的高沸点油做锅炉燃料。19 世纪末内燃机的问世使汽油和柴油的需求猛增,仅靠原油的蒸馏不能满足需求,于是诞生了以增产汽油、柴油为目的,综合利用原油各种成分的原油二次加工工艺。如 1913 年实现了热裂化,1930 年实现了焦化和催化裂化,1940 年实现了催化重整,此后加氢技术也迅速发展,这就形成了现代的石油炼制工业。20 世纪 50 年代以后,石油炼制为化工产品的发展提供了大量原料,形成了现代的石油化学工业。

一、炼油工艺概述

石油炼制就是指以原油为基本原料,通过一系列炼制工艺,把原油加工成各种石油产品以及生产各种石油化工基本原料的过程。

常见的炼油工艺包括原油蒸馏、催化裂解、加氢裂化,石油焦化、催化重整以及炼厂气加工等过程,主要过程如图 10-1 所示。

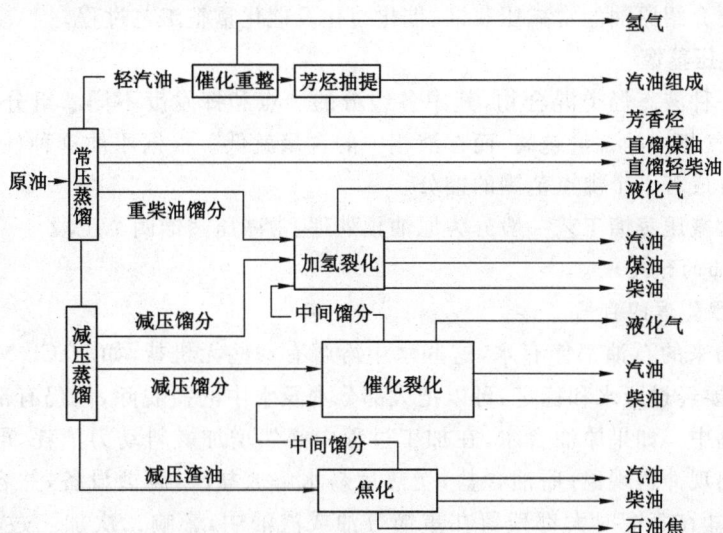

图 10-1　石油炼制过程示意图

1. 常压蒸馏和减压蒸馏

常压蒸馏和减压蒸馏习惯上合称常减压蒸馏,常减压蒸馏属物理过程。原料油在蒸馏塔里按蒸发能力分成沸点范围不同的油品(称为馏分),这些油有的经调合、加添加剂后以产品形式出厂,相当大的部分是后续加工装置的原料,因此,常减压蒸馏又被称为原油的一次加工。

2. 催化裂化

催化裂化是在热裂化工艺上发展起来的,是提高原油加工深度,生产优质汽油、柴油最重要的工艺操作。原料主要是原油蒸馏或其他炼油装置的 350～540 ℃馏分的重质油。催化裂化所得的产物经分馏后可得到气体、汽油、柴油和重质馏分油。

3. 催化重整

催化重整(简称重整)是在催化剂和氢气存在下,将常压蒸馏所得的轻汽油转化成含芳烃较高的重整汽油的过程。如果以 80～180 ℃馏分为原料,产品为高辛烷值汽油;如果以 60～165 ℃馏分为原料油,产品主要是苯、甲苯、二甲苯等芳烃。重整过程副产氢气,可作为炼油厂加氢操作的氢源。

4. 加氢裂化

加氢裂化是在高压、氢气、催化剂存在的条件下进行的,目的是把重质原料转化成汽油、煤油、柴油和润滑油。

5. 延迟焦化

延迟焦化是在较长反应时间下,使原料深度裂化来生产固体石油焦炭,同时获得气体和液体产物的过程。延迟焦化用的原料主要是高沸点的渣油。

6. 炼厂气加工

原油一次加工和二次加工的各生产装置都有气体产出,总称为炼厂气,就组成而言,主要有氢、甲烷、由 2 个碳原子组成的乙烷和乙烯、由 3 个碳原子组成的丙烷和丙烯、由 4 个碳原子组成的丁烷和丁烯等。

本书主要介绍原油的常减压蒸馏、催化裂化及催化重整工艺过程。

二、常减压蒸馏

原油是一种液态烃类混合物,其中各组分的沸点和挥发度不同。组分的沸点越低,挥发度越大,在气相中的含量越高,而在液相中的含量就低。根据原油这种性质,利用常减压蒸馏把原油分成若干个沸点范围的馏分。

石油的常减压蒸馏工艺一般分为原油预处理、常减压蒸馏两个工段。

(一)原油的预处理

1. 原油预处理的目的

刚开采出来的石油都伴有水,这些水中溶解有一些无机盐,如 $NaCl$、$MgCl_2$、$CaCl_2$ 等,在油田,原油要经过脱水和稳定,可以把大部分水及水中的盐脱除,但仍有部分水以乳化状态存在于原油中。如果原油含水,在加工过程中必然增加燃料动力消耗,严重时会引起蒸馏塔超压或出现冲塔现象;原油含盐,受热后易水解成盐酸,腐蚀设备,并容易结成盐垢堵塞管路,而且盐在蒸馏时大都残留在重馏分油或渣油中,影响二次加工过程及产品质量。为此一般要求处理后原油含盐小于 3 mg/L,含水小于 0.2%。

2. 原油预处理的基本原理

原油中的盐大部分溶于所含水中,故脱盐脱水是同时进行的。为了脱除悬浮在原油中的盐粒,在原油中注入一定量的新鲜水(注入量一般为 5%),充分混合,然后在破乳剂和高压电场的作用下,使微小水滴逐步聚集成较大水滴,借重力从油中沉降分离,达到脱盐脱水的目的,这种方法通常称为电化学脱盐脱水过程。

3. 原油预处理工艺

我国各炼油厂大都采用两级脱盐脱水流程,工艺流程见图 10-2。

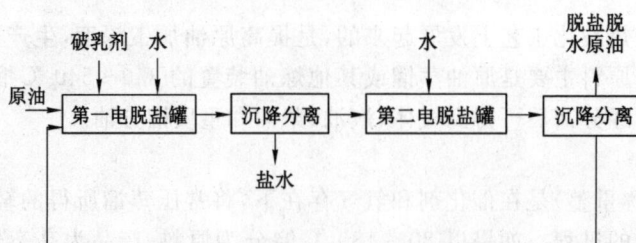

图 10-2　原油预处理工艺流程示意图

原油按比例加入淡水、破乳剂后经原油泵混合,并经换热器加热到预定温度,从底部进入一级电脱盐罐,通过高压电场后,脱水原油从罐顶引出;再次注入新鲜水,经混合阀混合后进入二级电脱盐罐底部,再次通过高压电场脱水,脱水后原油从罐顶流出即为脱水原油。从二级脱盐罐中脱出的水含盐较少,将其作为一级脱盐前所加的水注入原油,以节约新鲜水。从一级脱盐缸脱出的水,从罐底排出系统。

原油进入一级和二级脱盐罐前均需注水,其目的是溶解原油中的结晶盐类和增大原油中含水量,以增加水滴的偶极聚结力。通常注水量一级为原油重量的 5%～6%,二级为 2%～3%。

(二)原油的常、减压蒸馏

1. 原油常减压蒸馏的目的

常压蒸馏是在大气压下进行的,在此条件下仅能分离出沸点较低的馏分,拔出率为25%～30%。常压蒸馏时,利用不同抽出侧线,将原油分割为拔顶气馏分(C4 及 C4 以下轻质烃)、直馏汽油、航空煤油、煤油、轻质油(沸点 250～300 ℃)等。

减压蒸馏在真空情况(8 kPa)下进行,以防止烃类的裂解或炭化。减压塔顶分离出柴油或燃料油,塔中可截取不同黏度馏分,用以制造润滑油或做裂解原料,塔底减压渣油可作为催化裂化掺炼及制沥青原料等。

2. 常减压蒸馏工艺

目前炼油厂最常采用的原油蒸馏流程是两段气化流程和三段气化流程。两段气化流程包括两个部分:常压蒸馏和减压蒸馏。三段气化流程包括三个部分:原油初馏、常压蒸馏和减压蒸馏。

常压蒸馏两段气化流程会造成管路较大的压力降,如果原油含硫,还会造成蒸馏塔顶部、气相馏出管线与冷凝冷却系统等低温位的严重腐蚀。采用两段气化蒸馏流程时,这些现象都会出现,给操作带来困难,影响产品质量和收率,大型炼油厂的原油蒸馏装置多采用三段汽化流程。

典型的原油三段气化常、减压蒸馏流程见图 10-3。

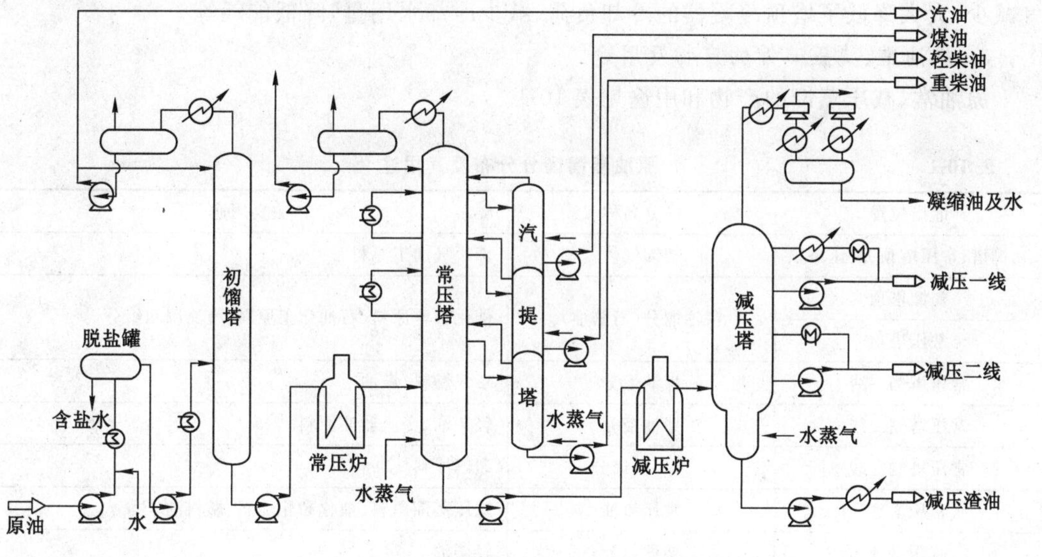

图 10-3　原油三段气化常减压蒸馏工艺流程图

原油经脱盐脱水后,进入换热器预热至 220～250 ℃,再进入初馏塔,利用回流液控制塔顶温度在 100 ℃左右。塔顶出轻汽油馏分或重整原料,塔底出料由泵送入常压炉加热,当温度达到 360~370 ℃后进入常压蒸馏塔。

常压塔顶馏出温度控制在 100~200 ℃,经分离后塔顶出汽油馏分,侧线抽出自上而下分别为煤油、轻柴油、重柴油馏分,塔底的部分称为常压重油(原油中的沸点高于 350 ℃的馏分)。若想取得润滑油馏分或催化裂化原料,需要把沸点 350~500 ℃的馏分从常压重油中分离出来。为防止重油中的不安定组分发生严重分解和缩合反应,保证产品质量,维持生产周期,将常压塔底重油放在减压条件下进行蒸馏,温度条件限制在 420 ℃以下。

常压塔底重油经减压炉加热到 405~410 ℃后送入减压蒸馏塔。减压塔是在压力低于100 kPa 的负压下进行蒸馏操作的,塔顶接减压系统,并采用塔顶循环回流方式,使塔顶的绝对压力保持在 8 kPa 左右,从而减少管路压力降和提高减压塔真空度。减压塔大都有 3~4 个侧线,根据炼油厂的加工类型可生产出催化裂化原料或润滑油馏分等不同产品。塔底排出的减压渣油用泵抽出经换热冷却后出装置(如用做锅炉燃料),也可根据渣油的组成及性质送至下道工序。

三段气化原油蒸馏工艺流程的特点如下:

① 初馏塔顶产品轻汽油一般做催化重整装置进料。由于原油中含砷有机物质会随着原油温度的升高而分解气化,因而初馏塔顶汽油的砷含量较低,而常压塔顶汽油含砷量很高。砷是重整催化剂的有害物质,因而一般含砷量高的原油生产重整原料均采用初馏塔。

② 常压塔可设 3~4 个侧线,生产溶剂油、煤油(或喷气燃料)、轻柴油、重柴油等馏分。

③ 减压塔侧线出催化裂化或加氢裂化原料,产品较简单,分馏精度要求不高,故只设2~3 个侧线,不设汽提塔。

④ 减压蒸馏可以采用干式减压蒸馏工艺,即不依赖注入水蒸气来降低油汽分压的减压蒸馏方式。它的主要特点有:填料塔压降小,塔内真空度提高,加热炉出口温度降低使不凝气减少,大大降低了塔顶冷凝器的冷却负荷,减少冷却水用量,降低能耗等。

3. 原油常、减压蒸馏的产物及用途

原油常、减压蒸馏的产物和用途见表 10-1。

表 10-1   原油蒸馏馏分分布及其用途

馏出位置	馏分名称	主要用途
初馏塔、常压塔顶、减压塔顶	初馏气体	炼厂气加工原料
初馏塔顶	汽油馏分(石脑油)	催化重整原料、石油化工原料、汽油调和组分
常压塔顶		
常压塔侧一线	煤油馏分	喷气燃料、煤油
常压塔侧二线	柴油馏分	轻柴油、变压器油原料
常压塔侧三线	常压重馏分	裂解原料
常压塔底	常压渣油	减压蒸馏原料、催化裂化原料、燃料油
减压塔顶	柴油馏分	轻柴油
减压塔侧线	减压馏分油	润滑油原料、裂化原料
减压塔底	减压渣油	溶剂脱沥青原料、石油焦化原料、燃料油

三、催化裂化

裂化工艺是目前石油工业制取低碳烃和烯烃的重要途径之一,裂化过程可以将石油中的长链烃(重油的主要成分)分裂为用途广泛的短链烃,达到提高原油中汽油、煤油、柴油的收率和质量的目的。对于炼油厂来说,有3种不同的裂化方式,分别是热裂化、催化裂化和加氢裂化。

热裂化是在热作用下裂化重质油,生产轻质油品,直至20世纪60年代中期一直是我国炼油厂生产轻质油品的主要手段。但热裂化汽油和柴油的质量差,安定性不好。

催化裂化是在热和催化剂作用下裂解重质油,产生裂解气、汽油和柴油等轻质馏分。此过程使汽油的生产在质量与产率方面均优于热裂化。

加氢裂化采用具有裂化和加氢两种作用的双功能催化剂,加入纯净氢气后,使重质油进行催化裂化及加氢反应,具有所用原料范围广及可以灵活调整产品品种、数量等优点。但是加氢裂化必须在高温、高压下进行,设备需要较多的合金钢,投资大。

本书重点介绍催化裂化工艺。

1. 催化裂化的反应类型

催化裂化的反应过程十分复杂,反应机理是按正碳离子机理进行的,它包括异构化、裂化、环化、烷基化、氢转移和缩合等反应。

① 异构化:通过氢原子和碳原子的变位而发生的重排反应。氢原子的变位导致烯烃的双键异构化,氢变位加上甲基变位产生骨架异构化。

烯烃双键异构化反应:

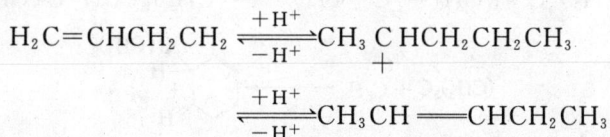

$$H_2C=CHCH_2CH_2 \underset{-H^+}{\overset{+H^+}{\rightleftharpoons}} CH_3 \overset{+}{C} HCH_2CH_2CH_3$$

$$\underset{-H^+}{\overset{+H^+}{\rightleftharpoons}} CH_3CH=\!=\!CHCH_2CH_3$$

烯烃骨架异构化反应:

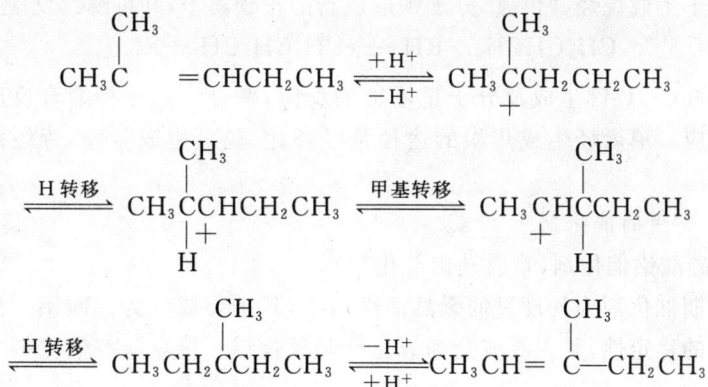

$$CH_3\overset{\overset{CH_3}{|}}{C}=CHCH_2CH_3 \underset{-H^+}{\overset{+H^+}{\rightleftharpoons}} CH_3\overset{\overset{CH_3}{|}}{\underset{+}{C}}CH_2CH_2CH_3$$

$$\overset{H 转移}{\rightleftharpoons} CH_3\overset{\overset{CH_3}{|}}{\underset{\underset{H}{|}{+}}{C}}CHCH_2CH_3 \overset{甲基转移}{\rightleftharpoons} CH_3\overset{\overset{CH_3}{|}}{\underset{\overset{+}{\underset{H}{|}}}{CH}}\overset{}{C}CH_2CH_3$$

$$\overset{H 转移}{\rightleftharpoons} CH_3CH_2\overset{\overset{CH_3}{|}}{\underset{+}{C}}CH_2CH_3 \underset{+H^+}{\overset{-H^+}{\rightleftharpoons}} CH_3CH=\overset{\overset{CH_3}{|}}{C}\!-\!CH_2CH_3$$

② 裂化:直链的仲正碳离子在 β 位断裂生成一个烯烃和一个伯正碳离子。

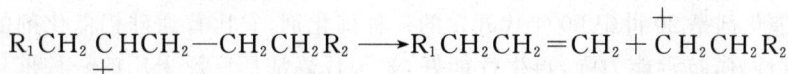

$$R_1CH_2\overset{+}{C}HCH_2\!-\!CH_2CH_2R_2 \longrightarrow R_1CH_2CH_2=CH_2 + \overset{+}{C}H_2CH_2R_2$$

由于仲正碳离子比伯正碳离子更稳定,生成的伯正碳离子很快发生氢转移而生成仲正碳离子:

$$\overset{+}{C}H_2HR_2 \longrightarrow CH_3\overset{+}{C}HR_2$$

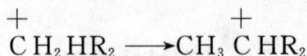

③环化:烯烃正碳离子按下列路线转化成环状正碳离子。

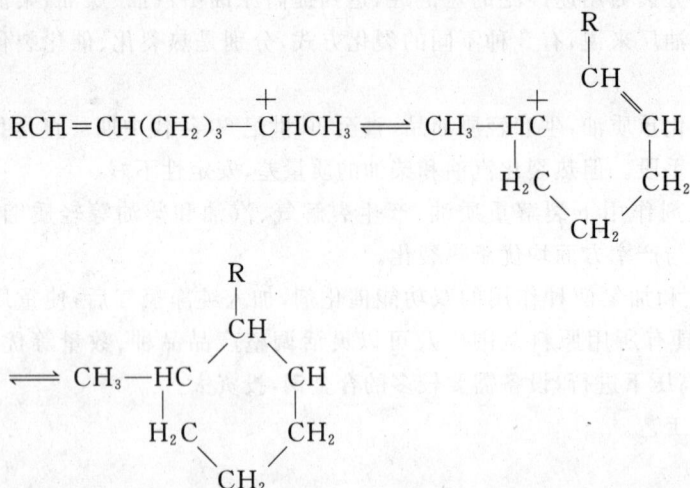

$$RCH=CH(CH_2)_3-\overset{+}{C}HCH_3 \rightleftharpoons CH_3-\overset{+}{HC}$$

生成的环状正碳离子能获取一个阴离子生成环烷烃,或失去质子生成环烯烃。环烯烃还可继续失去阴氢离子和质子,直至生成芳烃。

④ 烷基化:正碳离子可与烯烃或芳烃进行烷基化反应。

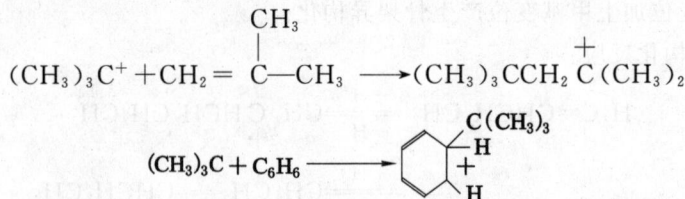

$$(CH_3)_3C^+ + CH_2= \overset{CH_3}{\underset{|}{C}}-CH_3 \longrightarrow (CH_3)_3CCH_2\overset{+}{C}(CH_3)_2$$

$$(CH_3)_3C + C_6H_6 \longrightarrow$$

⑤ 氢转移:烯烃能接受一个质子酸中心形成正碳离子,此正碳离子又从"供氢"分子中获取一个阴氢离子生成烷烃,"供氢"分子则形成新的正碳离子,并可继续反应下去。

$$\underset{+}{CH_3CHCH_3} + RH \longrightarrow CH_3CH_2CH_3 + R^+$$

⑥ 缩合:新的C—C键生成及分子量增加的反应,叠合也是一种缩合反应。焦炭生成就是一种缩合反应。单烯烃生成焦炭的途径是经环化、脱氢生成芳烃,芳烃再和其他芳烃缩合成焦炭。

2. 催化裂化常用的催化剂

(1)无定形硅酸铝催化剂(普通硅铝催化剂)

催化裂化早期催化剂为处理过的天然活性白土,其主要成分为硅酸铝。而人工合成的硅酸铝具有较高的稳定性,其主要成分为氧化硅和氧化铝。每克新鲜催化剂的比表面积达 $500\sim700$ m²。

(2)结晶型硅铝盐催化剂(分子筛催化剂)

分子筛催化剂是 20 世纪 60 年代开发的一种催化剂,它比普通硅铝催化剂的活性和选择性高、稳定性好,抗毒能力强,再生性能好,是现代炼油厂广泛采用的一种催化剂。分子筛催化剂一般含分子筛 5%~15%,其余为担体。目前工业所用的分子筛主要为 X 和 Y 型及 ZSM—5 沸石分子筛。

3. 生产中几个常用的基本概念

(1) 回炼操作

回炼操作又叫循环裂化。由于新鲜原料经过一次反应后不能都变成要求的产品,还有一部分和原料油馏程相近的中间馏分,把这部分中间馏分送回反应器重新进行反应就叫回炼操作。这部分中间馏分油就叫做回炼油(或称循环油)。

回炼比是回炼油(包括回炼油浆)与新鲜原料重量之比,即:

$$回炼比 = \frac{回炼油 + 回炼油浆}{新鲜原料}$$

回炼比的大小由原料性质和生产方案决定,通常,多产汽油方案采用小回炼比,多产柴油方案用大回炼比。

(2) 空速和反应时间

$$空速 = \frac{总进料量(t/h)}{反应器内催化剂堆藏量(t)}$$

空速的单位为 h^{-1},空速越高,表明催化剂与油接触时间越短,装置处理能力越大。

空速只是在一定程度上反映了反应时间的长短,人们常用空速的倒数相对地表示反应时间,称为假反应时间,即:

$$假反应时间 = \frac{1}{空速}$$

(3) 剂油比

$$C/O = \frac{催化剂循环量(t/h)}{总进料量(t/h)}$$

在同一条件下,剂油比大,表明原料油能与更多的催化剂接触,单位催化剂上的积炭少,催化剂失活程度小,从而使转化率提高。但剂油比增大会使焦炭产率增加;剂油比太小,增加热裂化反应的比例,使产品质量变差。实际生产中剂油比为 5~10。

4. 催化裂化装置的工艺流程

催化裂化装置通常由三大部分组成,即反应—再生系统、分馏系统和吸收—稳定系统。其中,反应—再生系统是全装置的核心部分,不同的装置类型反应—再生系统的工艺流程会略有差异,但原理都是一样的。本书以高低并列式提升管催化裂化为例,对几大系统分述。

(1) 反应—再生系统

反应—再生系统工艺流程见图10-4。

新鲜原料油(减压馏分油)经过一系列换热后与回炼油混合,进入加热炉预热到 370 ℃左右(温度过高会发生热裂解),由原料油喷嘴以雾化状态喷入提升管反应器下部(油浆不经加热直接进入提升管),与来自再生器的约 650~700 ℃ 的高温催化剂接触并立即气化,油气与雾化蒸汽及预提升水蒸气一起携带着催化剂以 7~8 m/s 的线速度向上流动,边流动边进行化学反应,在 470~510 ℃ 的温度下停留 2~4 s,然后以 13~20 m/s 的高线速通过提升管出口,经快速分离器,大部分催化剂被分离出落入沉降器下部,油气携带少量催化剂经两级旋风分离器分出夹带的催化剂后进入集气室,通过沉降器顶部的出口进入分馏系统。

积有焦炭的待再生催化剂由沉降器进入其下面的汽提段,用过热水蒸气进行汽提以脱除吸附在催化剂表面上的少量油气。待再生催化剂经待生斜管进入再生塔,与来自再生塔

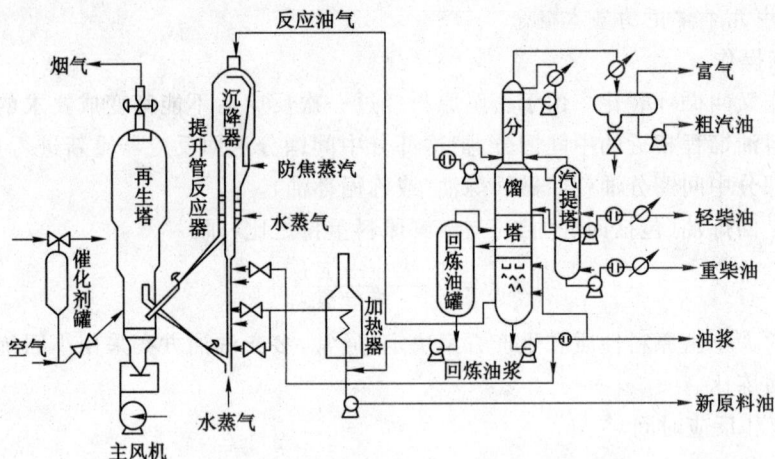

图 10-4　反应—再生系统、分馏系统工艺流程示意图

底部的空气(由主风机提供)接触形成流化床层,进行再生反应,同时放出大量燃烧热,以维持足够高的床层温度(650~680 ℃)。再生塔维持 0.15~0.25 MPa 的顶部压力,床层线速约为 0.7~1.0 m/s。再生后的催化剂含碳量小于 0.2%,经再生斜管返回提升管反应器循环使用。

烧焦产生的再生烟气,经再生塔进入旋风分离器,经两级旋风分离器分离出携带的大部分催化剂,烟气经集气室排入烟囱(或去能量回收系统)。回收的催化剂返回床层。

在生产过程中,少量催化剂细粉随烟气排入大气或进入分馏系统随油浆排出,造成催化剂的损耗。为了维持反应—再生系统的催化剂的量,需要定期向系统补充新鲜催化剂。即使是催化剂损失很低的装置,由于催化剂老化减活或受重金属的污染,也需要放出一些催化剂,再补充一些新鲜催化剂以维持系统内催化剂的活性。为此,装置内通常设有两个催化剂储罐,并配备加料和卸料系统。

从以上的工艺流程描述中可以看出再生塔的主要作用是:烧去催化剂上因反应而生成的积炭,使催化剂的活性得以恢复。

在反应系统中加入水蒸气的作用如下:

① 雾化——从提升管底部进入使油气雾化,分散,与催化剂充分接触。

② 预提升——在提升管中输送油气。

③ 汽提——从沉降器底部汽提段进入,使催化剂颗粒间和颗粒内的油气汽提,减少油气损失和焦炭生成量,从而减少再生器负荷。汽提水蒸气占总水蒸气量的大部分。

④ 吹扫、松动——反应器、再生器某些部位加入少量水蒸气防止催化剂堆积、堵塞。

(2) 分馏系统

分馏系统工艺流程见图 10-4。

分馏系统的作用是将反应—再生系统的产物进行初步分离,得到部分产品和半成品。由反应—再生系统来的高温油气进入催化分馏塔下部,经装有挡板的脱过热段冷却进入分馏段,经分馏后得到富气、粗汽油、轻柴油、重柴油、回炼油和油浆(塔底抽出的带有催化剂细粉的渣油)。富气和粗汽油去吸收稳定系统;轻、重柴油经汽提,换热或冷却后出装置;回炼油返回反应—再生系统进行回炼；油浆的一部分进反应—再生系统回炼，另一部分经换热后循环回分馏塔（也可将其中一部分冷却后送出装置）。将轻柴油的一部分经冷却后进入再吸收塔作为吸收剂（贫吸收油），吸收了 C8、C4 馏分的轻柴油（富吸收油）再返回分馏塔。为了取走分馏塔的过剩热量以使塔内气、液负荷分布均匀，在塔的不同位置分别设有 4 个循环回流：顶循环回流、一中段回流、二中段回流和油浆循环回流。

（3）吸收—稳定系统

吸收—稳定系统工艺流程见图 10-5。

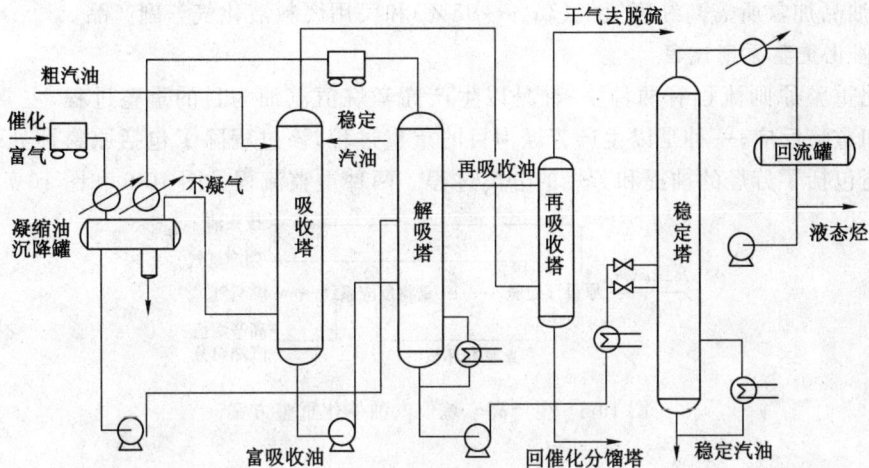

图 10-5　吸收—稳定系统工艺流程示意图

如前所述，催化裂化生产过程的主要产品是气体、汽油和柴油，其中气体产品包括干气和液化石油气，干气作为本装置燃料气烧掉，液化石油气是宝贵的石油化工原料和民用燃料。所谓吸收—稳定，目的在于将来自分馏部分的催化富气中 C2 以下组分与 C8 以上组分分离以便分别利用，同时将混入汽油中的少量气体烃分离出去，以降低汽油的蒸气压，保证符合商品规格。

吸收—稳定系统包括吸收塔、解吸塔、再吸收塔、稳定塔以及相应的冷换设备。

由分馏系统油气分离器出来的富气经气体压缩机升压后，冷却并分出凝缩油，压缩富气进入吸收塔底部，粗汽油和稳定汽油作为吸收剂由塔顶进入，吸收了 C8、C4（及部分 C2）的富吸收油由塔底抽出送至解吸塔顶部。吸收塔设有一个中段回流以维持塔内较低的温度。吸收塔顶出来的贫气中尚夹带少量汽油，经再吸收塔用轻柴油回收其中的汽油组分后成为干气送燃料气管网。吸收了汽油的轻柴油由再吸收塔底抽出返回分馏塔。解吸塔的作用是通过加热将富吸收油中 C2 组分解吸出来，由塔顶引出进入中间平衡罐，塔底为脱乙烷汽油被送稳定塔。稳定塔的目的是将汽油中 C4 以下的轻烃脱除，在塔顶得到液化石油气（简称液化气），塔底得到合格的汽油——稳定汽油。

吸收解吸系统有两种流程，上面介绍的是吸收塔和解吸塔分开的双塔流程；还有一种单塔流程，即一个塔同时完成吸收和解吸的任务。双塔流程优于单塔流程，它能同时满足高吸收率和高解吸率的要求。

除以上三大系统外，现代催化裂化装置大都设有能量回收系统，其目的是最大限度地回收能量,降低能耗。常采用的手段有:利用烟气轮机将高速烟气的动能转化为机械能;利用一氧化碳锅炉使烟气中 CO 燃烧回收其化学能;利用余热锅炉回收气体的显热,产生蒸汽。采用这措施后,全装置的能耗可大大降低。

四、催化重整

催化重整是以石脑油为原料,在催化剂的作用下,烃类分子重新排列成新分子结构的工艺过程。其主要目的一是生产高辛烷值汽油组分;二是为化纤、橡胶、塑料和精细化工提供原料(苯、甲苯、二甲苯,简称 BTX 芳烃)。除此之外,催化重整过程还生产化工过程所需的溶剂、油品加氢所需高纯度氢气(75%~95%)和民用燃料液化气等副产品。

1. 催化重整原则流程

催化重整原则流程有两种,一种是以生产高辛烷值汽油为目的重整过程,主要有原料预处理和重整反应;一种是以生产芳烃为目的重整过程,该过程除了包括原料预处理、重整反应外还包括了芳烃的抽提和芳烃的分离过程。两种重整流程见图 10-6 和图 10-7。

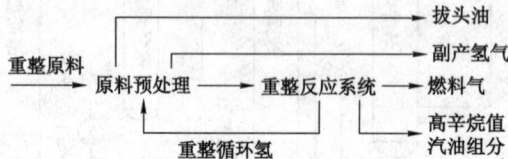

图 10-6　生产高辛烷值汽油催化重整方案

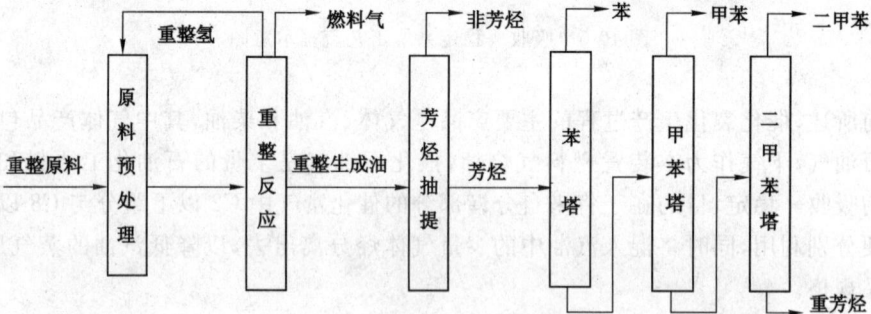

图 10-7　生产芳烃方案催化重整方案

产品中的拔头油是指汽油在蒸馏时得到的沸点低于 60 ℃的轻质馏分。石油炼厂中为了提高直馏汽油中的辛烷值或将其用于催化重整以生产芳烃,要求除去重整原料中的拔头油。其组成主要是 C5 烃类,收率约为原油处理量的 0.4%~0.6%,可作为石油化工原料、烃类裂解或直接作为工业溶剂等。

2. 催化重整反应

(1) 环烷烃脱氢芳构化反应

环烷烃脱氢芳构化反应为重整反应的最基本反应,反应进行得很快、很完全,是生成芳烃和氢气的主要来源。该反应在高温低压时有利于环烷烃转化率的提高。

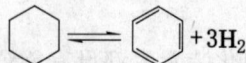

（2）烷烃脱氢环化反应

烷烃脱氢转变为环烷烃,环烷烃进一步脱氢成为芳烃,为吸热反应。

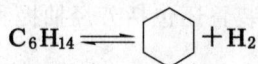

$$C_6H_{14} \Longleftrightarrow + H_2$$

（3）异构化

异构化反应主要有五元环烷烃异构化和直链烷烃异构化反应。

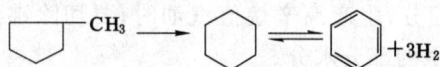

$$ \longrightarrow \Longleftrightarrow + 3H_2$$

异构化反应的特点是反应速度较快,属于微放热反应。异构化反应不仅可以提高汽油的辛烷值,而且异构烷烃比正构烷烃更容易进行脱氢环化而生成芳烃。

（4）加氢裂化

由于重整反应有氢气存在,当大分子烃裂解成小分子烯烃时,可能加氢生成小分子饱和烃,为放热反应。

$$n C_8H_{18} + H_2 \Longleftrightarrow 2i\text{-}C_4H_{10}$$

（5）脱烷基反应

在一定条件下,新鲜催化剂或刚再生后的催化剂会使烃类发生脱烷基反应,放出大量的热。

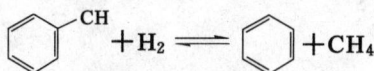

$$ + H_2 \Longleftrightarrow + CH_4$$

3. 重整催化剂

工业重整催化剂分为两大类:非贵金属和贵金属催化剂。

非贵金属催化剂,主要有 Cr_2O_3/Al_2O_3、MoO_3/Al_2O_3 等,其主要活性组分多属元素周期表中第Ⅵ族金属元素的氧化物。这类催化剂的性能较贵金属催化剂低得多,目前工业上已淘汰。

贵金属催化剂,主要有 $Pt—Re/Al_2O_3$、$Pt—Sn/Al_2O_3$、$Pt—Ir/Al_2O_3$ 等系列,其活性组分主要是元素周期表中第Ⅷ族的金属元素,如铂、钯、铱、铑等。

贵金属催化剂由活性组分、助催化剂和载体构成。

目前应用最广的脱氢活性功能催化剂是贵金属 Pt。一般来说,催化剂的活性、稳定性和抗毒物能力随铂含量的增加而增强。但铂是贵金属,其催化剂的成本主要取决于铂含量,研究表明:当铂含量接近于 1% 时,继续提高铂含量几乎没有裨益。

活性组分中的酸性功能一般由卤素提供,随着卤素含量的增加,催化剂对异构化和加氢裂化等酸性反应的催化活性也增加。一般新鲜全氯型催化剂的氯含量为 $0.6\% \sim 1.5\%$,实际操作中要求氯稳定在 $0.4\% \sim 1.0\%$。

助催化剂有铂铼系列、铂铱系列和铂锡系列。铂铼系列与铂催化剂相比,初活性没有很大改进,但活性、稳定性大大提高,且容碳能力增强,主要用于固定床重整工艺;铂铱系列是在铂催化剂中引入铱,可以大幅度提高催化剂的脱氢环化能力;铂锡催化剂的低压稳定性非常好,环化选择性也好,其较多地应用于连续重整工艺。

作为重整催化剂的常用载体有 $\eta—Al_2O_3$ 和 $\gamma—Al_2O_3$。

4. 催化重整装置的工艺流程

一套完整的重整工业装置大都包括原料油预处理、重整反应、产品后加氢和稳定处理几个部分。生产芳烃为目的的重整装置还包括芳烃抽提和芳烃分离部分。

(1) 重整原料油的预处理

重整原料油的预处理包括原料的预分馏、预脱砷和预加氢几个部分。

预分馏的目的是根据目的产品要求对原料进行精馏切取适宜的馏分。例如,生产芳烃时,要切除沸点<60 ℃的馏分;生产高辛烷值汽油时,要切除沸点<80 ℃的馏分。预分馏过程中也同时脱除原料油中的部分水分。

砷能使重整催化剂中毒失活,因此要求进入重整反应器的原料油中砷含量不得高于 1 ppb(10^{-9})。若原料油含砷量较低,则可不经预脱砷,只需经过预加氢就可达到要求。

预加氢的目的是脱除原料油中的杂质。其原理是在催化剂和氢的作用下,使原料油中的硫、氮和氧等杂质分解,分别生成 H_2S、NH_3 和 H_2O 被除去。烯烃加氢饱和,砷、铅等重金属化合在预加氢条件下进行分解,并被催化剂吸附除去。预加氢所用催化剂是钼酸镍。

加氢脱硫反应机理:

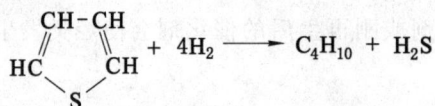

$$RHS + H_2 \longrightarrow RH + H_2S$$

加氢脱氮反应机理:

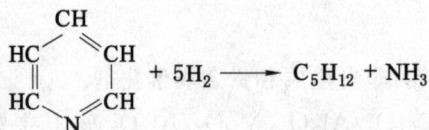

加氢脱氧反应机理:

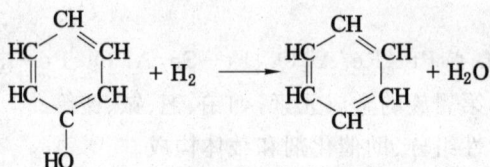

烯烃饱和反应机理:

$$C_7H_4 + 6H_2 \longrightarrow C_7H_{16}$$

脱卤素反应机理:

$$RCl + H_2 \longrightarrow RH + HCl$$

脱金属反应机理:

$$R\text{-}M + 2H_2 \longrightarrow 2RH + 2M$$

式中 M 表示金属元素。

重整原料的脱水及脱硫:加氢过程得到的生成油中尚溶解有 H_2S、NH_3 和 H_2O 等,为了保护重整催化剂,必须除去这些杂质。脱除的方法有汽提法和蒸馏脱水法。以蒸馏脱水法较为常用。

原料油预处理工艺流程见图 10-8。

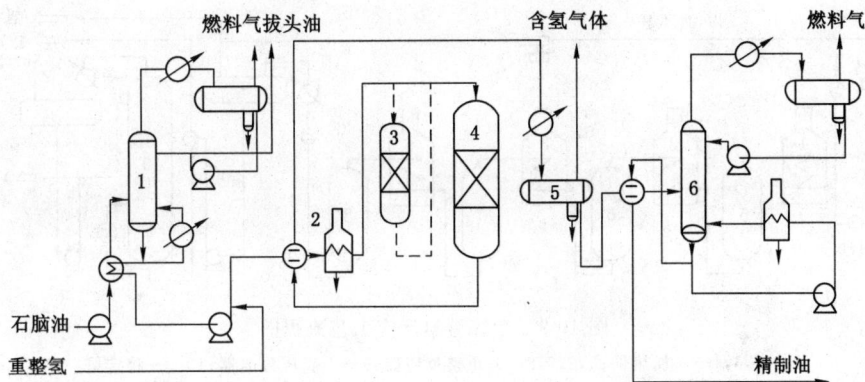

图 10-8 原料油预处理工艺流程示意图

1——预分馏塔；2——加热炉；3——脱砷反应器；4——干加氢反应器；5——油气分离器；6——汽提塔

用泵将原料油抽入装置，先经换热器与预分馏塔底物料换热，随后进入预分馏塔进行预分馏。预分馏塔一般在 0.3 MPa 左右的压力下操作。预分馏塔顶产物经冷凝冷却后进入回流罐。回流罐顶部不凝气体送住燃料气管网；冷凝液体（拔头油）一部分作为塔顶回流，一部分送出装置作为汽油调合组分或化工原料。预分馏塔底设有重沸器（或重沸炉），塔底物料一部分在重沸器内用蒸汽或热载体加热后部分气化，气相返回塔底，为预分馏塔提供热量；一部分用泵从塔底抽出，经与预分馏塔进料换热后，去预加氢部分，与重整反应产生的氢气混合后与预加氢产物换热，再经加热炉加热后进入预加氢反应器（若原料油需预脱砷，则先经脱砷反应器再进预加氢反应器）。有的装置设有循环氢气压缩机，氢气循环使用。

预加氢的反应产物从反应器底部流出与预加氢进料换热，再经冷却后进入油气分离器。从油气分离器分出的含氢气体送出装置供其他加氢装置使用。液体从分离器底部流出经换热器进入汽提塔。

汽提塔塔顶物料经冷凝器冷却后进入回流罐，冷凝液体从回流罐抽出打回塔顶做回流，含 H_2S 的气体从回流罐分出送入燃料气管网。水从回流罐底部分水斗排出。汽提塔底设重沸器作为汽提塔的热源。脱除硫化物、氮化物和水分的塔底物料（即精制油），与该塔进料换热后作为重整反应部分的进料。

（2）重整反应工艺流程

工业重整装置广泛采用的反应系统流程可分为两大类：固定床反应器半再生式工艺流程和移动床反应器连续再生式工艺流程。

① 固定床半再生式重整工艺流程

固定床半再生式重整的特点是当催化剂运转一定时期后，活性下降而不能继续使用时，需就地停工再生（或换用异地再生好的或新鲜的催化剂），因此称为半再生式重整过程。以生产芳烃为目的铂铼双金属半再生式重整工艺原理流程如图 10-9 所示。

经预处理的原料油与循环氢混合，再经换热、加热后进入重整反应器。

重整反应是强吸热反应，反应时温度下降，因此为得到较高的重整平衡转化率和保持较快的反应速度，就必须维持合适的反应温度，这就需要在反应过程中不断地补充热量。

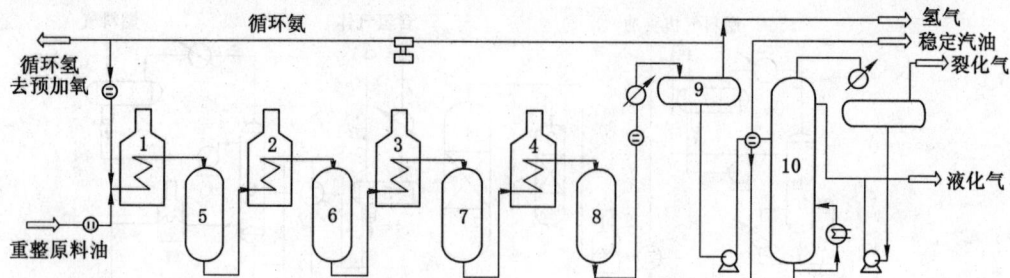

图 10-9　铂铼重整反应工艺流程图

1,2,3,4——加热炉;5,6,7,8——重整反应器;9——高压分离器;10——稳定塔

为此,半再生式装置的固定床重整反应器一般由三至四个绝热式反应器串联,反应器之间有加热炉加热到所需的反应温度。每半年至一年停止进油,全部催化剂就地再生一次。

反应器的入口温度一般为 480~520 ℃,使用新鲜催化剂时,反应器入口温度较低,随着生产周期的延长,催化剂的活性逐渐下降,各反应器入口温度逐渐提高。铂铼重整反应的其他操作条件为:空速 1.5~2 h^{-1};氢油比(体积)约 1 200∶1;压力 1.5~2 MPa。

自最后一个反应器出来的重整产物温度约 490 ℃,为了回收热量而进入一大型立式换热器与重整进料换热,再经冷却后进入油气分离器,分出含氢 85%~95% 的富氢气体。经循环氢压缩机升压后,大部分送回反应系统作循环氢使用,少部分去预处理部分。

② 连续再生式重整工艺流程

半再生式重整会因催化剂的积炭而停工进行再生。为了能使催化剂经常保持高活性,在更低的压力和氢油比条件下操作,得到质量好收率高的产品,发展了移动床反应器连续再生式重整(简称连续重整)。其工艺流程见图 10-10。

该工艺的主要特征是设有专门的再生器,反应器和再生器都采用移动床反应器,催化剂在反应器和再生器之间不断地进行循环反应和再生,一般每 3~7 d 全部催化剂再生一遍。

该反应过程中三个反应器叠置排列,称为轴向重叠式连续重整工艺。催化剂依靠重力自上而下依次流过各个反应器,从最后一个反应器出来的待生催化剂用氮气提升到再生器的顶部进行再生。

5. 影响重整反应的主要因素

① 反应温度

提高反应温度不仅能使化学反应速度加快,而且对于吸热的脱氢反应的化学平衡有利,但提高反应温度会使加氢裂化反应加剧、液体产物收率下降、催化剂积炭加快,反应温度提高的程度还受到设备材质和催化剂耐热性能的限制。因此,在选择反应温度时应综合考虑各方面的因素。

② 反应压力

提高反应压力对生成芳烃的环烷烃脱氢、烷烃环化脱氢反应都不利,但对加氢裂化反应却有利。因此,从增加芳烃产率的角度来看,希望采用较低的反应压力。在较低的压力下可以得到较高的汽油产率和芳烃产率,氢气的产率和纯度也较高。但是在低压下催化剂

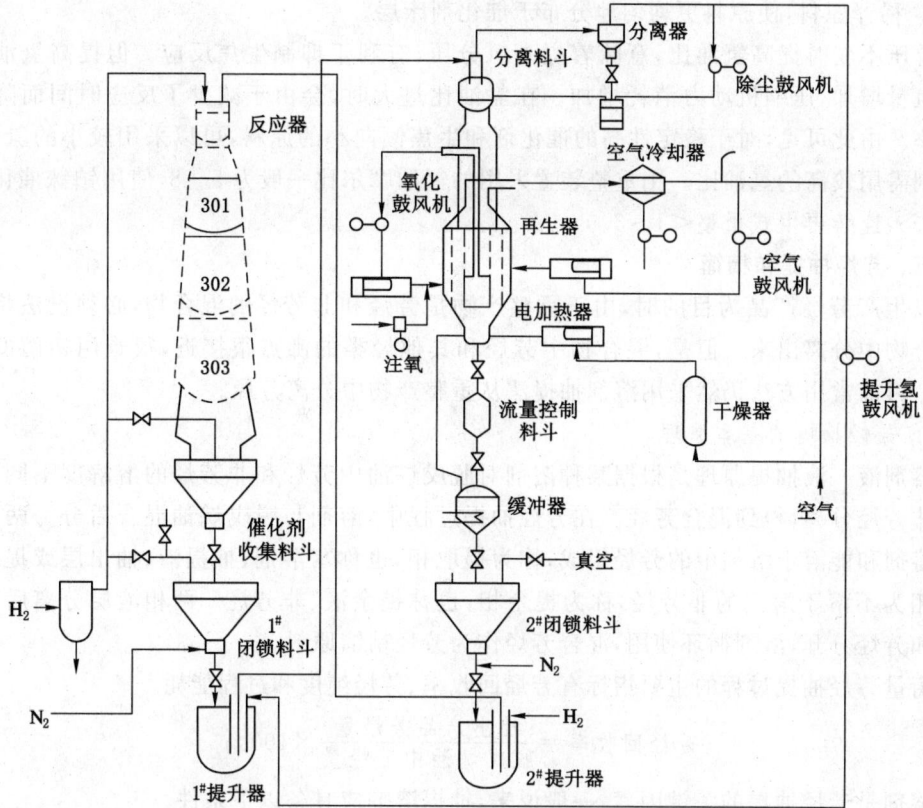

图 10-10　UOP 移动床反应器连续重整反应工艺流程示意图

受氢气保护的程度下降,积炭速度较快,从而使操作周期缩短。选择适宜的反应压力应从工艺技术、原料性质、催化剂性能等多方面考虑。

③ 空速

环烷烃脱氢反应的速度很快,在重整条件下很容易达到化学平衡,空速的大小对这类反应影响不大;而烷烃环化脱氢反应和加氢裂化反应速度慢,空速对这类反应有较大的影响。所以,在加氢裂化反应影响不大的情况下,适当采用较低的空速对提高芳烃产率和汽油辛烷值有好处。

通常在生产芳烃时,采用较高的空速;生产高辛烷值汽油时,采用较低的空速,以增加反应深度,使汽油辛烷值提高。但空速较低增加了加氢裂化反应程度,汽油收率降低,导致氢消耗量和催化剂结焦增加。

选择空速时还应考虑到原料的性质和装置的处理量。对环烷基原料,可以采用较高的空速;而对烷基原料则采用较低的空速。空速越大,装置处理量越大。

④ 氢油比

在重整反应中,除反应生成的氢气外,还要在原料油进入反应器之前混合一部分氢,这部分氢不参与重整反应,工业上称为循环氢。通入循环氢起如下作用:

a. 为了抑制生焦反应,减少催化剂上积炭,起到保护催化剂的作用。

b. 起到热载体的作用,减小反应床层的温度差,使反应温度不致降得太低。

c. 稀释原料,使原料更均匀地分布于催化剂床层。

总压不变时提高氢油比,意味着提高氢分压,有利于抑制生焦反应。但提高氢油比使循环氢量增加,压缩机动力消耗增加。在氢油比过大时,会由于减少了反应时间而降低了转化率。由此可见,对于稳定性高的催化剂和生焦倾向小的原料,可以采用较小的氢油比;反之则需用较高的氢油比。铂重整装置采用的氢油摩尔比一般为 $5\sim8$,使用铂铼催化剂时一般 <5,连续再生式重整 $<1\sim3$。

五、芳烃抽提和精馏

以生产芳烃产品为目的时,由于重整产物是芳烃和非芳烃的混合物,必须设法将芳烃从混合物中分离出来。但是,混合物中芳烃和其他烃类的沸点很接近,很难用精馏的方法分离。目前常用方法仍然采用溶剂抽提法从重整产物中分离芳烃。

1. 芳烃抽提的基本原理

溶剂液—液抽提原理是根据某种溶剂对脱戊烷油中芳烃和非芳烃的溶解度不同,使芳烃与非芳烃分离,得到混合芳烃。在芳烃抽提过程中,溶剂与脱戊烷油混合后分为两相,一相由溶剂和能溶于溶剂中的芳烃组成,称为提取相,也称富溶剂、抽提液、抽出层或提取液;另一相为不溶于溶剂的非芳烃,称为提余相,也称提余液、非芳烃。两相液层分离后,再将溶剂和芳烃分开,溶剂循环使用,混合芳烃作为芳烃精馏原料。

衡量芳烃抽提过程的主要指标有芳烃回收率、芳烃纯度和过程能耗。

$$芳烃回收率 = \frac{抽出产品芳烃量}{脱戊烷油中芳烃量} \times 100\%$$

溶剂是芳烃抽提的关键因素,一般说来,抽提溶剂应具备以下条件。

① 具有较高的溶解选择性,即对芳烃的溶解能力大,对非芳烃的溶解能力小。

② 与原料油的密度差大,能形成两个液相。

③ 与芳烃的沸点差大,有利于溶剂与芳烃分离并回收后循环使用。

④ 热及化学稳定性好,以防止溶剂变质和过多消耗。

⑤ 蒸发潜热及比热小,以降低过程中的热能消耗。

⑥ 毒性及腐蚀性小,价廉易得。

一般炼油厂所用的溶剂多为三乙二醇醚或二乙二醇醚。石化厂的芳烃抽提则用环丁砜、二甲基亚砜、N—甲基吡咯烷酮、N—甲酰基吗啉等。

对于不同碳原子数不同族的烃类,在溶剂中的溶解度顺序为:

芳烃>烯烃或环烷烃>烷烃

对于不同碳原子数同族烃类,在溶剂中的溶解度顺序为:

苯>甲苯>二甲苯>重芳烃>轻质烷烃>重质烷烃

2. 芳烃抽提工艺

工业上多采用多段逆流抽提方法,其抽提过程在抽提塔中进行。为提高芳烃纯度,可采用打回流方式,即以一部分芳烃回流打入抽提塔,称芳烃回流。工业上广泛用于重整芳烃抽提的抽提塔是筛板塔。

芳烃抽提工艺流程见图 10-11。

(1) 抽提

经脱戊烷以后的重整生成油从抽提塔中部进入,与从塔顶喷淋而下的溶剂充分接触,

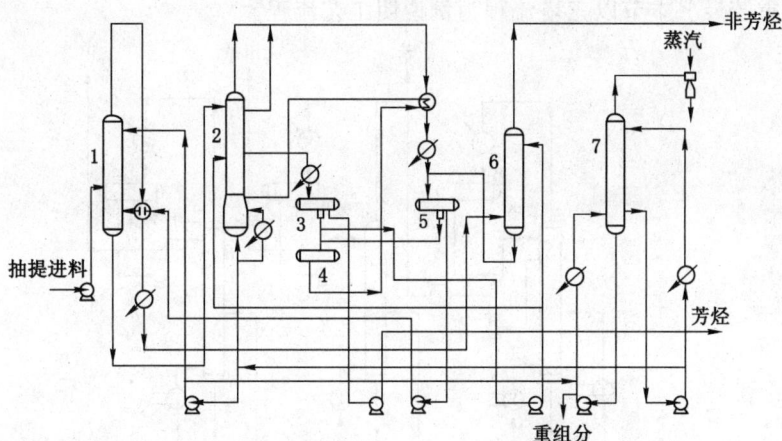

图 10-11 芳烃抽提工艺流程示意图
1——抽提塔;2——汽提塔;3——抽出芳烃罐;4——汽提水罐;
5——回流芳烃罐;6——非芳烃水洗塔;7——溶剂再生塔

由于二者密度相差较大,在塔内形成逆流抽提。塔下部注入从汽提塔顶抽出纯度约为 70%～80% 的芳烃作为回流,以提高产品纯度。富含芳烃的溶剂沉降在塔下部,自塔底采出去汽提塔。非芳烃从塔顶采出,去非芳烃水洗塔。

(2)提取物汽提

来自抽提塔底含有溶剂和芳烃的提取物,经调节阀降压后进入汽提塔顶部。从汽提塔顶蒸出的回流芳烃冷凝后进入回流芳烃罐,在罐内回流芳烃与汽提水分离,回流芳烃用泵抽出经换热后打入抽提塔底作回流,以提高产品纯度。芳烃以蒸气形态从汽提塔中部流出,经冷凝后进入芳烃罐,分出水后用泵送往芳烃精馏部分。

从芳烃罐分出的水,一部分打入非芳烃水洗塔顶洗涤非芳烃和做汽提塔中段回流,另一部分则与从回流芳烃罐分出的水一起进入汽提水罐,然后用泵抽出与汽提塔顶回流芳烃换热气化后进入汽提塔底做汽提蒸汽。汽提塔底设有重沸器,塔底出来的溶剂一部分经重沸器后返回汽提塔,一部分用泵抽出打入抽提塔顶。

(3)溶剂回收

从抽提塔顶出来的提余相经换热冷却后进入非芳烃水洗塔,用水洗去所含溶剂,非芳烃从塔顶引出装置,水从塔底流出进汽提水罐。为防止溶剂中老化产物的积累,从循环溶剂中引出一部分送入溶剂再生塔进行减压再生,再生后的溶剂循环使用,间断地从塔底排出一部分重组分。

3.芳烃精馏工艺

芳烃精馏是将混合芳烃分离为苯、甲苯、二甲苯等单体芳烃的过程。

根据芳烃中各组分的沸点不同,利用气液两相多次接触、多次气化、多次冷凝进行传质传热,将各组分加以分离。

分馏得到的是沸点不同的混合物,而芳烃精馏得到的是单体烃类。

芳烃精馏的工艺流程有两种类型,一种是三塔流程,如图 10-12 所示,用来生产苯、甲苯、混合二甲苯和重芳烃;另一种是五塔流程,如图 10-13 所示,用来生产苯、甲苯、邻二甲苯、乙基苯和重芳烃。本节以三塔流程为例说明工艺流程。

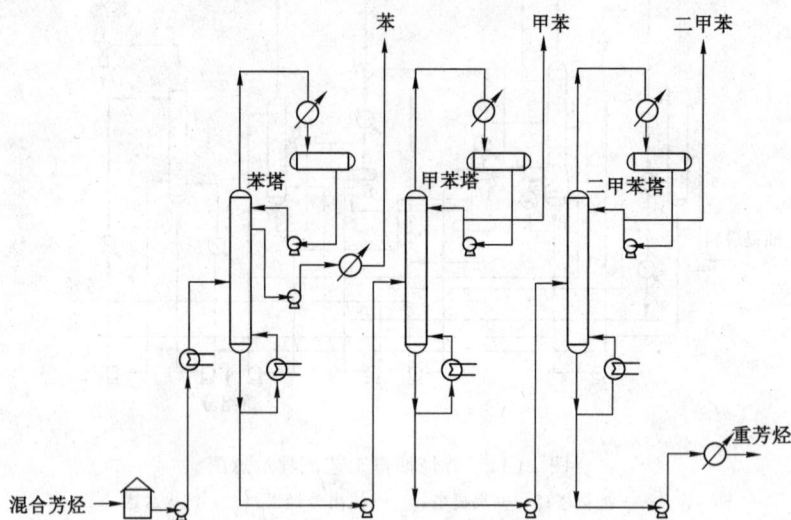

图 10-12　三塔芳烃精馏工艺流程示意图

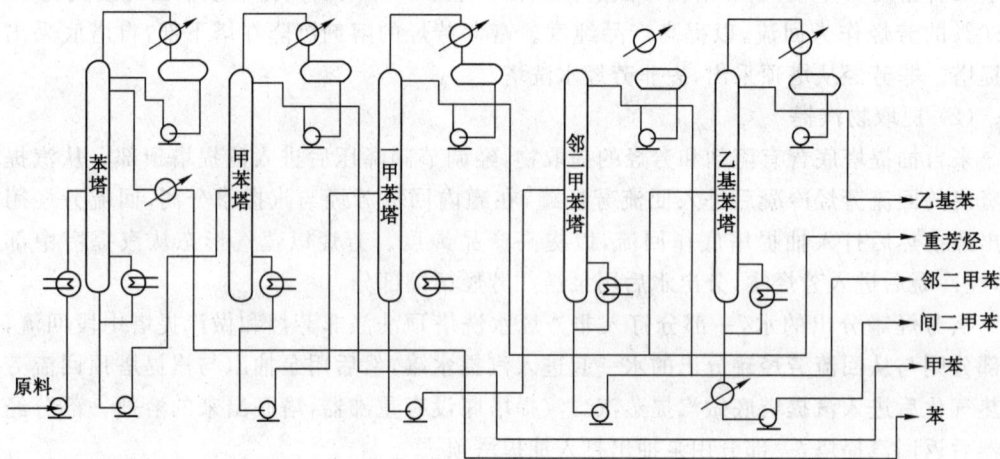

图 10-13　五塔芳烃精馏工艺流程示意图

　　芳烃混合物被加热到 90～100 ℃后,进入苯塔中部,塔底再沸器用热载体加热到130～135 ℃,塔顶出来的苯因其中还含有的少量轻质非芳烃和水分会影响苯的初馏点和结晶点,而不作为产品,经冷凝冷却至 40 ℃左右进入回流罐,沉降脱水后送入苯塔塔顶做回流。产品苯则自塔顶第四层塔盘上抽出来,经换热冷却后进成品罐。

　　苯塔塔底芳烃用泵抽出送至甲苯塔中部,塔底物料由再沸器用热载体加热到 155～160 ℃,甲苯塔塔顶馏出的甲苯经冷凝冷却后进入甲苯回流罐,一部分做甲苯塔顶回流,另一部分去甲苯成品罐。

　　甲苯塔底芳烃用泵抽出送入二甲苯塔的中部。塔底芳烃经再沸器用热载体加热到 170 ℃左右,塔顶馏出的二甲苯经冷凝冷却后进入二甲苯回流罐,一部分做二甲苯塔塔顶回流,另一部分去二甲苯成品罐。二甲苯塔所蒸馏得到的产物是混合二甲苯,包括间位、对位、邻位二甲苯及乙基苯,因它们之间沸点相差很小,分离比较困难,必须借助多层塔板和大回流比将乙基苯与邻二甲苯分开,然后再采用其他方法如冷冻分离、吸附分离等技术将间位、对位二甲苯分离。二甲苯塔底抽出的是九碳重芳烃。

第三节 芳 烃 转 化

一、概述

1. 石油芳烃的来源

芳烃是石油化工两大基础原料之一,20 世纪 60 年代以来发展异常迅速。从 1860 年以后,在将近一百年期间,芳烃几乎全部由煤炭干馏产物中取得,后来随着炼油工业的发展和芳烃需求量的增长,开始了石油芳烃的生产。现今在许多国家石油芳烃已成为芳烃的主要来源,例如在欧、美、日本等国家石油芳烃在总芳烃中的比重均早已超过 90%,在我国也已超过 50%。

石油芳烃主要有两个来源,即石油催化重整制取芳烃和烃类蒸气裂解副产芳烃。两者所占的比重随各国情况不同而异。美国乙烯大部分用天然气凝析液为原料,副产芳烃很少,但其催化重整能力极大,故美国石油芳烃主要来源于催化重整。日本及西欧各国乙烯生产绝大部分以石脑油为原料,副产芳烃较多,因此,日本和西欧大量从裂解汽油回收芳烃,其副产得芳烃在石油芳烃中的比重已超过 50%。今后,随着乙烯生产的发展,预计这一比重还将逐步上升。我国石油芳烃目前主要来源于催化重整。

2. 芳烃转化的目的和意义

不同来源的芳烃馏分组成不同,能得到的各种芳烃的产量也不同。因此如仅从这些来源来获得各种芳烃的话,必然会发生供需不平衡的矛盾。例如在化学工业中,苯的需要量是很大的,但上述来源所能供给的苯却是有限的,而甲苯却因用途较少而过剩;再有发展聚苯乙烯塑料需要乙苯原料,而上述来源中乙苯含量也很少。因此开发了芳烃的转化工艺,以便依据市场的供求,调节各种芳烃的产量。

各种芳烃组分中用途最广、需求量最大的是苯和对二甲苯,其次是邻二甲苯。甲苯、间二甲苯及 C9 芳烃迄今尚未获得重大的化工利用,因而过剩。为解决对苯和对二甲苯的需求,在 20 世纪 60 年代初发展了脱烷基制苯工艺;在 20 世纪 60 年代后期又发展了甲苯歧化,甲苯、C9 芳烃烷基转移及二甲苯异构化等芳烃转化工艺。这些工艺是增产苯与对二甲苯的有效手段,因而得到较快的发展。

3. 芳烃转化反应

芳烃的转化反应主要有异构化、歧化与烷基转移、烷基化和脱烷基化等几类反应。通过芳烃转化反应,芳烃可以转化为不同的物质,其转化过程和产物见图 10-14。

4. 催化剂

芳烃转化反应是酸性催化反应。其反应速度不仅与芳烃(和烯烃)的碱性有关,也与酸性催化剂的活性有关,而酸性催化剂的活性与其酸浓度、酸强度和酸存在的形态均有关。

芳烃转化反应所采用的催化剂主要有以下两类。

(1)酸性卤化物

乙苯

异丙苯

十二烷基苯

苯 → 烷基化

脱烷基

甲苯 → 歧化烷基转移 → 苯 / C8芳烃 / C9芳烃 / C10芳烃

C8芳烃

C9芳烃 → 异构化 → 分离 → 对二甲苯 / 邻二甲苯 / 间二甲苯 / 乙苯

甲基萘 → 脱烷基 → 萘

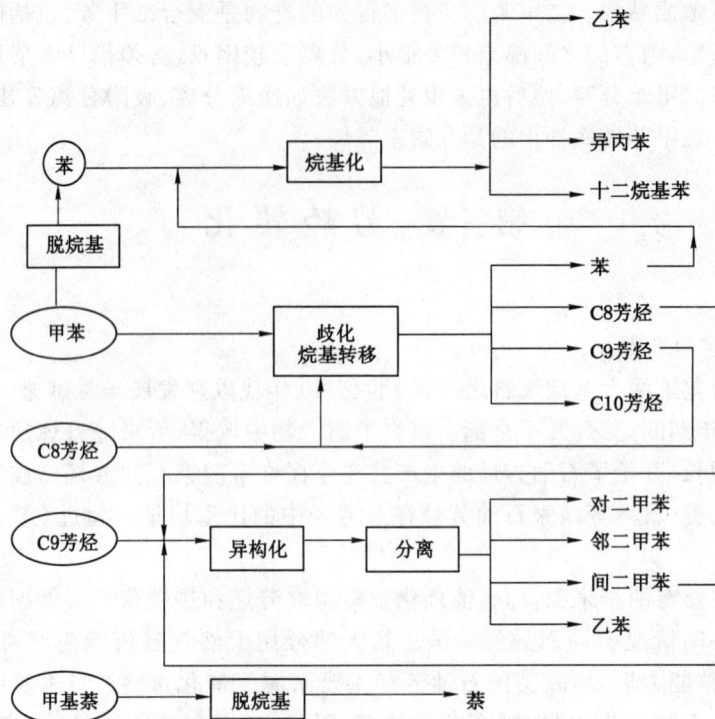

图 10-14　芳烃转化反应及其产物示意图

酸性卤化物如 $AlBr_3$、$AlCl_3$、BF_3 等路易斯酸,在绝大多数场合,总是与卤化氢(HX)共同使用的,可用通式 $HX\text{-}MX_n$ 表示。这类催化剂主要应用于芳烃的烷基化和异构化等反应,反应在较低温度和液相中进行,主要缺点是具有强腐烛性,HF 还有较大的毒性。

(2)固体酸

主要的固体酸有以下几种形式:

① 浸附在适当载体上的质子酸。例如载于载体上的 H_2SO_4、H_3PO_4、HF 等。这些酸在固体表面上和在溶液中一样离解成氢离子。常用的是磷酸/硅藻土、磷酸/硅胶催化剂等。主要用于烷基化反应。但活性不如液体酸高。

② 浸附在适当载体上的酸性卤化物。例如载于载体上的 $AlCl_3$、$AlBr_3$、BF_3、$FeCl_3$、$ZnCl_2$ 和 $TiCl_4$。应用这类催化剂时也必须在催化剂中或反应物中添加助催化剂 HX。已用的有 $BF_3/\gamma—Al_2O_3$ 催化剂,用于苯烷基化生产乙苯过程。

③ 混合氧化物催化剂。常用的是 $SiO_2—Al_2O_3$ 催化剂,亦称硅酸铝催化剂,主要应用于异构化和烷基化反应。这类催化剂活性较低,需在高温下进行芳烃转化反应,但价格便宜。

④ 贵金属—氧化硅—氧化铝催化剂。主要是 $Pt/SiO_2—Al_2O_3$ 催化剂,这类催化剂不仅具有酸功能,也具有加氢脱氢功能。主要用于异构化反应。

⑤ 分于筛催化剂。经改性的 Y 型分子筛、丝光沸石(亦称 M 型分子筛)和 ZSM 系列分子筛是广泛用做芳烃歧化与烷基转移、异构化和烷基化等反应的催化剂。尤以 ZSM—5 分子筛催化剂性能最好,因为它不仅具有酸功能,还具有热稳定性高和择形性等特殊功能。

二、芳烃转化

芳烃转化工艺以过程中发生的化学反应进行分类,可分为 4 种:芳烃的脱烷基、芳烃的歧化和烷基转移、C8 芳烃的异构化、芳烃的烷基化。下面对这 4 种芳烃转化工艺进行介绍。

1. 芳烃的脱烷基

烷芳烃分子中与芳环直接相连的烷基,在一定的条件下可以被脱去,此类反应称为芳烃的脱烷基化。工业上主要应用于甲苯脱甲基制苯、甲基萘脱甲基制萘。下面以烷基苯加氢脱烷基制苯为例讲述芳烃的脱烷基反应过程及工艺。

(1) 芳烃脱烷基的方法

① 烷基芳烃的催化脱烷基

烷基苯在催化裂化的条件下可以发生脱烷基反应生成苯和烯烃。此反应是一强吸热反应。例如异丙苯在硅酸铝催化剂作用下于 350~550 ℃ 催化脱烷基生成苯和丙烯。

$$\text{⬡}-RCH(CH_3)_2 \xrightarrow[350\sim550\ ℃]{\text{硅酸铝}} \text{⬡} + R'(CH_3CH=CH_2)$$

芳烃催化脱烷基反应的难易程度与烷基的结构有关。不同烷基苯脱烷基次序为:叔丁基>异丙基>乙基>甲基。烷基越大越容易脱去。甲苯最难脱甲基,所以这种方法不适用于甲苯脱甲基制苯。

② 烷基芳烃的催化氧化脱烷基

烷基芳烃在一些催化剂作用下与氧气作用可发生氧化脱烷基生成芳烃母体及二氧化碳和水。其反应通式可表示如下。

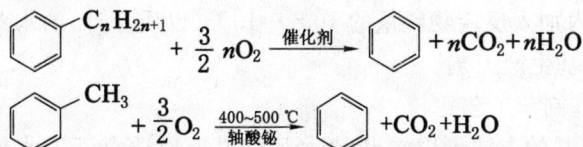

$$\text{⬡}-C_nH_{2n+1} + \frac{3}{2}nO_2 \xrightarrow{\text{催化剂}} \text{⬡} + nCO_2 + nH_2O$$

$$\text{⬡}-CH_3 + \frac{3}{2}O_2 \xrightarrow[\text{铀酸铋}]{400\sim500\ ℃} \text{⬡} + CO_2 + H_2O$$

例如甲苯在 400~500 ℃、铀酸铋催化剂存在下,用空气氧化则脱去甲基而生成苯。此法尚未工业化,其主要问题是氧化深度难控制,反应选择性较低,大约为 70%。

③ 烷基芳烃的加氢脱烷基

在大量氢气存在及加压条件下,可使烷基芳烃发生氢解反应脱去烷基生成母体芳烃和烷烃。

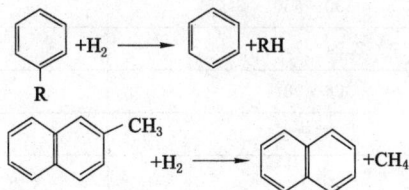

$$\text{⬡}-R + H_2 \longrightarrow \text{⬡} + RH$$

$$\text{萘}-CH_3 + H_2 \longrightarrow \text{萘} + CH_4$$

这一反应在工业上广泛用于从甲苯脱甲基制苯,是近年来扩大苯来源的重要途径之一,也可用于从甲基萘脱甲基制萘。在氢气存在下有利于抑制焦炭的生成,但在临氢脱烷基条件下也会发生下面的深度加氢裂解副反应:

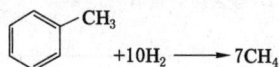

$$\text{⬡}-CH_3 + 10H_2 \longrightarrow 7CH_4$$

④ 烷基苯的水蒸气脱烷基法

本法是在加氢脱烷基同样的反应条件下,用水蒸气代替氢气进行的脱烷基反应。通常认为这两种脱烷基方法具有相同的反应历程。

甲苯还可以与反应中生成的氢作用进行脱烷基化反应,同样在脱烷基的同时也伴随发生苯环开环裂解反应。

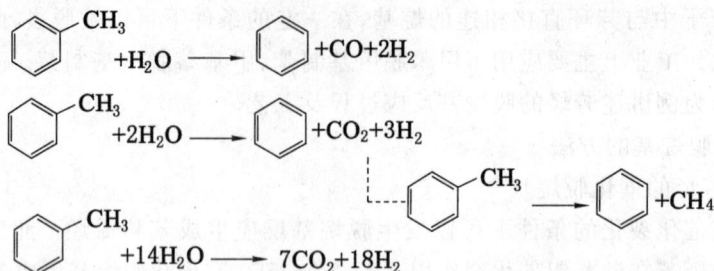

$$甲苯 + H_2O \longrightarrow 苯 + CO + 2H_2$$

$$甲苯 + 2H_2O \longrightarrow 苯 + CO_2 + 3H_2$$

$$甲苯 \longrightarrow 苯 + CH_4$$

$$甲苯 + 14H_2O \longrightarrow 7CO_2 + 18H_2$$

水蒸气法突出的优点是以廉价的水蒸气代替氢气作为反应剂,反应过程不但不消耗氢气,还副产大量含氢气。但此法与加氢法相比,苯收率较低,一般在 90%～97%,且需用贵金属铑做催化剂,成本较高。

(2) 芳烃加氢脱烷基反应常用催化剂

芳烃加氢脱烷基的催化剂主要是由周期表中第 Ⅳ、第 Ⅷ 族中的 Cr、Mo、Fe、Co 和 Ni 等元素的氧化物负载于 Al_2O_3、SiO_2 等载体上组成的。最常用的是氧化铬—氧化铝、氧化钼—氧化铝和氧化铬—氧化钼—氧化铝催化剂。为了抑制芳烃裂解生成甲烷等副反应的进行,常加入少量碱和碱土金属作为助催化剂。为防止缩合产物和焦的生成,提高催化剂的选择性,也可在反应区内加入反应物料量的 10%～15%(以质量计)的水蒸气。

(3) 芳烃脱烷基生产工艺

① 甲苯脱甲基制苯工艺比较

通过芳烃脱烷基的方法可以看出,芳烃脱烷基反应适合于工业化生产的方法是芳烃加氢脱烷基的方法,而甲苯加氢脱甲基制苯的工业化工艺有催化脱烷基与热脱烷基两方法种。热脱烷基与催化脱烷基两种工艺各有特点,对比情况见表 10-2。

表 10-2 催化法和热法脱烷基的比较

项目	催化法	热法
反应温度/℃	530～650	600～700
反应压力/MPa	2.94～7.85	2.6～4.90
苯收率/%	96～98	97～99
催化剂	需要	不需要
反应器运转周期	半年	一年
空速大小	较小(反应器较大)	较大(反应器较小)
原料要求	原料适应性不好,非芳烃和 C9 含量不能太高	原料适应性较好,允许含非芳烃达 30%,C9 芳烃达 15%
氢气的要求	对 CO、CO_2、H_2S、NH_3 等杂质含量有一定要求	杂质含量不限制
气态烃生成量	少	稍多

项目	催化法	热法
氢耗量	低	稍高
反应器材质要求	低	高
苯纯度（产品）	99.9%~99.95%	99.99%

由表 10-2 可见，催化脱烷基，气态烃产量较少，氧耗较低；热脱烷基，工艺过程简单，对原料适应性强，允许原料中非芳烃含量可达 30%，C9 芳烃可达 15%，补充氢气中杂质不受限制，运转期长，不需停车进行催化剂再生，但其反应温度较高（600~700 ℃），对反应器材质要求高。一般认为热脱烷基工艺优点较多，所以采用加氢热脱烷基的装置日渐增多。

本书以 ARCO 公司的 HAD 甲苯热脱烷基工艺为例说明芳烃脱烷基流程。

② HAD 甲苯加氢热脱烷基制苯工艺

HAD 法是由美国碳氢化合物研究公司（Hydrocarbon Research Inc.）及 Atlantic Rich-field 公司联合开发的。该法可用甲苯、混合芳烃及裂解汽油为原料。HAD 过程的最大特点是在柱塞流式反应器的 6 个不同部位加入由分离塔闪蒸出来的氢，从而控制反应温度稳定性，因此，副反应较少，重芳烃的产率较低。以甲苯为原料加氢热脱甲基制苯的工艺流程基本上与催化加氢脱甲基的流程相似，只是反应温度较高，热量需要合理利用。其流程如图 10-15。

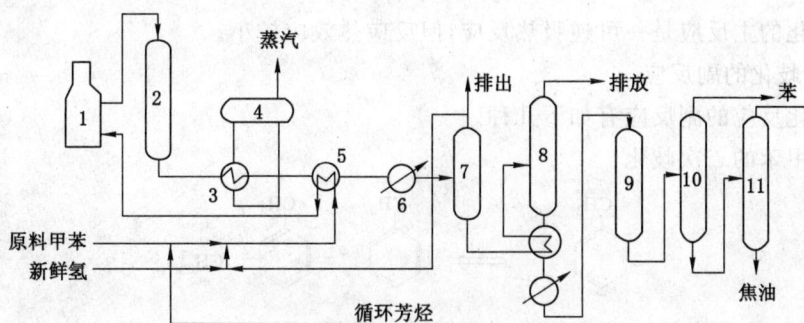

图 10-15　HAD 法甲苯加氢热脱甲基制苯工艺流程示意图

1——加热炉；2——反应器；3——废热锅炉；4——气包；5——换热器；6——冷却器；
7——分离器；8——稳定塔；9——白土塔；10——苯塔；11——再循环塔

原料甲苯、循环芳烃和氢气混合，经换热后进入加热炉，加热到接近热脱烷基所需温度进入反应器，由于加氢及氢解副反应的发生，反应热很大，为了控制所需反应温度，可向反应区喷入冷氢和甲苯。反应产物经废热锅炉、热交换器进行能量回收后，再经冷却、分离、稳定和白土（脱去烯烃）处理，最后分馏得到产品苯，纯度大于 99.9%（质量），苯收率为理论值的 96%~100%。未转化的甲苯和其他芳烃经再循环塔分离后，循环回反应器。本法具有副反应少、重芳烃（蒽等）收率低等特点。

2. 芳烃的歧化和烷基转移

芳烃的歧化是指两个相同芳烃分子在酸性催化剂作用下，一个芳烃分子上的侧链烷基转移到另一个芳烃分子上去的反应。

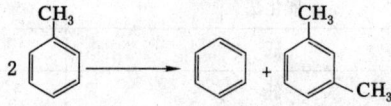

$$2\ \text{(甲苯)} \longrightarrow \text{(苯)} + \text{(间二甲苯)}$$

烷基转移反应是指两个不同芳烃分子之间发生烷基转移的过程。

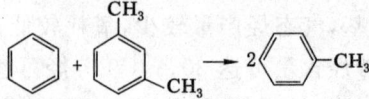

$$\text{(苯)} + \text{(间二甲苯)} \longrightarrow 2\ \text{(甲苯)}$$

从以上两个反应方程式可以看出歧化和烷基转移反应互为逆反应。在工业中应用较多的是甲苯的歧化反应。通过甲苯歧化反应可使用途较少并有过剩的甲苯转化为苯和二甲苯两种重要的芳烃原料,如同时进行 C9 芳烃的烷基转移反应,还可增产二甲苯。以下以甲苯的歧化为例说明芳烃的歧化和烷基转移反应及工艺。

(1) 甲苯歧化的化学过程

① 甲苯歧化的主反应

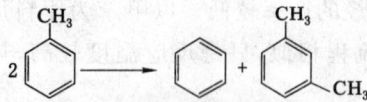

$$2\ \text{(甲苯)} \longrightarrow \text{(苯)} + \text{(间二甲苯)}$$

甲苯歧化的主反应是一可逆吸热反应,但反应热效应较小。

② 甲苯歧化的副反应

甲苯歧化反应的副反应有如下几种。

产物二甲苯的二次歧化:

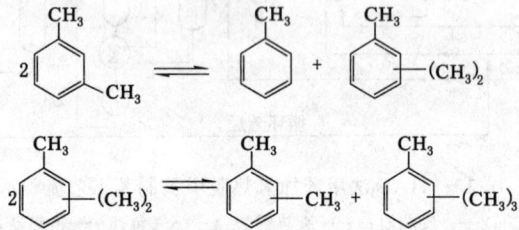

$$2\ \text{(间二甲苯)} \rightleftharpoons \text{(甲苯)} + \text{(三甲苯)}$$

$$2\ \text{(三甲苯)} \rightleftharpoons \text{(二甲苯)} + \text{(四甲苯)}$$

上述歧化产物还会发生异构化和歧化反应。

产物二甲苯与甲苯、多甲苯之间的烷基转移反应:

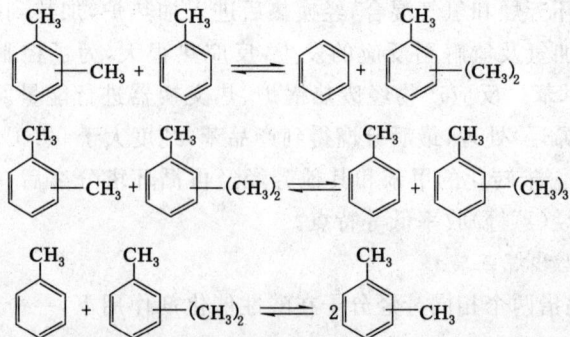

$$\text{(甲苯)} + \text{(甲苯)} \rightleftharpoons \text{(苯)} + \text{(三甲苯)}$$

$$\text{(甲苯)} + \text{(三甲苯)} \rightleftharpoons \text{(甲苯)} + \text{(四甲苯)}$$

$$\text{(苯)} + \text{(三甲苯)} \rightleftharpoons 2\ \text{(二甲苯)}$$

工业上常利用此类烷基转移反应,在原料甲苯中加入三甲苯以增产二甲苯。

甲苯的脱烷基反应:

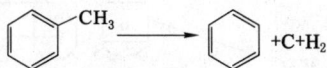

芳烃的脱氢缩合生成稠环芳烃和焦:

此副反应的发生会使催化剂表面迅速结焦而活性下降,为了抑制焦的生成和延长催化剂的寿命,工业生产上常采用临氢歧化法。在氢存在条件下进行甲苯歧化反应,不仅可抑制焦的生成,也能阻抑甲苯的脱烷基反应,避免炭的沉积。但在临氢条件下也增加了甲苯加氢脱甲基转化为苯和甲烷以及苯环氢解为烷烃的副反应,后者会使芳烃的收率降低,应尽量减少发生。

(2) 甲苯歧化生产工艺

甲苯歧化生产工艺主要有美国 Atlantic Richlield 公司开发的二甲苯增产法(Xylene—Plus 法)、日本东丽公司和美国 UOP 公司共同开发的 Tatotay 法、Mobil 公司的低温歧化法(LTD 法)。前两种方法既可用于歧化又可用于烷基转移,后一种方法专用于歧化。

LTD 法和 Xylene—Plus 法的工艺流程分别如图 10-16、图 10-17 所示。

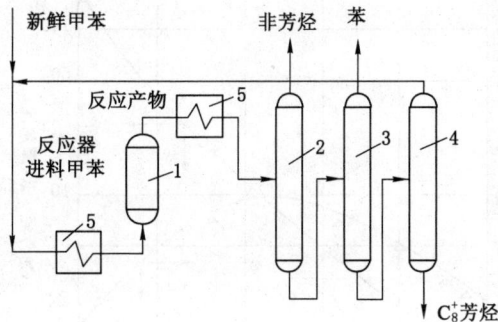

图 10-16　LTD 法工艺流程

1——反应器;2——稳定塔;3——苯塔;4——甲苯塔;5——换热器

(3) 甲苯歧化生产过程中的主要影响因素

① 原料中杂质含量

原料中若水分存在会使分子筛催化剂的活性下降,应加以脱除。有机氮化合物会严重影响催化剂的酸性,使活性下降,它在原料中的质量分数应小于 2×10^{-7}。此外,重金属如砷、铅、铜等能促进芳烃脱氢,加速缩合反应,因此其质量分数应小于 1×10^{-8}。

② C9 芳烃的含量和组成

为了增加二甲苯的产量,常在甲苯原料中加入 C9 芳烃,以调节产物中二甲苯与苯的比例,图 10-18 为原料中三甲苯浓度对产物分布的影响。

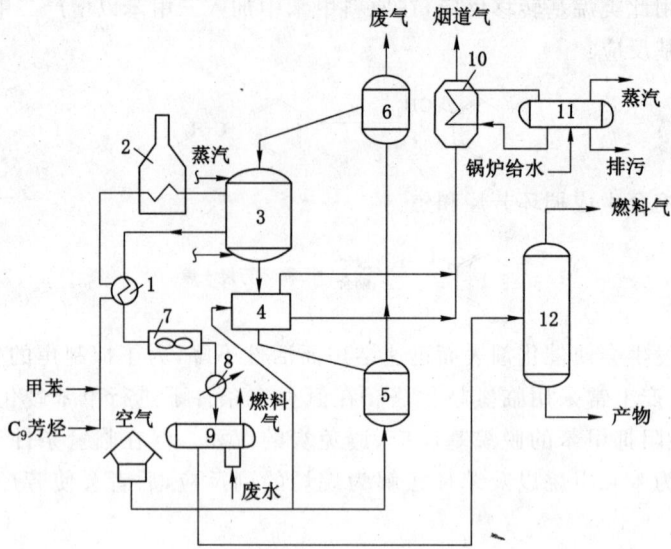

图 10-17　Xylene—Plus 法甲苯常压歧化法工艺流程
1——换热器;2——加热炉;3——反应器;4——再生器;5——提升器;6——分离器;
7——空冷器;8——冷却器;9——分离器;10——废热锅炉;11——气包;12——稳定塔

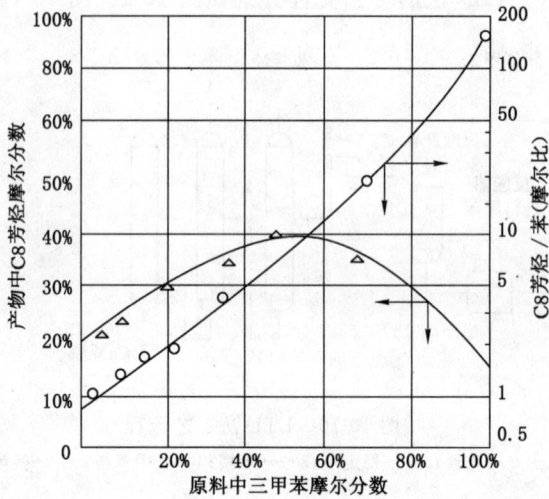

图 10-18　原料中三甲苯摩尔分数对产物分布的影响

　　由图 10-18 可见,产物中 C8 芳烃与苯的摩尔比可借原料中三甲苯摩尔分数来调节。当原料中三甲苯摩尔分数为 50％左右时,反应生成液中 C8 芳烃的摩尔分数最高。但是 C9 芳烃组成中除了三个三甲苯异构体外尚有三个甲乙苯异构体和丙苯。后者除了发生甲基转移反应外,主要发生下面的氢解反应:

$$\text{(C}_2\text{H}_5,\ \text{CH}_3\text{-苯环)} + \text{(CH}_3\text{-苯环)} \rightleftharpoons \text{(C}_2\text{H}_5\text{-苯环)} + \text{(CH}_3,\ \text{CH}_3\text{-苯环)}$$

$$\text{(C}_2\text{H}_5,\ \text{CH}_3\text{-苯环)} + \text{H}_2 \longrightarrow \text{(CH}_3\text{-苯环)} + \text{C}_2\text{H}_6$$

$$\text{(C}_2\text{H}_5,\ \text{C}_2\text{H}_5\text{-苯环)} + \text{H}_2 \longrightarrow \text{(C}_2\text{H}_5\text{-苯环)} + \text{CH}_4$$

$$\text{(C}_3\text{H}_7,\ \text{CH}_3\text{-苯环)} + \text{H}_2 \longrightarrow \text{(CH}_3\text{-苯环)} + \text{C}_3\text{H}_8$$

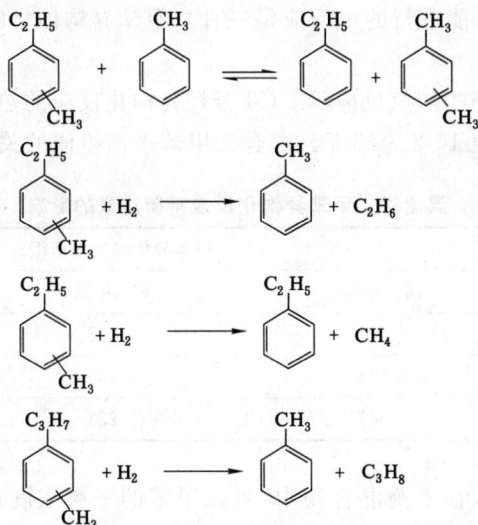

故 C9 芳烃中有这些组分存在,不仅使乙苯含量增加,而且使氢气消耗量也增加。若在歧化过程中未转化的 C9 芳烃全部循环使用,必然会使甲乙苯的浓度积累,并使反应液中乙苯含量越来越高。所以甲乙苯和丙苯在 C9 芳烃中的含量应有一定的限量。

③ 氢烃比

虽然主反应不需要氢,但是氢气的存在可抑制生焦、生炭等副反应的进行,对改善催化剂表面的积碳程度有显著的效果。故反应常在临氢条件下进行。但氢气量过大,不仅增加动力消耗,而且降低反应速度。工业生产上,一般选用氢与甲苯的摩尔比为 10 左右。另外氢烃比也与进料组成有关,当进料中 C9 芳烃较多时,由于 C9 芳烃比甲苯易发生氢解反应,要多耗氢,故需适当提高氢烃比,当 C9 芳烃中甲乙苯和丙苯含量高时,所需氢烃比更高。

④ 液体空速

如图 10-19 所示,转化率随空速的减小而增大,随温度的升高而增大。但当转化率增大到 40% 以后,其增加速率趋于平缓。实际生产中可从相应的反应温度来选择适宜的液体空速以满足转化率的要求。

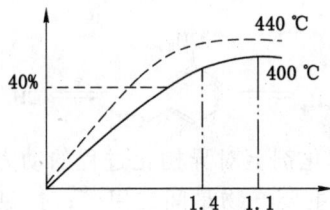

图 10-19 转化率和液体空速的关系

3. C8 芳烃的异构化

工业上 C8 芳烃的异构化是以不含或少含对二甲苯的 C8 芳烃为原料,通过催化剂的作用,增产对二甲苯的生产过程。

(1) C8 芳烃异构化的化学过程

① 反应及热力学分析

C8 芳烃异构化时,可能进行的主反应是三种二甲苯异构体之间的相互转化和乙苯与二甲苯之间的转化。

副反应是歧化和芳烃的加氢反应等。C8 芳烃异构化反应的热效应很小,因此温度对平衡常数的影响不明显。表 10-3 为温度与混合二甲苯平衡组成的关系。

表 10-3　　　　温度对二甲苯异构化反应平衡组成的影响

温度/℃	二甲苯异构体的平衡组成 χ		
	间二甲苯	对二甲苯	邻二甲苯
371	0.527	0.237	0.236
427	0.521	0.235	0.244
482	0.517	0.233	0.250

由表 10-3 可以看出,在平衡混合物中,对二甲苯的平衡浓度最高只能达到 23.7%,并随着温度升高逐渐降低;间二甲苯的含量总是最高,低温时尤为显著;邻二甲苯的浓度随温度升高而增高。故 C8 芳烃异构化为对二甲苯的效率是受到热力学平衡所限制的,即对二甲苯在异构化产物中的浓度最高在 23% 左右。这也是不同来源 C8 芳烃具有相似组成的原因。

② 动力学分析

对于二甲苯异构化的反应过程有两种观点:一种是三种异构体之间的相互转化,另一种是连串式异构化反应。

三种异构体之间的相互转化过程:

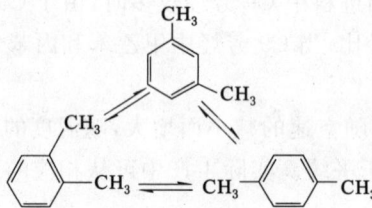

连串式异构化反应过程:

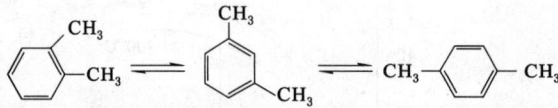

有学者曾在 SiO_2—Al_2O_3 催化剂上对异构化过程的动力学规律进行了研究,得到如下的实验结果:邻二甲苯异构化的主要产物是间二甲苯;对二甲苯异构化的主要产物也是间二甲苯;而间二甲苯异构化产物中邻二甲苯和对二甲苯的含量却非常接近。因此认为二甲苯在该催化剂上异构化的反应历程应是第二种。

对于乙苯的异构化过程,有学者曾在 Pt/Al_2O_3 催化剂上研究了乙苯的气相临氢异构化,得知其异构化速度比二甲苯慢。而且温度的影响较显著,温度越高,乙苯转化率越小,二甲苯收率也越小。说明乙苯是按如下反应历程进行异构化的:

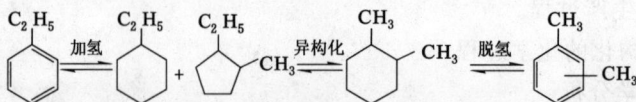

整个异构化过程包括了加氢、异构和脱氢等反应。而低温有利于加氢,高温有利于异构和脱氢,故只有协调好各种条件才能使乙苯异构化得到较好的结果。

(2) C8 芳烃异构化过程的催化剂

主要有无定型 SiO_2—Al_2O_3 催化剂、负载型铂催化剂、ZSM 分子筛催化剂和 HF—BF_3 催化剂等,各种催化剂具有不同的特性和使用条件,四种催化剂的主要特点及特性见表 10-4。

表 10-4　　　　　　　　　　　C8 芳烃异构化过程的催化剂特点

催化剂类型	活性	反应条件	特点
无定型 SiO_2—Al_2O_3	无加氢、脱氢功能,加入 RCl,以提高酸性	$350 \sim 500$ ℃,常压下进行	加入水蒸气以抑制歧化和结焦,价廉,操作方便,选择性较差,需频繁再生。仅适宜于二甲苯的异构化
负载型铂	既有加氢、脱氢功能,又具有异构化功能,活性高、选择性好	$400 \sim 500$ ℃,0.98 ~ 2.45 MPa	用于乙苯和二甲苯的异构化,二甲苯异构体组成接近热力学平衡值
ZSM 分子筛	异构化活性极高,ZSM—4 无加氢、脱氢活性,Ni-HZSM—5 也可异构化乙苯	低温、液相异构化	ZSM—4 副产物仅为 0.5%,二甲苯组成接近平衡值,NiHZSM—5 乙苯转化率34.9%,二甲苯收率99.6%,组成达到平衡值
HF—BF_3	异构化活性和选择性好	异构化温度低,不用氢气	活性和选择性较好,C8 芳烃收率99.6%,二甲苯组成接近平衡值,但 HF—BF_3 在水分存在下具有强腐蚀性

(3) C8 芳烃异构化生产工艺

二甲苯异构化工艺有临氢与非临氢两种。

临氢异构化采用的催化剂可分贵金属与非贵金属两类。广泛采用的是贵金属催化剂。贵金属催化剂虽然成本高,但能使乙苯转化为二甲苯,对原料适应性强。异构化原料不需进行乙苯分离。

非临氢异构采用的催化剂一般为无定型 SiO_2—Al_2O_3,具有较高的活性,但选择性差,反应在高温下进行,催化剂积炭快,再生频繁,非临氢异构不能使乙苯转化为二甲苯。已工业化的有英帝国化学公司的 ICI 法与日本九善公司的 XIS 法。近年来美国 Mobil 公司开发的 MLTI 法,催化剂为 ZSM 系列沸石,反应在低温液相下进行,此法具有良好的活性与选择性。此外还有日本瓦斯化学公司的 JGCC 法,催化剂为 HF—BF_3。

由于使用的催化剂不同,C8 芳烃的异构化方法有多种,但其工艺过程大同小异。下面以 Pt/Al_2O_3 催化剂为例介绍 C8 芳烃异构化的工艺过程,其工艺流程如图 10-20 所示。

该过程为临氢气相异构化,主要由三部分组成。

① 原料脱水:由于催化剂对水分不稳定,原料必须先经脱水处理。由于二甲苯与水会形成共沸混合物,故一般采用共沸蒸馏脱水,使其含水质量分数在 1×10^{-5} 以下。

② 反应过程:干燥的 C8 芳烃与新鲜氢气和循环的氢气混合后,经换热器、加热炉加热

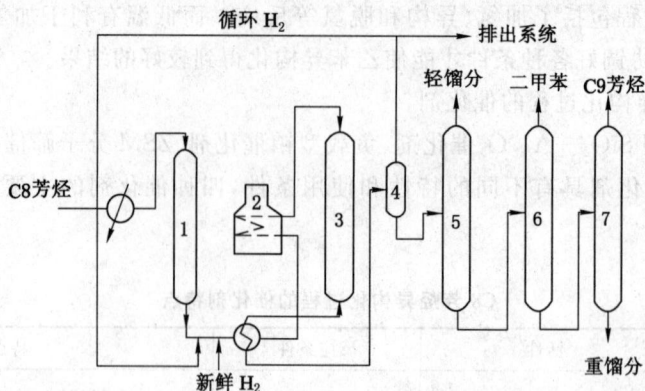

图 10-20　C8 芳烃临氢气相异构化工艺流程(Pt/Al₂O₃)

1——脱水塔;2——加热炉;3——反应器;4——分离器;5——稳定塔;6——脱二甲苯塔;7——脱 C9 塔

到所需温度进入异构化反应器。反应条件为:反应温度 $390 \sim 440 \, ℃$,反应压力 $1.26 \sim 2.06$ MPa,氢气摩尔分数 $70 \% \sim 80 \%$,循环氢与原料液的摩尔比为 6,原料液空速一般 $1.5 \sim 2.0$ h^{-1}。在此反应条件下,芳烃收率一般 $>96 \%$,异构化产物中对二甲苯的质量含量在 $18 \% \sim 20 \%$ 之间。

　　③ 产品分离:反应产物经换热后进入气液分离器,为了维持系统内氢气浓度为一定值(70% 以上),气相小部分排出系统而大部分循环回反应器,液相产物进入稳定塔脱去低沸物(主要是乙基环己烷、庚烷和少量苯、甲苯等)。塔釜液经活性白土处理后,进入脱二甲苯塔。塔顶得到接近热力学平衡浓度的 C8 芳烃,送至分离工段分离得到对二甲苯。塔釜液进入脱 C9 塔,塔顶蒸出的 C9 芳烃送甲苯歧化和 C9 芳烃烷基转移装置。

　　4. 芳烃的烷基化

　　芳烃烷基化是指将芳烃分子中苯环上的一个或多个氢原子用烷基取代生成烷基苯的反应。这类反应主要用于生产乙苯、异丙苯和十二烷基苯等。能为烃的烷基化提供烷基的物质称为烷基化剂,可采用的烷基化剂有多种,工业上常用的有乙烯、丙烯、十二烯等烯烃和氯乙烷、氯代十二烷等卤代烷烃。

　　(1)苯烷基化反应的化学过程

　　苯烷基化发生的主反应如下:

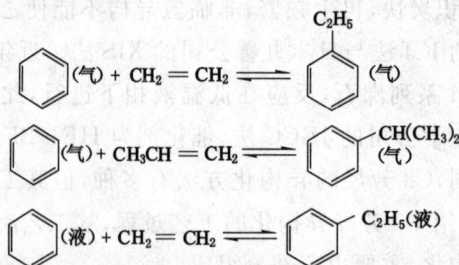

$$\text{苯}(气) + CH_2 = CH_2 \rightleftharpoons \text{乙苯}(气)$$

$$\text{苯}(气) + CH_3CH = CH_2 \rightleftharpoons \text{异丙苯}(气)$$

$$\text{苯}(液) + CH_2 = CH_2 \rightleftharpoons \text{乙苯}(液)$$

　　苯烷基化发生的副反应主要包括多烷基苯的生成、二烷基苯的异构化反应、烷基转移(反烃化)反应、芳烃缩合和烯烃的聚合反应(生成焦油和焦炭)。

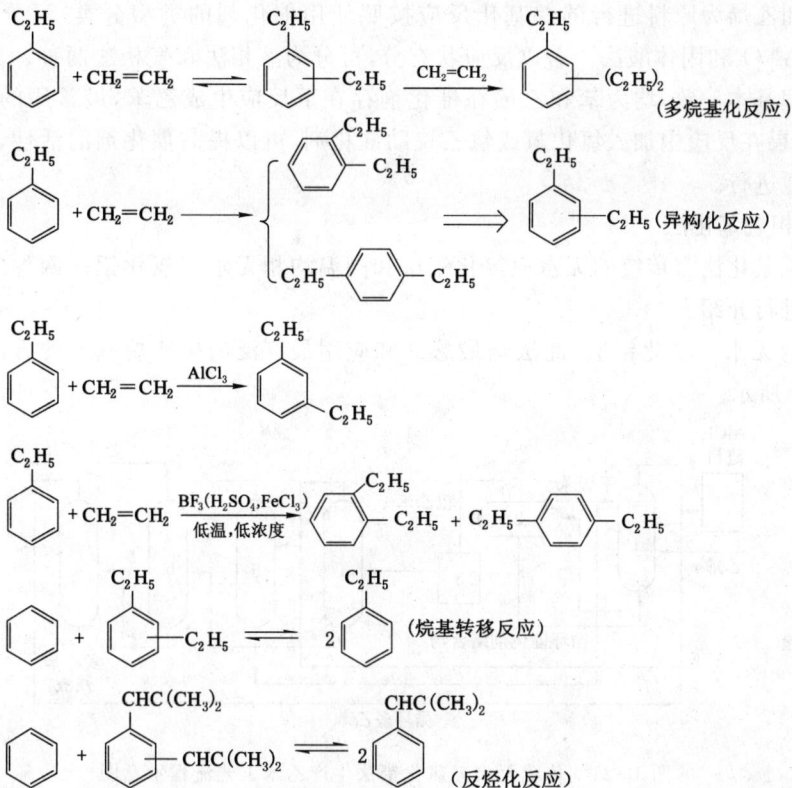

由此可见苯的烷基化过程的产物是单烷基苯和各种二烷基苯、多烷基苯异构体组成的复杂混合物。

(2) 苯烷基化反应的催化剂

工业上已用于苯烷基化工艺的酸性催化剂主要有下面几类。

① 酸性卤化物的络合物。如 $AlCl_3$、$AlBr_3$、BF_3、$ZnCl_2$、$FeCl_3$ 等的络合物，它们的活性次序为 $AlBr_3 > AlCl_3 > FeCl_3 > BF_3 > ZnCl_2$。工业上常用的是 $AlCl_3$ 络合物。$AlCl_3$ 络合物催化剂活性很高，可使反应在 100 ℃左右进行，还具有使多烷基苯与苯发生烷基转移的作用。但其对设备、管道具有强腐蚀性。

② 磷酸/硅藻土。该催化剂活性较低，需要采用较高的温度和压力；又因不能使多烷基苯发生烷基转移反应，故原料中苯需大大过量，以保证单烷基苯的收率。此催化剂工业上主要应用于苯和丙烯气相烷基化生产异丙苯。

③ $BF_3/\gamma—Al_2O_3$。这类催化剂活性较好，并对多烷基苯的烷基转移也具有催化活性。用于乙苯生产时还可用稀乙烯为原料，乙烯的转化率接近 100%。但有强腐蚀性和毒性。

④ ZSM—5 分子筛催化剂。这类催化剂的活性和选择性均较好。用于乙苯生产时，可用 15%～20% 低浓度的乙烯作为烷基化剂，乙烯的转化率可达 100%，乙苯的选择性大于99.5%。

(3) 芳烃烷基化生产工艺

芳烃烷基化主要用于生产乙苯、异丙苯和十二烷基苯等。这里主要介绍苯烷基化制乙苯的生产工艺。

以苯和乙烯为原料进行的烷基化反应按照使用催化剂的类型分类,可分为三氧化铝法、BF_3—Al_2O_3和固体酸法。若以反应状态分,可分为液相法和气相法两种。液相、气相工艺流程机理基本一致,均为苯和乙烯在催化剂存在下反应生成乙苯,最常用的催化剂是三氧化铝,如果在反应中加入氯化氢或氯乙烷助催化剂,可以提高催化剂的活性,使烷基化反应更有效地进行。

① 液相烷基化法

液相烷基化法有传统的无水三氯化铝法和高温均相无水三氯化铝法两种工艺,下面将分别对其进行介绍。

传统的无水三氯化铝法:此法是最悠久和应用最广泛的生产烷基苯的方法,工艺流程如图 10-21 所示。

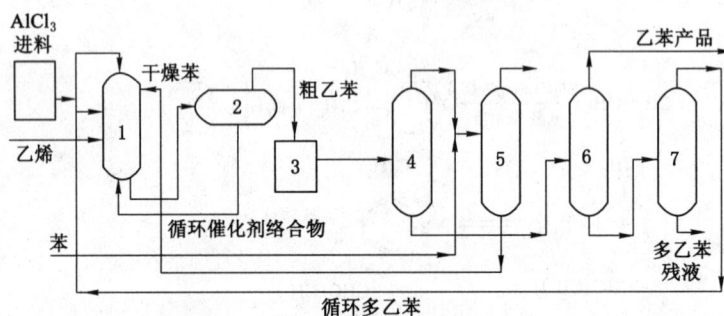

图 10-21 传统无水三氯化铝法生产乙苯工艺流程示意图
1——反应器;2——澄清器;3——前处理装置;4——苯回收塔;
5——苯脱水塔;6——乙苯回收塔;7——多乙苯塔

在 95 ℃,101.3～152.0 kPa 条件下,在搪玻璃的反应器中加入 $AlCl_3$ 催化剂络合物、苯和循环的多乙苯混合物,搅拌使催化剂络合物分散,向反应混合物中通入乙烯,乙烯基本上完全转化。由反应器出来的物料中约含 45%～55%未转化的苯、35%～38%乙苯、15%～20%多乙苯混合和 $AlCl_3$ 络合物。将该物料冷却分层,$AlCl_3$ 循环返回反应器。少部分被水解成 $Al(OH)_3$ 废液。有机相经水洗和碱洗除去微量 $AlCl_3$ 得到粗乙苯。最后经三个精馏塔分离得到纯乙苯。

高温均相无水三氯化铝法:1974 年,Monsanto 公司根据多年的生产经验,对乙苯收率低、能量回收不合理、三废多及设备腐蚀严重的液相烷基化传统工艺进行了改进,开发了高温液相烷基化生产新工艺。该流程与传统工艺基本无差别,不同的是 Monsanto 公司与Lummus 公司联合设计成功一种有内外圆筒的烷基化反应器。乙烯、干燥的苯、三氯化铝络合物先在内筒反应,在此内筒里乙烯几乎全部反应完,然后物料折入外筒使多乙苯发生烷基转移反应。改进后的工艺称高温均相无水三氯化铝法,其工艺流程如图 10-22 所示。

新鲜的乙烯、干燥的苯以及配制的三氯化铝配合物连续加入烷基化反应器,在乙烯与苯的摩尔比为 0.8、反应温度 140～200 ℃、反应压力 0.588～0.784 MPa、三氯化铝用量为传统法 25%的条件下进行反应。反应产物经绝热闪蒸,蒸出的气态轻组分和氯化氢返回反应器;液相产物经水洗、碱洗和三塔蒸馏系统,分离出苯、乙苯和多乙苯等。苯循环使用,多乙苯返回烷基化反应器。三氯化铝络合物不重复使用,经萃取,活性炭和活性氧化铝处理

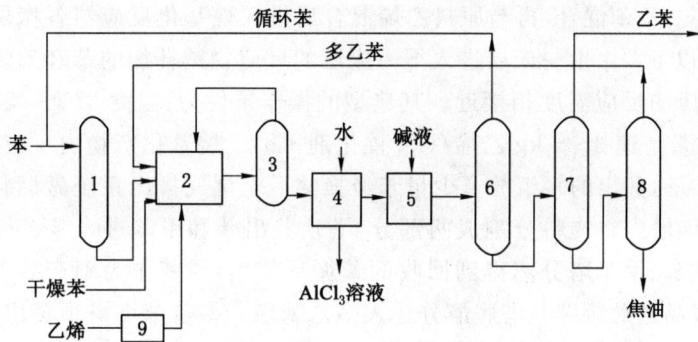

图 10-22 高温均相无水三氯化铝法生产乙苯工艺流程示意图

1——苯干燥塔;2——烷基化反应器;3——闪蒸塔;4——水洗涤器;5——碱洗涤器;

6——苯塔;7——乙苯塔;8——多乙苯塔;9——催化剂制备槽

后,制得一种多三氯化铝溶液,可用做废水处理的絮凝剂。

高温均相新工艺与传统三氯化铝工艺相比有下述优点:可采用较高的乙烯/苯(摩尔比),并可使多乙苯的生成量控制在最低限度,乙苯收率达 99.3%(传统法为 97.5%);副产焦油少[0.6~0.9 kg/t(乙苯)],传统法为 2.2 kg/t;三氯化铝用量仅为传统法的 25%,并且络合物不需循环使用,从而减少了对设备和管道的腐蚀及防腐要求;反应温度高有利于废热回收;废水排放量少。但高温均相烃化法的反应器材质必须在高温下耐腐蚀。

② 气相烷基化法

气相烷基化法以固体酸为催化剂,最早采用的方法是以磷酸/硅藻土为催化剂的固体磷酸法,但只适用于异丙苯的生产。后来开发了 $BF_3/\gamma—Al_2O_3$ 为催化剂的 Alkar 法,可用于生产乙苯。20 世纪 70 年代 Mobil 公司又开发成功的以 ZSM—5 分子筛为催化剂的 Mobil—Badger 法。该方法采用 ZSM—5 分子筛催化剂,气相烷基化所用反应器为多层固定床绝热反应器,其工艺流程如图 10-23 所示。

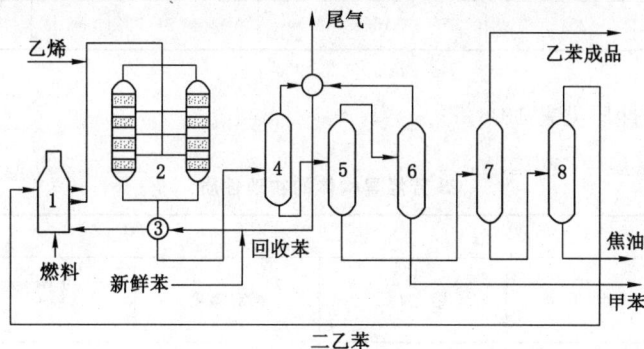

图 10-23 Mobil—Badger 法气相烷基化生产乙苯工艺流程示意图

1——加热炉;2——反应器;3——换热器;4——初馏塔;5——苯回收塔;

6——苯、甲苯塔;7——乙苯塔;8——多乙苯塔

新鲜苯和回收苯与反应产物换热后进入加热炉,气化并预热至 400~420 ℃。先与已

加热气化的循环二乙苯混合,再与原料乙烯混合后进入烷基化反应器各床层。各床层的温升控制在 70 ℃ 以下。由上一床层进入下一床层的反应物被补加的苯和乙烯骤冷至进料温度,使每层反应床的反应温度相接近。其典型的操作条件为:温度 370～425 ℃,压力 1.37～2.74 MPa,质量空速 3～5 kg 乙烯/(kg 催化剂·h)。烷基化产物由反应器底部引出,经换热后进入初馏塔,蒸出的轻组分及少量苯经换热后至尾气排出系统做燃料。塔釜物料进入苯回收塔,在该塔内将物料分割成两部分,塔顶蒸出苯和甲苯进入苯、甲苯塔;塔釜物料进入乙苯塔。在苯、甲苯塔分离得到回收的苯循环使用,甲苯作为副产品引出。在乙苯塔塔顶蒸出乙苯成品送贮罐区。塔底馏分送入多乙苯塔。多乙苯塔塔顶蒸出二乙苯,返回烷基化反应器,塔釜引出多乙苯残液送入贮槽。该法的主要优点有:无腐蚀无污染;反应器可用低铬合金钢制造;尾气及蒸馏残渣可做燃料;乙苯收率高,以 ZSM—5 为催化剂时乙苯收率达 98%,以 HZSM—5 为催化剂时乙苯收率达 99.3%;烷基化反应温度高有利于热量的回收,完善的废热回收系统使装置的能耗少;催化剂消耗低,寿命 2 年以上,每千克乙苯耗用的催化剂费用是传统三氯化铝法的 1/10～1/20;装置投资较低,生产成本低。但该法由于催化剂表面积焦,活性下降很快,需要频繁进行烧焦再生。

三、C8 芳烃的分离

1. C8 芳烃的组成与性质

各种来源的 C8 芳烃都是三种二甲苯异构体与乙苯的混合物,它们的组成见表 10-5。

表 10-5 不同来源 C8 芳烃的组成

组分	组成(质量分数)			
	重整汽油	裂解汽油	甲苯歧化	煤焦油
乙苯	14%～18%	30%(含苯乙烯)	1.1%	10%
对二甲苯	15%～19%	15%	23.7%	20%
间二甲苯	41%～45%	40%	53.5%	50%
邻二甲苯	21%～25%	15%	21.7%	20%

各组分的物理性质见表 10-6。

表 10-6 C8 芳烃异构体的物理性质

组分	性质			
	沸点/℃	熔点/℃	相对碱度	与 BF_3—HF 生成配合物相对稳定性
邻二甲苯	144.4	−25.2	2	2
间二甲苯	139.1	−47.9	3～100	20
对二甲苯	138.4	13.3	1	1
乙苯	136.2	−95.0	0.1	—

由表 10-6 可见,邻二甲苯与间二甲苯的沸点差 5.3 ℃,工业上可以用精馏法分离。乙

苯与对二甲苯的沸点差 2.2 ℃,在工业上也可用精馏法分离,但精馏塔的塔板数较多,一般需要 300～400 块塔板,耗能较大,所以工业上很少采用精馏法回收乙苯,而是在异构化装置中将其转化为二甲苯。但间二甲苯与对二甲苯沸点接近,借助普通的精馏法进行分离是非常因难的。在吸附分离法出现之前,工业上主要利用凝固点差异采用深冷结晶分离法,以后又开发了吸附分离和络合分离的工艺,尤其是吸附分离占有越来越重要的地位。所以 C8 芳烃的分离的技术难点在于间二甲苯与对二甲苯的分离。

2. C8 芳烃单体的分离

① 邻二甲苯和乙苯的分离

邻二甲苯的分离:C8 芳烃中邻二甲苯的沸点最高,与关键组分间二甲苯的沸点相差5.3 ℃,可以用精馏法分离,产品纯度可以达到 98%～99.6%。

乙苯的分离:C8 芳烃中乙苯的沸点最低,与关键组分对二甲苯的沸点差 2.2 ℃。工业上分离乙苯的精馏塔实际塔板数达 300～400,三塔串联,塔釜压力 0.35～0.4 MPa,回流比 50～100,可得纯度在 99.6% 以上的乙苯。但该方法能耗高,用得较少。

② 对、间二甲苯的分离

由于对二甲苯与间二甲苯的沸点差只有 0.75 ℃,难于采用精馏方法进行分离。目前工业上分离对二甲苯的方法主要有深冷结晶分离法、络合分离法和吸附分离法三种。本节主要介绍前两种。

深冷结晶分离法也叫低温结晶分离法。C8 芳烃深度冷却至 -60～-75 ℃时,熔点最高的对二甲苯首先被结晶出来。在对二甲苯结晶过程中,晶体内不可避免地包含一部分 C8 芳烃混合物,影响了对二甲苯的纯度,为提高对二甲苯纯度,工业上多采用二段结晶工艺。第一段结晶可获得纯度约 85%～90% 的对二甲苯;第二段结晶对二甲苯纯度可达 99.2%～99.5%。另外由于受共熔温度的限制,如果再降低温度,邻、间二甲苯将同时被结晶出来,而此时未结晶的 C8 芳烃液中仍含有对二甲苯,量约为 6.2%～6.9%。因此结晶分离的单程收率较低,仅为 60% 左右。典型的工艺流程如图 10-24 所示。

第一段结晶的冷冻温度达到对二甲苯和间二甲苯的共溶点(约-68 ℃),对二甲苯晶体析出;经离心机分离,所得滤饼再经熔化后,进入第二结晶槽,第二段结晶制冷温度约-10～-21 ℃时进行重结晶,再经离心分离,得到纯度达 99.5% 的对二甲苯。

络合萃取分离法是利用一些化合物与二甲苯异构体形成络合物的特性达到分离各异构体目的的。络合分离法中最成功的工业实例是日本三菱瓦斯化学公司发展的 MGCC 法。此法是有效分离间二甲苯的唯一工业化方法,同时也使其他 C8 芳烃分离过程大为简化。C8 芳烃四个异构体与 HF 共存于一个系统时,形成两个互相分离的液层:上层为烃层,下层为 HF 层。当加入 BF_3 后,发生下列反应而生成在 HF 中溶解度大的络合物。

$$X+HF+BF_3 \rightarrow XHBF_4$$

式中 X 代表二甲苯。由于间二甲苯碱度最大,所形成的 $MXHBF_4$ 络合物的稳定性最好,故在系统中能发生如下置换反应。

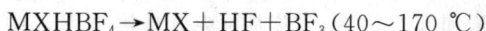

$$MX+PXHBF_4 \rightarrow MXHBF_4+PX(烃相)$$
$$MX+OXHBF_4 \rightarrow MXHBF_4+OX(烃相)$$
$$MXHBF_4 \rightarrow MX+HF+BF_3(40～170 ℃)$$

式中 MX、PX、OX 分别代表间、对、邻二甲苯。络合物置换的结果是 HF—BF_3 层中的间二

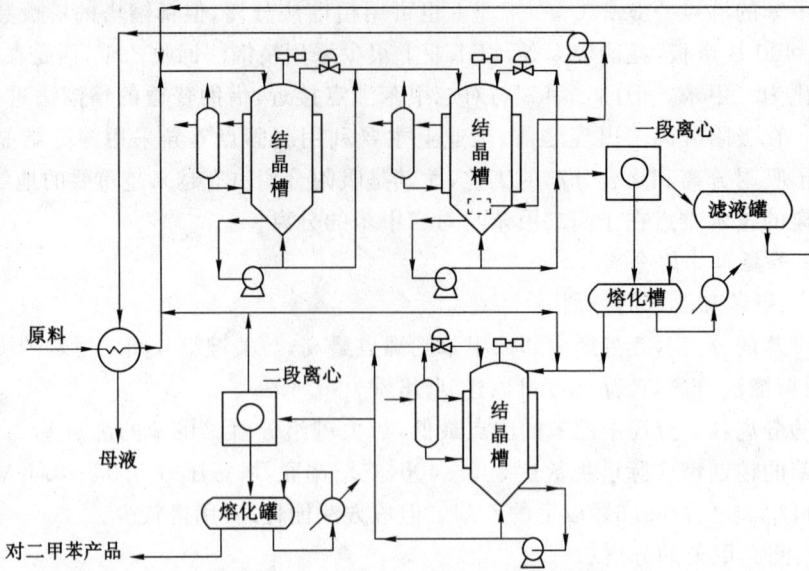

图 10-24　Amoco 对二甲苯结晶分离流程示意图

甲苯浓度越来越高,烃层中的间二甲苯浓度越来越低,从而达到选择分离的目的。典型工艺流程见图 10-25。

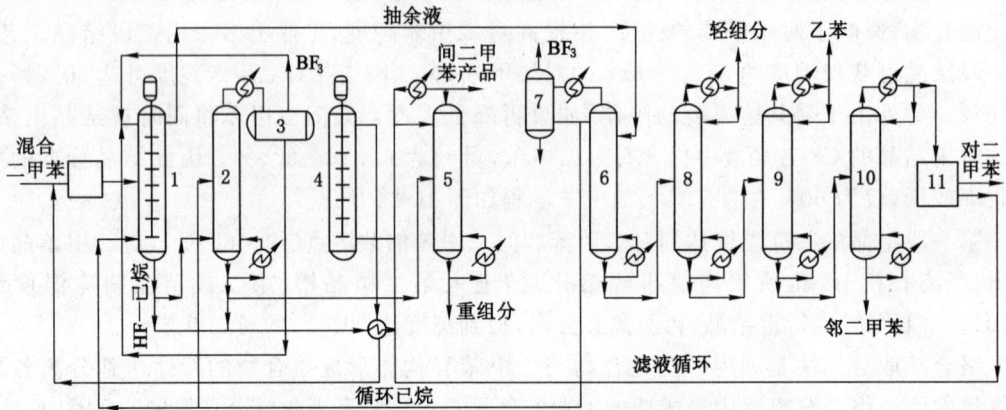

图 10-25　MGCC 法络合萃取分离二甲苯工艺流程示意图

1——萃取塔;2——分解塔;3,7——分离塔;4——异构化塔;5——脱重组分塔;6——萃余液塔;
8——脱轻组分塔;9——乙苯精馏塔;10——邻二甲苯分离塔;11——对二甲苯结晶塔

工业上萃取间二甲苯是在 0 ℃和 0.4 MPa 条件下进行的。萃取液(酸层)与烃层分离后。在 40～170 ℃络合物分解获得纯度为 98％以上的间二甲苯。

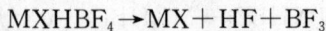

$$MXHBF_4 \rightarrow MX + HF + BF_3$$

由于 HF—BF₃也是二甲苯异构化催化剂,故此分离法可与间二甲苯液相异构化过程联合,以获得更多的对二甲苯和邻二甲苯。该法的特点是将二甲苯中含量 40％～50％的间二甲苯首先除去,使乙苯浓度提高,这不仅可以降低乙苯分离塔的塔径、回流比和操作费用,而且还可提高单程收率。其主要缺点是 HF 有毒,且有强腐蚀性。

　　吸附分离法是利用固体吸附剂吸附二甲苯各异构体的吸附能力不同进行的一种分离方法。吸附分离首先由美国 UOP 公司解决了三个关键问题而实现了工业化:一是研制成功一种对各种二甲苯异构体有较高选择性吸附的固体吸附剂;二是研制成功以 24 通道旋转阀进行切换操作的模拟移动床技术;三是选到一种与对二甲苯有相同吸附亲和力的脱附剂。吸附分离比结晶分离有较多的优点,工艺过程简单,单程回收率达 98%,生产成本较低,已取代深冷结晶成为一种采用广泛的二甲苯分离技术。

本 章 小 结

　　本章主要对石油的性质,石油化工的主要加工方法进行了概述,讲述了石油炼制、芳烃转化的工艺过程,简介了由石油化工可获得的主要产品及其用途。现本章内容小结如下:
　　① 简介了石油的组成、性质、在国民经济中的作用以及石油的主要加工方法。
　　② 讲述了石油常减压蒸馏的原理、目的、工艺流程;石油催化裂化的反应类型、催化裂化装置及工艺流程、影响催化裂化的主要影响因素;催化重整的化学反应、工艺流程、影响因素;芳烃抽提和精馏的工艺流程。
　　③ 概述了石油芳烃的来源、芳烃转化的目的和意义、芳烃转化过程可能发生的化学反应和工业上常用的催化剂;讲述了芳烃的脱烷基、芳烃的歧化和烷基转移、C8 芳烃的异构化、芳烃的烷基化等四种芳烃转化的基本原理和典型工艺过程;简述了 C8 芳烃的分离的方法。

思 考 题

1. 解释什么是原油一次加工、原油二次加工。原油二次加工的主要方法有哪些?
2. 常见的石油炼制工艺有哪些?
3. 目前国内外炼油厂要求原油在加工前进行预处理,预处理的作用是什么?
4. 简述三段汽化原油蒸馏工艺流程的特点。
5. 催化裂化的反应类型有哪些?
6. 工业上催化重整常用的催化剂有哪些?
7. 以生产芳烃为目的的催化重整工艺流程应该包括哪些过程?
8. 芳烃转化的目的是什么?
9. 简述芳烃转化可能发生的化学反应。
10. 列出芳烃转化的催化剂种类。
11. C8 芳烃异构化反应所用的催化剂主要有哪些?
12. 简述目前工业上分离对二甲苯的方法。

第十一章　精细化工

第一节　概　　述

生产精细化学品的工业，通称精细化学工业，简称精细化工。最早的精细化工行业，如染料、医药、肥皂、油漆、农药等行业，在 19 世纪前就已出现。随着科学技术的不断发展，一些新兴的精细化工行业正在不断出现。

一、精细化工产品的特点

精细化工产品是指能增进或赋予一种（类）产品以特定功能，或本身拥有特定功能的多品种、技术含量高的化学品。但是，这个含义还没有充分揭示精细化学品的本质。近年来，各国专家对精细化学品的定义有了一些新的见解，欧美一些国家把产量小、按不同化学结构进行生产和销售的化学物质，称为精细化学品；把产量小、经过加工配制、具有专门功能或最终使用性能的产品，称为专用化学品。中国、日本等则把这两类产品统称为精细化学品。目前，将具有以下特点的化工产品通称为精细化学品：

① 品种多，更新换代快。

② 产量小，大多以间歇方式生产。

③ 具有功能性或最终使用性。

④ 许多为复配性产品，配方等技术决定产品性能。

⑤ 产品质量要求高。

⑥ 商品性强，多数以商品名销售。

⑦ 技术密集高，要求不断进行新产品的技术开发和应用技术的研究，重视技术服务。

⑧ 设备投资较小。

⑨ 附加值高。

二、精细化工在国民经济中的作用

精细化工是国民经济中不可缺少的一个组成部分。其作用主要有以下几方面：

① 直接用做最终产品。例如，医药、兽药、农药、染料、颜料、香料、味精、糖精等。

② 增加或赋予各种材料以持性。例如塑料工业所用的增塑剂、稳定剂等各种助剂，彩色照相所用的成色剂，显影剂和增感剂等。

③ 增进和保障农、林、牧、渔业的丰产丰收。例如，选种、浸种、育秧、病虫害防治、土壤化学、改良水质、果品早熟、保鲜等都需要借助精细化学品的作用来完成。

④ 丰富人民生活。例如，保障和促进人类健康、保护环境清洁卫生以及为人民生活提供丰富多彩的衣食住行等享受性用品，都需要添加精细化学品来发挥其特定功能。

⑤ 促进技术进步。例如，电子液晶显示器所用的液晶染料、电传纸所用的热敏材料、功能树脂、人造器官等对于科学技术的发展都起了重要作用。

⑥ 高经济效益。精细化工行业的利润率较高，一个国家精细化工产值占化学工业产值的比重越大，说明这个国家的化工行业发展的水平越高，而这一比值称为精细化率。

$$精细化工产值率（精细化率）=\frac{精细化工产品的总值}{化工产品的总值}\times100\%$$

精细化率反应了一个国家化工生产水平及化工集约化程度。目前，发达国家化工精细化率已达 60% 以上。

三、精细化工单元反应

精细化工的门类很多，因此涉及的精细化学品及其中间体的品种也就非常多。但精细化学品主要组分及其中间体合成过程中所涉及的单元反应只有十几种。

中间体或精细化学品虽然种类繁多，但是从分子结构来看，它们大多数是在脂链、脂环、芳环或杂环上含有一个或几个取代基的衍生物。

单元反应是指为了在有机分子中引入或形成上述取代基（官能团），以及为了形成杂环和新的碳环所采用的化学反应。精细化工生产过程中涉及的重要单元反应有卤化、磺化和硫酸酯化、硝化和亚硝化、还原和加氢、氧化、重氮化和重氮基的转化、胺解和胺化、烃化、酰化、水解、聚合、缩合、环合等。本书将对卤化、磺化、硝化、还原和加氢反应进行介绍，其他单元反应的知识请查阅相关文献。

第二节　卤　　化

一、概述

在有机化合物分子中引入卤原子建立碳—卤键的反应称为卤化反应。根据引入卤原子的不同，可分为氟化、氯化、溴化、碘化等。卤化是精细有机合成中最重要的反应之一。在大规模工业生产中，除了生产氯和氟的有机单体（如氯乙烯、四氟乙烯）以及有机溶剂（四氯化碳、二氯乙烷、氯苯等）和致冷剂（氟利昂）以外，在精细有机化工中，还广泛用来制取农药、医药、增塑剂、润滑油、阻燃剂、染料、颜料以及橡胶防老化剂等产品的中间体。

1. 卤化的目的

向有机化合物分子中引入卤素的目的如下：

① 增加有机物分子极性，从而可以通过卤素的转换制备含有其他取代基的衍生物，如

卤素置换成羟基、氨基、烷氧基等。

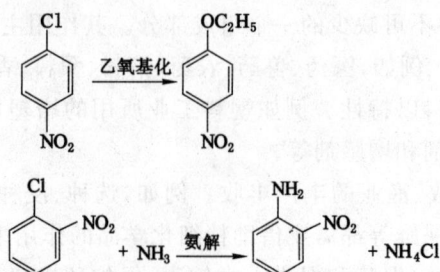

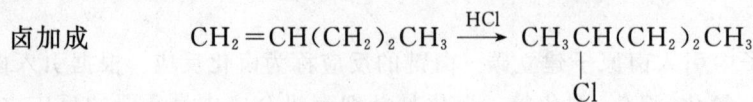

其中溴化物中的溴原子比较活泼,较易为其他基团置换,常被应用于精细有机合成中的官能团转换。

② 通过卤化反应制备的许多有机卤化物本身就是重要的中间体,可以用来合成染料、农药、香料、医药等精细化学品。如制备杀虫剂七氟菊酯。

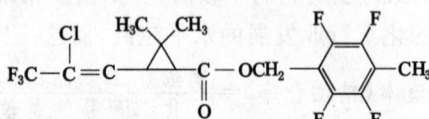

③ 向某些精细化学品中引入一个或多个卤原子,还可以改进其性能。例如,含有三氟甲基的染料有很好的日晒牢度;铜酞菁分子中引入不同氯、溴原子,可制备不同黄光绿色调的颜料;向某些有机化合物分子中引入多个卤原子,可以增进有机物的阻燃性。

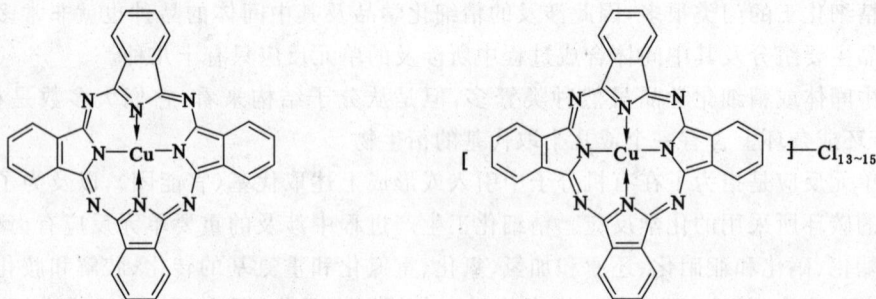

2. 卤化反应类型和卤化剂

卤化反应主要包括三种类型:卤原子与不饱和烃的加成反应、卤原子与有机物氢原子之间的取代反应和卤原子与氢以外的其他原子或基团的置换反应。

卤加成

$$CH_2=CH(CH_2)_2CH_3 \xrightarrow{HCl} CH_3CH(CH_2)_2CH_3$$
$$\qquad\qquad\qquad\qquad\qquad\qquad \underset{Cl}{|}$$

卤取代

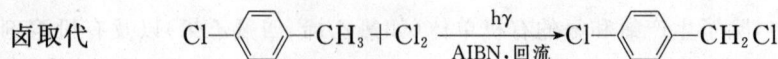

卤置换

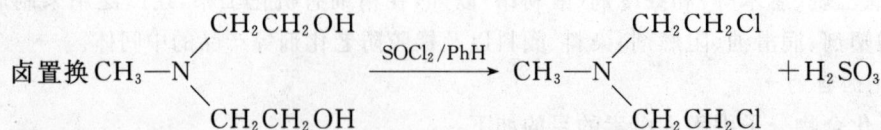

卤化时常用的卤化剂有卤素单质(Cl_2、Br_2、I_2)、氢卤酸和氧化剂($HCl+NaClO$,$HCl+$

NaClO$_3$、HBr+NaBrO、HBr+NaBrO$_3$)、次卤酸、金属和非金属的卤化物等,其中卤素应用最广,尤其是氯气。F$_2$由于活性太高,一般不能直接用做氟化剂,只能采用间接的方法获得氟的衍生物。

上述卤化剂中,用于取代和加成卤化的卤化剂有卤素、氢卤酸和氧化剂及其他卤化剂(SO$_2$Cl$_2$、SOCl$_2$、HOCl、COCl$_2$、SCl$_2$、ICl)等,用于置换卤化的卤化剂有 HF、KF、NaF、SbF$_3$、HCl、PCl$_3$、HBr 等。

本章主要讲解取代卤化和加成卤化。置换卤化的相关知识请参阅其他文献。

二、取代卤化

取代卤化是合成有机卤化物最重要的途径,主要包括芳环上的取代卤化、芳环侧链及脂肪烃的取代卤化。取代卤化以取代氯化和取代溴化最为常见。

(一)芳环上的取代卤化

芳环上的取代氯化是在催化剂存在下,芳环上的氢原子被氯原子取代的过程。

1. 催化剂和反应历程

芳环上取代卤化的反应通式为:ArH+X$_2$→ArX+HX。如苯环上的氯化过程如下:

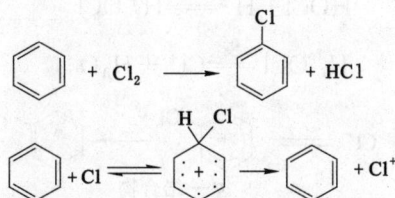

芳环上的取代卤化反应是典型的亲电取代反应。进攻芳环的活泼质点都是卤正离子(X$^+$),不管使用什么类型的催化剂,它们的作用都是促使卤正离子(X$^+$)的形成。

(1)以金属卤化物为催化剂的反应历程

以金属卤化物为催化剂的卤化反应,在工业生产中应用最广泛,常用的卤化物有FeCl$_3$、AlCl$_3$、ZnCl$_2$等。现以 FeCl$_3$ 催化氯化为例说明它们的催化反应机理。

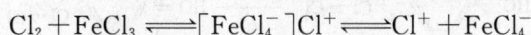

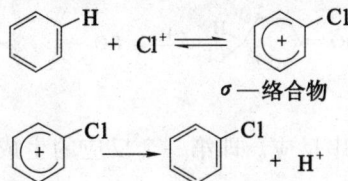

$$Cl_2 + FeCl_3 \rightleftharpoons [FeCl_4^-]Cl^+ \rightleftharpoons Cl^+ + FeCl_4^-$$

从反应历程可见,反应中利用的是卤化金属的强极性,促使氯分子极化,而生成氯离子(Cl$^+$)。反应过程并不消耗催化剂,因此催化剂用量极少。以苯的氯化为例,FeCl$_3$用量仅为原料量的万分之一就足够了。

(2)以硫酸为催化剂的反应历程

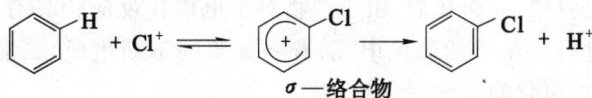

$$H_2SO_4 \rightleftharpoons H^+ + HSO_4^-$$

$$H^+ + Cl_2 \rightleftharpoons HCl + Cl^+$$

（3）以碘为催化剂的反应历程

以碘为催化剂是通过氯化碘分解出的碘正离子与氯气作用，促使生成氯正离子（Cl^+）和氯化碘（ICl），以此反复进行。

$$I_2 + Cl_2 \rightleftharpoons 2ICl（红棕色液体）$$

$$ICl \rightleftharpoons I^+ + Cl^-$$

$$I^+ + Cl_2 \rightleftharpoons ICl + Cl^+$$

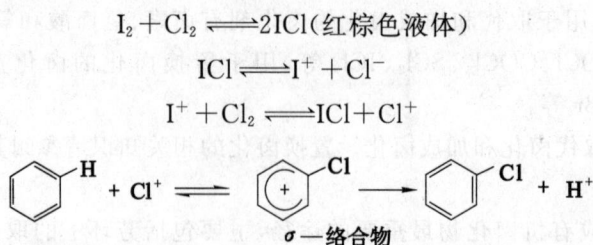

（4）以次卤酸为催化剂的反应历程

这类反应历程，可以认为是反应中有质子存在，促使生成卤正离子而加速了反应的进行。

$$H_2O + Cl_2 \rightleftharpoons HOCl + H^+ + Cl^-$$

$$HOCl + H^+ \xrightleftharpoons{快} H_2^+OCl$$

$$H_2^+OCl \xrightleftharpoons{慢} Cl^+ + H_2O$$

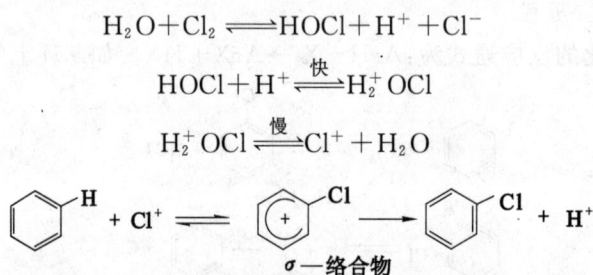

由于苯环上的取代氯化反应是典型的亲电取代反应，因此，苯环上有吸电子基团存在时，反应较难进行，常需要加入催化剂。而当苯环上有给电子基团时，反应容易进行，有的甚至可以不需要催化剂。例如，酚类、胺类及多烷基苯的氯化，由于氯分子本身受到芳环的极化，能够顺利进行反应，其反应历程可认为是：

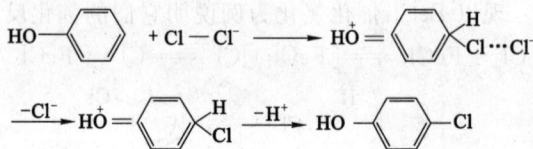

2. 反应动力学

芳环上的氯化反应属于连串反应。即第一个反应的生成物又是下一步反应的反应物，反应连串进行。例如苯的氯化：

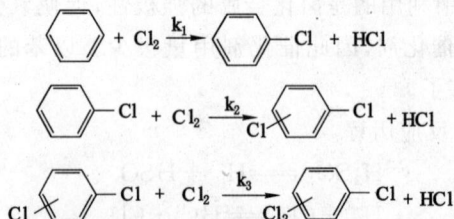

在芳环的卤化反应中，一卤化后，由于产物对亲电取代反应仍具有一定的活泼性，使二卤化反应比较容易进行。在苯的氯化中，随着一氯苯的不断生成，二氯化反应速度不断增加，以致生成较多的二氯化物及多氯化物。

3. 芳环上取代卤化的影响因素

芳环上取代基卤化的主要影响因素有被卤化芳烃的结构、反应温度、卤化剂和反应溶剂等。

（1）被卤化芳烃的结构

芳环上取代基可通过电子效应使芳环上的电子云密度的增大或减小，从而影响芳烃的卤化取代反应。当芳环上具有—OH、—NH$_3$等给电子基团时，有利于形成 σ—络合物，卤化容易进行，产物以邻、对位异构体为主，但常出现多卤代现象；反之，芳环上有—NO$_2$、—COOR等吸电子基团时，其降低了芳环上电子云密度而使卤化反应较难进行，这时卤化反应需要加入催化剂并在较高温度下进行。

（2）卤化剂

在芳烃的卤代反应中，必须注意选择合适的卤化剂，因为卤化剂往往会影响反应的速度和卤原子取代的位置、数目及异构体的比例等。例如下面的反应卤化剂不同，产物结构则不同。

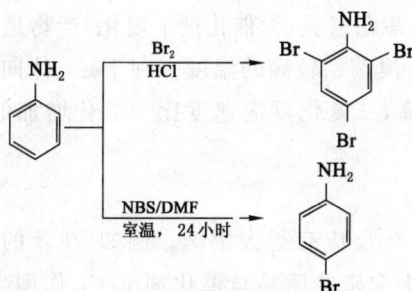

卤素是合成卤代芳烃最常用的卤化剂。其反应活性顺序为：$Cl_2 > BrCl > Br_2 > ICl > I_2$。

取代氯化时，常用的氯化剂有氯气、次氯酸钠、硫酰氯等。不同氯化剂在苯环上氯化时的活性顺序是：$Cl_2 > ClOH > ClNH_2 > ClNR_2 > ClO^-$。

常用的溴化剂有溴、溴化物、溴酸盐和次溴酸的碱金属盐等。溴化剂活泼性的顺序为：$Br^+ > BrCl > Br_2 > BrOH$。芳环上的溴化可用金属溴化物做催化剂，如 $MgBr_2$、$ZnBr_2$、I 等。

溴资源比氯少，价格也比较高，为了回收副产物 HBr，常在反应中加入氧化剂（如 $NaClO$、$NaCl$、Cl_2、H_2O_2 等），使生成的 HBr 氧化成 Br_2 而得到充分利用。

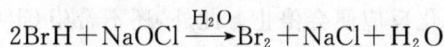

$$2BrH + NaOCl \xrightarrow{H_2O} Br_2 + NaCl + H_2O$$

分子碘是芳烃取代反应中活泼性最低的反应试剂，而且碘化反应是可逆的。为使反应进行完全，必须移除并回收反应中生成的 HI。HI 具有较强的还原性，可在反应中加入适当的氧化剂，如 HNO_3、H_2O_2 等，使 HI 氧化成 I_2。

氯化碘、羟酸的次碘酸酐（RCOOI）等碘化剂，可提高反应中碘正离子的浓度，增加碘的亲电性，有效地进行碘取代反应。例如：

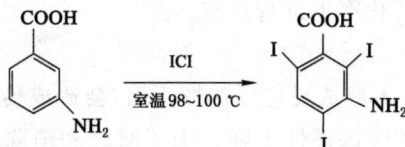

（3）反应介质

如果被卤化物在反应温度下呈液态,则不需要介质而直接进行卤化,若被卤化物在反应温度下为固态,则可根据反应物的性质和反应的难易,选择适当的溶剂。常用的溶剂有水、醋酸、盐酸、硫酸、氯仿及其他卤代烃类。

对于性质活泼、容易卤化的芳烃及其衍生物,可用水为反应介质,将被卤化物分散悬浮在水中。

对于较难卤化的物料,可用浓硫酸、发烟硫酸等为反应溶剂,有时还需加入适量的催化剂碘。如蒽醌在浓硫酸中氯化制取 1,4,5,8—四氯蒽醌。先将蒽醌溶于浓硫酸中,再加入 $0.5\%\sim4\%$ 的碘做催化剂,在 100 ℃下通氯气,直到含氯量为 $36.5\%\sim37.5\%$ 为止。

若要求反应在较缓和的条件下进行,或是为了定位的需要,有时可选用适当的有机溶剂。如萘的氯化采用氯苯为溶剂,水杨酸的氯化采用乙酸做溶剂等。

选用溶剂时,还应考虑溶剂对反应速度、产物组成与结构、产率等的影响。

(4)反应温度

通常是反应温度高,卤取代数多,有时甚至会发生异构化。除此之外,反应温度还影响卤素取代的定位和数目。如萘在室温、无催化剂下溴化,产物是 α—溴萘;而在 150~160 ℃和铁催化下溴化,则得到 β—溴萘。较高的温度有利于 α—体向 β—体异构化。在苯的取代氯化中,随着反应温度的升高,二氯化反应速度比一氯化增加的快;在 160 ℃时,二氯苯还将发生异构化反应。

(5)原料纯度与杂质

原料纯度对芳环取代卤化反应有很大影响。例如,在苯的氯化反应中,原料苯中不能含有含硫杂,如噻吩等。因为含硫杂质易与催化剂 $FeCl_3$ 作用生成不溶于苯的黑色沉淀并包在铁催化剂表面,使催化剂失效;另外,噻吩在反应中生成的氯化物在氯化液的精馏过程中会分解出氯化氢,对设备造成腐蚀。

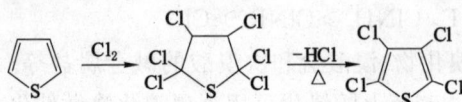

有机原料中也不能含有水,因为水能吸收反应生成的 HCl 成为盐酸,对设备造成腐蚀,还能萃取苯中的催化剂 $FeCl_3$,导致催化剂离开反应区,使氯化速度变慢,当苯中含水量达 0.02%(质量百分数)时,氯化反应便会停止。此外,还不希望 Cl_2 中含 H_2,当 H_2 的体积分数大于 4% 时,会引起火灾甚至爆炸。

(6)反应深度

以氯化为例,反应深度即为氯化深度,是指每摩尔纯苯所消耗的氯气的物质的量。它反应了原料烃被氯化程度的大小。由于芳烃环上氯化是一个连串反应,因此要想在一氯化阶段少生成多氯化物,就必须严格控制氯化深度。工业上采用的方法是苯过量法,控制苯氯比为 4∶1(摩尔比),在低转化率下进行反应。

(7)混合作用

在苯的氯化中,如果搅拌不好或反应器选择不当,会造成传质不匀和物料的严重返混,从而对反应不利,并会使一氯代选择性下降。为了减轻和消除返混现象,可以采用塔式连续氯化器。

（二）脂肪烃及芳烃侧链的取代卤化

脂肪烃和芳烃侧链的取代卤化是在光照、加热或引发剂存在的条件下卤原子取代烷基上氢原子的过程。它是合成有机卤化物的重要途径，也是精细有机合成中的重要反应之一。

1. 脂肪烃及芳烃侧链取代卤化的反应机理

脂肪烃和芳烃侧链的取代卤化反应是典型的自由基反应。其历程包括链引发、链增长和链终止三个阶段。

（1）链的引发

为了使自由基反应能顺利进行，首先必需产生一定数量的自由基。产生自由基的方法有三种——热裂解、光离解和电子转移法。

① 热裂解法：Cl—Cl、Br—Br、I—I、O—O、N—N、C—N＝N—C 键的离解能仅在 250 kJ/mol 以下，所以在 50～150 ℃的温度范围内即可进行热裂解，从而提供自由基的来源。例如：

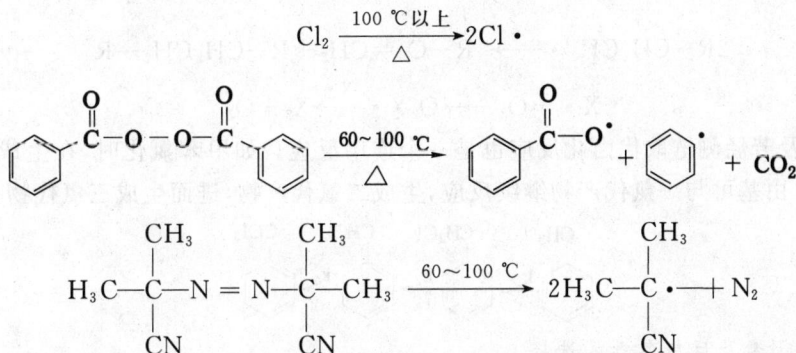

$$Cl_2 \xrightarrow[\triangle]{100\ ℃以上} 2Cl\cdot$$

常将一些在低温下容易热裂解生成自由基的物质，如过氧化苯甲酰及偶氮二异丁腈等称之为引发剂。在许多情况下，可以先由它们裂解出自由基后，再引发自由基反应。

② 光离解法：许多分子受到光的照射而被活化，诱导离解而产生自由基，这种离解方法被称之为光离解法。使用这种波长的光照射 Cl_2、Br_2、I_2 分子，吸收光能发生均裂而产生自由基。

$$Cl_2 \xrightarrow{hv} 2Cl\cdot \qquad Br_2 \xrightarrow{hv} 2Br\cdot$$

③ 电子转移法：重金属离子具有得失电子的性能，它们常常被用于催化某些过氧化物的分解。例如，亚铁离子将一个电子转移给过氧化氢，使它生成一个羟基自由基及一个更稳定的羟基负离子。三价钴离子也可以从过氧化叔丁酸中获取一个电子，而使过氧化叔丁醇转变成一个过氧自由基及一个质子。

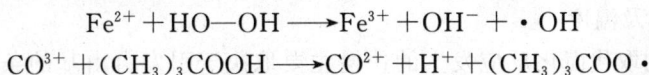

$$Fe^{2+} + HO—OH \longrightarrow Fe^{3+} + OH^- + \cdot OH$$
$$CO^{3+} + (CH_3)_3COOH \longrightarrow CO^{2+} + H^+ + (CH_3)_3COO\cdot$$

（2）链的传递

通过裂解或离解产生的自由基，可以迅速按下列方式发生自由基的链锁反应。从链的传递来看，每有一个自由基参加反应，就生成一个新的自由基，如此反复循环，可达几千次乃至上万次。

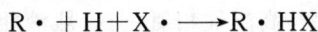

$$R\cdot + H + X\cdot \longrightarrow R\cdot HX$$

$$R \cdot + X_2 \longrightarrow R-X + X \cdot$$

$$H-C\underset{\diagup}{\overset{\diagup}{\big|}} + X \cdot \longrightarrow [X-H- C\underset{\diagup}{\overset{\diagup}{\big|}} \longrightarrow \cdot C\underset{\diagup}{\overset{\diagup}{\big|}} + HX$$

$$\cdot C\underset{\diagup}{\overset{\diagup}{\big|}} + X_2 \longrightarrow X-C\underset{\diagup}{\overset{\diagup}{\big|}} + X \cdot$$

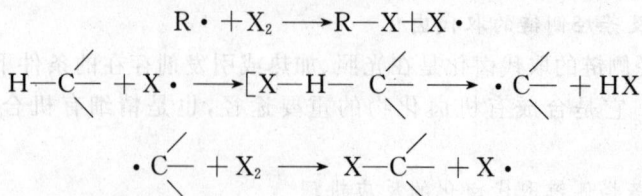

（3）反应链的终止

实际上自由基循环链的传递不可能无限循环下去,总会由于某些因素的存在而使之终止。例如,自由基与器壁碰撞而释放出能量后自相结合;或在某些抑止剂的作用下,自由基与抑止剂生成稳定的化合物或不活泼的质点,从而使反应链中断。

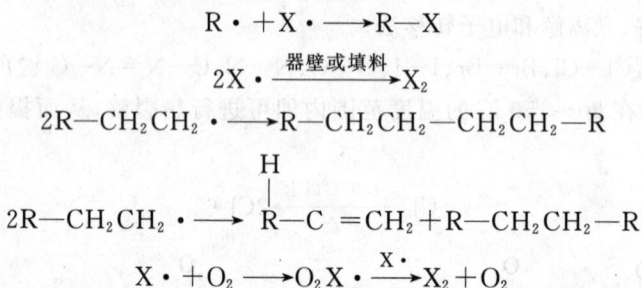

$$R \cdot + X \cdot \longrightarrow R-X$$

$$2X \cdot \xrightarrow{\text{器壁或填料}} X_2$$

$$2R-CH_2CH_2 \cdot \longrightarrow R-CH_2CH_2-CH_2CH_2-R$$

$$2R-CH_2CH_2 \cdot \longrightarrow R-\overset{H}{\underset{|}{C}}=CH_2 + R-CH_2CH_2-R$$

$$X \cdot + O_2 \longrightarrow O_2X \xrightarrow{X \cdot} X_2 + O_2$$

脂肪烃及芳烃侧链取代卤化反应也是一个连串反应。如甲苯氯化时,在生成一氯代物的同时,氯自由基可与一氯代产物继续反应,生成二氯代产物,进而生成三氯代物。

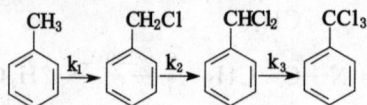

$$\underset{CH_3}{\bigcirc} \xrightarrow{k_1} \underset{CH_2Cl}{\bigcirc} \xrightarrow{k_2} \underset{CHCl_2}{\bigcirc} \xrightarrow{k_3} \underset{CCl_3}{\bigcirc}$$

2. 影响因素及反应条件的选择

（1）被卤化物的性质

各种被卤化物氢原子的活性次序为:

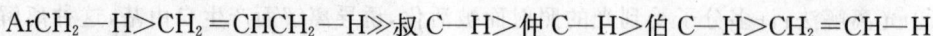

$ArCH_2-H > CH_2=CHCH_2-H \gg$ 叔 $C-H >$ 仲 $C-H >$ 伯 $C-H > CH_2=CH-H$

苄位和烯丙位氢原子比较活泼,容易进行自由基取代卤化反应。如果在苄位或其邻、对位带有吸电子基团,苄位的卤化更容易进行;若带有给电子基团,则卤化相对困难。

（2）卤化剂

在烃类的取代卤化中,卤素是常用的卤化剂,它们在光照、加热或引发剂存在下产生卤自由基。其反应活性顺序为:$F_2 > Cl_2 > Br_2 > I_2$,但其选择性与此相反。碘的活性差,通常很难直接与烷烃反应;而氟的反应性极强,用其直接进行氟化反应过于剧烈,常常使有机物裂解成为碳和氟化氢。所以,有实际意义的只是烃类的氯代和溴代反应。

（3）引发条件及温度

烃类化合物的取代卤化反应发生的快慢主要取决于引发自由基的条件。光照引发和热引发是经常采用的两种方法。

光照引发以紫外光照射最为有利。波长越短的光,其能量越强,有利于引发自由基,但波长小于 300 nm 的紫外光透不过普通玻璃。因而,实际生产中常将发射波长范围为 400～700 nm 的日光灯作为照射光源。光引发时,其反应温度一般控制在 60～80 ℃。

热引发可分为中温液相氯化与高温气相氯化,一般液相氯化反应的热引发温度范围为

100～150 ℃,而气相氯化反应温度则高达 250 ℃以上。其余卤素分子的离解能量要略低些,反应温度可以相应降低。

(4)催化剂及杂质

芳烃在有催化剂时,环上取代氯化要比环上加成或侧链取代快得多,即在催化剂存在时,通常只能得到环上取代产物。在光照、加热或引发剂下通 Cl_2,侧链取代氯化又比环上加成氯化快得多。因此通过自由基反应进行芳环侧链的卤化时,应当注意不要使反应物中混入能够发生环上取代氯化的催化剂。

对于自由基反应,原料需有较高的纯度和严格控制其杂质,否则会阻止反应。

① 杂质铁:若有铁存在,通氯时会转变成 $FeCl_3$,则对自由基反应不利,并起抑制作用,同时若原料为烯烃或芳烃时,还会成为加成氯化及环上取代氯化的催化剂。因此,原料中不能有铁,反应设备不能用普通钢设备,需用衬玻璃、衬镍、搪瓷或石墨反应器。

② 氧气:对反应有阻碍作用,需严格控制其浓度。对于光引发自由基反应,烃中氧含量应小于 1.25×10^{-4} 时,Cl_2 中氧含量应小于 5.0×10^{-5};或烃中氧含量小于 5.0×10^{-5} 时,Cl_2 中氧含量应小于 2.0×10^{-4}。

③ 水:原料中有少量水的存在,也不利于自由基取代反应的进行。因此,工业上常用干燥的氯气。

此外,固体杂质或具有粗糙反应器内壁,会使链终止。

(5)反应介质

四氯化碳是经常采用的反应介质,因为它属于非极性惰性溶剂,可避免自由基反应的终止和一些副反应的发生。其他可用的溶剂还有苯、石油醚和氯仿等。反应物若为液体,则可不用溶剂。

(6)氯化深度及原料配比

根据芳烃侧链及烷烃的取代氯化都具有连串反应的特点可知,氯化产物的组成是由氯化深度来决定的。氯化深度越大,单氯化选择性越低,即多氯化物组成越高。选择适当的氯化深度及烃氯化,对提高单氯化选择性是有利的,烃氯比大,一氯代烷的选择性高,工业上一般适宜的烃氯比为 $(5 \sim 3):1$。

(三)应用实例——氯苯的生产

氯苯是制备农药、医药、染料、助剂及其他有机合成产品的重要中间体,也可以直接做溶剂,生产量较大。现在普遍采用的生产路线是沸腾氯化法,工艺流程见图 11-1。

氯苯合成反应为:

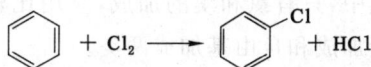

生产的操作过程如下:将经过固体食盐干燥的苯和氯气,按苯和氯的物质量之比约 4∶1 的比例,送入充满铁环填料(作催化剂)的氯化塔底部,部分氯气与铁环反应生成 $FeCl_3$ 并溶解于苯中,保持反应温度在 75～80 ℃,使苯在沸腾状态下进行反应。氯化液溢流入液封槽,经冷却后进入贮罐,控制氯化液的相对密度处于 0.935～0.950 之间,温度控制在 15 ℃。氯化产物的质量组成大致为氯苯 25%～30%、苯 66%～74%、多氯苯<1%。经水洗、中和、送往蒸馏分离,蒸出的苯循环使用。除产品氯苯外,得到的混合二氯苯还可以进一步分离;反应器顶部逸出的苯蒸气和氯化氢气体,经冷凝回收苯,再以水吸收得到副产盐酸。

沸腾氯化器是一种塔式设备,结构见图 11-2,内壁衬耐酸砖,塔底装有炉条以支承铁环,塔顶是扩大区,安装有二层导流板以促进气液分离,利用苯的气化带出热量。在设计氯化器时,必须防止出现滞留区,否则容易出现多氯苯,导致设备堵塞,甚至发生生成炭的副反应而引起燃烧。

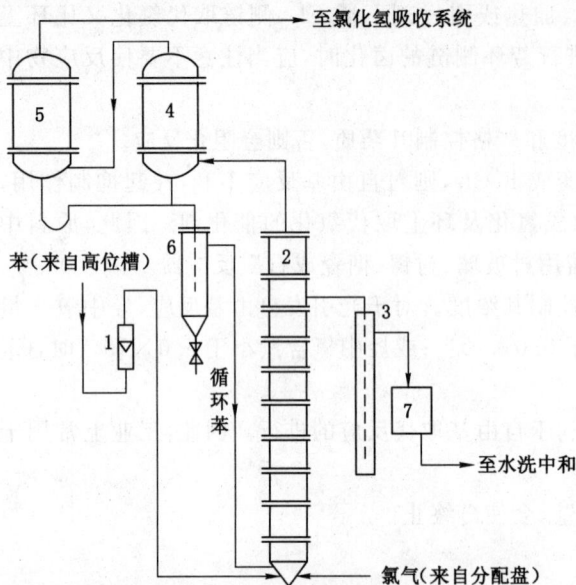

图 11-1　氯苯生产工艺流程图

1——流量计;2——氯化塔;3——液封器;

4,5——冷凝器;6——酸苯分离器;7——冷却器

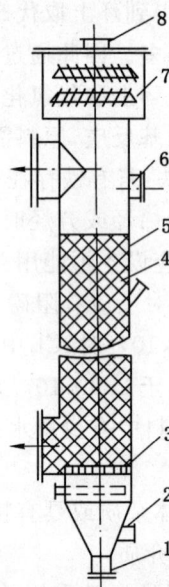

图 11-2　沸腾氯化器

1——酸水排放口;2——苯和氯气入口;3——炉条;

4——填料铁圈或废铁管;5——钢壳衬耐酸砖;

6——氯化液出口;7——挡板;8——气体出口

用沸腾氯化法生产氯苯的主要优点是生产能力大,在相同的氯化深度下二氯苯的生成量较少,这是由于减少了返混的缘故。

三、加成卤化

加成卤化是卤素、卤化氢及其他卤化物与不饱和烃进行的加成反应。含有双键、叁键和某些芳烃等有机物常采用卤加成的方法进行卤化。

(一)卤素与不饱和烃的加成卤化

在卤素与烯烃的加成反应中,只有氯和溴的加成,应用比较普遍。卤素与烯烃的加成,按反应历程的不同可分为亲电加成和自由基加成两类。

1. 亲电加成反应历程

卤素对双键的加成反应,一般经过两步,首先卤素向双键做亲电进攻,形成过渡态 π—络合物,然后在催化剂(FeCl$_3$)作用下,生成卤代烃。

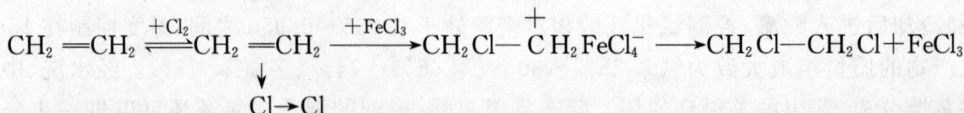

$$CH_2 = CH_2 \xrightleftharpoons{+Cl_2} \underset{\underset{Cl \rightarrow Cl}{\downarrow}}{CH_2 = CH_2} \xrightarrow{+FeCl_3} CH_2Cl—\overset{+}{C}H_2FeCl_4^- \longrightarrow CH_2Cl—CH_2Cl + FeCl_3$$

催化剂的作用是加速 π—络合物转化成 σ—络合物,并且促使 Cl$_2$ 与 FeCl$_3$ 形成 Cl→Cl:

$FeCl_3$络合物,有利于亲电进攻。

2. 主要影响因素

① 烯烃的结构:当烯烃上带有给电子取代基时,其反应性能提高,有利于反应的进行;而当烯烃上带有吸电子取代基时,则起相反作用。烯烃卤素加成反应活泼次序如下:

$$R_2C=CH_2 > RCH=CH_2 > CH_2=CH_2 > CH_2=CHCl$$

② 溶剂:卤素与烯烃的亲电加成反应,一般采用 CCl_4、$CHCl_3$、CS_2、CH_3COOH 和 $CH_3COOC_2H_5$ 等做溶剂。

③ 反应温度:卤加成反应温度不宜太高,否则易导致消除(脱卤化氢)和取代副反应。

3. 卤素的自由基加成卤化

卤素在光、热或引发剂(如有机过氧化物、偶氮二异丁腈等)存在下,可与不饱和烃发生加成反应,其反应历程按自由基机理进行。

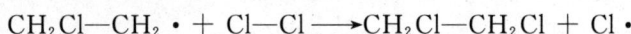

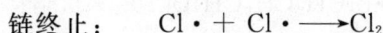

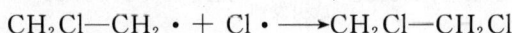

链引发:　$Cl_2 \xrightarrow{h\gamma} 2Cl\cdot$

链传递:　$CH_2=CH_2 + Cl\cdot \longrightarrow CH_2Cl-CH_2\cdot$

　　　　　$CH_2Cl-CH_2\cdot + Cl-Cl \longrightarrow CH_2Cl-CH_2Cl + Cl\cdot$

链终止:　$Cl\cdot + Cl\cdot \longrightarrow Cl_2$

　　　　　$2CH_2Cl-CH_2\cdot \longrightarrow CH_2Cl-CH_2-CH_2-CH_2Cl$

　　　　　$CH_2Cl-CH_2\cdot + Cl\cdot \longrightarrow CH_2Cl-CH_2Cl$

(二) 卤化氢与不饱和烃的加成

卤化氢与不饱和烃发生加成作用,可得到饱和卤代烃。其反应历程可分为离子型亲电加成和自由基加成两类。

1. 卤化氢的亲电加成卤化

(1) 反应历程

卤化氢与双键的亲电加成也是分两步进行的,首先是质子对分子进行亲电进攻,形成一个碳正离子中间体,然后卤负离子与之结合,形成加成产物。

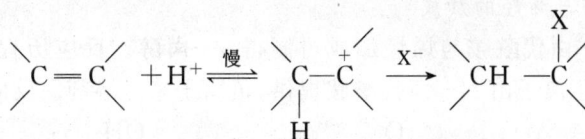

在反应中加入 $AlCl_3$ 或 $FeCl_3$ 等催化剂,可加快反应速度。反应时可采用卤化氢的饱和有机溶液或浓的卤化氢水溶液。卤化氢与烯烃加成反应的活泼性次序是:$HI > HBr > HCl$。

(2) 定位规律

由于是亲电加成反应,因此,当烯烃上带有给电子取代基时,有利于反应的进行,且卤原子的定位符合马尔科夫尼柯夫规则,即氢原子加在含氢较多的碳原子上。

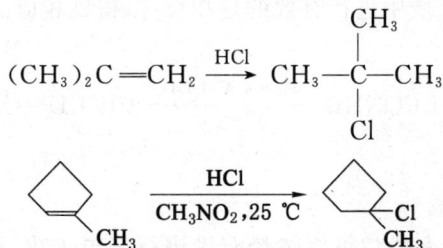

当烯烃上带有强吸电子取代基,如—COOH、—CN、—CF₃、—N⁺(CH₃)₃时,烯烃的 π 电子云向取代基方向转移,双键上电子云密度下降,反应速度减慢,不对称烯烃与卤化氢的加成符合反马尔科夫尼柯夫规则。例如:

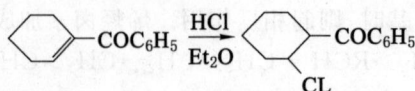

$$\text{——COC}_6\text{H}_5 \xrightarrow[\text{Et}_2\text{O}]{\text{HCl}} \text{——COC}_6\text{H}_5$$

$$\text{CL}$$

卤化氢与不饱和烃亲电加成反应的工业化实例有氯化氢和乙炔加成生产氯乙烯,乙烯和氯化氢或溴化氢加成生成氯乙烷或溴乙烷。

2. 卤化氢的自由基加成卤化

在光和引发剂作用下,溴化氢和烯烃的加成属于自由基加成反应。其定位主要受到双键极化方向、位阻效应和烯烃自由基的稳定性等因素的影响,一般符合反马尔科夫尼柯夫规则。

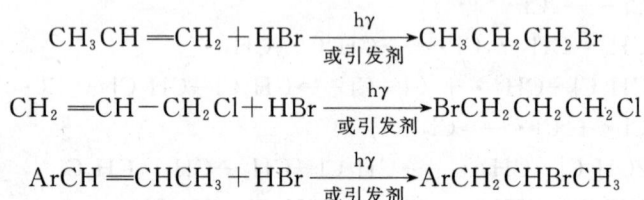

$$CH_3CH=CH_2 + HBr \xrightarrow[\text{或引发剂}]{h\gamma} CH_3CH_2CH_2Br$$

$$CH_2=CH-CH_2Cl + HBr \xrightarrow[\text{或引发剂}]{h\gamma} BrCH_2CH_2CH_2Cl$$

$$ArCH=CHCH_3 + HBr \xrightarrow[\text{或引发剂}]{h\gamma} ArCH_2CHBrCH_3$$

(三) 其他卤化物与不饱和烃的加成

除卤素、卤化氢外,次卤酸、N—卤代酰胺和卤代烷等也是不饱和烃加成反应常用的卤化剂。它们与不饱和烃发生亲电加成反应,生成卤代化合物。

1. 次卤酸与烯烃的加成

常用的次卤酸为次氯酸。次氯酸不稳定,难以保存,通常是将氯气通入水或氢氧化钠水溶液中,也可以通入碳酸钙悬浮水溶液中,制取次氯酸及其盐,制备后须立即使用。次卤酸与烯烃的加成属于亲电加成,定位规律符合马氏规则。

2. N—卤代酰胺与烯烃的加成

在酸催化下,N—卤代酰胺与烯烃加成可制得 α—卤醇。反应历程类似于卤素与烯烃的亲电加成反应,卤正离子由 N—卤代酰胺提供,负离子来自溶剂。反应如下:

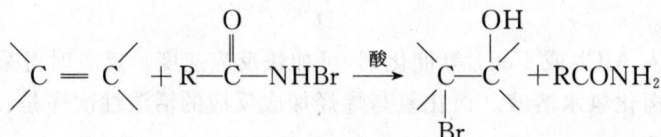

$$\underset{}{\overset{}{C}}=\underset{}{\overset{}{C} } + R\overset{\overset{O}{\|}}{C}-NHBr \xrightarrow{\text{酸}} \underset{Br}{\overset{}{C}}-\underset{}{\overset{OH}{C}} + RCONH_2$$

常用的 N—卤代酰胺有 N—溴(氯)代乙酰胺和 N—溴(氯)代丁二酰亚胺等。其反应特点为:可避免二卤化物的生成,产品纯度高,收率高。此外,该卤化剂能溶于有机溶剂,故可与不溶于水的烯烃在有机介质中进行有效的均相反应,得到相应的 α—卤醇及其衍生物。

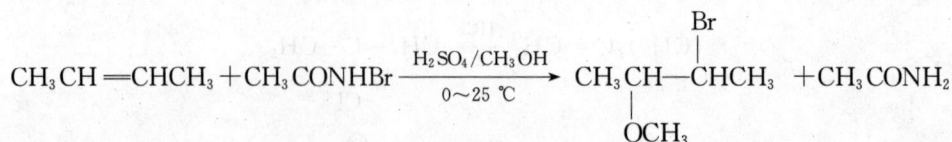

$$CH_3CH=CHCH_3 + CH_3CONHBr \xrightarrow[\text{0～25 ℃}]{H_2SO_4/CH_3OH} \underset{OCH_3}{\overset{Br}{CH_3CH-CHCH_3}} + CH_3CONH_2$$

3. 卤代烷与烯烃的加成

在路易斯酸存在下,叔卤代烷可对烯烃双键进行亲电进攻,得到卤代烷与烯烃的加成产物。例如:氯代叔丁烷与乙烯加成可得到 1-氯-3,3 二甲基丁烷,收率为 75%。

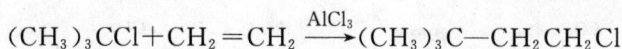

$$(CH_3)_3CCl + CH_2 = CH_2 \xrightarrow{AlCl_3} (CH_3)_3C-CH_2CH_2Cl$$

多卤代甲烷衍生物可与双键发生自由基加成反应,在双键上形成碳—卤键,使双键的碳原子上增加一个碳原子。例如,丙烯和四氯化碳在过氧化二苯甲酰作用下生成 1,1,1-三氯-3-氯丁烷,收率为 80%。

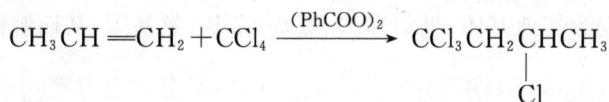

$$CH_3CH = CH_2 + CCl_4 \xrightarrow{(PhCOO)_2} \underset{\underset{Cl}{|}}{CCl_3CH_2CHCH_3}$$

多卤代甲烷衍生物有氯仿、四氯化碳、一溴三氯甲烷、溴仿和一碘三氟甲烷等。这些多卤代甲烷衍生物中被取代的卤原子的活泼性次序为 $I > Br > Cl$。

4. 应用实例——环氧丙烷的生产

工业上环氧丙烷的生产分为两步,首先是次氯酸水溶液与丙烯反应生成氯丙醇,反应如下:

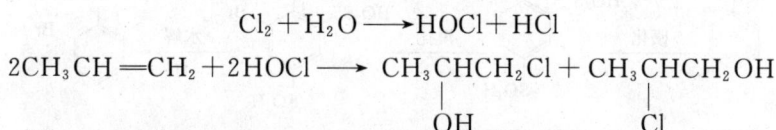

$$Cl_2 + H_2O \longrightarrow HOCl + HCl$$

$$2CH_3CH = CH_2 + 2HOCl \longrightarrow \underset{\underset{OH}{|}}{CH_3CHCH_2Cl} + \underset{\underset{Cl}{|}}{CH_3CHCH_2OH}$$

其次是氯丙醇经过皂化反应生产环氧丙烷,反应式如下:

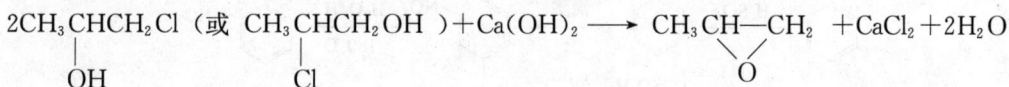

$$2\underset{\underset{OH}{|}}{CH_3CHCH_2Cl}（或 \underset{\underset{Cl}{|}}{CH_3CHCH_2OH}）+ Ca(OH)_2 \longrightarrow CH_3CH\underset{\underset{O}{\diagdown\diagup}}{-}CH_2 + CaCl_2 + 2H_2O$$

反应在鼓泡塔反应器中进行,丙烯、氯气和水在塔的不同部位通入,控制塔内反应温度在 35～50 ℃,反应产物由塔顶溢出,反应液中氯丙醇含量为 4.5%～5.0%,氯丙醇物质的量收率约 90% 左右。氯丙醇混合物可不经分离,直接送往皂化塔,用过量 10%～20%、浓度为 10% 的石灰乳皂化。皂化在常压和 34 ℃下进行,控制 pH = 8～9,生成的环氧丙烷自反应液中溢出,经精馏后得到环氧丙烷产品。同时,副产少量 1,2-二氯丙烷和二氯二异丙基醚。

第三节　磺　　化

一、概述

向有机化合物分子中引入磺酸基($-SO_3H$)的反应叫做磺化。

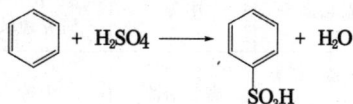

磺化产物中最重要的是阴离子表面活性剂,特别是洗涤剂,例如十二烷基苯磺酸钠。许多芳磺酸衍生物是制备染料、医药、农药等的中间体,在精细有机合成工业中,占有十分重要的地位。

1. 磺化的目的

引入磺酸基的主要目的如下:

① 使产品具有水溶性、酸性、表面活性,或对纤维具有亲和力。如:

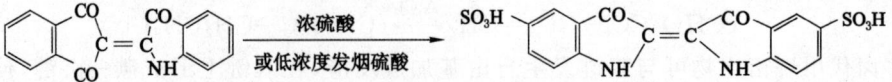

靛蓝还原性染料经过磺化后生成 5,5-靛蓝二磺酸可溶性酸性染料,改变了染料的可溶性和酸性。

② 将磺酸基转变为其他基团,例如羟基、氨基、氰基、氯基等,从而制得一系列有机中间体或精细化工产品。

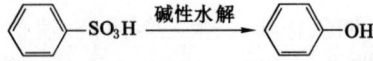

③ 利用磺酸基的可水解性,辅助定位或提高反应活性。例如,为了某些反应易于进行或集团定位,先在芳环上引入磺酸基,在完成特定反应后,再将磺酸酸基水解掉。

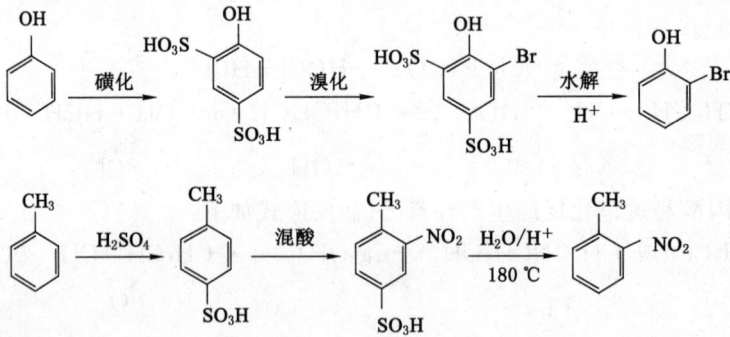

2. 磺化试剂

工业生产中常用的磺化剂是有硫酸、发烟硫酸、三氧化硫、氯磺酸和硫酰氯,有时也用到亚硫酸盐等。将常用的磺化试剂的主要特点列于表 11-1 中。

表 11-1　　　　　　　　　　各种常用的磺化和硫酸化试剂的评价

试剂	三氧化硫		发烟硫酸	氯磺酸	硫酰氯	96%～100%硫酸
分子式	SO₃		H₂SO₄·SO₃	ClSO₃H	SO₂Cl₂	H₂SO₄
物理状态	液态	气态	液态	液态	液态	液态
主要用途	芳香化合物的磺化	广泛用于有机产品	醇类、染料与医药	炔烃磺化,实验室方法	芳香化合物的磺化	芳香化合物的磺化
应用范围	很窄	日益增多	中等	主要用于研究领域	广泛	广泛
活泼性	非常活泼	高度活泼,等摩尔,瞬间反应	高度活泼	中等	低	
备注	容易发生氧化、焦化反应,需加入溶剂调节活泼性	为降低反应速度,可用干空气稀释成 2%～8%SO₃		反应放出HCl,必须设法回收	生成 SOCl₂(氯化亚砜)	

由于制备、使用上的原因,工业硫酸有两种规格,即 2.5％硫酸(亦称矾油)和 98％硫酸。发烟硫酸也有含游离 SO_3 为 20％和 65％左右两种规格。X％发烟硫酸的含义是 100 g 酸中,X g 游离的 SO_3 和 $(100-X)$ g H_2SO_4。

发烟硫酸的含量可以用游离 SO_3 含量 $w(SO_3)$(质量分数)表示,但为了酸碱滴定分析计算上的方便常常折算成 H_2SO_4 的含量 $w(H_2SO_4)$(质量分数)来表示。两种表示方法的换算公式如下:

$$w(H_2SO_4)=100\%+0.225w(SO_3)$$
$$w(SO_3) = 4.44[w(H_2SO_4)-100\%]$$

例如,65％的发烟硫酸换算成硫酸的百分含量为:

$$w(H_2SO_4)=100\%+0.225\times65\% = 114.6\%$$

如果需要使用其他浓度的硫酸或发烟硫酸,一般用上述的硫酸和发烟硫酸或水配置,设 G、G_1、G_2 分别表示拟配置硫酸和已有较浓硫酸和较稀硫酸(或水)的质量,C、C_1、C_2 分别对应于拟配置硫酸和已有较浓和较稀(或水)硫酸的质量浓度。则配酸的计算公式如下:

$$G_1=G\frac{C-C_2}{C_1-C_2},G_2=G\frac{C_1-C}{C_1-C_2}$$

在使用该公式时要注意,酸的浓度表示方式要一致,或都用硫酸浓度,或都用三氧化硫浓度表示。

3. 磺化反应类型

磺化反应的主要类型根据被磺化物的结构特征可以分为芳香族化合物的磺化和脂肪族的磺化。芳香族的磺化采用的主要工艺有过量硫酸磺化法、液相磺化法、共沸去水磺化法、三氧化硫磺化、氯磺酸磺化、芳伯胺烘焙磺化法、置换磺化等方法。脂肪族磺化方法主要有氧磺化、氯磺化、置换磺化和加成磺化等。

二、芳香族化合物的磺化

1. 芳香族化合物磺化反应历程

芳烃的磺化主要是用硫酸、发烟硫酸或三氧化硫来进行的。用这些磺化剂进行的磺化反应是典型的亲电取代反应。

芳烃的磺化反应历程是:

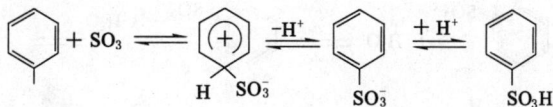

2. 芳香烃磺化反应的影响因素

(1)被磺化物结构的影响

磺化反应是典型的亲电取代反应,因此,被磺化的芳环上电子云密度的高低,将直接影响磺化反应的难易。芳环上有给电子基时,反应速度加快,易于磺化。相反,芳环上有吸电子基时,反应速率减慢,较难磺化。此外,磺酸基所占空间的体积较大,在磺化反应过程中,有比较明显的空间效应。

(2)磺化剂的种类和用量的影响

不同种类磺化剂的反应情况和反应能力都不同,因此,磺化剂对磺化反应有较大的影响。例如,用硫酸磺化与用三氧化硫或发烟硫酸磺化差别就较大。前者生成水,是可逆反应，后者不生成水，反应不可逆。用硫酸磺化时，硫酸浓度的影响也十分明显。磺化过程中，每引进一个—SO_3H 基团，同时生成 1 mol 水。

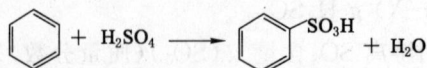

水的生成降低了体系中硫酸的浓度，当硫酸浓度降低至某一程度时，磺化反应即自行停止，此时剩余的硫酸叫做废酸。

废酸以 SO_3 的重量百分数表示，称为 π 值。物质易磺化，π 值要求低；难磺化，π 值要求高。π 值的计算公式如下：

$$\pi = \frac{\text{废酸中所含硫酸质量} \times \frac{80}{98}}{\text{原有硫酸质量} - (\text{消耗的硫酸质量} \times \frac{80}{98})} \times 100$$

另外，π 值也可以用磺化液中硫酸和水的质量分数来估算。

$$\pi = 81.63 \times \frac{w(H_2SO_4)}{w(H_2SO_4) + w(H_2O)}$$

在磺化反应实际生产中，水的含量不容易测出，所以磺化终点的 π 值并不清楚，磺化终点是根据磺化液的总酸度来确定的。磺化液的总酸度是指磺化终了时，磺化系统中所有的硫酸、芳磺酸、三氧化硫折算为硫酸的质量之和与系统的总质量之比。

$$\text{总酸度} = \frac{\text{折算成硫酸的酸质量}}{\text{系统的总质量}} \times 100\%$$

磺化终了时，总酸度越低，说明被磺化物越易发生磺化反应。

(3) 磺化物的水解及异构化作用

以硫酸为磺化剂的反应是一个可逆反应，即磺化产物在较稀的硫酸存在下，又可以发生水解反应：

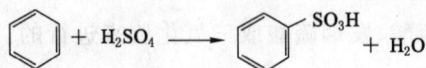

一般认为，水解反应的历程为：

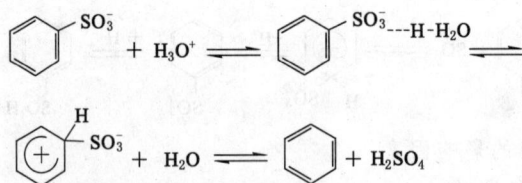

影响水解反应的因素是多方面的，但 H^+ 浓度越高，一般水解越快。因此，水解反应都是在磺化反应后期生成水量较多时发生的。有时为了促成水解，用水稀释反应液，使反应在稀硫酸中进行。

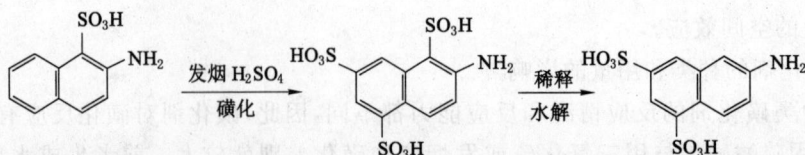

此外,温度越高,水解反应的速度越快。有资料表明,温度每升高 10 ℃,水解反应增加 2.5~3.5 倍,而相应的磺化反应的速度仅增加 2 倍。所以,温度升高时,水解反应速度的增加高于磺化反应速度的增加,说明温度升高对水解反应有利。

磺化反应在高温下容易发生异构化。反应历程一般认为是水解再磺化的过程。例如:

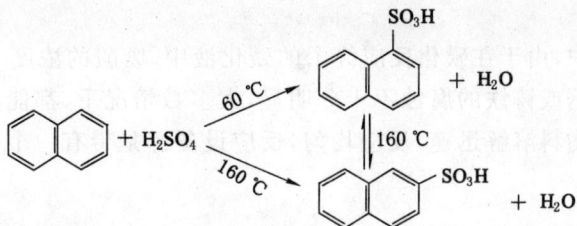

（4）催化剂和添加剂的影响

一般磺化反应不需要使用催化剂,但对于蒽醌的磺化,加入催化剂可以影响磺酸基进入的位置。例如,在汞盐(或贵金属钯、铊、铑)存在下,磺酸基主要进入蒽醌环的 α 位,无催化剂存在时,则磺酸基主要进入蒽醌的 β 位。

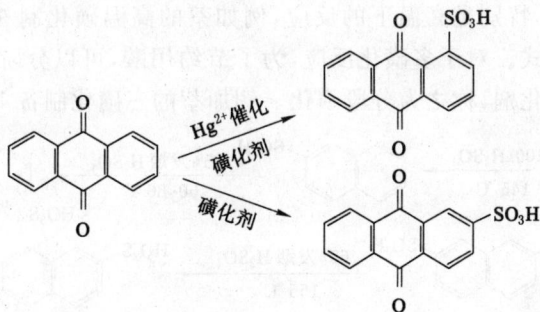

在磺化反应中,副产物砜是通过芳磺酰阳离子与芳香化合物进行亲电反应而形成的。反应式如下:

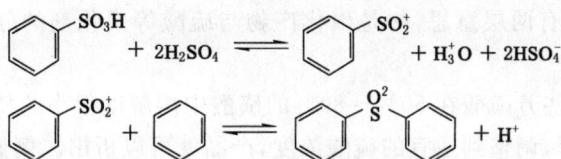

如果在磺化反应中加适量 Na_2SO_4 做添加剂,可以增加 HSO_4^- 的浓度。由于芳磺酰阳离子在反应平衡的浓度与 HSO_4^- 浓度的平方成反比,因此可以抑制砜的生成。而且,加入 Na_2SO_4 还可以抑制硫酸的氧化作用。在使用三氧化硫为磺化剂的磺化过程中,芳磺酰阳离子和砜的生成如下:

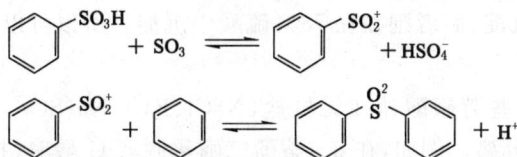

（5）搅拌的影响

在磺化反应中,良好的搅拌可以加速有机物在酸相中的溶解,提高传热、传质效率,防止局部过热,提高反应速率,有利于反应的进行。

3. 芳香烃磺化生产工艺

(1) 过量硫酸磺化法

过量硫酸磺化法以硫酸为反应介质,在生产上称为液相磺化。这种方法的适用面广,但存在着硫酸过量、产生的废酸较多、生产能力较低的缺点。

① 磺化设备

液相磺化工艺中,由于在磺化反应终了的磺化液中,废酸的浓度一般在 70% 以上。这种浓度下的硫酸对钢或铸铁的腐蚀不十分明显,大多数情况下,都能用钢设备做液相磺化的反应器。为了使物料溶解迅速,反应均匀,反应设备都是带有一个锚式或复合式搅拌器的锅式反应器。

② 投料方式

在液相磺化过程中,被磺化物性质的不同和引入磺基数目的不同,加料次序也不同。如果在反应温度下被磺化物是固态的,则先将磺化剂硫酸投入反应器中,随后在低温下投入固体有机物,待溶解后慢慢升温反应,这样有利反应均匀进行。但如果在反应温度下被磺化物是液态的,应先将有机物投入反应器中,随后在反应温度下逐步加入磺化剂,这样可以减少多磺化副反应。特别是高温下的反应,例如萘的高温磺化制 β—萘磺酸或甲苯的磺化,都可用这种投料方式。对于多磺化反应,为了节约用酸,可以分阶段在不同的温度条件下,投入不同浓度的磺化剂,称之为分段磺化。例加萘的三磺化制备 1,3,6—萘三磺酸。

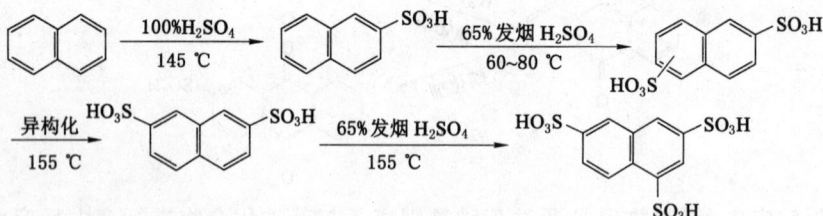

③ 磺化产物的分离

磺化产物分离具有两层意思,一是磺化产物与硫酸等磺化剂的分离,二是磺化产物与副产物之间的分离。

酸析法是利用某些芳磺酸在 50%～80% 的磺酸中溶解度很小的特性,在液相磺化终了时,将磺化物用水稀释,调整到适宜的硫酸浓度,产品就可以析出。例如下列产物的制备:

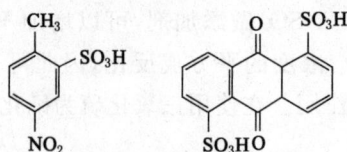

前者在 40～50% 硫酸中沉淀,后者则在在 78% 硫酸中沉淀。所以可以采用酸析法进行磺化物的分离。

直接盐析法是利用某些芳磺酸盐在无机盐($NaCl$、KCl、Na_2SO_3、Na_2SO_4)溶液中的溶解度不同的特性,使它们分离。例如,在 β—萘酚二磺化制取 G 酸时,根据 G 酸的钾盐溶液溶解度较小,R 酸的钠盐溶解度较小的特点即可分离出 G 酸和 R 酸。通常向稀释的磺化液中加入氯化钾溶液,G 酸即以钾盐形式析出,在过滤后的母液中在加入 $NaCl$,R 酸即可以钠盐形式析出。

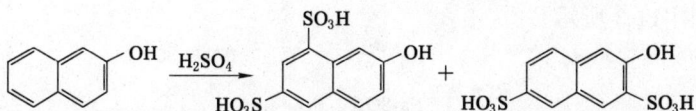

中和盐析法是利用芳磺酸在中和时生成的硫酸钠或其他无机盐,促使芳磺酸盐析出。磺化物的盐在硫酸钠水溶液中的溶解度比在水中的溶解度小得多,比较容易析出。这样做不仅使产品盐析出,而且还可以减少酸对设备的腐蚀。例如:

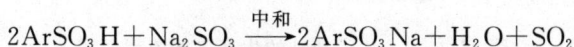

脱硫酸钙法主要用于对无机盐含量要求极为严格的磺酸,特别是多磺酸产品的分离。当磺化物中含有大量废硫酸时,可先把磺化物稀释后用氢氧化钙的悬浮液对磺化液进行中和,生成的磺酸钙能溶于水,而硫酸钙则沉淀下来。过滤,得到不含无机酸的磺酸钙溶液。将此溶液再用碳酸钠溶液处理,使硫酸钙盐转变为钠盐,生成的碳酸钙经过滤除去。该方法操作步骤复杂,同时生产大量硫酸钙滤饼需处理,因此在生产上应尽量避免采用。

$$H_2SO_4 + Ca(OH)_2 \longrightarrow CaSO_4 \downarrow + H_2O$$
$$2ArSO_3H + Ca(OH)_2 \longrightarrow (ArSO_3)Ca + 2H_2O$$
$$(ArSO_2H)_2Ca + NaCO_3 \longrightarrow 2ArSO_3Na + CaCO_3 \downarrow$$

萃取分离法,如将萘高温磺化,稀释水解除去 α—萘磺酸后的溶液,用叔胺的甲苯溶液萃取,叔胺与 β—萘磺酸形成的配合物可被萃取到甲苯层中,形成油相络合物为有机层,分离出有机层,用碱液中和,磺酸及转入水相,蒸发至干可得纯度高达 86.8% 的萘磺酸,叔胺和甲苯均可回收再利用。

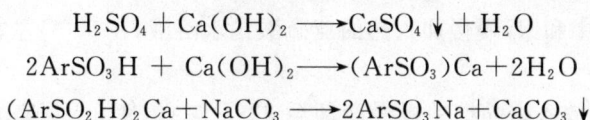

④ 生产工艺实例——β—萘磺酸钠的生产

β—萘磺酸钠为白色或灰白色结晶,易溶于水,是制备 β—萘酚的重要中间体。其生产过程分三步,即磺化、水解—吹萘、中和盐析。各步反应式如下:

磺化:

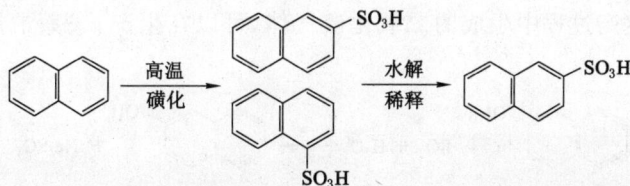

水解—吹萘:

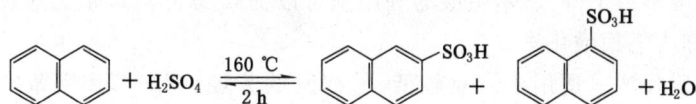

中和盐析:

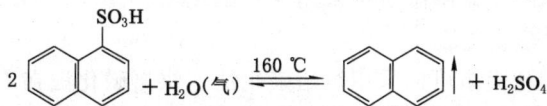

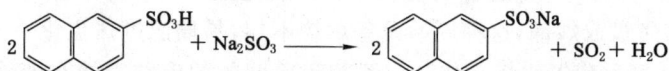

生产过程如图 11-3 所示。

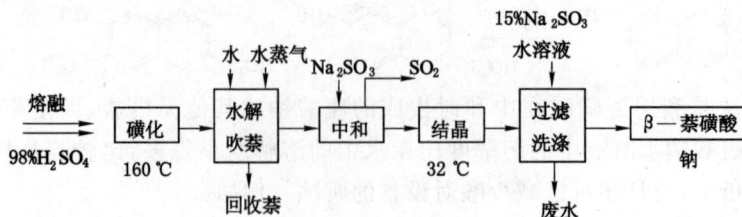

图 11-3　β—萘磺酸钠的生产工艺流程框图

　　先将熔融萘加入磺化反应釜中,在 140 ℃下慢慢滴加 96％～98％的硫酸。由于反应放热,反应系统能自动升温至 160 ℃左右,保温两小时。当磺化反应的总酸度达到 25％～27％时,即认为到达磺化反应终点。将磺化液送到水解锅中加入适量水稀释,通入水蒸气进行水解,并将未转化的萘和 α—萘磺酸水解时生成的萘,随水蒸气吹出回收。水解—吹萘后的 β—萘磺酸送至中和锅,慢慢加入热的亚硫酸钠水溶液,在 90 ℃左右中和 β—萘磺酸和过量的硫酸。

　　中和后的反应液放入结晶槽中慢慢冷却至 32 ℃左右,使 β—萘磺酸的钠盐结晶析出,再进行抽滤,并用含量 15％左右的亚硫酸钠水溶液洗去滤饼中的硫酸钠,得到 β—萘磺酸钠滤饼,供碱熔制取 β—萘酚使用。

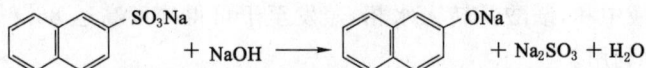

　　β—萘磺酸钠生产过程中生成的二氧化硫气体,可以在生产 β—萘酚过程中用于 β—萘酚钠盐的酸化。

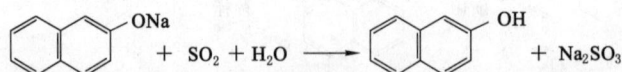

　　(2) 共沸去水磺化法

　　为了克服过量硫酸法用酸量大、废酸多、磺化剂利用效率低的缺点,对于挥发性较高的芳烃(如苯、甲苯),在较高温度下向硫酸中通入芳烃蒸气进行磺化。反应生成的水,可以与过量的芳烃共沸一起蒸出,过量未转化的芳烃经冷凝分离后,可以循环利用。这样可以保持磺化剂的浓度不致下降太多,硫酸的利用率可以提高到 90％以上。这种方法叫做共沸去水磺化法,又称为气相磺化法。

　　共沸去水磺化法只适用于沸点较低、易挥发的芳烃,例如苯和甲苯的磺化。目前工业上甲苯的磺化主要采用三氧化硫磺化法。

　　甲苯的磺化制取对甲苯磺酸也可采用气相磺化工艺。

　　(3) 芳伯胺的烘焙磺化法

　　芳香族伯胺的磺化大多可以采用烘焙磺化法。烘焙磺化法在工业上有三种方式:

　　① 炉式烘焙磺化法。芳胺和等摩尔的硫酸先制成固态的硫酸盐,然后放在烘盘上,在烘焙炉中于 180～230 ℃下进行烘焙。"烘焙"磺化这一名称即来源于此。这种烘焙磺化反应的设备是烘烤盘或炒锅,这种原始设备烘焙不匀,易局部过热焦化

　　② 滚筒球磨反应器烘焙磺化法。芳胺和等摩尔的硫酸直接在转鼓式球磨机中进行成

盐"烘焙"。

③ 溶剂烘焙磺化法。近些年,不少芳胺的磺化都以高沸点有机物做溶剂(如二氯苯、三氯苯、二苯砜等),在180~200 ℃左右高温下进行磺化。

烘焙磺化的反应历程,是首先由芳胺与硫酸成盐,在高温下脱水生成芳胺基磺酸,经过高温烘焙,进行内分子重排,生成对位(或邻位)氨基芳磺酸。以苯胺为例:

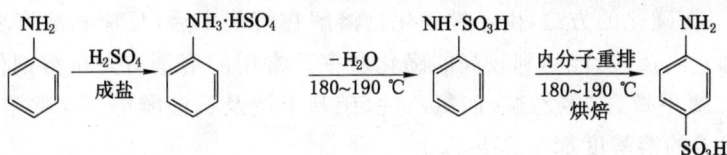

烘焙磺化是高温反应,当环上带有羟基、甲氧基、硝基或多卤基时,不宜用此法,以防止反应物的氧化、焦化或树脂化。

烘焙磺化法的优点在于可使硫酸的用量降低到接近理论量,而且生产过程中不产生废酸,苯系和萘系的芳伯胺在烘焙磺化时,磺基主要进入氨基的对位,当对位被占据时才进入邻位,所以生成物的选择性好。

(4) 三氧化硫磺化

无论使用硫酸或是发烟硫酸进行磺化,都生成大量的废酸,无法回收循环利用,给"三废"处理带来许多困难。使用 SO_3 磺化,不生成水,直接生成芳磺酸。以 SO_3 为磺化剂,有以下几个特点:① 不生成水,无大量废酸。② 磺化能力强反应快。③ 用量省,接近理论量,成本低。④ 反应生成的产品质量高、杂质少。⑤ 由于反应速度快,磺化能在几秒内迅速完成,所以反应设备的生产效率高。目前世界各国合成十二烷基苯磺酸的生产,都采用这种方法。

在芳香族磺化中,采用 SO_3 磺化剂进行磺化的工艺有以下几种类型。

① 用液体 SO_3 磺化

纯 SO_3 在常温下是液体,熔点16.8℃,沸点44.8 ℃。SO_3 非常容易自聚,生成二聚或三聚物,它们的凝固点较高,在室温下是固体,使用不便。为了防止生成聚合体。常加入0.02%的硼酐或0.1%的二苯砜,或0.2%的硫酸二甲酯作为稳定剂。液态 SO_3 的磺化能力极强,主要用于不活泼的有机物的磺化。例如硝基苯的磺化。

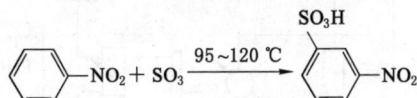

液体 SO_3 的制备是从发烟硫酸蒸出冷凝,成本较高。因此液体 SO_3 磺化方法的应用受到较大限制。

② 用稀释的气态 SO_3 磺化

直接使用 SO_3 的转化气或用干燥的空气来稀释 SO_3,使其体积含量在2%~8%,用膜式反应器与有机物接触反应。这样,反应的热效应小,易于控制,工艺流程短,副产物少,产品质量高。此法已广泛用于十二烷基苯磺酸钠的生产。

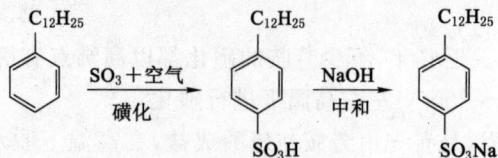

③ 在溶剂中用 SO_3 磺化

在溶剂中用 SO_3 磺化的方法,由于被磺化物溶解在溶剂中后,反应物浓度变小,有利于控制反应速度、抑止副反应,能达到较高的磺化产率。常用的溶剂有无机溶剂例如 SO_2 、硫酸,有机溶剂如二氯甲烷、二氯乙烷、四氯乙烷、硝基甲烷及石油醚等。这些溶剂对有机物都是混溶的,对 SO_3 的溶解度都在25%以上。

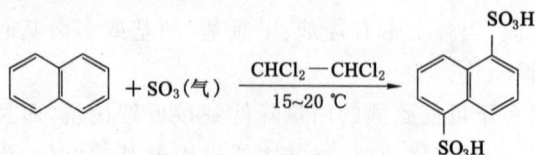

④ 生产工艺实例——十二烷基苯磺酸钠的生产

工业上采用 SO_3 降膜反应器进行十二烷基苯磺酸钠的生产,其反应路线如下:

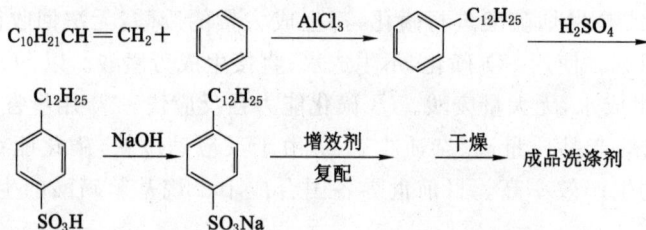

工艺流程见图 11-4。

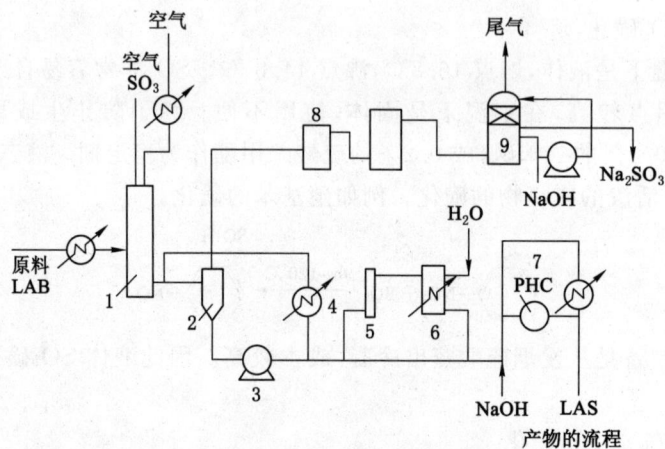

图 11-4 十二烷基苯磺酸钠的生产工艺流程示意图

1——反应器;2——分离器;3——循环泵;4——冷却器;5——老化器;
6——水化器;7——中和器;8——除雾器;9——吸收塔

原料十二烷基苯由供料泵进入磺化反应器,与进入磺化器的 SO_3(3%~5%)瞬间发生磺化反应,产物经气液分离器、循环泵、冷却器处理之后部分回到反应器底部,用于磺酸的急冷,部分反应产物被送入老化器,调整反应保持时间再进入水化器成酸,最后经中和器制得烷基苯磺酸钠。尾气经除雾器除去酸雾,再经吸收塔吸收后放空。

三、脂肪烃的磺化

烷烃比较稳定,不能直接与硫酸、发烟硫酸、三氧化硫等磺化剂进行磺化反应,但可用间接法——氧磺化(或氯磺化),把一个磺基(或磺酰氯基)引入烷烃链,即烷烃和二氧化硫在氧化剂氧(或氯)的存在下,进行磺氧化(或磺氯化)反应。此反应为自由基的连锁反应。

1. 烷烃的氯磺化

烷烃的氯磺化,是以烷烃与 SO_2 和 Cl_2 进行反应,用来生产烷基磺酸盐类型表面活性剂。为此目的,需要将生成的磺酰氯与碱作用,转化成盐。例如表面活性剂 AS 的生产:

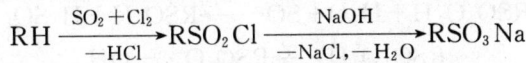

$$RH \xrightarrow[-HCl]{SO_2+Cl_2} RSO_2Cl \xrightarrow[-NaCl,-H_2O]{NaOH} RSO_3Na$$

烷基磺酰氯是活泼性很高的化合物,能与醇、胺、酚类反应,可以生成许多重要的精细化工产品。

烷烃的氯磺化主要用来生产烷基磺酸盐。烷基磺酸盐的生产过程类似于许多液相氯化的自由基反应过程。主要是在塔式反应器中进行光化学反应,也可以用槽式反应器分批操作。连续式的生产流程见图 11-5。

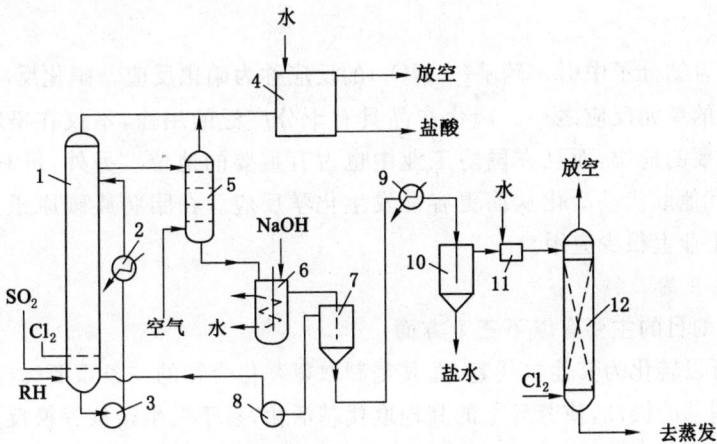

图 11-5　光化学氯磺化生产烷基磺酸盐流程图
1——反应器;2,9——冷却器;3,8——泵;4——回收 HCl 气;5——空气吹气塔;
6——中和设备;7,10——分离器;11——混合器;12——漂白塔

氯气和二氧化硫气以 1:1.05 的分子比,通入氯磺化反应器的底部,鼓泡通过反应液层(反应混合物或烷烃),新鲜的烷烃和未转化的回收烷烃也通入反应器的底部,反应液通过外循环冷却,维持反应温度约 65 ℃。由塔顶放出的气体,通过一个水洗塔吸收净化,除去 HCl 和 SO_2 后放空。从反应塔上部溢流出的反应液,流入空气吹气塔,吹入空气,除去溶解在反应液中的氯化氢和二氧化硫气体,然后进入中和设备,用液碱中和。中和后进入分离器 7,分离出来未反应的烃和氯化物,通过泵送回反应器。反应物经冷却进入分离器 10,分离出中和水解生成的盐水,随后经漂白和脱水处理,得到液体表面活性剂。

2. 烷烃的氧磺化

二氧化硫与氧同烷烃的反应是在 20 世纪 40 年代发现的,在 50 年代开始工业应用。

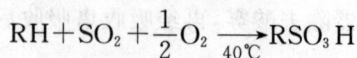

$$RH + SO_2 + \frac{1}{2}O_2 \xrightarrow{40℃} RSO_3H$$

该反应的产物是一种仲链烷磺酸盐,烷烃的氧磺化也是放热、不可逆反应。反应历程是自由基反应,可以通过光照或加入引发剂引发加速反应。反应历程为:

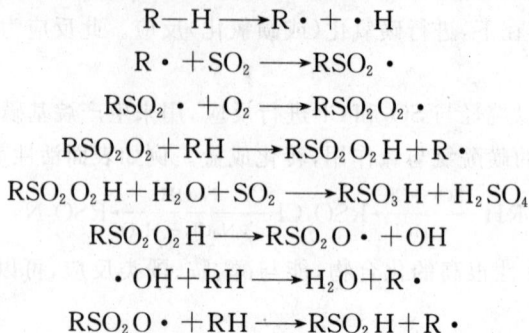

$$R—H \longrightarrow R· + ·H$$
$$R· + SO_2 \longrightarrow RSO_2·$$
$$RSO_2· + O_2 \longrightarrow RSO_2O_2·$$
$$RSO_2O_2 + RH \longrightarrow RSO_2O_2H + R·$$
$$RSO_2O_2H + H_2O + SO_2 \longrightarrow RSO_3H + H_2SO_4$$
$$RSO_2O_2H \longrightarrow RSO_2O· + OH$$
$$·OH + RH \longrightarrow H_2O + R·$$
$$RSO_2O· + RH \longrightarrow RSO_2H + R·$$

第四节 硝 化

一、概述

向有机化合物分子中引入硝基(—NO_2)的反应称为硝化反应。硝化反应是有机化学工业中十分重要的单元反应之一。硝化产品具有十分广泛的用途,不仅在染料、制药等民用行业上占有重要的地位,而且在国防工业中也占有重要的地位。另外,可利用硝基的强极性,使芳环上其他取代基活化从而更容易发生化学反应。在脂肪族碳原子上的硝化反应,因难于控制,工业上很少应用。

1. 硝化的目的

引入硝基的目的主要有以下三个方面:

① 硝基可以转化为其他取代基,尤其是制取氨基化合物的一条重要途径。

② 利用硝基的极性,使芳环上的其他取代基活化,易于发生亲核置换反应。例如:

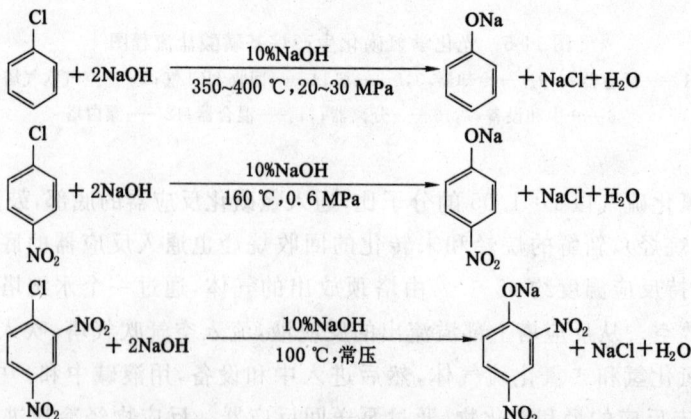

从以上例子可以看出,引入硝基后,反应的压力和温度条件降低,会使反应更易进行。

③ 利用硝基的极性,赋予精细化工产品某种特性,例如,加深染料的颜色,使药物的生理效应有显著变异等。

某些芳族硝基化合物尚有一些其他用途。例如,硝基苯或间硝基苯磺酸钠在某些生产过程中可作为温和的氧化剂;2,4,6—三硝基甲苯(TNT),三硝基苯酚等是重要的炸药,但炸药不属于精细化工产品。

2. 硝化剂

硝化剂是指在反应中能提供硝基($-NO_2$)的化学物质。常见的硝化试剂有不同浓度的硝酸、硝酸与硫酸构成的混酸、硝酸盐和硫酸、五氧化二氮以及硝酸和乙酸的混合物等。混酸是最常用的硝化试剂。一般认为硝化剂是以硝酰正离子(NO_2^+)形式参与反应的。

3. 硝化反应的方法

① 稀硝酸硝化:通常用于易硝化的芳族化合物。例如,酚类、酚醚类、茜素和某些 N—酰化芳胺等。这时所用的硝酸约过量 $10\% \sim 65\%$。

② 浓硝酸硝化:目前只用于少数硝基化合物的制备。如由蒽醌硝化制备 1—硝基蒽醌等。这种硝化一般要用过量许多倍的硝酸,过量的硝酸必须设法回收或利用。

③ 浓硫酸介质中的均相硝化:当被硝化物或硝化产物在反应温度下是固态时,多将被硝化物溶解在大量的浓硫酸中,然后加入硝酸或混酸进行硝化,称为浓硫酸介质中的均相硝化。这种均相硝化法只需使用过量很少的硝酸,一般产率较高,所以应用范围较广。

④ 有机溶剂中硝化:这种方法的优点在于可避免使用大量的硫酸做溶剂,从而减少或消除废酸量;常常使用不同的溶剂以改变硝化产物异构体的比例。常用的有机溶剂有二氯甲烷、二氯乙烷、乙酸或乙酐等。随着有机溶剂价格的降低,这种方法的应用范围日益扩大。

⑤ 非均相混酸硝化:当被硝化物和硝化产物在反应温度下都呈液态,且难溶或不溶于混酸时,常采用非均相的混酸硝化法。这时,用要剧烈的搅拌,使有机相充分地分散到酸相中以完成硝化反应。这种非均相硝化法是工业上最常用、最重要的硝化方法。

从以上介绍可以看出,硝化的方法比较多,但硝化原理即操作过程比较相似,本节以工业上应用最为广泛的混酸硝化法为例进行讨论。

二、混酸硝化反应和工艺

硝酸和硫酸的混合物是最常用的有效硝化剂,因为用混酸硝化能克服单用浓硝酸硝化的部分缺点,所以在工业上广为应用。其优点是:

① 混酸比硝酸会产生更多的硝酰正离子,所以混酸的硝化能力强、反应速度快、副反应少、产率高。

② 混酸中的硝酸用量接近理论量,硝酸几乎可全部被利用。

③ 硫酸由于比热大,能吸收硝化反应中放出的热量,可以避免硝化的局部过热现象,使反应温度容易控制。

④ 浓硫酸能溶解多数有机物,因此增加了有机物与硝酸的相互接触,使硝化易于进行。

⑤ 混酸对铁不起腐蚀作用,因而可使用碳钢或铸铁设备做反应器。

混酸硝化过程有连续和间歇两种方式。连续法具有小设备、大生产、效率高及便于自动控制等优点;间歇法则具有较大的灵活性和适应性,适于小批量、多品种的生产。

一般的混酸硝化工艺过程可以用图 11-6 表示。

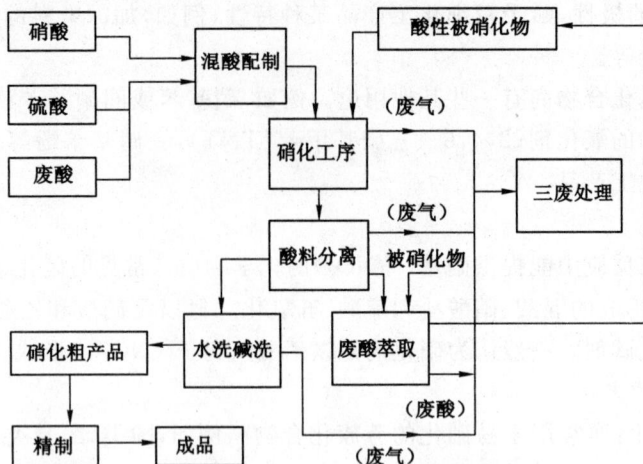

图 11-6　混酸硝化的工艺过程示意图

1. 混酸的硝化能力

每个具体硝化过程用的混酸都要求具有适当的硝化能力。硝化能力太强,虽然反应快,但容易产生多硝化副反应;硝化能力太弱,反应缓慢,甚至硝化不完全。工业上通常利用硫酸脱水值和废酸计算浓度来表示混酸的硝化能力。在混酸硝化过程中混酸与被硝化物的质量比叫做相比,也叫酸油比。硝酸和被硝化物的物质的量之比则称为硝酸比,以 φ 来表示。

(1) 硫酸的脱水值

硫酸的脱水值(也称脱水值),指混酸硝化终了时,废酸中硫酸和水的计算质量之比,通常用符号 D. V. S.(Dehydrating Value of Sulfuric Acid)来表示。

$$D.V.S. = \frac{废酸中含硫酸质量}{废酸中含水质量} = \frac{混酸中硫酸质量}{混酸中含水质量 + 硝化生成水的质量}$$

(2) 废酸计算浓度

废酸计算浓度(也称硝化活性因子),指混酸硝化终了时,废酸中硫酸的计算浓度,常用符号 F. N. A.(Factor of Nitration Activity)来表示:

$$F.N.A. = \frac{废酸中含硫酸质量}{废酸的总质量质量}$$

$$= \frac{混酸中硫酸质量}{废酸中含水质量 + 混酸中硫酸的质量 + 剩余的硝酸质量}$$

混酸的硝化能力,只适用于混酸硝化,不适用于在浓硫酸介质中的硝化。需要注意的是,能满足相同废酸浓度的混酸组成是多种多样的,但并非所有的混酸组成都有实际应用意义。为了保证硝化过程的顺利进行,对于每一个具体产品都应通过科学实验,寻找适宜的 D. V. S 值或 F. N. A 值。

(3) 配酸

当用几种不同的原料配制混酸时,可根据物料平衡原理建立联合方程式,求出各种原料酸的用量。

【例 11-1】　欲配制含硫酸 72%,硝酸 26%,水 2%(均为质量分数)的混酸 6 500 kg,需要 20％发烟硫酸、85％废酸以及含 88％硝酸 8％硫酸的中间酸各为多少？

解：设发烟硫酸、废酸和中间酸用量分别为 x,y,z kg。

三种酸的总物料平衡：$\qquad x+y+z=6\,500$

硫酸的物料平衡：

$$(100\%+0.225\times20\%)x+85\%y+8\%z=6\,500\times0.72\%$$

硝酸的物料平衡：$0.88z=6\,500\times0.26$

联合求解得

$$x=3\,250\ \text{kg},\quad y=1\,329.1\ \text{kg},\quad z=1\,920.5\ \text{kg}$$

【例 11-2】　萘二硝化时的工艺条件是 D. V. S. ＝3，硝酸比 $\varphi=1.20$，酸油比 6.5，计算所采用的混酸组成。

解：以 1 mol 的萘为计算基准，萘的摩尔质量为 128 g/mol。设混酸的质量为 $G_{混}$，已知酸油比为 6.5，则：

$$G_{混}=128\times6.5=832\ \text{g}$$
$$G_{硝酸}=2\times63\times1.2=151.2\ \text{g}$$

因为 $\qquad G_{硫酸}/(G_{水}+2\times18)=3$

所以 $\qquad G_{硫酸}=3G_{水}+108$

$$G_{混}=832=G_{硫酸}+G_{硝酸}+G_{水}$$

联合求解得：

$$H_2SO_4\%=G_{硫酸}\times100\%/\,G_{混}=64.6\%$$
$$HNO_3\%=G_{硝酸}\times100\%/\,G_{混}=18.2\%$$
$$H_2O\%=G_{水}\times100\%/\,G_{混}=17.2\%$$

配酸有连续和间歇两种方式，连续法的生产能力大，适于大吨位的生产；间歇法的生产能力较低，适用于小批量多品种的生产。为了减少硝酸的挥发和分解，应使配酸温度控制在 40 ℃以下。

比较安全的配酸方法是在有效的混合和冷却条件下，将浓硫酸以先缓慢、后渐快的加酸方式加入硝酸。配制的混酸必须经过检验分析，若不合格，则需补加相应的酸，调整组成直至合格。

2. 硝化操作

由于被硝化物的性质和生产方式的不同，一般有三种加料方法，即正加法、反加法和并加法。

正加法是将混酸逐渐加到被硝化物中。优点是反应比较缓和，可避免多硝化。缺点是反应速度较慢。这种加料方式常用于被硝化物容易硝化的间歇过程。

反加法是将被硝化物逐渐加到混酸中。优点是在反应过程中始终保持有过量的混酸与不足量的被硝化物，反应速度快。这种加料方式适用于制备多硝基化合物，或硝化产物难于进一步硝化的间歇过程。

并加法是将混酸和被硝化物按一定比例同时加到硝化器中。这种加料方式常用于连续硝化过程。

生产上往往来用多锅串联的方法实现连续硝化，大部分反应是在第一台硝化锅中完成的，少部分尚未硝化的被硝化物，则在其余的锅内继续硝化。多锅串联的优点是可以减少反应原料短路的机会,在不同锅内可分别控制不同的反应温度及被硝化物或硝酸的转化率,从而减少多硝化等副产物的生成,改善产品质量,提高生产能力。

3. 硝化产物的分离

连续硝化时,反应终了的物料进入连续分离器,在此利用硝化产物与废酸具有的较大密度差实现分层分离。但大多数硝基物在浓硫酸中有一定的溶解度,而且硫酸浓度越高其溶解度越大。为了减少溶解度,有时在分离前可先加入少量水稀释,以减少硝基物的损失。加水量应考虑到设备的耐腐蚀程度、硝基物与废酸的易分离程度以及废酸循环或浓缩所需的经济浓度。例如,在二硝基甲苯的生产中,加水使废酸浓度由 82.8% 稀释到 74%,再冷却至室温时,可使二硝基甲苯在废酸中的溶解度由 5.3% 降低到 0.8% 左右。

4. 废酸处理

根据不同的硝化产品和不同的硝化方法,对硝化废酸的处理可采用以下办法。

① 将多硝化后的废酸再用于下一批的单硝化生产中。

② 硝化后的部分废酸直接循环套用。

③ 其余废酸或全部废酸用芳烃萃取后浓缩成 92.5%～95% 的硫酸,再用于配制混酸。

④ 含硝酸和硝基物极微量的低浓度废酸(约 30%～50%),可通过浸没燃烧法先提浓至 60%～70% 或直接闪蒸浓缩除去少量水和有机物后,用于配制含水量较高的混酸。

⑤ 通过有机原料萃取、吸附或过热蒸汽吹扫等,除去废酸中的氮氧化物、剩余硝酸和有机杂质后,加氨水制成化肥等。

5. 硝化异构产物的分离

硝化产物常常是异构体混合物,其分离提纯方法有化学法和物理法两种。

(1) 化学法

指利用不同异构体在某一反应中的不同化学性质而达到分离的目的。例如,在间二硝基苯中含有的少量邻位和对位异构体,可通过与亚硫酸钠反应而除去。

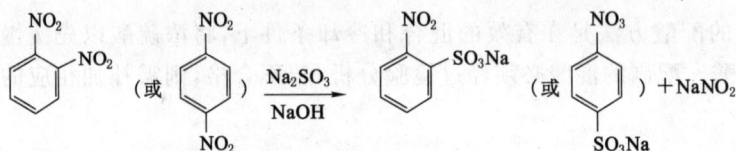

(2) 物理法

经常采用的分离方法是精馏和结晶相配合的方法。例如,氯苯一硝化产物异构体的分离纯化多采用此法。随着精馏技术和设备的不断改进和更新,混合硝基甲苯或混合硝基氯苯等异构体的分离,已可采用连续或半连续全精馏法直接完成分离提纯。但由于一硝基氯苯异构体之间的沸点差较小,全精馏的能耗很大,不经济。因此,近年来多采用经济的结晶、精馏、再结晶的方法进行异构体的分离和纯化。另外,也可利用各异构体在有机溶剂或不同酸度的混酸、硝酸或硫酸中溶解度差异而实现分离纯化。例如,利用二氯乙烷为溶剂,可分离 1,5 与 1,8-二硝基萘或二硝基蒽醌;利用环丁砜、1-氯苯、二甲苯、不同组分的混酸或不同浓度的硝酸,均可比较好地分离 1,5- 与 1,8-二硝基蒽醌。

三、影响硝化反应的因素

(1) 被硝化物的结构

被硝化物的结构对硝化反应速率、产物组成、硝化方法的选择都有很大的影响。芳环上有供电子基时,硝化反应速度加快,硝化产物中常以邻、对位产物为主;当芳环上有吸电子基时,则硝化反应速度降低,产物常常以间位异构体为主。当芳环上有—NO_2,—$N^+(CH_3)_3$ 等强吸电子基时,则硝化反应几乎不进行。

带有如—NO_2、—CHO、—SO_3H、—COOH 等含氧的吸电子基团的芳烃进行硝化时,主要生成间位异构体,同时硝化产物中邻位的异构体要远比对位异构体多。

萘环中的α位比β位活泼,因此在进行萘的硝化时,主要得到的是 α—硝基萘。

(2) 硝化剂

不同的硝化对象,往往需要采用不同的硝化剂。相同的硝化对象,采用不同的硝化剂,则常常得到不同的产物组成。如乙酰苯胺在采用不同的硝化剂硝化时,所得到的产物组成相差很大,见表 11-2。

表 11-2 不同硝化剂硝化乙酰苯胺所得产物组成

硝化剂	温度/℃	邻位/%	间位/%	对位/%	邻位/对位
混酸	20	19.4	2.1	78.5	0.25
90%HNO_3	−20	23.5	—	76.5	0.31
80%HNO_3	−20	40.7	—	59.3	0.69
HNO_3在醋酐中	20	67.8	2.5	29.7	2.28

以混酸为例,它的组成直接影响硝化的能力。一般硫酸的含量越多,硝化能力越强。对于难硝化的物质,采用纯三氧化硫与硝酸的混合物做硝化试剂可提高反应速率,使废酸量大幅度下降,并能改变异构体组成的比例。

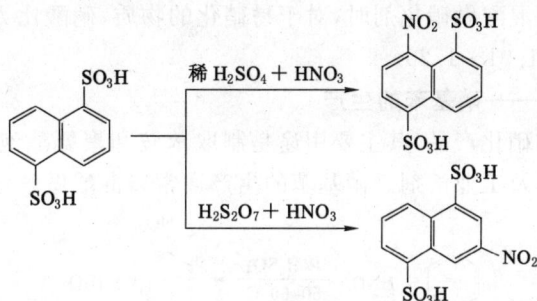

改变硝化试剂的组分可改变活性质点存在的形式。如混酸中加部分磷酸,NO_2^+ 与 PO_4^{3-} 发生溶剂化,降低了亲电质点进攻邻位的可能性,从而增加了对位体的收率。

(3) 温度

硝化反应是一强放热反应。温度对硝化反应是十分重要的,有机物硝化时一般都有一最佳的反应温度,改变反应温度不仅影响到反应速率和产物的组成,而且直接涉及反应的安全。对于芳胺、N—酰基芳胺、酚类和酚醚等容易被氧化的化合物,硝化温度必须低一些(−10~90 ℃);对于含有硝基或磺酸基等比较稳定的化合物硝化温度就需要高一些(30~120 ℃)。

硝化反应速率随着反应温度的升高而加快,一般温度每升高 10 ℃,硝化反应速率增高为原来的三倍。应该指出的是,虽然升高温度可以加速反应,然而这一措施不能轻易采用。由于硝化反应是一强放热反应,反应温度控制不当,会引起多硝化、氧化等副反应,甚至会出现危险。

硝化温度能改变产物的组成。表 11-3 列出甲苯硝化时温度对产品组成的影响。

表 11-3　　　　　　　　　　　甲苯硝化时温度对产品组成的影响

反应温度/℃	邻位/%	间位/%	对位/%
-30	57.2	3.5	39.3
0	58.0	3.9	38.1
30	58.8	4.4	36.8
60	59.6	5.1	35.3

（4）搅拌

由于大多数硝化反应是非均相反应,即反应物分成有机相和酸相两个物相,它们的比重往往相差比较大。为了保证反应能顺利进行,提高传热效率,必须要加强搅拌。良好的搅拌一方面可以提高反应速度,增加硝化反应的转化率;另一方面可以消除局部过热,提高设备的中冷却面的传热效率,使反应能平稳地进行。

（5）相比和硝酸比

增加相比能增大被硝化物在酸相中的溶解度,有利于加速硝化反应。但相比过大,将使设备的生产能力下降。

理论上硝酸和被硝化物的加料量应当是符合化学计量系数,但实际生产中硝酸的用量往往高于理论量。采有混酸做硝化剂时,对于易硝化的物质,硝酸比为 1.01～1.05;对于难硝化的物质,硝酸比为 1.01～1.20。

四、硝化反应案例——硝基苯的生产

硝基苯是最典型的硝化产品,其主要用途是制取苯胺和聚氨酯泡沫塑料,此外,它还是一种重要的有机中间体及工业溶剂。硝基苯的生产通常以混酸做硝化试剂。

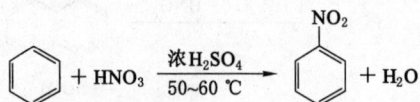

$$\text{苯} + HNO_3 \xrightarrow[50\sim60\ ℃]{\text{浓} H_2SO_4} \text{硝基苯}(NO_2) + H_2O$$

低温连续硝化工艺是目前我国广泛采用的硝化工艺。该工艺是将几个硝化釜或环形硝化器串联进行操作,见图 11-7。

苯与混酸按照 1：1.2（摩尔比）的配料比,向 1 号硝化釜中连续加料,硝化温度控制在 68～70 ℃。2 号硝化釜温度控制在 65～68 ℃。由 2 号釜溢出的物料进入连续分离器中并自动连续分离成废酸和酸性硝基苯。废酸进入萃取釜用新鲜的苯连续萃取,经萃取后的废酸被送去浓缩成浓硫酸再循环使用。酸性硝基苯则经过连续水洗、碱洗和分离等操作,得到中性的硝基苯。

硝化釜或环形硝化器的结构见图 11-8 和图 11-9。

连续硝化设备常用不锈钢或钢板制成。浓度低于 68% 的硫酸对钢材具有强烈的腐蚀

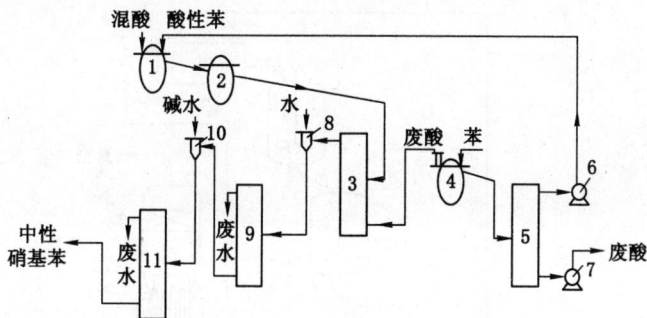

图 11-7　苯连续一硝化流程示意图

1,2——硝化釜;3,5,9,11——分离器;4——萃取釜;6,7——泵;8,10——文丘里管混合器

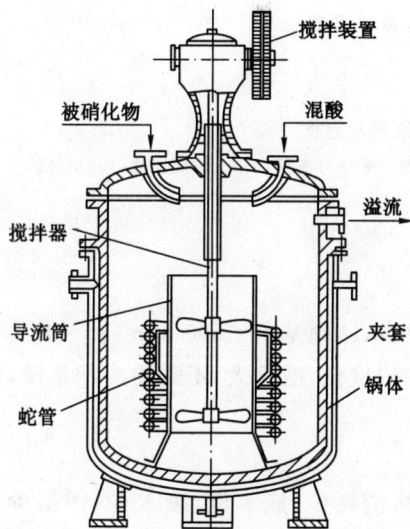

图 11-8　釜式连续硝化反应器

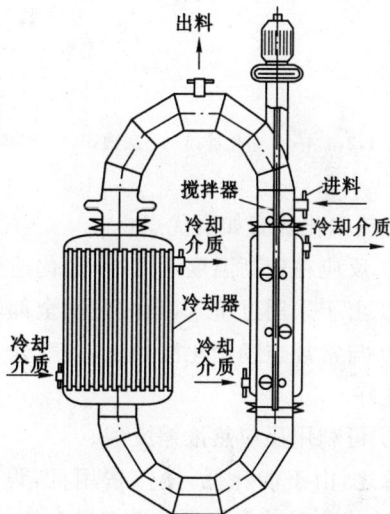

图 11-9　环型连续硝化反应器

作用,因此要求硝化后废酸的浓度不应低于 $68\%\sim70\%$。硝化时的热量多用夹套、蛇管或列管传出。蛇管和列管的冷却效率比夹套大得多,而搪瓷锅的夹套冷却效率则最小。反应器内常用的搅拌器有推进式、涡轮式或桨式三种,转速都较高,一般为 $100\sim400$ r/min。有时在反应釜中安装导流筒,或利用釜内紧密排列的蛇管兼起导流筒的作用,以增强物料的混合效果。

上述工艺过程的主要缺点,一是产生大量待浓缩的废硫酸和含酚类及硝基物废水;二是要求硝化设备具有足够的冷却面积;三是安全性差。

近年来国外又采用了绝热硝化法生产硝基苯。工艺流程见图 11-10。

绝热硝化是将过量的芳烃与混酸进行绝热反应,硝化后的废酸利用反应热于真空下闪蒸浓缩,返回反应系统再利用。该法尽管反应温度高,但因酸浓度低,故二硝等副产物少,产品质量高,因不需要冷却系统,原材料消耗、投资及成本均比传统方法低。

国内吉化公司采用苯绝热硝化制各种硝基苯。

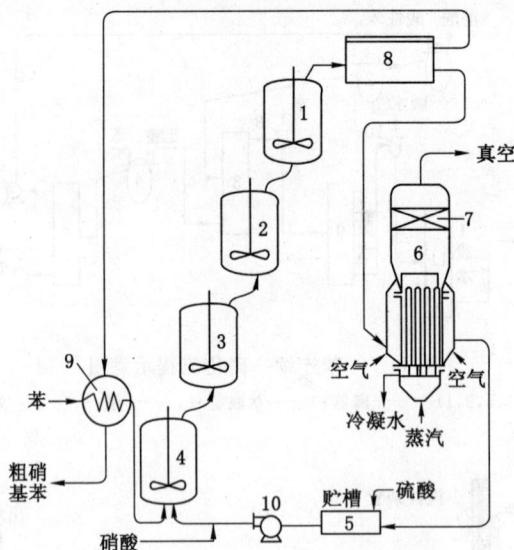

图 11-10 苯的绝热硝化流程示意图

1,2,3,4——硝化器;5——酸槽;6——闪蒸器;7——除沫器;8——分离器;9——热交换器;10——泵

绝热硝化法有如下优点:

① 反应在较高温度下进行,硝化速度快。

② 由于采用过量苯,硝酸几乎全部转化,副产物少,二硝基苯<500 ppm(10^{-6})。

③ 与常规连续硝化法相比,混酸含水量高,酸的浓度低,酸量大,不需要冷却系统,因此安全性好。

④ 可利用反应热浓缩废酸。

总之,由于能耗低,操作费用低,设备密闭,原料消耗少,成本低,废水少,污染少等优点,该法成为目前最先进的硝基苯生产方法。

第五节 氢化和还原

一、概述

广义地讲,在还原剂的参与下,能使某原子得到电子或电子云密度增加的反应称为还原反应。狭义地讲,即在有机分子中增加氢、减少氧或者兼而有之的反应称为还原反应。

1. 还原反应的目的

① 通过还原反应可以得到具有特定性能的产品。

② 通过还原反应可以制备 N—取代产物,如:

$$Ar—NO_2 \rightarrow Ar—NH_2 \rightarrow Ar—NHR(ArNR_2)$$

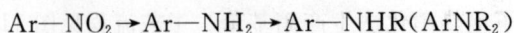

③ 通过氢化还原反应可以将氨基转变为其他取代基,如:

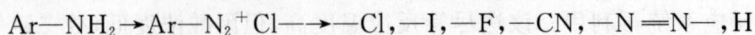

$$Ar—NH_2 \rightarrow Ar—N_2^+Cl \longrightarrow —Cl,—I,—F,—CN,—N=N—,H$$

2. 还原与氢化剂

化学还原剂可分为无机还原剂和有机还原剂,目前使用较多的是无机还原剂。

无机还原试剂主要有 H_2；活泼金属及其合金，如 Fe、Zn、Na、Zn—Hg、Na—Hg；低价元素化合物，如 $FeCl_2$、$SnCl_2$、Na_2S、NaS_x、$NaHS$ 等；金属复氢化合物，如 $NaBH_4$、KBH_4、$LiBH_4$、$LiAlH_4$。

有机还原剂主要有乙醇、甲醛、甲酸、烷氧基铝、硼烷和葡萄糖等。

3. 还原方法

按照使用的还原剂不同和操作方法不同，还原方法可以分为以下 3 种：

① 催化氢化法：在催化剂存在下，有机化合物与氢发生的还原反应称为催化氢化法。

② 化学还原法：使用化学物质作为还原剂的还原方法。化学还原剂的种类繁多，本章重点介绍在工业上常用的几种。

③ 电解还原法：有机化合物从电解槽的阴极上获得电子而完成的还原反应。电解还原的发展受到能源、电解槽、电极材料等条件的限制。在国外已有某些产品实现了工业化，如丙烯腈用电解还原方法制备己二腈、硝基苯还原制备对—氨基酚、苯胺、联苯胺等。电解还原法在本节仅为了解内容，不做介绍。

二、催化氢化

催化氢化反应易于控制，产品纯度较高，收率较高，"三废"少，在工业上已广泛采用。缺点是反应一般要在加压设备中进行，因此要注意采取必要的安全措施，同时要注意选择适宜的催化剂。在工业生产上目前采用两种不同的工艺：液相氢化法和气相氢化法。

液相氢化是在液相介质中进行的催化氢化。实际上它是气—液—固多相反应。它不受被还原物料沸点的限制，所以适应范围广泛。气相氢化是反应物在气态下进行的催化氢化，实际上它是气—固相反应。它仅适用于易气化的有机化合物，而且在反应温度下反应物和产物均要求要稳定。

催化剂的存在降低了反应的活化能，从而加快了反应速度。利用不同的催化剂和控制不同的反应条件可达到选择性还原的目的。

1. 液相催化氢化

(1) 催化剂

液相催化氢化使用的催化剂种类很多，常用的分类方法有两种。

① 按金属性质分类

可分为贵金属系和一般金属系。贵金属系大多数属于元素周期表中第Ⅷ族。以铂、钯为主。近年来也逐步研究了含铑、铱、锇、钌等金属催化剂。一般金属主要是镍、铜等。

② 按催化剂的制备方法分类

常见催化剂的类型和制法见表 11-4。

表 11-4 各类催化氢化催化剂

种类	常用的金属	制法概要	举例
还原型	Pt、Pd、Ni	金属氧化物用氢还原	铂黑、钯黑
甲酸型	Ni、Co	金属甲酸盐热分解	镍粉
骨架型	Ni、Cu	金属与铝的合金，用氢氧化钠溶出铝	骨架镍
沉淀型	Pt、Pd、Rh	金属盐水溶液用碱沉淀	胶体钯

种类	常用的金属	制法概要	举例
硫化物型	Mo	金属盐溶液用硫化氢沉淀	硫化钼
氧化物型	Pt、Pd、Re	金属氯化物以硝酸银熔融分解	PtO_2
载体型	Pt、Pd、Ni、Cu	用活性碳、二氧化硅等浸渍金属盐再还原	Pd—活性碳、Cu—SiO_2

催化剂是影响加氢还原反应的主要因素。衡量某一催化剂好坏的指标很多,但主要是从催化剂活性、选择性及稳定性这三个方面来评价催化剂的优劣。没有一种催化剂能适合所有氢化还原反应。目前使用较多的有骨架镍及 Pd—C。现将这两种类型的催化剂介绍如下:

骨架型:主要是骨架镍,其次是骨架铜、骨架钴。

骨架镍的原料是镍铝合金。随着制备催化剂的温度、镍铝合金的组成、碱的浓度、溶化时间及洗涤条件等方面的不同,所制得的骨架镍催化剂的活性有很大的差异。制成的骨架镍为灰黑色粉末,干燥后在空气中会自燃,因此必需保存在乙醇或蒸馏水中。催化剂长期保存也会变质,制备使用量一般不应超过六个月的量。

由于骨架镍催化剂容易中毒,使用寿命短又易自燃,近年来开展了对骨架镍催化剂的改性的研究,如将骨架镍做部分氧化处理使之钝化到不会自燃而又保留足够的活性,制成 Ni—Zn 型非自燃骨架型镍等。

骨架镍催化剂与贵金属催化剂钯—碳、氧化铂相比,它的氢化温度和压力较高,但价格便宜,制备简便,因此在催化氢化中得到广泛的使用。

载体型:主要是钯—碳催化剂。

将钯盐水溶液浸渍在或吸附于载体上(如活性炭),再经还原剂处理,使其形成金属微粒,经洗涤、干燥得载体钯催化剂。它在使用时不需经活化处理,是一类性能优良的催化剂。它作用温和,有较好的选择性,适用于多种有机化合物的选择性氢化还原。钯催化剂是烯烃、炔烃最好的氢化还原的催化剂。它能在室温和较低的氢压下还原很多官能团。它既可在酸性溶液中又可在碱性溶液中起作用(在碱性溶液中活性略有降低)。对毒物的敏感性差,故不易中毒。

(2) 液相催化氢化反应的影响因素

① 被氢化物的结构和性质

被氢化物的结构和性质是影响催化氢化反应的重要因素。被氢化物靠近催化剂表面活性中心的难易决定了氢化反应的难易,空间位阻效应大的化合物甚至不能靠近活性中心,所以反应较难进行。为了克服位阻效应对氢化反应的不利影响,要用强化反应条件的方法如提高反应温度和反应压力来完成氢化反应。

② 催化剂的选择和用量

催化剂的用量与被氢化物的类型和催化剂的种类、活性及反应条件等多种因素有关。一般在低压氢化时催化剂用量较大。有毒物存在时要适当加大催化剂用量。催化剂的活性高时其用量可适当减少。使用低于正常量的催化剂可提高其选择性。增加催化剂用量可大大加快反应速度,因此在催化氢化中不允许任意加大催化剂用量,以避免氢化反应难以控制。

③ 温度和压力

当催化剂有足够的活性时,再提高反应温度往往会引起副反应的发生,使选择性降低。催化剂的活性和寿命也与温度有关。确定反应温度还应考虑反应物及产物的热稳定性。在达到要求的前提下应尽可能选择较低的反应温度。一般情况下,使用铂、钯等催化剂时,大多数氢化反应可在较低的温度和压力下进行。使用骨架镍时,则要求在较高的温度下进行氢化反应。用高活性的骨架镍时,反应温度若超过 100 ℃,会使反应过于激烈,甚至会使反应失去控制。相同的催化剂,反应温度不同可能会得到不同的主产物。如:

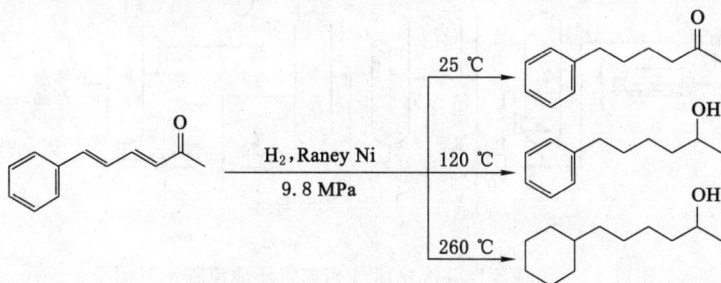

压力是强化催化氢化的重要手段。氢压增大即氢的浓度增大,可加快反应速度。但压力增大使反应的选择性降低。压力超过反应所需要时,会出现副反应,有时会出现危险。

④ 溶剂和介质的酸碱性

溶剂的极性、介质的酸碱性以及溶剂对反应物和氢化产物的溶解度等均能影响反应速度和反应的选择性。这主要是因为溶剂的存在使反应物的吸附特性发生了变化,改变了氢的吸附量。溶剂的存在也会引起催化剂表面状态的改变,可使催化剂分散得更好,有利于被氢化物、氢、催化剂三者之间的接触。同一反应使用不同的溶剂,催化氢化反应速度不同,生成物也会不同。在催化氢化中常用的溶剂有水、甲醇、乙醇、醋酸、乙酸乙酯、四氢呋喃等。

⑤ 搅拌和装料系数的影响

氢化反应为非均相反应,搅拌一方面影响催比剂在反应介质中的分加情况、传质面积,从而影响催化剂能否发挥催化效果,它对能否加速反应有重要作用;另一方面氢化反应是放热反应,良好的搅拌有利于传热,可防止局部过热。同时可以防止副反应的发生和提高选择性。

2. 气相催化氢化

(1) 催化剂

含铜催化剂是普遍使用的一类,最常使用的是铜—硅胶($Cu—SiO_2$)载体型催化剂及铜—沸石、$Cu—Al_2O_3$。硫化物系催化剂,如 NiS、MoS_3、WS_3、CuS 等是具有抗中毒能力的催化剂。

(2) 催化氢化典型案例——硝基苯制备苯胺

气相催化氢化最重要的实例是由硝基苯制备苯胺。国内外已有很多厂家采用这种方法生产苯胺。

苯胺是制造染料、橡胶助剂、塑料、农药、医药的主要原料,例如,在染料中用于制造酸性墨水兰 G、酸性嫩黄、靛兰、金光红酚青红、油溶黑等;在农药中用于生产杀虫剂、除草剂等；它还是生产香料、塑料、胶片等中间体的基本原料之一，并可做炸药中的稳定剂、汽油中的防爆剂以及溶剂；苯胺又是生产聚氨酯泡沫塑料的主要原料。

硝基苯催化氢化制苯胺反应方程式为：

$$C_6H_5NO_2 + 3H_2 \longrightarrow C_6H_5NH_2 + 2H_2O$$

硝基苯催化氢化制苯胺的工艺流程见图 11-11。

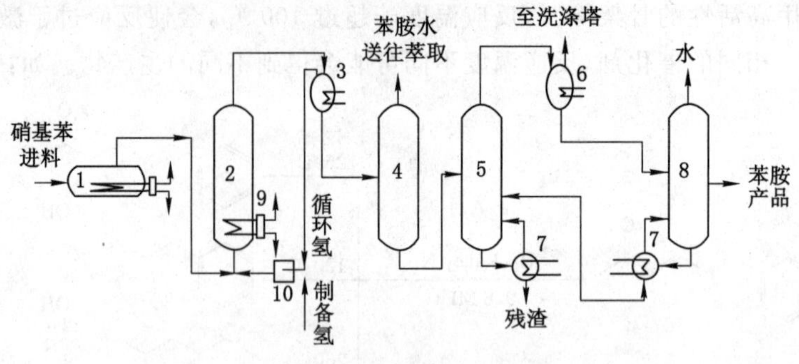

图 11-11　硝基苯连续流化床气相加氢还原流程示意图
1——气化器；2——反应器；3，6——气液分离器；4——分离器；5——粗馏塔；7——再沸器；
8——精馏塔；9——冷却器；10——压缩机

硝基苯经气化器气化后与循环氢气和新鲜氢气一起经流化床底部进入反应器，氢气与硝基苯的物质的量之比为 9：1，在反应器内并流发生氢化反应得到产物硝基苯，未反应的氢气经过气液分离器分离后作为循环氢气重新回到反应器，生成产物及未反应的硝基苯则进入分离器在常温下进行分离。苯胺于低温和常温条件下在水中的溶解度较低，常温下苯胺的密度大于水，所以分离器内水相和苯胺分层分离。将含有少量苯胺的苯胺水送到萃取工段萃取出苯胺后，生产废水进入污水处理工段。分离器下部分离得到的苯胺则进入粗馏塔和精馏塔对苯胺进行分离、精制，获得苯胺产品。

该工艺采用的是铜—硅胶（$Cu-SiO_2$）载体型催化剂，它的优点是成本低，选择性好；缺点是抗毒性差。在原料硝基苯中有微量的有机硫化物（主要来源于原料焦油苯中的噻吩），就能引起催化剂中毒。工业生产上往往使用以石油苯为原料生产的硝基苯来制备苯胺。并最好在硝基苯进入反应系统前进行一次精馏以确保其质量。

该方法的主要反应器为流化床反应器，流化床是 20 世纪 60 年代发展起来的一种反应器，采用微球型或挤条型催化剂。反应过程中催化剂在反应器内处于悬浮状态。这种反应器克服了固定床反应器内可能出现的催化剂结焦以及装卸繁杂等缺点。为了保证催化剂颗粒悬浮以提高传质效率，保证液相有足够的停留时间，常常使液相做循环流动。

三、铁粉还原

采用在电解质溶液中用铁屑的还原方法是一种古老的还原方法。金属铁和酸（例如盐酸、硫酸、醋酸等）共存时，或铁处于盐类电解质（如 $FeCl_2$、NH_4Cl 等）的水溶液中时，对于硝基是一种强还原剂。它可以将芳香族硝基、脂肪族硝基或其他含氮的基团（例如亚硝基、羟胺基）还原成相应的氨基。在还原反应中一般对被还原物中所含的卤基、烯基、羰基等基团无影响，是一种选择性还原剂。

铁屑价格低廉，工艺简单，适用范围广，副反应少，对反应设备要求低，因此目前有不少硝基物还原成胺仍采用这种方法。本法的不足之处是有大量的含胺铁泥和含胺废水产生,必须对其进行处理,否则将严重污染环境。

1. 反应历程

以硝基苯还原为例,其总的反应方程式为:

$$4ArNO_2 + 9Fe + 4H_2O \longrightarrow 4ArNH_2 + 3Fe_3O_4$$

硝基苯的铁粉还原实际的反应机理符合电化学的析氢腐蚀过程:

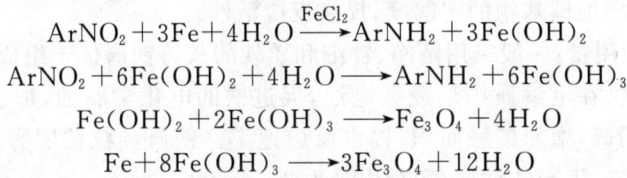

$$ArNO_2 + 3Fe + 4H_2O \xrightarrow{FeCl_2} ArNH_2 + 3Fe(OH)_2$$

$$ArNO_2 + 6Fe(OH)_2 + 4H_2O \longrightarrow ArNH_2 + 6Fe(OH)_3$$

$$Fe(OH)_2 + 2Fe(OH)_3 \longrightarrow Fe_3O_4 + 4H_2O$$

$$Fe + 8Fe(OH)_3 \longrightarrow 3Fe_3O_4 + 12H_2O$$

2. 铁粉还原工艺

铁粉还原一般采用间歇操作。由硝基苯用铁粉还原法生产苯胺是个典型的例子,目前虽然多用加氢法生产苯胺,但仍有不少芳胺采用铁粉还原方法来生产,如甲苯胺、间苯二胺,某些氯基萘磺酸如周位酸、克立夫酸、H—酸等也仍采用本法。

一般在还原锅中加入上批的还原含胺废水、盐酸(有时亦加硫酸)和部分铁屑,生成电解质即完成铁的预蚀。在电解质生成过程中一般要通入直接蒸汽加热,然后分批加入被还原物和铁屑,反应开始阶段进行激烈,可靠自身的反应热保持沸腾,反应后期需要通直接蒸汽来保持反应物料沸腾一定时间。在反应过程中要用 Na_2S 溶液不断检查有无 Fe^{2+} 存在,若无 Fe^{2+} 存在时要补加一定量的酸。反应结束后,加入纯碱、生石灰等使铁离子转变为氢氧化铁沉淀,并使反应液呈弱碱性,再进行其他的后处理,使物料与铁泥分开而得到产物。

3. 还原产物的分离

铁粉还原方法的适用范围较广。凡能用各种方法使与铁泥分离的芳胺均可采用铁粉还原方法进行生产。因此,此方法的适用范围在很大程度上并非取决于还原反应本身,而是取决于还原产物能否分离。

常用的分离方法大致有以下几类:

① 对容易随水蒸气蒸出的芳胺,例如苯胺、邻甲苯胺、对甲苯胺、邻氯苯胺、对氯苯胺等,还原反应完毕后,可用水蒸气蒸馏方法将它们从反应混合物中蒸出。

② 对易溶于水且可以蒸馏的芳胺,例如间苯二胺、对苯二胺、2,4-二氨基甲苯等,还原反应完成后,可用过滤方法使产物与铁泥分离,然后浓缩母液,再进行真空蒸馏而得到芳胺。

③ 对能溶于热水的芳胺,例如邻苯二胺、邻氨基苯酚、对氨基苯酚等,还原反应完成以后用热过滤法使产物与铁泥分离,滤液冷却,使产物结晶析出。

④ 对含有磺酸基或羧酸基等水溶性基团的芳胺,可由相应的硝基萘磺酸用铁粉还原法制得,还原后,调成碱性,使氨基萘磺酸溶解,通过过滤除去铁泥,滤液再用酸化或盐析的方法使氨基萘磺酸析出。例如周位酸、劳伦酸就是用铁粉还原法制得的。

⑤ 对难溶于水而挥发性又很小的芳胺,例如 2,4,6-三甲基苯胺可以在还原后用溶剂将产物萃取出来,或用与水互溶的溶剂如乙醇中进行还原,然后乘热滤去碱化的铁泥,再从溶剂中收回芳胺。

4. 影响因素

① 化学结构与反应活性：芳香族硝基化合物环上的取代基不同，还原反应活性不同。吸电子基团使氮上的正电荷增加，接受电子能力增强，反应容易进行；给电子基团使氮上的正电荷减少，受电子能力减弱，反应不易进行。

② 介质：用该法还原硝基化合物一般用水做介质，水也是硝化反应中氢的来源，一般使用过量的水，硝基物与水的物质的量之比＝1：（50～100）。在生产中对于某些硝基物，需要加入有机溶剂来增加硝基物的溶解度，提高反应活性。

③ 铁的品质和用量：一般采用洁净、粒细和质软的灰铸铁屑优于组成比较纯净的钢屑。灰铸铁中的杂质与铁在电解质中形成微电池，促进铁的电化学腐蚀，加快反应速率。另外灰铸铁质脆，易被粉碎，增加接触面积，提供反应速率。铁屑颗粒粒度为 1～5 mm，每摩尔硝基物理论上需要 2.25 mol 铁屑，实际用量为 3～4 mol。

④ 电解质：电解质可以提高导电能力和加速铁的腐蚀过程，适当增加电解质的浓度可使还原速度加快。还原锅中加少量酸（盐酸、乙酸、甲酸或硫酸），可使酸与铁屑作用生成电解质 $FeCl_2$（称为"铁的预蚀"）。

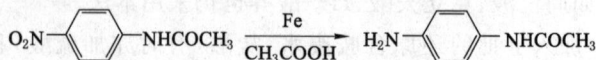

$$O_2N-\!\!\!\!\!\bigcirc\!\!\!\!\!-NHCOCH_3 \xrightarrow[CH_3COOH]{Fe} H_2N-\!\!\!\!\!\bigcirc\!\!\!\!\!-NHCOCH_3$$

本 章 小 结

本章主要介绍了精细化工的特点及在国民经济中的作用。对卤化、磺化、硝化、氢化和还原 4 种单元反应进行了讲解。现将本章内容小结如下：

① 简述了精细化工的特点、精细化工在国民经济中的作用。

② 讲述卤化反应的目的、类型和主要的卤化剂；并分别讲述了取代卤化、加成卤化、置换卤化的反应机理、反应的影响因素及典型生产案例。

③ 讲解了磺化反应的目的、类型和主要的磺化剂；重点讲述了芳香化合物磺化反应历程、影响因素、芳香化合物磺化的生产工艺以及磺化产物的分离方法；介绍了磺化反应的典型生产案例。

④ 讲述了硝化反应目的、方法和主要的硝化剂；重点讲解了混酸硝化反应的动力学、混酸硝化能力、硝化工艺的影响因素等；介绍了硝基苯生产流程。

⑤ 介绍了氢化还原反应的目的、方法和反应试剂；讲述了催化氢化反应中常用催化剂、影响液相催化氢化反应的主要因素；介绍了苯胺生产工艺流程；讲解了铁粉还原的原理、影响因素等。

思 考 题

一、简答题

1. 什么是精细化工产品和精细化率？

2. 芳环上的取代卤化常用的催化剂有哪些？

3. 芳环上取代卤化时，有哪些重要影响因素？

4. 向有机物分子中引入磺酸基的目的是什么？说出常用的 3 种磺化试剂。

5. 芳香族的磺化采用的主要工艺哪几种？

6. 芳香族化合物磺化反应的主要影响因素有哪些？

7. 烘焙磺化法的优点有哪些？

8. 磺化产物的分离方法有哪些？

9. 混酸硝化反应的优点有哪些？

10. 混酸硝化过程中的重要影响因素有哪些？

11. 从反应试剂、反应历程、反应的可逆性、工业生产中常用的反应器类型 4 个方面比较苯的一氯化制氯苯、苯的一磺化制苯磺酸和苯的一硝基化制硝基苯的主要异、同点。

12. 写出铁粉还原硝基苯的反应方程式。

13. 铁粉还原反应的影响因素有哪些？

二、有机合成题

1. 写出工业上以萘为原料制备 β—萘磺酸钠的主要操作步骤和各步的化学反应方程式。

2. (1) 写出由氯苯制备 2-氨基-4-硝基苯甲醚的主要反应及合成路线。

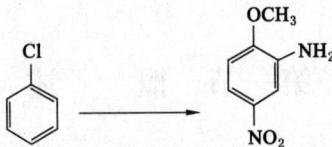

(2) 写出由苯制备联苯胺-2,2′-二磺酸的主要反应及合成路线。

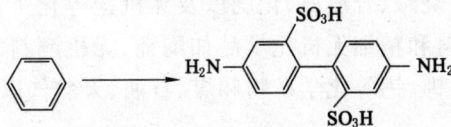

三、计算题

1. 制 CLT 酸时,将 920 kg 甲苯用 2 880 kg 100%硫酸进行一磺化,然后通入 710 kg 氯气进行氯化,请计算以下数据:

(1) 硫酸与甲苯的摩尔比。

(2) 磺化后的 π 值。

(3) 磺化后的总酸度。

(4) 氯化后的总酸度。

2. 甲苯在 100 ℃时用摩尔分数为 94%的硫酸,在 H_2SO_4/C_7H_8 摩尔比为 6∶1 时进行磺化,计算磺化液的总酸度和 π 值。

3. 设 1 kmol 萘在一硝化时用质量分数为 98%硝酸和 90%硫酸配置混酸,要求硫酸脱水值为 1.35,硝酸比 φ 为 1.05。试计算要用 98%硝酸和 90%硫酸各多少千克,硝化活性因子 F.N.A.的值为多少。

4. 萘二硝化时,D.V.S=3,φ=2.2 相比=6.5,计算混酸组成。

第十二章 无机化工

> **【本章重点】** 烃类蒸汽转化法制备合成原料气工艺;合成氨原料气的净化、转换、精制过程,合成氨工艺及主要影响因素;接触法生产硫酸工艺;联碱法和氨碱法生产纯碱工艺过程及原理。
>
> **【本章难点】** 接触法生产硫酸的原理,氨碱法生产过程及各工序反应过程,离子膜烧碱工艺原理。
>
> **【学习目标】** 掌握烃类蒸汽转化法制备合成原料气工艺;掌握合成氨原料气的生产过程;掌握一氧化碳变换的机理及影响因素;掌握合成氨工艺的主要影响因素;掌握接触法生产硫酸的机理和工艺流程;掌握氨碱法和联碱法制备纯碱工艺;掌握离子膜电离法制烧碱工艺;了解烧碱生产过程中氯、氢处理工艺。

第一节 概　　述

　　无机化工是无机化学工业的简称,是以天然资源和工业副产物为原料生产硫酸、硝酸、盐酸、磷酸等无机酸、纯碱、烧碱、合成氨、化肥以及无机盐等化工产品的工业。无机化工广义上也包括无机非金属材料和精细无机化学品如陶瓷、无机颜料等的生产。无机化工产品的主要原料是含硫、钠、磷、钾、钙等化学矿物和煤、石油、天然气以及空气、水等。

　　1. 无机化工的特点

　　与其他化工部门相比,无机化工在化学工业中是发展较早的部门,为单元操作的形成和发展奠定了基础。例如合成氨生产过程需在高压、高温以及有催化剂存在的条件下进行,它不仅促进了这些领域的技术发展,也推动了原料气制造、气体净化、催化剂研制等方面的技术进步,而且对于催化技术在其他领域的发展也起了推动作用。无机化工主要产品多为用途广泛的基本化工原料,除无机盐品种繁多外,其他无机化工产品品种不多。例如,合成氨工业只有合成氨、尿素、硝酸、硝酸铵等产品。但无机化工的主要产品都和国民经济各部门有密切关系,其中硫酸曾有"化学工业之母"之称,它的产量在一定程度上标志着一个国家工业的发达程度。无机化工产品与其他化工产品相比产量较大。

　　2. 无机化工的发展趋势

　　由于原料和能源费用在无机化工产品中占有较大比例,如合成氨工业、氯碱工业、黄磷、电石(碳化钙)生产等都是耗能较多的行业,所以目前无机化工技术改造的重点将趋向采用低能耗工艺和原料的综合利用。化肥工业、无机盐工业,都是产品品种发展较快的工业,它们将进一步淘汰落后产品,发展新产品。化肥工业今后将向高浓度复合肥料方向发展。同其他部门一样,无机化工除了采用先进工艺、高效设备、新型检测仪表外,在设计工作中正在利用电子计算机进行全流程的模拟优化,在生产上采用微处理机进行参数的监测和调节,将是今后的努力方向之一。

本书将选择合成氨工业、硫酸工业、碱工业三种典型无机工业进行工艺详述。

第二节　合成氨工业

一、概述

合成氨指由氮和氢在高温高压和催化剂存在的条件下直接合成的氨。世界上的氨除少量从焦炉气中回收外,绝大部分是合成的氨。合成氨是大宗化工产品之一,世界每年合成氨产量已达到 1 亿 t 以上,其中约有 80% 的氨用来生产化学肥料,20% 作为其他化工产品的原料。

1. 氨的性质和用途

（1）氨的物理化学性质

氨是一种无色具有强烈刺激性、催泪性和特殊臭气的无色气体,熔点 -77.7 ℃,沸点 -33.4 ℃。标准状况下,1 m^3 气氨重 0.771 kg,1 m^3 液氨重 638.6 kg。氨极易溶于水,常温常压下,一个体积的水能溶解 600 个体积的氨,氨水呈强碱性。

氨具有易燃、易爆、有毒的性质。氨的自燃点为 630 ℃,氨在氧中易燃烧,燃烧时生成蓝色火焰。氨与空气或氧按一定比例混合后,遇明火能引起爆炸。常温下氨在空气中的爆炸范围为 15.5%～28%,在氧气中为 13.5%～82%。液氨或干燥的气氨,对大部分物质没有腐蚀性,但在有水的条件下,对铜、银、锌等有腐蚀作用。

氨与酸或酸酐可以直接作用,生成各种铵盐;氨与二氧化碳作用可生成氨基甲铵,脱水成尿素;在铂催化剂存在的条件下,氨与氧作用生成一氧化氮,一氧化氮继续氧化并与水作用,便能得到硝酸。氨在高温下（800 ℃以上）分解成氮和氢。

（2）氨的用途

氨是氮肥工业的原料水平,以氨为主要原料可以制造尿素、硝酸铵、碳酸氢铵、硫酸铵、氯化铵等氮素肥料。除此之外,还可以将氨加工制成各种含氮复合肥料。此外,液氨本身就是一种高效氮素肥料,可以直接施用,一些国家已大量使用液氨。可见,合成氨工业是氮肥工业的基础,对农业增产起着重要的作用。

氨也是重要的工业原料,广泛用于制药、炼油、纯碱、合成纤维、合成树脂、含氮无机盐等工业部门。将氨氧化可以制成硝酸,而硝酸又是生产炸药、染料等产品的重要原料。

氨还应用于国防和尖端科学技术部门。制造三硝基甲苯、三硝基苯酚、硝化甘油、硝化纤维等多种炸药都要消耗大量的氨。生产导弹、火箭的推进剂和氧化剂,同样也离不开氨。不仅如此,合成氨工业的迅速发展,又促进了一系列科学技术和化学合成工业的发展。如高压低温技术、催化和特殊金属材料的应用、固体燃料气化、液体和气体燃料的合理使用,以及尿素、甲醇、高级醇的合成,石油加氢,高压聚合物的生产等,都是在合成氨工业的基础上发展起来或应用其生产技术成就而获得成功的。随着科学和生产技术的发展,合成氨工业在国民经济各部门中的作用必将日益显著。

2. 合成氨工业发展概况

1784 年,有学者证明氨是由氮和氢组成的。19 世纪末,在化学热力学、动力学和催化剂等领域取得一定成就后,对合成氨反应的研究有了新的进展。1901 年法国物理化学家吕·查德利开创性地提出氨合成的条件是高温、高压,添加催化剂。1912 年在德国建立了世界上第一个日产 30 t 的合成氨厂。从此合成氨实现了工业化。

(1) 世界合成氨工业的发展概况

自从合成氨工业化后,原料构成和装置均经历了重大的变化。

① 合成氨原料的变迁

煤造气时期:第一次世界大战结束后,很多国家建立了以焦炭为原料的合成氨厂。1926 年,德国法本公司采用温克勒炉气化褐煤成功。到第二次世界大战结束,以焦炭、煤为原料生产的氨约占全世界氨产量的一半以上。

烃类燃料造气时期:早在 20 世纪 20~30 年代,甲烷蒸气转化制氢已研究成功。50 年代,天然气、石油资源得到大量开采,由于以甲烷为主要组分的天然气便于输送,适于加压操作,能降低合成氨厂投资和制氨成本,在性能较好的转化催化剂、耐高温的合金钢管相继出现后,以天然气为原料的制氨方法得到广泛应用。接着,抗积炭的石脑油蒸汽转化催化剂研制成功,缺乏天然气的国家采用了石脑油为原料的合成氨生产工艺。60 年代以后,又开发了重质油部分氧化法制氢。到 1965 年,焦、煤在世界合成氨原料中的比例仅占 5.8%。从此,合成氨工业的原料构成由固体燃料转向以气、液态烃类燃料为主的时期。

② 合成氨装置的大型化

由于高压设备尺寸的限制,20 世纪 50 年代以前,最大的氨合成塔生产能力不超过日产 200 t 氨,60 年代初不超过日产 400 t 氨。由汽轮机驱动的大型、高压离心式压缩机研制成功,为合成氨装置大型化提供了条件,大型合成氨厂的数目也逐年增多。合成氨厂大型化通常指具备规模在日产 540 t 以上的单系列装置。1963 年和 1966 年美国凯洛格公司先后建成世界上第一座日产 540 t 和 900 t 氨的单系列装置,显示出大型装置具有投资省、成本低、占地少和劳动生产率高等显著优点。从此,大型化成为合成氨工业的发展方向。

(2) 中国合成氨工业的发展

1949 年前,中国仅在南京、大连有两家合成氨厂,在上海有一个以水电解法制氢为原料的小型合成氨车间,年生产能力共为 46 kt 氨。

中华人民共和国成立以后,合成氨的产量增长很快。为了满足农业发展的迫切需要,除了恢复并扩建旧厂外,20 世纪 50 年代建成吉林、兰州、太原、四川四个氨厂。以后在试制成功高压往复式氮氢气压缩机和高压氨合成塔的基础上,于 60 年代在云南、上海、衢州、广州等地先后建设了 20 多座中型氨厂。70 年代以后,引进国外先进技术,建立了年产 30 万 t 的大型氨厂,拥有以各种燃料为原料、不同流程的大、中、小型装置多座。1983 年和 1984 年,我国的氨产量分别为 16 770 kt 和 18 373 kt(不包括台湾省),仅次于苏联,占世界第二位。至 2002 年,中国合成氨总生产能力和产量已居世界第一位。

3. 合成氨生产方法简述

尽管氨合成工艺流程各异,但均包括以下三个过程:

① 原料气制备:将煤和天然气等原料制成含氢和氮的粗原料气。对于固体原料煤和焦炭,通常采用气化的方法制取合成气;渣油可采用非催化部分氧化的方法获得合成气;对气态烃类和石脑油,工业中利用二段蒸气转化法制取合成气。

② 净化:对粗原料气进行净化处理,除去氢气和氮气以外的杂质,主要包括变换过程、脱硫脱碳过程以及气体精制过程。

③ 氨合成：将纯净的氢、氮混合气压缩到高压，在催化剂的作用下合成氨。氨的合成是提供液氨产品的工序，是整个合成氨生产过程的核心部分。

以煤或焦炭、天然气、重油为原料的合成氨工艺流程示意图分别见图 12-1 至图 12-3。

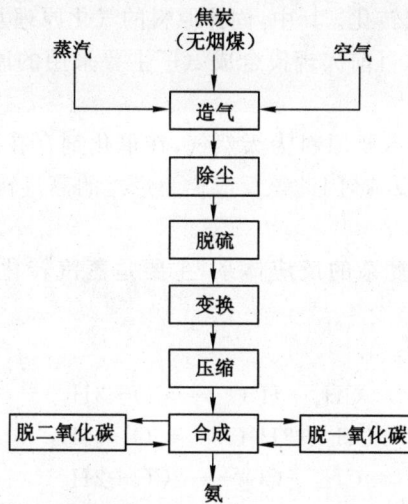

焦炭（无烟煤）

蒸汽 → 造气 ← 空气

造气 → 除尘 → 脱硫 → 变换 → 压缩

脱二氧化碳 ← 合成 ← 脱一氧化碳

合成 → 氨

图 12-1　以煤或焦炭为原料的合成氨流程示意图

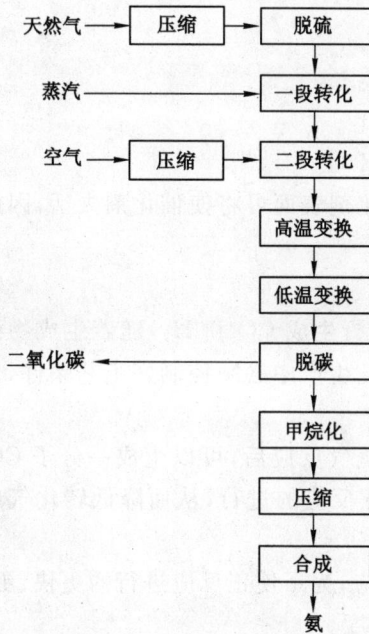

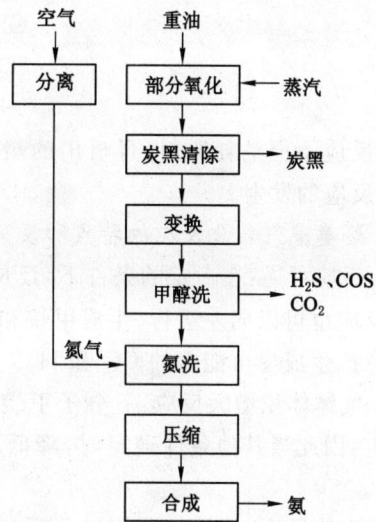

天然气 → 压缩 → 脱硫

蒸汽 → 一段转化

空气 → 压缩 → 二段转化

高温变换 → 低温变换

二氧化碳 ← 脱碳

甲烷化 → 压缩 → 合成 → 氨

空气 → 分离

重油 → 部分氧化 ← 蒸汽

部分氧化 → 炭黑清除 → 炭黑

变换 → 甲醇洗 → H_2S、COS CO_2

氮气 → 氮洗 → 压缩 → 合成 → 氨

图 12-2　以天然气为原料的合成氨流程示意图　　图 12-3　以重油为原料的合成氨流程示意图

本节将对合成氨原料气的制备、原料气的净化、氨的合成工艺进行介绍。

二、合成氨原料气的制备

氨的合成以氮、氢两种气体为原料。自然界中有丰富的空气和水。可采用空气分离法制得氮气；电解水获得氢，但这种方法不经济。目前合成氨是以焦炭或煤等固体燃料，或以原油、轻油、重油等液体烃,或以焦炉气、天然气、油田气、石油废气等气体烃为原料制取氢气,在制氢过程中直接加入空气来获得氮,这一过程获得的氮气和氢气称为原料气。

目前合成氨过程原料气的来源主要有三种:固体原料的气化(即煤和焦炭的气化),渣油非催化部分氧化,烃类蒸汽转化。其中,固体原料的气化原理及工艺本书已经在煤的气化一节做了介绍,本节将主要对目前大规模合成氨厂主要采用的原料气制备工艺——烃类蒸汽转化法进行介绍。

目前烃类蒸汽转化法的主要原料为天然气,在催化剂存在下,将天然气中的甲烷与水蒸气在高温条件下进行转化反应,因此该反应称为烃类的蒸汽转化法。

1. 烃类蒸汽转化法的原理

甲烷蒸汽转化反应为一复杂的反应体系,主要是蒸汽转化反应和一氧化碳的变换反应。重要的反应过程如下:

主反应:

$$CH_4 + H_2O \Longrightarrow CO + 3H_2$$
$$CH_4 + 2H_2O \Longrightarrow CO_2 + 4H_2$$
$$CH_4 + CO_2 \Longrightarrow 2CO + 2H_2$$
$$CH_4 + 2CO_2 \Longrightarrow 3CO + H_2 + H_2O$$
$$CH_4 + 3CO_2 \Longrightarrow 4CO + 2H_2O$$
$$CO + H_2O \Longrightarrow CO_2 + H_2$$

副反应:

$$CH_4 \Longrightarrow C + 2H_2$$
$$2CO \Longrightarrow C + CO_2$$
$$CO + H_2 \Longrightarrow C + H_2O$$

副反应不但消耗原料,且析出的炭黑沉积在催化剂表面可将使催化剂失活,因此必须抑制副反应的发生。

2. 烃类蒸汽转化反应的特点和反应条件

① 反应可逆:在一定的条件下,反应可以向右进行生成 CO 和 H_2,随着生成物浓度的增加,反应也可以向左进行,生成甲烷和水蒸气。因此生产中必须控制好工艺条件,使反应向右进行,生成尽可能多的 CO 和 H_2。

② 气体体积增大反应:一分子甲烷和一分子水蒸气反应后,可以生成一分子 CO 和三分子 H_2,因此当其他条件确定时,降低压力有利于正反应的进行,从而降低转化气中甲烷的含量。

③ 吸热反应:甲烷的蒸汽转化反应是强吸热反应,为了使正反应进行的更快、更彻底,就必须由外界提供大量的热量,以保持较高的反应温度。

④ 气—固相催化反应:甲烷的蒸汽转化反应,在无催化剂的参与的条件下,反应的速度缓慢。只有在找到了合适的催化剂——镍之后,才使蒸汽转化反应实现了工业化能,因此转化反应属于气—固相催化反应。

⑤ 有析炭副反应的发生:副反应的产物炭黑覆盖在催化剂表面,会堵住催化剂的微孔,降低催化剂的活性,增加床层阻力,影响生产力。

根据烃类蒸汽转化的以上特点,烃类蒸汽转化工艺条件的选择有如下的要求:

① 压力：由于转化反应是气体体积增大的反应，所以反应宜在较低压力下进行。但目前行业上均采用加压蒸汽转化，一般压力控制在 3.5～4.0 MPa，最高达 5.0 MPa。

② 温度：一段转化炉出口温度是决定转化气出口组成的主要因素，提高温度和水碳比，可降低残余的甲烷含量。为了降低蒸汽消耗，可通过降低一段转化炉的水碳比，但要保持残余甲烷含量不变，则必须提高温度。而温度对转化炉的炉管使用寿命影响很大，温度过高，炉管使用寿命缩短。因此在可能的条件下，转化炉的出口温度不宜太高，如大型氨厂压力为 3.2 MPa 时，出口温度控制在 800 ℃。

③ 水碳比：水碳比是转化炉进口气体中，水蒸气与烃类原料中碳原子物质的量之比。提高进入转化系统的水碳比，不仅有利于降低甲烷的平衡含量，也有利于提高反应速率，还可以防止析炭反应的发生。但水碳比过高，一段转化炉蒸汽用量将会增加，系统阻力也将增大，导致能耗增加。因此水碳比的确定应当综合考虑。目前节能性的合成氨流程中蒸汽转化的水碳比一般控制在 2.5～2.75。

④ 空间速率：空间速率表示每平方米催化剂每小时处理的气量，简称空速。工业装置空速的确定受到多方面因素的制约，不同的催化剂所采用的空速并不相同。当空速提高时，生产强度加大，同时有利于传热，延长转化设备的寿命。但过高的空速会导致转化管内阻力增加，而对装置来说合适的阻力降是确定空速最重要的因素。另外空速过高，气体与催化剂接触时间短，转化反应不完全，转化气中甲烷含量将升高。

3. 烃类蒸汽转化工艺流程

蒸汽转化法目前成熟的工艺有丹麦托普索法、美国凯洛格（Kellogg）法、英国帝国化学工业公司 ICI 法等。但是，除一段转化炉炉型、烧嘴结构、是否与燃气轮机匹配等方面各具特点外，在工艺流程上均大同小异，都包括一、二段转化炉，原料气预热，余热回收与利用等。

目前国内外大型氨厂合成氨生产中普遍采用二段转化法。

典型的凯洛格蒸汽转化工艺流程见图 12-4。

原料天然气经压缩机加压到 4.15 MPa 后，配入 3.5％～5.5％的氢进入一段转化炉对流段盘管加热至 400 ℃后，进入钴钼加氢反应器进行加氢反应，将有机硫转化为硫化氢，然后进入氧化锌脱硫槽，脱除硫化氢。出口气体中硫的体积分数低于 0.5×10^{-6}，压力为 3.65 MPa，温度为 380 ℃左右，然后配入中压水蒸气，使水碳比约为 3.5，进入对流段盘管加热到 500～520 ℃，送到辐射段顶部原料气总管，再分配进入各转化管。气体自上而下流经催化床，一边吸热一边反应，离开转化管的转化气温度为 800～820 ℃，压力为 3.14 MPa，甲烷含量约为 9.5％，汇合于集气管，再沿着集气管中间的上升管上升，继续吸收热量，使温度达到 850～860 ℃，经输气总管送往二段转化炉。二段转化炉为立式的钢板卷制圆筒，内衬耐火砖，外有水夹套保护，镍催化剂装填炉中。一段转换气和经预热的空气（配入少量水蒸气）分别进入二段转化炉顶部汇合，在顶部燃烧区燃烧，温度升到 1 200 ℃左右，再通过催化剂床层反应，离开二段炉的气体温度约为 1 000 ℃，压力为 3.04 MPa，残余甲烷含量 0.3％左右。

为了回收转化气的高温热能，二段转化气通过两台并联的第一废热锅炉后，接着又进入第二废热锅炉，这 3 台废热锅炉都产生高压水蒸气。从第二废热锅炉出来的气体温度约370 ℃左右可送往变换工段。

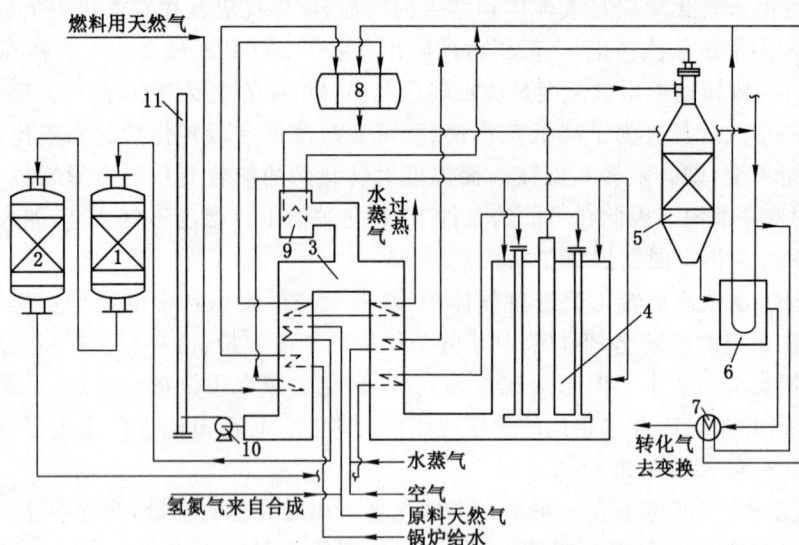

图 12-4　烃类蒸汽两段转化的凯洛格传统工艺流程

1——钴钼加氢反应器；2——氧化锌脱硫槽；3——一段炉对流段；4——一段炉辐射段；5——二段转化炉；

6——第一废热锅炉；7——第二废热锅炉；8——锅筒；9——辅助锅炉；10——排风机；11——烟囱

燃料天然气在对流段预热到 190 ℃，与氨合成弛放气混合，然后分为两路，一路进入辐射段顶部烧嘴燃烧为转化反应提供热量，出辐射段的烟气温度为 1 005 ℃左右，再进入对流段，依次通过混合气预热器、空气预热器、水蒸气过热器、原料天然气预热器、锅炉给水预热器和燃料天然气预热器，回收热量后温度降至 250 ℃，用排风机排往大气；另一路进入对流段入口烧嘴，燃烧产物与辐射段来的烟气汇合。该处设置烧嘴的目的是保证对流段各预热物料的温度指标。此外，还有少量天然气进辅助锅炉燃烧，其烟气在对流段中部并入，与一段炉共用同一对流段。为了平衡蒸汽用量而设置一台辅助锅炉，用于补充整个合成氨装置水蒸气总需要量的不足部分。

三、合成氨原料气的净化

以任何原料制得的合成氨原料气，除含氢和氮外，都还含有硫化物、CO、CO_2 和少量氧，这些物质对氨合成催化剂均有毒害，需在进合成工段前予以脱除。脱除以上物质的过程称为原料气的净化，主要包括脱硫、CO 变换及脱除 CO_2 和少量的 CO 等过程。

（一）原料气的脱硫

1. 脱硫的目的和方法

原料气中的硫化物主要有 H_2S、CS_2、COS、硫醇、噻吩、硫醚等。原料气中硫化物的含量与原料含硫量以及加工方法有关。以煤为原料时，每立方米原料气中含 H_2S 一般为几克；用高硫煤为原料时，硫化氢可高达 $20 \sim 30$ g/m^3，有机硫为 $1 \sim 2$ g/m^3；天然气、石脑油、重油中的硫化物含量也因产地不同而有很大差别。

硫化物是各种催化剂的毒物，对甲烷化催化剂，中、低温变换催化剂，合成氨催化剂的活性均有显著影响。硫化物还会腐蚀设备和管道，给后续工段的生产带来许多危害。因此，对原料气中硫化物进行清除是十分必要的。

脱硫的方法主要有湿法脱硫和干法脱硫两大类,常见方法汇总见表12-1,这些方法在脱硫的同时能脱除氰化氢。

表 12-1   煤气脱硫方法

干 法	湿 法			
	化学吸收法		物理吸收法	物理化学吸收法
	中和法	氧化法		
氧化铁法 分子筛法 活性炭法 氧化锌法	热碳酸盐法 醇胺法 有机碱法 低浓度氨水法	萘醌法 苦味酸法 蒽醌法、栲胶法 砷碱法 氨水液相催化氧化法	醇洗法 聚乙二醇二甲醚法	环丁砜法

干法脱硫既能脱除无机硫,又能脱除有机硫,而且能脱至极精细的程度,脱硫工艺和设备也比较简单,操作维修方便,小厂多用。但干法脱硫剂再生困难,需要周期性生产,设备庞大,不宜用于含硫较高的原料气,一般与湿法脱硫相互配合,可作为第二级脱硫。所以干法脱硫仅用于气体硫含量较低或者净化度要求高的场合。

湿法脱硫可以处理含硫量很高的原料气。脱硫剂是便于输送的液体物料,不仅可以再生,而且可以回收有价值的硫元素,是一个连续脱硫的循环系统,只需在运转过程中补充少量物料,以抵偿损失。

原料气脱硫的方法在不断地改进。最初用的是砷碱法和氧化铁法,后来逐步改为改良A. D. A. 法等。目前,许多脱硫方法已经在工业中得到应用,它们各有特点,本节就应用较多的改良 A. D. A.湿法脱硫和氢氧化铁干法脱硫进行简述。

2. 改良 A. D. A. 脱硫法

早期的 A. D. A. 法是在稀碳酸钠溶液中添加等比例的 2,6-蒽醌二磺酸和 2,7-蒽醌二磺酸(A. D. A.)的钠盐做催化剂,但其析硫反应速度慢,溶液的吸收硫容量低,使该法的应用范围受到限制。随后利用给溶液中添加适量的酒石酸钾钠($NaKC_4H_4O_6$)及 $0.12\% \sim 0.28\%$偏矾酸钠($NaVO_3$),使溶液吸收和再生的反应速度大大增加,同时也提高了溶液的吸收硫容量,使 A. D. A. 法的脱硫工艺更加趋于完善,该法被称为改良 A. D. A. 法。

(1) 脱硫原理

改良 A. D. A.法发生的主要脱硫反应为:

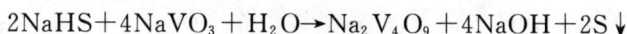

$$H_2S + Na_2CO_3 \rightarrow NaHS + NaHCO_3$$
$$2NaHS + 4NaVO_3 + H_2O \rightarrow Na_2V_4O_9 + 4NaOH + 2S \downarrow$$
$$Na_2V_4O_9 + 2A. D. A.(氧化态) + 2NaOH + H_2O \rightarrow 4NaVO_3 + 2A. D. A.(还原态)$$

上述反应在脱硫塔内完成。还原态的 A. D. A 在再生塔中通入空气氧化再生为氧化态:

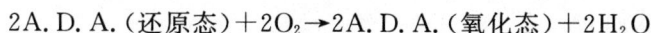

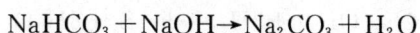

$$2A. D. A.(还原态) + 2O_2 \rightarrow 2A. D. A.(氧化态) + 2H_2O$$
$$NaHCO_3 + NaOH \rightarrow Na_2CO_3 + H_2O$$

可见,理论上偏矾酸钠、A. D. A. 和碳酸钠都可再生,可循环利用。但实际上原料气中含有氧则可能发生过氧化副反应。

$$2NaHS + 2O_2 \rightarrow Na_2S_2O_3 + H_2O$$

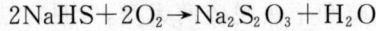

所以,要经常添加纯碱以补充其在副反应中的消耗,并防止硫以 NaHS 的形式进入再生塔。

(2) 工艺流程

改良 A.D.A. 法的工艺流程见图 12-5 所示。

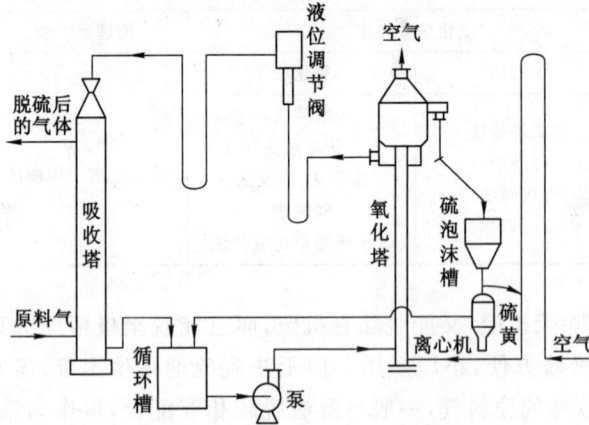

图 12-5 改良 A.D.A. 法脱硫工艺流程

原料气进吸收塔后与从塔顶喷淋下来的 A.D.A. 脱硫液逆流接触,硫化氢等含硫气体被吸收,脱硫后的净化气由塔顶引出,经液沫分离器后送往下道工序。

吸收 H_2S 后的富液从塔底引出,经液封进入溶液循环槽,由富液泵送入再生氧化塔,与来自塔底的空气自下而上并流氧化再生。再生氧化塔上部引出的贫液经液位调节器,返回吸收塔循环使用。再生过程中生成的硫黄被吹入再生塔顶扩大部分,并溢流至硫泡沫槽,再经过加热搅拌、澄清、分层后,其清液返回循环槽,硫泡沫至真空过滤器过滤,滤饼投入熔硫釜,得到产品硫磺。滤液返回循环槽。

在溶液循环过程中,当 NaSCN 和 $Na_2S_2O_3$ 积累到一定程度时,会导致脱硫效率下降,故需要抽取部分溶液去提取这些盐类。

A.D.A. 法的优点是溶液无毒,副产品硫黄中不含有毒物质。国内中小型厂多采用此法脱硫。缺点是溶液组成复杂。

3. 氢氧化铁脱硫法

常用的氢氧化铁干式脱硫法可使原料气达到较高净化度($1 \sim 2$ mg/m³ 煤气)。干式脱硫所用脱硫剂含 50% 以上氢氧化铁,其中活性氢氧化铁 70% 以上,加入木屑作为疏松剂,再加入 0.5%~1.0% 熟石灰,调节 pH 值为 8~9。

(1) 脱硫原理

当含有 H_2S 的原料气通过脱硫剂时发生脱硫反应,当与空气接触并有足够水分时脱硫剂又获再生,反应式如下:

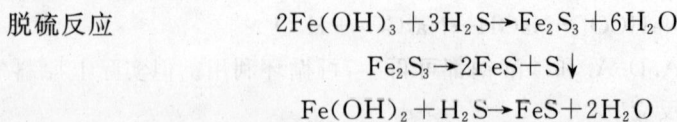

脱硫反应
$$2Fe(OH)_3 + 3H_2S \rightarrow Fe_2S_3 + 6H_2O$$
$$Fe_2S_3 \rightarrow 2FeS + S \downarrow$$
$$Fe(OH)_2 + H_2S \rightarrow FeS + 2H_2O$$

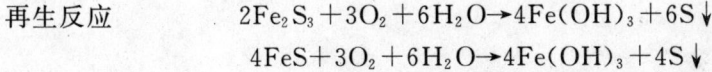

再生反应 $2Fe_2S_3 + 3O_2 + 6H_2O \rightarrow 4Fe(OH)_3 + 6S\downarrow$

                       $4FeS + 3O_2 + 6H_2O \rightarrow 4Fe(OH)_3 + 4S\downarrow$

其中 Fe_2S_3 生成反应与两个再生反应是主要反应,最适宜的脱硫温度是 $28\sim30℃$,脱硫剂水分不小于 30%,脱硫剂的碱度 $pH=8\sim9$。当脱硫剂含硫 $30\%\sim40\%$ 时需要更换脱硫剂。

（2）工艺流程

干法脱硫装置有箱式与塔式两种,最普遍采用的是箱式,如图 12-6 所示。它是一个长方形槽,箱内装有四层厚为 $400\sim500$ mm 的脱硫剂。脱硫装置常用四组设备组成,三组并联操作,另一组备用。

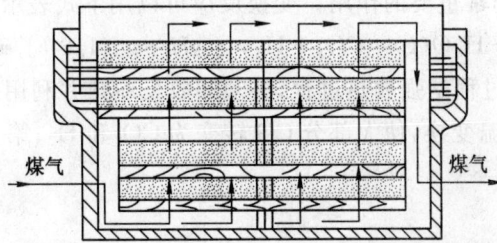

图 12-6 箱式干法脱硫装置示意图

塔式干法脱硫装置见图 12-7。原料气经水分离器分离出夹带的水滴后进入脱硫塔。脱硫塔可装三段脱硫剂,脱硫过程主要在一、二段内进行。第三段为保护层,通常处于备用状态。流程中设有循环再生管线,脱硫塔工作期间定期检查出口 H_2S 含量,当发现大于规定值时,即将脱硫塔与系统切断,用空气逐步导入脱硫塔中进行脱硫剂的再生。开动循环鼓风机使含氧气体在脱硫塔内循环。

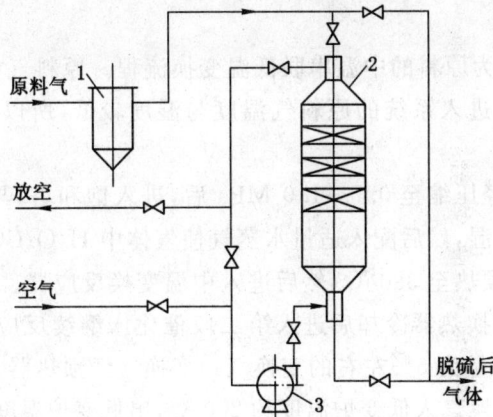

图 12-7 氧化铁单塔脱硫流程

1——水分离器；2——脱硫槽；3——循环鼓风机

（二）一氧化碳变换

1. CO变换原理

在合成氨生产中，各种方法制取的原料气都含有CO，其体积分数一般为12%～40%。CO是氨合成的有毒气体。在合成氨及制氢工业生产过程中，原料气中的CO一般分两次脱除。大部分CO通过变换反应，将不可利用、较难脱除的CO变换为较易脱除的CO_2加以利用，同时得到与CO等物质的量的氢气。因此CO变换既是原料气的净化过程，又是原料气制造的继续。少量残留的CO再通过后续的净化方法（如铜洗、甲烷化、液氮洗等）加以脱除。

在生产中，变换是净化气体中CO的过程，也是制取氢气的过程。所以CO的变换率对合成氨的正常生产起着非常重要的作用。变换反应可以用下式表示：

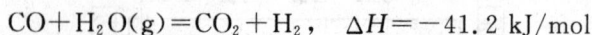

$$CO + H_2O(g) = CO_2 + H_2, \quad \Delta H = -41.2 \ kJ/mol$$

可见，由于CO变换过程是强放热过程，必须回收反应热并利用。在变换过程中往往采用两步变换，第一步是中温变换，使大部分CO转变为CO_2和H_2；第二步是低温变换，将CO含量降至0.3%左右。

2. CO变换工艺

CO变换反应均需在催化剂作用下进行，目前工业上使用的变换催化剂主要有Fe—Cr系中温变换催化剂、Cu—Zn系低温变换催化剂和Co—Mo系耐硫变换催化剂。

变换工艺有很多种，如中温变换工艺、中温串低温变换工艺、中温—低温—低温（中低低）变换工艺等。中温变换工艺因蒸汽消耗大、出口CO含量高、运行经济性不佳已逐步被淘汰；中温串低温工艺节能效果虽较中变工艺有较大进步，但仍较高，现正被全低变、中低低工艺所取代。全低变工艺和中低低工艺两者各有特点。全低变工艺在蒸汽消耗、设备生产能力等方面占有优势，但存在对原料气、水质、汽质等要求较高，H_2S浓度较高，操作稳定性较差，年催化剂费用较高等不足；中低低工艺在蒸汽消耗、设备生产能力方面略逊色，但在对原料气、水质、汽质等要求与中串低工艺相似，操作习惯一致，操作的稳定性也较好，催化剂费用较低。

图12-8为半水煤气为原料的中温串联低温变换流程。原料气中CO含量较高，故设置二段中温变换，而且由于进入系统的原料气温度与湿度较低，所以流程中设有原料气预热及增湿装置。

脱硫后的半水煤气经压缩至0.7～1.0 MPa后，进入饱和塔，与130～140 ℃的热水逆流接触，气体被加热并增湿，然后配入适量水蒸气使气体中H_2O/CO的比值达到5左右，进入预热器及中热交换器预热至380 ℃，然后进入中温变换反应器。经第一段催化反应后温度升至约500 ℃，经中间换热器冷却后进入第二段催化床继续反应。经反应后CO变换率达90%，得到残余CO含量为5%左右的变换气。变换气经预热器与水调温器冷却、增湿后进入低温变换反应器，变换气入低变炉温度约200 ℃，出低变炉温度240 ℃左右。低变炉出口CO含量小于0.5%。

（三）二氧化碳的脱除

由任何原料制得的原料气经变换后，都含有一定量的CO_2，在氨的合成之前必须清除干净。同时，CO_2又是生产尿素、碳酸氢铵和纯碱的重要原料，有必要回收利用。

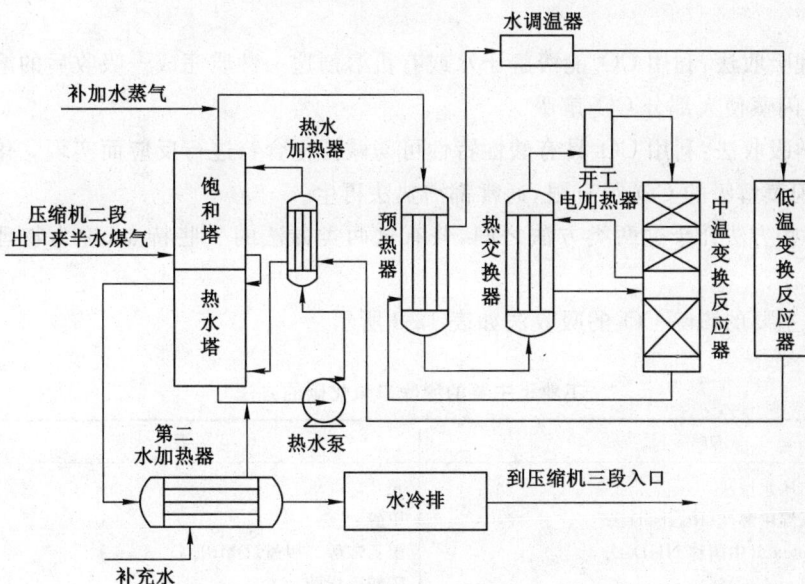

图 12-8 CO 中串低变换工艺流程图示意图

1. CO_2 的脱除量

不同原料制氨需要脱除的 CO_2 量差别很大,见表 12-2。

表 12-2   不同原料和制气方法脱除的二氧化碳量

原料		天然气	渣油	煤
碳氢比		3.0~3.1	7.5~10	20~35
制气方法		蒸汽转化	部分氧化	部分氧化
变换气体积分数/%	H_2	60.40	63.12	52.96
	N_2	20.30	0.48	15.72
	CO_2	18.80	32.75	28.62
	CO	0.25	3.51	2.14
	CH_4	0.25	0.14	0.56
脱除 CO_2 量/t·$(tNH_3)^{-1}$		1.22	2.40	3.40
比例		1	1.97	2.79

由表 12-2 可见,以天然气为原料生产氨时,脱除的 CO_2 量仅为以渣油或煤为原料的 1/2 至 1/3 左右。对生产尿素而言,分别用天然气、渣油为原料的合成氨厂,在选择脱碳方法时,前者应采用 CO_2 回收率高的,而后者可采用回收率稍低的,但应满足尿素生产对 CO_2 的需求。对生产碳酸氢铵的合成氨厂,则不论采用何种原料,CO_2 量都嫌不足,这就是中国一些中、小型氨厂存在氨剩余的原因。

2. 脱碳方法分类

脱除 CO_2 的方法很多,一般采用溶液吸收法。根据吸收剂性能不同,主要可分为两大类。

① 物理吸收法:利用 CO_2 能溶解于水或有机溶剂这一性质完成。吸收后的溶液可以有效地用减压闪蒸使大部分 CO_2 解吸。

② 化学吸收法:利用 CO_2 具有酸性特性可与碱性化合物进行反应而实现。化学吸收法中,靠减压闪蒸解吸的 CO_2 很有限,通常都需热法再生。

还有一些方法介于这两类方法之间,兼有这两类方法的一些特点,称为物理—化学吸收法。

工业上主要的脱除 CO_2 的吸收法如表 12-3 所示。

表 12-3 工业上主要的脱除二氧化碳的方法

	方 法	溶 剂
物理吸收法	加压水洗法	水
	低温甲醇洗(Rectisol)法	甲醇
	Selexol(中国称 NHD)法	聚乙二醇二甲醚(DMPEG)
	Flour(PC)法	碳酸丙烯酯
	Purisol 法	N—甲基吡咯烷酮(NMP)
	Sepasolv 法	N—低聚亚乙基二醇与甲基异丙基醚(MPE)
化学吸收法	本—菲尔(Benfield)法	碳酸钾溶液加二乙醇胺(DEA)
	复合双活化热钾碱法	碳酸钾溶液加二乙醇胺,氨基乙酸与硼酸
	空间位阻胺热钾碱法	碳酸钾溶液加空间位阻胺
	氨基乙酸无毒 G—V 法	碳酸钾溶液加氨基乙酸
	卡特卡博(Catacarb)法	碳酸钾溶液加烷基醇胺的硼酸盐
	活化 MDEA(a—MDEA)法	N—甲基二乙醇胺(MDEA)加哌嗪(piperazine)
	MEA 法	一乙醇胺
	DEA 法	二乙醇胺
	DGA(Econamine)法	二甘醇胺
	DIPA 法	二异丙醇胺
物理—化学吸收法	环丁砜(Sulfinol)法	环丁砜,DIPA 或 MDEA 与水
	常温甲醇(Amisol)法	MEA,DEA,二乙基三胺(diethyltriamine)(DETA),二异丙基胺(DIPAM)与甲醇

本节主要介绍目前应用较多的低温甲醇洗法。

3. 低温甲醇洗脱碳工艺

(1) 基本原理

低温甲醇洗采用冷甲醇作为吸收剂,利用甲醇在低温下对酸性气体溶解度较大的物理特性,脱除原料气中的酸性气体。

低温甲醇洗是一种典型物理吸收过程,在高压下对高浓度酸性气体的净化特别有效。当温度从 20 ℃ 降到 -40 ℃ 时,CO_2 在甲醇中的溶解度约增加 6 倍,另外 H_2、CO 及 CH_4 等的溶解度在温度降低时变化较小;在低温下,例如 -40～-50 ℃ 时,H_2S 的溶解度差不多比 CO_2 大 6 倍,这样就有可能选择性地从原料气中先脱除 H_2S,而在甲醇再生时先解吸 CO_2。

有机硫化物在甲醇中的溶解度很大,这样就使得低温甲醇洗有一个重要的优点,即有可能综合脱除原料气中的所有硫杂质(在甲醇中 COS 的溶解度仅较 H_2S 溶解度低 20%～30%)。

(2) 低温甲醇洗工艺特点

① 吸收能力较强。吸收能力强,意味着溶剂循环量减少,总的能耗降低。在物理吸收法气体净化工艺中,70% 以上的能耗被用于溶剂再生,因而溶液循环量的降低可大大降低装置能耗。

② 选择性较好。$-40\ ℃$ 时甲醇对 H_2S、COS、CO_2 吸收能力特别强,气体脱硫脱碳可在两个塔或同一塔内分段选择性地进行。相比之下对 CH_4、CO、H_2 只有微小的吸收能力。其良好的选择性正是工艺所要求的。

③ 气体的净化度较高。采用低温甲醇洗工艺,净化气中总硫可脱至 $0.1×10^{-6}\ g/m^3$ 以下,CO_2 可净化到 $2.0×10^{-6}\ g/m^3$ 以下。因此低温甲醇洗可适用于对硫含量有严格要求的化工厂生产。

④ 低温甲醇洗可以脱除气体中的多种杂质。在 $-30～-70℃$ 的低温下,甲醇可以同时脱除气体中的 H_2S、COS、CS_2、RSH、CO_2、HCN、NH_3、NO 以及石蜡烃、芳香烃、粗汽油等杂质,并可同时脱水使气体彻底干燥,所吸收的有用组分可在甲醇的再生过程中加以回收。

⑤ 热稳定性和化学稳定性好。甲醇不会被有机硫、氰化物等组分所降解,不起泡;纯甲醇对设备无腐蚀;黏度小,有利于节省动力消耗。

但低温甲醇洗也存在缺点,主要是工艺流程长、甲醇有毒、甲醇洗的流程特别是再生过程比较复杂。

(3) 低温甲醇洗工艺流程

典型的低温甲醇洗工艺流程见图 12-9。

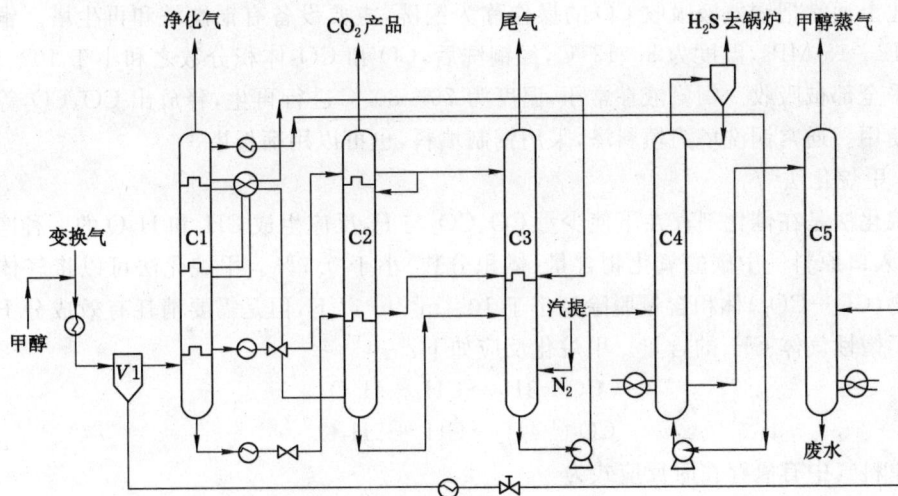

图 12-9 低温甲醇洗工艺流程

C1——甲醇洗涤塔;C2——CO_2 解吸塔;C3——H_2S 浓缩塔;C4——甲醇再生塔;
C5——甲醇—水分离塔;V1——气液分离塔

从变换工序来的原料气喷入甲醇经冷却后进入 V1 气液分离塔去掉水,然后进入 C1

塔,用贫甲醇吸收 H_2S、CO_2,该塔分上、下两部分,上塔是 CO_2 脱除部分,由精洗、粗洗、初洗三段组成,下塔是 H_2S 脱除部分,由初洗段底部出来的无硫甲醇分为两股,一股进入脱 H_2S 段,脱除 H_2S 后经减压进入 C2 塔中部,另一股无硫甲醇经冷却减压后进入 C2 塔顶部,解析出大量的 CO_2 送往尿素,同时吸收由下段上升的 CO_2 气体中 H_2S,以保证产品 CO_2 中 H_2S 含量小于 $1.4 \times 10^{-6} \, g/m^3$。从 C2 塔底部出来的富甲醇液送往 C3 塔,经 N_2 气汽提后,大部分残留 CO_2 随尾气放空。塔底甲醇液送往 C4 塔进行热再生后经冷却送回 C1 塔作为吸收液循环使用。由 V1 分离出来的甲醇—水溶液送往 C5 塔进行分离,废水送往污水处理系统,甲醇蒸气经冷却后送回系统。

4. 原料气的精制

经 CO 变换和 CO_2 脱除后的原料气中尚含有少量残余的 CO 和 CO_2。为了防止对氨合成催化剂的毒害,原料气在送往合成工段以前,还需要进一步净化,称为精制。由于 CO 在各种无机、有机液体中的溶解度很小,所以要脱除少量 CO 并不容易。目前常用的方法有铜氨液洗涤法、甲烷化法和液氮洗涤法。

(1) 铜氨液洗涤法

铜氨液是由金属铜在空气存在的条件下与酸、氨的水溶液反应所制得的。为了减小设备的腐蚀,工业上不用强酸,而用甲酸、醋酸和碳酸等。甲酸亚铜在氨溶液中溶解度高,因此,单位体积的铜氨液吸收 CO 的能力大。甲酸易挥发,再生时易分解而损失,需经常补充,使生产成本提高。碳酸铜氨液极易制得,但溶液中亚铜离子含量低,所以,溶液吸收能力差,处理一定量的原料气需要的铜氨液量大,洗气中残留的 CO 和 CO_2 多。醋酸铜氨液的吸收能力与甲酸铜氨液接近,且组成比较稳定,再生时损失较少。当前,国内大多数中小型合成氨厂采用醋酸铜氨液。

工业上通常把铜氨液吸收 CO 的操作称为铜洗,主要设备有铜洗塔和再生塔。铜洗时压力为 $12 \sim 15$ MPa,温度为 $8 \sim 12 \, ℃$,经铜洗后,CO 和 CO_2 体积分数之和小于 10×10^{-6},而氧几乎全部被吸收。铜氨液在常压,温度为 $76 \sim 80 \, ℃$ 进行再生,释放出 CO、CO_2 等气体后循环使用。通常铜洗塔为填料塔,采用钢制填料,也可以用筛板塔。

(2) 甲烷化法

甲烷化法是在催化剂存在下使少量 CO、CO_2 与 H_2 反应生成 CH_4 和 H_2O 的一种净化工艺,要求入口原料气中碳的氧化物含量(体积分数)小于 0.7%。甲烷化法可以将气体中碳的氧化物($CO+CO_2$)体积含量脱除到小于 $10^{-6} \, m^3/m^3$ 以下,但是需要消耗有效成分 H_2,并且增加了惰性气体 CH_4 的含量。甲烷化反应如下:

$$CO+3H_2 \rightarrow CH_4+H_2O$$
$$CO_2+4H_2 \rightarrow CH_4+2H_2O$$

当原料气中有氧存在时反应式为

$$2H_2+O_2 = 2H_2O(g)$$

上述反应为甲烷蒸汽转化反应的逆反应,反应温度为 $360 \sim 380 \, ℃$,由于甲烷化反应是强放热反应,而镍催化剂床层不能承受很大的温升,故对气体中 CO 和 CO_2 的含量有一定的限制,因而甲烷化法一般与低变流程配合使用。

(3) 液氮洗涤法

液氮洗涤法(也称深冷分离法)是在深度冷冻($<-100 \, ℃$)条件下用液氮吸收分离少量

CO 的方法,该方法是依据各种气体的沸点不同进行分离的。氢的沸点最低,最不易冷凝,其次是氮、一氧化碳、氩、甲烷等,属物理吸收过程。前面介绍的两种方法都是利用化学反应把碳氧化物的体积分数脱除到 10×10^{-6} 以下,但净化后的氢氮混合气中仍含有 0.5%～1.0% 的甲烷和氩,虽然这些气体不会使氨合成的催化剂中毒,但降低了氢、氮气的分压,从而影响氨合成反应。液氮洗涤法不但能脱除 CO,而且能有效地脱除甲烷和氩气,得到高质量氨合成原料气,这对于降低原料气消耗、增加氨合成生产能力特别有利。除此以外,液氮洗涤还可分离原料气中过量氮气,以适应天然气二段转化工艺添加过量空气的需要。液氮洗涤法常与重油部分氧化、煤的纯氧和富氧空气气化以及采用过量空气制气的工艺相配套。

四、合成氨

氨的合成是合成氨厂最后一道工序。任务是在适当的温度、压力和有催化剂存在的条件下,将经过精制的氢氮混合气直接合成成氨。然后将所产的气氨从混合气体中冷凝分离出来,得到产品液氨,分离氨后的氢氮气体循环使用。

1. 合成氨机理和特点

氨合成的化学反应式如下:

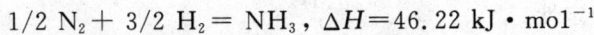

$$1/2 \, N_2 + 3/2 \, H_2 = NH_3 , \quad \Delta H = 46.22 \text{ kJ} \cdot \text{mol}^{-1}$$

这一化学反应具有如下几个特点:

① 该反应是可逆反应。在氮气和氢气反应生成氨的同时,氨也分解成氢气和氮气。

② 该反应是放热反应。在生成氨的同时放出热量,反应热与温度、压力有关。图 12-10 表示在 30 MPa 时,每生成 1 kmol 氨释放的热量与反应温度的关系。

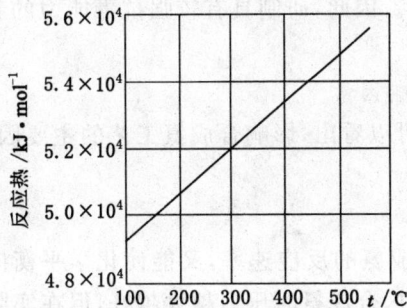

图 12-10 氨合成反应热与温度的关系(压力 30 MPa)

③ 该反应是体积缩小的反应。从反应式可以看出,由 3/2 个分子的氢和 1/2 个分子的氮,反应后生成 1 分子的氨,在化学反应过程中,体积减少。

④ 反应需要有催化剂。实践证明,在没有催化剂存在的条件下,生成氨的反应速度非常缓慢,在 300～500 ℃的条件下,氨合成反应需要若干年才能达到平衡。但在适当催化剂的作用下,减少了氢氮气化合时所需要的能量,因此大大加快了反应速度。

2. 合成氨反应的催化剂

在工业催化过程中,氨的合成是研究得最多、最深入的典型过程之一。近年来合成氨工业的进展,很大程度上是由于催化剂质量的提高而取得的,氨合成中的工艺条件也大多取决于所选用催化剂的性质。通过研究发现,对氨合成反应具有活性的一系列金属中,以铁为主体,添加有促进剂的铁系催化剂,价廉易得,活性良好,使用寿命长。因而铁系催化剂获得了广泛应用。

铁系催化剂的主要成分是 FeO 和 Fe_2O_3 并加入少量的其他金属氧化物如 Al_2O_3、K_2O、CaO 等助催化剂。催化剂的活性组分是金属铁,而不是铁的氧化物。因此,使用前在一定的温度下,用氢氮混合气使其还原,即使氧化铁被还原为具有活性的 α 型纯铁。

催化剂还原反应为:

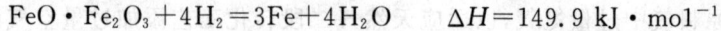

$$FeO \cdot Fe_2O_3 + 4H_2 = 3Fe + 4H_2O \qquad \Delta H = 149.9 \text{ kJ} \cdot \text{mol}^{-1}$$

加入 Al_2O_3 能与氧化铁生成 $FeO \cdot Al_2O_3$ 晶体。当催化剂被氢氯混合气还原时,氧化铁被还原为 α 型纯铁,而 Al_2O_3 不被还原,它覆盖在 α—Fe 晶粒的表面,防止活性铁的微晶在还原时及以后的使用中进一步长大。这样,α—Fe 的晶粒间就出现了空隙,形成纵横交错的微型孔道结构,大大地增加了催化剂的表面积,提高了活性。

加入 MgO 的作用与 Al_2O_3 有相似之处。在还原过程中,MgO 也能防止活性铁微晶进一步长大。但其主要作用是增强催化剂对硫化物的抗毒能力,并保护催化剂在高温下不致因晶体破坏而降低活性,故可延长催化剂寿命。

加入 CaO 是为了降低熔融物的熔点和黏度,并使 Al_2O_3 易于分散在 $FeO \cdot Fe_2O_3$ 中,还可提高催化剂的热稳定性。

铁系催化剂的外观是一种黑色、有金属光泽、带磁性、外形不规则的固体颗粒。铁催化剂在空气中易受潮,引起可溶性钾盐析出,使活性下降。经还原的铁催化剂若暴露在空气中则迅速燃烧,立即失掉活性。一氧化碳、二氧化碳、水蒸气、油类、硫化物等均会使铁催化剂暂时或永久中毒。工业上为了防止催化剂中毒,要把反应物原料加以净化,以除去毒物,这样就要增加设备,提高成本。因此,研制具有较强抗毒能力的新型催化剂,是一个重要的课题。

3. 合成氨工艺的主要影响因素

基于合成氨的反应特点可以看出,影响合成氨工艺的主要因素有操作压力、温度、空间速度、气体组成和催化剂等。

(1) 压力

增大压力有利于增大合成氨的反应速率,又能使化学平衡向着正反应方向移动,有利于氨的合成。因此从理论上讲,合成氨时压力越大越好,但在实际生产中氨合成压力越高,对设备的材质和制造的要求就越高,同时,高压下反应温度较高,催化剂使用寿命短,操作管理也比较困难,因此压力不宜过高。目前我国的合成氨厂一般采用的压强是 20~50 MPa。

(2) 温度

当压强一定、温度升高时,虽然能增大氨的反应速率,但由于合成氨反应是放热反应,升高温度会降低平衡时混合物中氨的含量。因此,从反应的理想条件来看,氨的合成反应在较低的温度下进行有利。但是温度过低时,反应速率很小。另外,氨合成反应需要在催化剂的存在下才能进行,而催化剂必须在一定的温度范围内才具有催化活性,所以氨合成反应温度必须维持在催化剂的活性温度范围内。目前工业上使用的铁催化剂的活性温度范围大体在 40~525 ℃之间。

(3) 空间速度

在一定的温度、压力下,增大空间速度,气体与催化剂接触时间缩短,在确定条件下,出塔气体中氨含量要降低,但能增大产量。一般操作压力在 30 MPa 的中压法合成氨,空间速度选择在 20 000～30 000 m³/h 之间。

(4) 合成塔入口气体组成

合成塔入口气体组成包括氢氮比、惰性气体含量与初始氨含量。从反应平衡的角度来看,当氢氮比接近 3 时,可获得最大的平衡氨浓度。在实际生产中,进塔循环气的氢氮比控制在 2.5～2.9 比较合适。

(5) 催化剂

目前,合成氨工业中普遍使用的主要是铁系催化剂,又称铁触媒。铁触媒在 500 ℃左右时的活性最大,这也是合成氨反应一般选择在 500 ℃左右进行的原因。

4. 合成氨工艺

由于采用压缩机的形式、氨分离冷凝级数、热能回收形式以及各部分相对位置的不同,合成氨工艺形成了不同的工艺流程。虽然工艺流程不同,但实现氨合成的几个基本步骤是相同的,都包括氢、氮原料气的压缩并补入循环系统,循环气的预热与氨的合成,氨的分离,热能的回收利用,对未反应气体补充压力并循环使用,排放部分循环气以维持循环气中惰性气体的平衡等,合成氨的生产步骤见图 12-11。

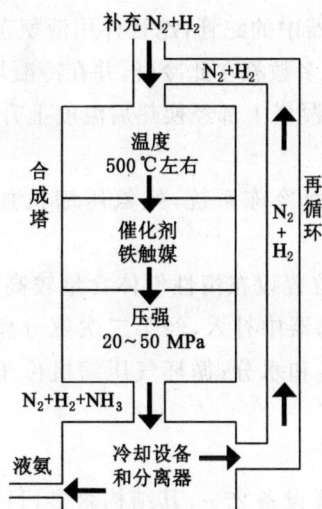

图 12-11 合成氨生产示意图

本书以两次分离液氨流程为例,说明合成氨工艺,其工艺流程见图 12-12。

液氨产品两次分离的流程,即液氨在两个部位——水冷器及氨分离器中冷凝分离。这类流程按是否副产蒸汽而分为不副产蒸汽和副产蒸汽两种流程。

合成塔出口气体中含氨 14%～18%,压力约为 30 MPa,经排管式水冷器冷却至常温,气体中部分氨被冷凝,在氨分离器中将液氨分离。为降低系统中惰性气体含量,少量循环气在氨分离后放空,大部分循环气由循环气压缩机加压至 32 MPa 后进入油滤器,新鲜氢、氮气也在此处补入。经油滤器过滤后的气体进入冷凝塔上部的换热器,与第二次分离氨后

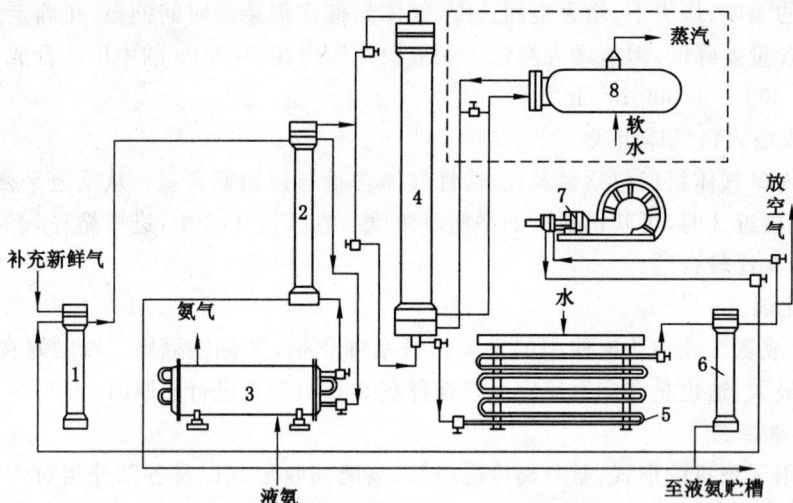

图 12-12 氨合成工艺流程图
1——油滤器;2——冷凝塔;3——氨冷器;4——氨合成塔;5——水冷器;
6——氨分离器;7——循环机;8——副产蒸汽锅炉

的低温循环气换热,再进入氨冷器中的蛇管,蛇管外用液氨蒸发作为冷源,使蛇管中循环气温度降至$-8\sim0$ ℃,气体中的大多数氨在此冷凝,并在冷凝塔下部进行气液分离,气体中残余氨含量约为3%。气体进入冷凝塔上部经换热后温度上升至$10\sim30$ ℃后进入氨合成塔,从而完成氢、氮气的循环过程。

作为冷冻剂的液氨气化后回冷冻系统,经氨压缩机加压,水冷后又成为液氨,循环使用。

上述流程的特点是放空的位置设在惰性气体含量较高、氨含量较低的位置,可减少氨及氢、氮气的损失;新鲜气在油滤器中补入,经第二次氨分离时可以进一步达到净化目的,可除去油污以及带入的微量CO_2和水分;循环气压缩机位于水冷凝器之后,循环气温度较低,有利于降低压缩功耗。

5. 氨合成塔

氨合成塔是合成氨厂的主要设备之一,其结构繁多,目前常用的有冷管式和冷激式两种塔型,前者属于连续换热式,后者属于多段冷激式。

大型合成氨厂大都采用冷激式氨合成塔。本书主要介绍该类型的合成塔。

冷激式合成塔内部的催化剂床层分为几段,在段间通入未预热的氢、氮混合气直接降温。按床层内气体流动方向不同,可分为沿中心轴方向流动的轴向氨合成塔和沿半径方向流动的径向氨合成塔。

图 12-13 为大型氨厂立式轴向四段冷激式氨合成塔(凯洛格型)。

该塔外筒形状为上小下大的瓶式,在缩口部位密封,以便解决大塔径造成的密封困难。

内件包括4层催化剂、层间气体混合装置(冷激管和挡板)以及列管式换热器。原料气由塔底封头接管进入塔内,向上流经内外筒环隙,到达筒体上端后折返向下,通过换热器管间与反应后气体换热至400 ℃左右,进入第一段催化剂床层,经反应后温度升至500 ℃左右,在段间与冷激气混合,温度降至 430 ℃ 再进入第二段催化剂。如此连续进行反应—冷激过程,最后气体由第四层催化剂底部流出,再折流向上经中心管流入换热器管内,与原料气换热后流出塔外。

该塔采用冷激气调节反应温度、操作方便,而且省去许多冷管,结构简单,内件可靠性好。合成塔筒体与内件上开设人孔,装卸催化剂时不必将内件吊出,外周密封在缩口处。

但该塔也有明显缺点:瓶式结构虽便于密封,但在焊接合成塔封头前,必须将内件装妥。合成塔质量大,运输与安装均较困难,而且内件无法吊出,维修上也带来不便,特别是催化剂筐外的保温层损坏后更难以检查修理。

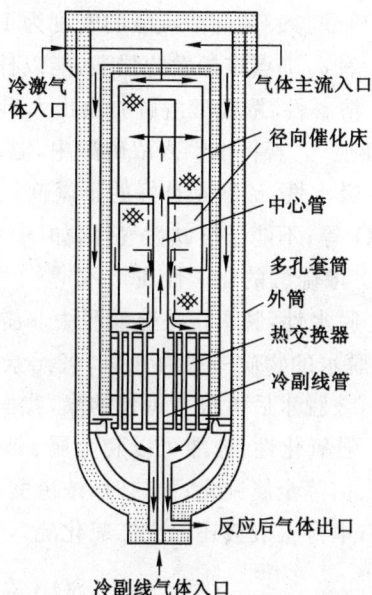

图 12-14 为径向二段冷激式合成塔(托普索型),用于大型合成氨厂。

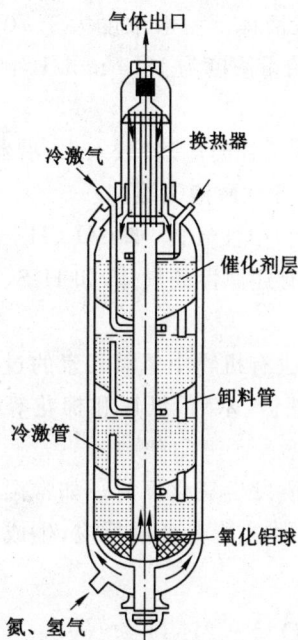

图 12-13　轴向冷激式氨合成塔　　　　图 12-14　径向二段冷激式合成塔

托普索型冷激式合成塔在运行过程中,反应气体从塔顶接口进入向下流经内外筒之间的环隙,再入换热器的管间,冷副线气体由塔底封头接口进入,二者混合后沿中心管进入第一段催化剂床层。气体沿径向呈辐射状流经催化剂层后进入环形通道,在此与塔顶接口来的冷激气混合,再进入第二段催化剂床层,从外部沿径向向内流动。最后由中心管外面的环形通道向下流,经换热器管内从塔底接口流出塔外。

与轴向冷激式合成塔比较,径向合成塔具有如下优点:气体呈径向流动,流速远较轴向流动低;使用小颗粒催化剂时,其压力降仍然较小,因而合成塔的空速较高,催化剂的生产强度较大。对于一定的氨生产能力,催化剂装填量较少,故塔直径较小,采用大盖密封便于运输、安装与检修。径向合成塔存在的问题是如何有效地保证气体均匀流经催化剂床层而不会偏流。目前采用的措施是在催化剂筐外设双层圆筒,与催化剂接触的一层均匀开孔、且开孔率高,另一层圆筒开孔率很少,当气流以高速穿过此层圆筒时,受到一定的阻力,以此使气体均匀分布。另外,在上下两段催化剂床层中,仅在一定高度上装设多孔圆筒,催化剂装填高度高出多孔圆筒部分,以防催化剂床层下沉时气体短路。

第三节 硫 酸 工 业

硫酸工业是基本无机化工之一。主要产品有浓硫酸、稀硫酸、发烟硫酸、液体三氧化硫、蓄电池硫酸等,也可生产高浓度发烟硫酸、液体二氧化硫、亚硫酸铵等产品。

一、硫酸工业概述

1. 硫酸的性质和用途

(1) 浓硫酸的物理性质

① 硫酸的理化常数:硫酸是一种无色无味澄清油状液体。一般浓度大于 70% 的硫酸称为浓硫酸。98% 的浓硫酸的密度为 1.84 g/mL,物质的量浓度为 18.4 mol/L,沸点为 338 ℃,是一种高沸点难挥发的强酸,能以任意比与水混溶。

② 溶解性:浓硫酸溶解时放出大量的热,因此浓硫酸稀释时应该"酸入水,沿器壁,慢慢倒,不断搅"。若将水倒入浓硫酸中,温度将达到 173 ℃,导致酸液飞溅。

③ 吸水性:硫酸是良好的干燥剂。可用以干燥酸性和中性气体,如 CO_2、H_2、N_2、NO_2、HCl、SO_2 等;不能干燥碱性气体,如 NH_3,以及常温下具有还原性的气体,如 H_2S、HBr、HI。

(2) 浓硫酸的化学性质

① 脱水性:脱水指浓硫酸脱去非游离态水分子或脱去有机物中氢氧元素的过程。可被浓硫酸脱水的物质一般为含氢、氧元素的有机物,其中蔗糖、木屑、纸屑和棉花等物质中的有机物,被脱水后生成了黑色的炭,我们称之为炭化。

② 强氧化性:硫酸可以和金属、非金属及还原性物质发生氧化反应。如常温下浓硫酸能使铁、铝等金属钝化;加热时,浓硫酸可以与除金、铂之外的所有金属反应,生成高价金属硫酸盐,本身一般被还原成二氧化硫。

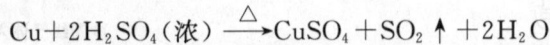

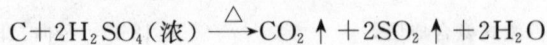

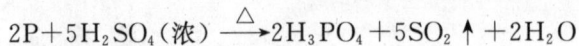

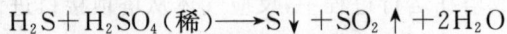

$$Cu + 2H_2SO_4(浓) \xrightarrow{\triangle} CuSO_4 + SO_2\uparrow + 2H_2O$$

$$C + 2H_2SO_4(浓) \xrightarrow{\triangle} CO_2\uparrow + 2SO_2\uparrow + 2H_2O$$

$$2P + 5H_2SO_4(浓) \xrightarrow{\triangle} 2H_3PO_4 + 5SO_2\uparrow + 2H_2O$$

$$H_2S + H_2SO_4(稀) \longrightarrow S\downarrow + SO_2\uparrow + 2H_2O$$

③ 难挥发性:可以利用硫酸难挥发性的特点制备氯化氢、硝酸等。如,用固体氯化钠与浓硫酸反应制取氯化氢气体。

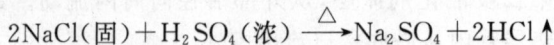

$$2NaCl(固) + H_2SO_4(浓) \xrightarrow{\triangle} Na_2SO_4 + 2HCl\uparrow$$

④ 强酸性:无水硫酸通过给出质子的能力体现酸性,纯硫酸仍然具有很强的酸性,98% 硫酸与纯硫酸的酸性基本上没有差别,而溶解三氧化硫的发烟硫酸就是一种超酸体系了,酸性强于纯硫酸。

在硫酸溶剂体系中,$H_3SO_4^+$ 经常起酸的作用,能质子化很多物质产生离子型化合物:

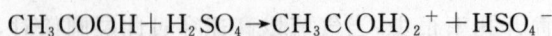

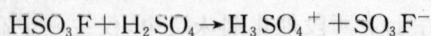

$$HNO_3 + 2H_2SO_4 \rightarrow NO_2^+ + H_3O^+ + 2HSO_4^-$$

$$CH_3COOH + H_2SO_4 \rightarrow CH_3C(OH)_2^+ + HSO_4^-$$

$$HSO_3F + H_2SO_4 \rightarrow H_3SO_4^+ + SO_3F^-$$

（3）硫酸的用途

硫酸是一种重要的基本化工原料,主要用于制造无机化学肥料,其次作为基础化工原料,此外还用于钢铁酸洗,以及合成纤维、涂料、洗涤剂,制冷剂、饲料添加剂、石油精炼、有色金属冶炼、医药等行业。

2. 硫酸工业的发展历程

早期的硫酸生产采用硝化法,此法按主体设备的演变又有铅室法和塔式法之分。19世纪后期,接触法获得工业应用,目前已成为生产硫酸的主要方法。

（1）早期的硫酸生产

15世纪后半叶,B. 瓦伦丁在其著作中先后提到将绿矾与砂共热,以及将硫磺与硝石混合物焚燃两种制取硫酸的方法。约1740年,英国人J. 沃德首先使用玻璃器皿从事硫酸生产,器皿的容积达300 L。他在器皿中焚燃硫磺和硝石的混合物,产生的二氧化硫和氮氧化物与氧、水反应生成硫酸,此即硝化法制硫酸的先导。

（2）硝化法的兴衰

1746年,英国人J. 罗巴克在伯明翰建成一座约1.83 m见方的铅室,这是世界上第一座铅室法生产硫酸的工厂。1805年前后,首次出现在铅室之外设置燃烧炉焚烧硫磺和硝石,使铅室法实现了连续作业。1827年,著名的法国科学家盖—吕萨克建议在铅室之后设置吸硝塔,用铅室产品（65% H_2SO_4）吸收废气中的氮氧化物。1859年,英国人J. 格洛弗又在铅室之前增设脱硝塔,成功地从含硝硫酸中充分脱除氮氧化物,并使出塔的 H_2SO_4 产品浓度达到76%。这两项发明的结合,实现了氮氧化物的循环利用,使铅室法工艺得以基本完善。1911年,奥地利人C. 奥普尔在赫鲁绍建立了世界上第一套塔式法装置。

（3）接触法

1870年,茜素合成法的成功导致染料工业的兴起,对发烟硫酸的需要量激增,为接触法的发展提供了动力。1875年,德国人E. 雅各布在克罗伊茨纳赫建成第一座生产发烟硫酸的接触法装置。他曾以铅室法获得的产品进行热分解取得二氧化硫、氧和水蒸气的混合物,冷凝除水后的剩余气通过催化剂层,制成含43% SO_3 的发烟硫酸。

（4）现代硫酸生产技术

20世纪50年代初,联邦德国和美国同时开发成功硫铁矿沸腾焙烧技术。联邦德国的法本拜耳公司于1964年率先实现两次转化工艺的应用,又于1971年建成第一座直径4 m的沸腾转化器。1972年法国的于吉纳—库尔曼公司建造的第一座以硫磺为原料的加压法装置投产,操作压力为500 kPa,日产550 t 100% H_2SO_4。1974年瑞士的汽巴—嘉基公司为处理含0.5%～3.0% SO_2 的低浓度烟气,开发一种改良的塔式法工艺,并于1979年在联邦德国建成一套每小时处理10 km^3 含0.8%～1.5% SO_2 的焙烧硫化钼矿烟气的工业装置。

中国硫酸工业始于1874年,天津机械局淋硝厂建成中国最早的铅室法装置,1876年投产,日产硫酸约2 t,用于制造无烟火药。1934年,中国第一座接触法装置在河南巩县兵工厂分厂投产。1949年以前,中国硫酸最高年产量为180 kt(1942年)。1951年中国研制成功并大量生产钒催化剂,此后还陆续开发了几种新品种。1956年,成功地开发了硫铁矿沸腾焙烧技术,并将文氏管洗涤器用于净化作业。1966年,建成了两次转化的工业装置,成为较早应用这项新技术的国家。80年代后,引进了一批大型生产装置。至1998年,中国硫酸生产量跃居世界第2位,仅次于美国。

二、接触法生产硫酸

生产硫酸的原料有硫铁矿、硫黄及有色金属冶炼气等。硫酸生产方法有铅室法、塔式法和接触法等。目前广泛采用接触法,本书也主要对接触法进行介绍。

（一）硫酸生产原料

生产硫酸需先制得含二氧化硫的原料气,原料气制备的工艺视原料不同而异。原料包括硫铁矿、硫磺、冶炼烟气、硫化氢、石膏和废硫酸等。目前主要采用的原料为硫铁矿。

硫铁矿是硫化铁矿物的总称,它包括黄铁矿与白铁矿（分子式均为 FeS_2）,以及成分相当于 Fe_nS_{n+1} 的磁硫铁矿,三者中以黄铁矿为主。

硫铁矿经焙烧后制得含二氧化硫的气体。历史上曾采用过块矿炉、机械炉、回转炉、悬浮炉进行硫铁矿的焙烧,现均使用沸腾焙烧炉。含硫 30% 的硫铁矿已能满足硫酸生产工艺的要求,但为了矿渣能用于炼铁,要求硫铁矿的含硫量应大于 45%。使用含硫高的硫铁矿,还能减少原料运输费用,提高热能利用效率。为保证正常生产和硫铁矿渣的利用,对原料矿中的有害杂质如砷、氟等的含量也都有相应的限制。

（二）硫铁矿接触法制硫酸反应机理

接触法生产硫酸一般必备三个基本工序:首先是由含硫原料制含 SO_2 气体,实现这一过程需要将含硫原料焙烧,故工业上称为"焙烧";其次是将含 SO_2 和氧的气体催化转化为 SO_3,工业上称之为"转化";最后是将 SO_3 与水结合成硫酸,实现这一过程需要将转化所得 SO_3 气体用硫酸吸收,工业上称为"吸收"。

工业生产上还需要辅助工序,包括原料的贮存与加工;含 SO_2 气体的净化、干燥工序;"三废"治理;等等。

接触法生产硫酸涉及的主要反应原理如下。

（1）焙烧——SO_2 的制备

$$4FeS_2 + 11O_2 = 2Fe_2O_3 + 8SO_2$$

（2）转化——SO_2 制 SO_3

$$2SO_2 + O_2 = 2SO_3$$

（3）吸收——SO_3 的吸收

$$nSO_3(g) + H_2O(l) = H_2SO_4(l) + (n-1)SO_3$$

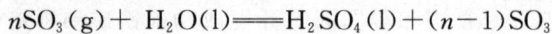

在接触法生产硫酸过程中,除了以上主要发生的化学反应外,还会发生很多的副反应,这些副反应将在工艺流程中进行叙述。

（三）工艺流程

以硫铁矿接触法生产硫酸的流程如图 12-15 所示。经过预处理的硫铁矿加入沸腾焙烧炉,炉底用鼓风机送入空气。硫铁矿在炉内于 800～1 000 ℃的温度下燃烧,产生二氧化硫和氧化铁。二氧化硫含量为 10%～14% 的气体从炉顶排出后,经废热锅炉冷却后,经除尘器、洗涤器和电除雾净化和冷却。净化的炉气经干燥后送至转化器使其中的二氧化硫转化为三氧化硫,转化后的三氧化硫在吸收塔中被硫酸吸收,尾气由吸收塔顶排入大气,产生的废水进入污水处理工段。

由图 12-15 和工艺流程简述可见,以硫铁矿为原料接触法生产硫酸的过程主要有 6 个工序:

① 原料的预处理:包括原料破碎、配矿等。

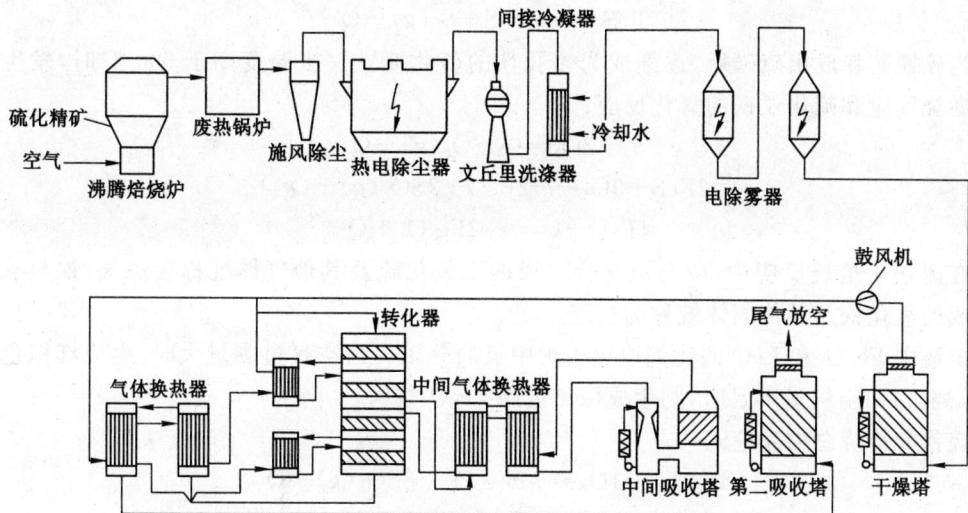

图 12-15 硫铁矿接触法制硫酸(封闭洗流程)流程图

② 硫铁矿焙烧：SO_2 炉气制备、冷却和除尘。

③ 净化：清除炉气中的有害杂质。

④ 转化：SO_2 催化氧化制备 SO_3。

⑤ 吸收：硫酸吸收 SO_3 制发烟硫酸。

⑥ "三废"处理：尾气回收和废水处理等。

1. 硫铁矿的预处理

硫铁矿一般多呈块状。浮选硫铁矿和尾砂虽为粉状，但由于含有大量水分，在贮存和运输过程中会结块，因此，硫铁矿在焙烧前需根据焙烧炉的工艺要求进行预处理。对硫铁矿进行破碎和筛分，浮选矿需烘干脱水处理。预处理包括以下几步：

① 破碎。沸腾炉焙烧要求粒度在 4～5 mm，因此硫铁矿要经过粗碎和细碎。粗碎采用颚式破碎机，细碎采用辊式压碎机，对含水结块的尾矿可用鼠笼式破碎机来打散团块。

② 配矿。矿石产地不同，组成差别较大。为维持操作稳定和炉气成分均一，焙烧前应进行配矿处理，使原料品位基本恒定。配矿时贫矿与富矿搭配，含煤硫铁矿与普通硫铁矿搭配，高砷矿与低砷矿搭配。沸腾炉用硫铁矿的要求指标为：含硫＞20％；含砷＜0.05％；含铅＜0.1％；含碳＜1％；含氟＜0.05％；含水＜6％。

③ 脱水。块矿一般含水在 5％以下，尾砂含水量在 5％～18％。沸腾炉干法加料要求含水量小于 6％，水量过多会造成原料输送困难，进入炉内会结成团块使操作不能正常进行。因此，湿矿必须进行干燥。一般采用自然干燥，大型工厂采用专门的干燥设备进行烘干。

2. 硫铁矿的焙烧工序

(1) 硫铁矿的焙烧反应机理

硫铁矿焙烧过程的化学反应较复杂，控制的条件不同，获得的产物也不同。焙烧过程的反应分两步进行，在焙烧温度高于 500 ℃时，硫铁矿首先受热分解生成硫化亚铁和硫磺蒸气：

$$2FeS_2 \!=\!\!=\!\! 2FeS + S_2(g) - Q$$

当硫铁矿释放出硫磺后,逐渐成为多孔性的硫化亚铁。当温度高于 600 ℃时,发生硫蒸气燃烧反应和硫化亚铁的氧化反应:

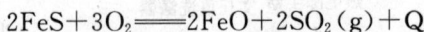

$$S_2 + 2O_2 \!=\!\!=\!\! 2SO_2(g) + Q$$
$$2FeS + 3O_2 \!=\!\!=\!\! 2FeO + 2SO_2(g) + Q$$
$$4FeO + O_2 \!=\!\!=\!\! 2Fe_2O_3 + Q$$

在硫铁矿焙烧反应中,硫与氧化合生成的二氧化硫及其他气体统称为炉气,铁与氧化合生成的氧化铁及其他固体统称为烧渣。

矿渣中 Fe_2O_3 和 FeO 的比例取决于炉中氧的分压。当空气过剩量大时,生成红棕色的 Fe_2O_3 烧渣;而空气量不足时,则生成棕黑色的 Fe_3O_4 烧渣。

硫铁矿焙烧总的反应式为:

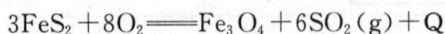

$$4FeS_2 + 11O_2 \!=\!\!=\!\! 2Fe_2O_3 + 8SO_2(g) + Q$$
$$3FeS_2 + 8O_2 \!=\!\!=\!\! Fe_3O_4 + 6SO_2(g) + Q$$

硫铁矿焙烧反应是强放热反应,除反应自热外,多余的热量需移走。

焙烧过程中,除了上述主反应外,还会发生其他一些副反应。如果焙烧是在较低温度(400～450 ℃)及过量氧存在下,由于 Fe_2O_3 烧渣的催化作用,炉气中的二氧化硫可氧化成为三氧化硫:

$$2SO_2 + O_2 \!=\!\!=\!\! 2SO_3$$

生成的三氧化硫还可与铁的氧化物反应生成硫酸盐:

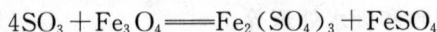

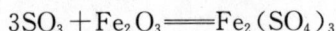

$$4SO_3 + Fe_3O_4 \!=\!\!=\!\! Fe_2(SO_4)_3 + FeSO_4$$
$$3SO_3 + Fe_2O_3 \!=\!\!=\!\! Fe_2(SO_4)_3$$

温度低于 250 ℃时,生成的硫化亚铁能直接被氧化为硫酸亚铁:

$$FeS + 2O_2 \!=\!\!=\!\! FeSO_4$$

生成的硫酸亚铁受热会分解为三氧化硫:

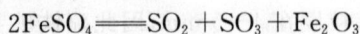

$$2FeSO_4 \!=\!\!=\!\! SO_2 + SO_3 + Fe_2O_3$$

在高温下,矿石会与烧渣反应:

$$FeS_2 + 16Fe_2O_3 \!=\!\!=\!\! 11Fe_3O_4 + 2SO_2$$
$$FeS_2 + 5Fe_3O_4 \!=\!\!=\!\! 16FeO + 2SO_2$$

硫铁矿焙烧时,因原料不同,控制的最低温度也不同,造成这种差异的原因是各种硫化物矿着火点有差别。影响着火点的因素较多,如矿石中含 SiO_2 等不燃物时着火点升高;向矿石中添加煤等助燃剂时着火点会降低;矿石粒度小着火点则低;燃烧介质中含氧量高时由于迅速生成坚硬的硫酸铁保护膜,也会使着火点升高。工业生产中,为保证使硫铁矿中的硫尽量转化为二氧化硫,通常在 600 ℃以上高温下进行焙烧。

在焙烧过程中,矿石中的杂质也发生反应。铅、镁、钙、钡的碳酸盐分解出二氧化碳和它们的相应氧化物,这些氧化物又可以和三氧化硫反应生成硫酸盐。砷和硒的化合物焙烧时转变为氧化物,在高温下升华进入炉气中成为对制酸有害的杂质。氟化物在焙烧时转化成气态 SiF_4 进入炉气中。

(2) 工艺流程

硫铁矿焙烧流程如图 12-16 所示。经过预处理的硫铁矿,通过带式输送机送至沸腾炉加料器,空气由鼓风机经风室喷入炉膛,使矿料颗粒形成沸腾层。炉料 850～950 ℃温度下燃烧产生含 SO_2 的炉气和氧化铁矿渣。炉气由炉顶排出,先经废热锅炉回收余热产生蒸汽,然后冷却送至除尘器除尘,最后送往制酸工段。氧化铁矿渣回收热能后,经增湿器增湿用输送器排出。

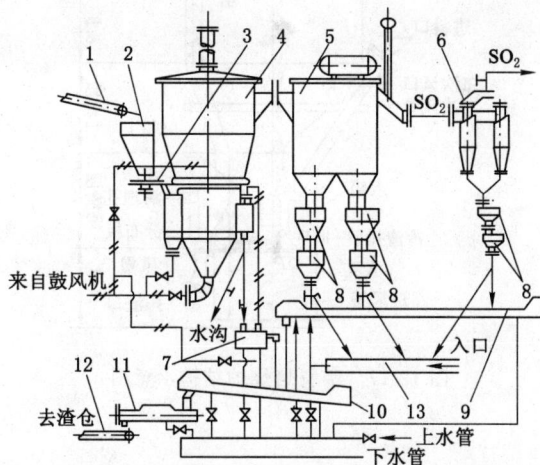

图 12-16 硫铁矿焙烧流程图

1——带式输送机;2——矿贮斗;3——圆盘加料器;4——沸腾焙烧炉;5——废热锅炉;6——旋风除尘器;7——矿渣沸腾冷却箱;8——闪动阀;9,10——刮板机;11——增湿器;12——带式输送器;13——事故排灰沟

工业上,一般控制操作炉温在 850～950 ℃,炉底压力 8.82～11.76 kPa,炉气中 SO_2 含量为 10%～14%。这 3 项指标是相互联系的,其中炉温对稳定生产尤为重要,为了要保持炉温稳定,必须要稳定空气加入量、矿石组成及投矿量,同时采用增减炉内冷却元件数量来控制炉床温度。

(3) 焙烧设备——沸腾焙烧炉

硫铁矿焙烧过程的主要设备——沸腾焙烧炉的结构见图 12-17。

沸腾炉炉体一般由钢壳内衬耐火材料构成。内部分为空气室、分布板和风帽、沸腾层、上部燃烧空间等 4 个部分。空气经鼓风机引至空气室,经分布板上的风帽均匀鼓入炉膛。矿料由进料口加入沸腾室,在空气带动下沸腾燃烧。焙烧后的矿渣从另一侧的排渣口排出。沸腾层上部的燃烧空间是沸腾炉的扩大段,其截面积是沸腾层的 2～3 倍,大容积是用来保证炉气在炉内有足够停留时间的,使沸腾层吹出的颗粒得以充分燃烧,并使分解出来的未来得及燃烧的单体硫在此进一步燃烧。为避免炉温过高使炉料熔融,在沸腾层炉壁段装有冷却水箱以移走焙烧反应产生的多余热量

3. 炉气的净化与干燥

一般矿石中所含有铜、铅、锌、镍、镉、砷、硒、铝、铁等,在焙烧后有一部分成为氧化物,其中铜、锌、镍、镉、铁的氧化物大部分都留在矿渣中,而氧化铅、三氧化砷以及二氧化硒、氟化氢、粉尘等成分会随炉气进入后续工序,影响转化工序的催化剂活性和物料的纯度,并产生腐蚀设备等不良影响,所以这些有害物质在进入转化器之前需要去除。这一过程称之为炉气的净化与干燥。

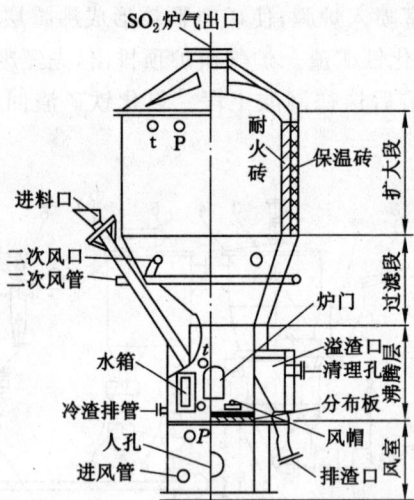

图 12-17 沸腾焙烧炉结构示意图

(1) 净化流程

炉气净化流程,现在大体上分为湿法和干法两大类。目前湿法是主要的,采用的厂家占绝大多数。湿法分酸洗和水洗两种,并以酸洗为主。

酸洗流程是用稀硫酸洗涤炉气,除去其中的粉尘和有害杂质,降低炉气温度。大中型硫酸厂多采用酸洗流程。本书以我国自行设计的"文泡冷电"酸洗净化流程为例说明酸洗净化过程,工艺流程如图 12-18 所示。

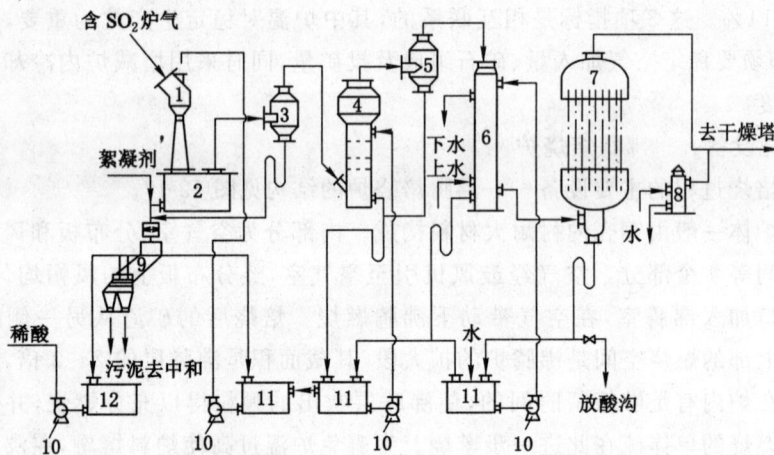

图 12-18 "文泡冷电"酸洗流程图

1——文氏管;2——文氏管受槽;3,5——复挡除沫器;4——泡沫塔;6——间接冷凝器;
7——电除雾器;8——安全水封;9——斜板沉降槽;10——泵;11——循环槽;12——稀酸槽

自焙烧工序来的含 SO_2 的炉气,进入文丘里洗涤器,用 $15\% \sim 20\%$ 稀酸进行第一级洗涤,洗涤后的气体经复挡除沫器除沫,再进入泡沫塔用 $1\% \sim 3\%$ 的稀酸进行第二级洗涤。炉气经两级稀酸酸洗除去粉尘和杂质,其中的三氧化二砷、二氧化硒部分凝固为颗粒被除掉,部分成为酸雾的凝结核心;炉气中的三氧化硫与水蒸气形成酸雾,与凝结核心形成酸雾颗粒。再经复挡除沫器除沫,进入列管式间接冷凝器冷却,水蒸气进一步冷凝,酸雾粒径进一步增大,而后进入管束式电除雾器,借助于直流电场除去酸雾,净化后的炉气去干燥塔。

文丘里洗涤器的洗涤酸经斜板沉降槽沉降,沉降后清液循环使用;污泥自斜板底部放出,用石灰粉中和后与矿渣一起外运处理。

该流程用絮凝剂(聚丙烯酰胺)沉淀洗涤酸中的粉尘杂质,减少了排污量(每吨酸的排污量仅为 25 L),达到封闭循环的要求,故称为"封闭酸洗流程"。

酸洗流程一般可用水作为原始洗涤液,洗涤液在系统中不断循环,吸收原料气中的三氧化硫而成为硫酸。此法污酸量小,便于处理或利用,应用日益广泛。

(2) 二氧化硫炉气的干燥

二氧化硫炉气经过净化,清除了粉尘、砷、硒、氟和酸雾等有害杂质,但含有饱和水蒸气。水蒸气随炉气被带入转化器内与 SO_3 形成酸雾,损坏催化剂,使其活性降低。因此,炉气进入转化器前必须清除水分,这一步骤称为炉气的干燥。常用具有强烈吸水性的浓硫酸作为炉气干燥剂。

炉气的干燥流程如图 12-19 所示。

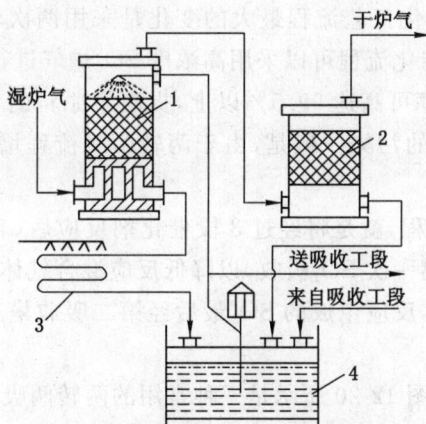

图 12-19 炉气干燥流程和设备
1——干燥塔;2——捕沫器;3——酸冷却器;4——干燥酸贮槽

经净化后的 SO_2 炉气从干燥塔下部进入,在塔内与塔上部淋洒下来的浓度(质量分数)为 93%~95% 的浓硫酸逆流接触,炉气中的水分被浓硫酸吸收,干燥到炉气含水 0.19% 以下。炉气经捕沫器将携带的酸沫捕集下来,由 SO_2 鼓风机将炉气送往转化工序。淋洒酸从塔底出口流出,经淋洒式蛇管酸冷却器冷却后,到干燥酸储槽,再由循环酸泵输送到干燥塔上部淋洒,循环使用。

4. 二氧化硫的催化氧化

经净化后的 SO_2 炉气和 O_2 在钒催化剂的作用下发生氧化反应,生成 SO_3 的过程,称为 SO_2 的催化氧化,或称为 SO_2 的转化。

$$SO_2 + 1/2O_2 \Longrightarrow SO_3 + Q$$

该反应为可逆放热反应,相同气体组成,温度越低,平衡转化率越高;在同一温度下,原

始气体中 SO_2 含量越高,平衡转化率越低。可见降低反应温度、提高系统压力、转化系统中移走产物 SO_3 和使用富氧焙烧等措施均可提高平衡转化率。

从热力学上讲,SO_2 与氧可以自发进行反应。但在动力学方面,由于反应活化能高,温度在 $400\sim600\ ℃$ 范围内,反应速率很慢,达不到工业要求,只有在 $1\ 000\ ℃$ 以上,反应才能很快进行。但由于反应是一个可逆放热反应,此时平衡的转化率很低。为了提高反应速率,使反应在较低的温度下就能够足够快地进行,并能达到较高的转化率,并满足工业生产要求,工业上普遍采用催化剂。

(1) SO_2 催化氧化的催化剂

20 世纪初,德国 BASF 公司开发出了钒催化剂,其逐步取代了铂催化剂,使接触法硫酸生产得到迅速发展。

钒触媒中的五氧化二钒是催化活性组分,助催化剂为碱金属盐,钾、钠、银、铁等的化合物都可做助催化剂,一般常采用钾的硫酸盐。触媒中除五氧化二钒、硫酸钾两种成分以外,还有大量的二氧化硅,它的作用主要是做载体。工业上一般采用硅藻土或硅胶,以用硅藻土为多。

(2) 工艺流程

近五十年来,在国内外转化工艺流程最大的变化是采用两次转化新技术,即现在通称的两转两吸流程。两转两吸转化流程可以采用高浓度 SO_2 炉气进行催化氧化反应。在正常生产情况下,SO_2 的最终转化率可高达 99.5% 以上,提高了原料的利用率,同时也减少了尾气中 SO_2 含量,减轻了对大气的污染。但是,由于两转两吸流程增加中间吸收塔和热交换器,流程设备较为复杂。

SO_2 两转两吸生产工艺流程,就是将经过 3 段催化剂反应后(转化率高于 90%)的混合气体先通过中间吸收塔进行第一次 SO_3 吸收,以降低反应混合气体中 SO_3 浓度,然后再通入第四段催化剂,继续进行反应,反应生成的 SO_3 最后经第二吸收塔进行二次吸收,从而提高 SO_2 的最终转化率。

两转两吸流程有很多种,图 12-20 所示是一种常用的两转两吸流程简图。

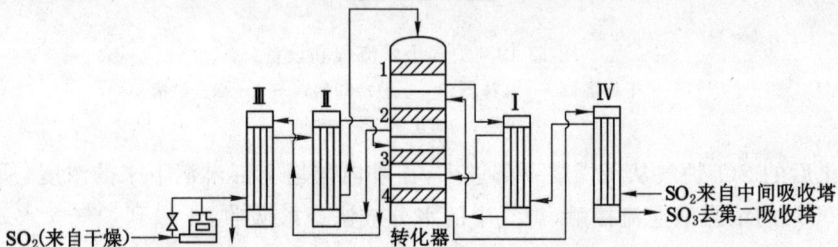

图 12-20 两转两吸流程简图

来自干燥塔经鼓风机加压后的冷 SO_2 炉气,利用来自转化器第Ⅲ、Ⅱ段反应后的高温气体预热后,进入转化器第Ⅰ段进行反应;来自中间吸收塔的 SO_2 炉气,利用转化器第Ⅳ、Ⅰ段的反应热预热后进入转化器第Ⅳ段,进行氧化反应。这种流程称为Ⅲ、Ⅱ—Ⅳ、Ⅰ两转两吸流程。

(3) 两次转化流程的特点

两次转化流程的特点主要有以下五点：

① 转化反应速度快并可达接近平衡状态的程度，最终转化率高。

② 能够处理 SO_2 浓度较高的气体。

③ 减轻尾气的危害。尾气中 SO_2 浓度可低到 0.05% 以下，比一次转化的尾气 SO_2 浓度 0.35% 降低许多。

④ 由于增加了中间吸收，热量损失较大。所用换热面积较大。

⑤ 两次转化流程因增加了一台中间吸收塔及几台换热器，阻力比一次转化流程要增大约 $3\,900\sim1\,900$ Pa。

5. 三氧化硫的吸收

(1) 三氧化硫吸收的基本原理

气体中的二氧化硫经催化氧化成三氧化硫后，送到吸收系统用发烟硫酸或浓硫酸吸收，形成不同规格的产品硫酸。吸收过程可用下式表示：

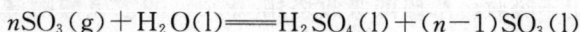

$$nSO_3(g) + H_2O(l) \Longrightarrow H_2SO_4(l) + (n-1)SO_3(l)$$

式中，n 的数值决定了产品硫酸的浓度。SO_3 的吸收过程，实际上是从气相中分离 SO_3，使之尽可能完全地成为硫酸的过程。

(2) 工艺流程

① 生产浓硫酸时 SO_3 的吸收

目前国内普遍采用的制取浓硫酸的工艺流程见图 12-21。转化后的炉气自吸收塔底部进入，浓硫酸由塔顶喷淋，两者呈逆流接触。自吸收塔流出的酸浓度一般比进塔浓度提高了 $0.3\%\sim0.5\%$。取部分循环酸作为成品酸，其余部分与来自干燥塔浓度较低的酸相混合，经冷却后在系统中循环。

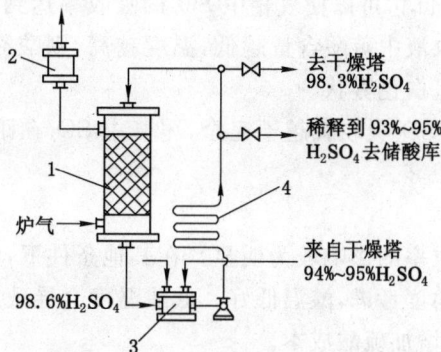

图 12-21　制取浓硫酸吸收工段工艺流程图
1——吸收塔；2——捕沫器；3——循环酸贮槽；4——冷却器

② 生产发烟硫酸时 SO_3 的吸收

制造发烟硫酸时，要采用图 12-22 所示的两段吸收流程。

转化后获得的 SO_3 依次经过两个吸收塔，第一吸收塔（发烟硫酸吸收塔）产发烟硫酸；第二吸收塔产浓硫酸。采用这样的吸收方法，各个塔吸收 SO_3 量可由物料的平衡算出。

发烟硫酸吸收塔喷淋的是含游离 SO_3 为 $18.5\%\sim20\%$ 的发烟硫酸，喷淋酸吸收三氧化硫后的浓度和温度均有所升高，经稀释后用螺旋冷却器冷却；混合后的发烟硫酸一部分作

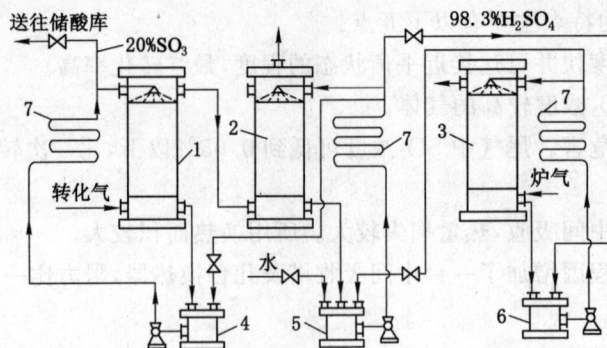

图 12-22　制造发烟硫酸两段吸收工艺流程图

1——发烟硫酸吸收塔；2——浓硫酸吸收塔；3——干燥塔；4,5,6——循环贮槽；7——螺旋冷却器

为产品,大部分循环用于吸收。浓硫酸吸收塔用 98.3％的浓硫酸喷淋,吸收三氧化硫后送往浓硫酸循环槽,经混合稀释并冷却后,一部分送往干燥系统,大部分循环用于吸收,也可抽出部分作为产品。

（3）SO_3 吸收工艺影响因素

影响 SO_3 吸收速率的主要因素有:用做吸收剂的硫酸含量、硫酸温度、喷淋酸量、气速和设备结构等。

① 硫酸含量

从单纯完成化学反应的角度看,似乎水和任意含量的硫酸均可以做吸收剂。但从提高 SO_3 吸收率和减少硫损失的角度考虑,酸含量需要认真选择。

吸收酸的含量为 98.3％时,可以使气相中 SO_3 的吸收率达到最完全的程度。含量过高和过低都不适宜。一般吸收液中硫酸含量越低,温度越高,则酸雾形成量越大,相应 SO_3 损失也越多。尾气在烟囱口呈白色雾状。

硫酸含量越高,气相中 SO_3 吸收就越不完全,尾气中 SO_3 在距烟囱一定距离时,会与大气中的水分形成青（蓝）色酸雾。

② 吸收酸温度

吸收酸温度对 SO_3 吸收率的影响较为明显。在其他条件下,吸收酸温度升高,SO_3 的吸收率降低。因此从吸收率角度考虑,酸温低好。低酸温度会导致局部产生数量相当的酸雾并消耗大量的冷却水,从而增加硫酸成本。

③ 进塔气温的影响

进塔气温对 SO_3 的吸收有较大影响,在一般的吸收过程中,低温有利于吸收和减小吸收设备体积。但在吸收转化气中 SO_3 时,为避免酸雾,气体温度不能太低,尤其在转化气中水含量过高时,提高吸收塔的进气温度,能有效地减少酸雾的形成。

④ 循环酸量的影响

酸量不足,吸收率下降;酸量过多,增加动力消耗,严重时还会造成气体夹带酸沫和液泛。

第四节 碱 工 业

碱是化学工业中产量最大的产品之一,是用途十分广泛的基本工业原料。碱的品种很多,有纯碱、烧碱、硫化碱、泡化碱等 20 多种,其中产量最大、用途最广的是纯碱和烧碱,它们的产量在无机化工产品中仅次于化肥和硫酸。本章中,将着重介绍两大碱业,即纯碱和烧碱的工业生产方法。

一、纯碱工业

1. 概述

(1) 纯碱的性质

纯碱即碳酸钠(Na_2CO_3),俗名苏打、洗涤碱,普通情况下为白色粉末。密度为 2.532 g/cm^3,熔点为 851 ℃,易溶于水、甘油,微溶于无水乙醇,不溶于丙醇,具有盐的通性。

纯碱是一种强碱盐,溶于水后发生水解反应使溶液显碱性,有一定的腐蚀性,能与酸进行复分解反应生成相应的盐并放出二氧化碳。

$$Na_2CO_3 + H_2SO_4 = Na_2SO_4 + H_2O + CO_2$$

纯碱较稳定,但高温下也可分解,生成氧化钠和二氧化碳。长期暴露在空气中能吸收空气中的水分及二氧化碳,生成碳酸氢钠,并结成硬块。含有结晶水的碳酸钠有 3 种:$Na_2CO_3 \cdot H_2O$、$Na_2CO_3 \cdot 7H_2O$ 和 $Na_2CO_3 \cdot 10H_2O$。

纯碱在空气中易风化,纯碱与酸、碱和盐均能发生化学反应,如:

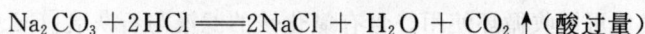

$$Na_2CO_3 + 2HCl = 2NaCl + H_2O + CO_2 \uparrow (酸过量)$$

$$Na_2CO_3 + Ca(OH)_2 = CaCO_3 \downarrow + 2NaOH$$

$$3Na_2CO_3 + Al_2(SO_4)_3 + 3H_2O = 2Al(OH)_3 \downarrow + 3Na_2SO_4 + 3CO_2 \uparrow$$

(2) 纯碱的作用

纯碱是重要的化工原料之一,用于制化学品、清洗剂、洗涤剂,也用于照相和制医药品。绝大部分用于工业,一小部分为民用。在工业用纯碱中,主要用于轻工、建材、化学工业,约占 2/3;其次是冶金、纺织、石油、国防、医药及其他工业。玻璃工业是纯碱的最大消费部门,每吨玻璃消耗纯碱 0.2 t。化学工业方面用于制水玻璃、重铬酸钠、硝酸钠、氟化钠、小苏打、硼砂、磷酸三钠等。冶金工业方面用做冶炼助熔剂、选矿用浮选剂,炼钢和炼锑方面用做脱硫剂。印染工业方面用做软水剂。制革工业方面用于原料皮的脱脂、中和铬鞣革和提高铬鞣液碱度。还用于生产合成洗涤剂的添加剂三聚磷酸钠和其他磷酸钠盐等。食用级纯碱用于生产味精、面食等。

(3) 纯碱工业发展简史

人类使用碱已有几千年的历史,最早取自天然碱和草木灰。大规模的工业生产开始于 18 世纪末期。在制碱原料的改变和生产技术的发展中,法国人路布兰(N. Leblane)、比利时人索尔维(E. Solvay)、我国侯德榜等都作出了突出的贡献。

① 路布兰制碱法

英法 7 年战争时期,法国植物碱来源断绝。1775 年法国科学院悬赏征求制造纯碱的方法。路布兰提出以食盐、硫酸、石灰石、煤粉为原料生产纯碱的方法。1791 年路布兰获得专利权,之后在巴黎附近建立碱厂,不久公开其制碱法,就是现在的路布兰制碱法。

路布兰制碱法的反应过程如下：

$$2NaCl + H_2SO_4 \Longrightarrow Na_2SO_4 + 2HCl$$
$$Na_2SO_4 + 2C \Longrightarrow Na_2S + 2CO_2$$
$$Na_2S + CaCO_3 \Longrightarrow Na_2CO_3 + CaS$$
$$CaS + CO_2 + H_2O \Longrightarrow CaCO_3 + H_2S$$
$$H_2S + 2O_2 \Longrightarrow H_2SO_4$$

因为路布兰法存在产品纯度差，生成成本高，人工消耗大，难以连续作业，回收的盐酸必须外销等缺点，人们开始探索新的制碱法，因而有索尔维法问世。

② 索尔维制碱法（氨碱法）

1861 年索尔维在煤气厂从事煤气生产副产稀氨水的浓缩工作，发现用食盐水吸收 NH_3 和 CO_2 的试验中可以得到碳酸氢钠，23 岁的索尔维因此获得用海盐和石灰石为原料制取纯碱的专利。此法被称为索尔维制碱法，因为氨在生产过程中起媒介作用，故又称氨碱法，其反应过程如下：

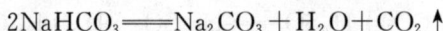

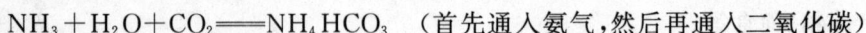

$$NaCl + NH_3 + H_2O + CO_2 \Longrightarrow NaHCO_3 \downarrow + NH_4Cl$$
$$2NaHCO_3 \Longrightarrow Na_2CO_3 + H_2O + CO_2 \uparrow$$
$$CaO + H_2O \Longrightarrow Ca(OH)_2$$
$$2NH_4Cl + Ca(OH)_2 \Longrightarrow CaCl_2 + 2NH_3 \uparrow + 2H_2O$$

先使氨气通入饱和食盐水中而成氨盐水，再通入二氧化碳生成溶解度较小的碳酸氢钠沉淀和氯化铵溶液。将经过滤、洗涤得到的 $NaHCO_3$ 微小晶体，再加热煅烧制得纯碱产品。放出的二氧化碳气体可回收循环使用。含有氯化铵的滤液与石灰乳 $[Ca(OH)_2]$ 混合加热，所放出的氨气可回收循环使用。

1863 年索尔维集资创立了索尔维公司，1865 年开工，几经挫折，不断改进，到 1872 年获得成功。由于原料来源容易，生产过程以液相和气相为主，适于大规模连续作业，纯碱纯度可达 91％以上，成本低，到 20 世纪 30 年代取代路布兰制碱法，成为生产纯碱的主要方法。

索尔维法也存在一些缺点，如食盐利用率低（仅 75％左右），蒸馏废液难以处理等。生产 1 t 纯碱约有 10 m^3 废液排出，污染环境，不宜在内陆建厂。

③ 联合制碱法

1943 年我国化学工程专家侯德榜创立了联合制碱法，该法是将氨碱法和合成氨法两种工艺联合起来，同时生产纯碱和氯化铵两种产品的方法。原料是食盐、氨和二氧化碳。

其反应过程如下：

$$NH_3 + H_2O + CO_2 \Longrightarrow NH_4HCO_3 \quad （首先通入氨气，然后再通入二氧化碳）$$
$$NH_4HCO_3 + NaCl \Longrightarrow NH_4Cl + NaHCO_3 \downarrow （NaHCO_3溶解度最小，所以析出）$$
$$2NaHCO_3 \Longrightarrow Na_2CO_3 + CO_2 + H_2O （NaHCO_3热稳定性很差，受热容易分解）$$

利用 NH_4Cl 的溶解度，可以在低温状态下向上述第 2 个反应过程中的溶液加入 $NaCl$，则 NH_4Cl 析出，得到化肥，提高了 $NaCl$ 的利用率。

该工艺可以实现连续生产，原料利用率达 98％。1943 年底中国化学会第 11 届年会命名此法为侯氏制碱法。1952 年、1962 年在大连化学厂先后建成日产 10 t 的联合制碱中试装置和年产 0.16 Mt 的联碱车间。该法在生产 1 t 纯碱的同时，能生产 1 t 的氯化铵。日本也从 20 世纪 50 年代建立联合制碱法工厂。到 20 世纪 70 年代，由于氯化铵供大于求，旭硝子公司对该法进行了改良,开发了可根据需要,调整氯化铵多余产量的新旭法,或称 NA 法(New Asahi Process)。

④ 天然碱加工

天然碱指含有 Na_2CO_3 和 $NaHCO_3$ 等可溶盐类的矿物。在天然碱资源丰富的国家,优先发展以天然碱为原料制造纯碱,因为天然碱生产成本低、竞争能力强。

⑤ 烧碱碳化法

随着氯碱工业的不断发展,有时烧碱过剩,西欧各国为了既能满足氯气需要,又能解决烧碱富余的问题,有将含 NaOH 电解液碳化制成一水合物($Na_2CO_3 \cdot H_2O$),然后分离、焙烧成重质纯碱的方法,称之为烧碱碳化制碱法。

近百年来,纯碱工业从利用制碱资源、提高原料利用率、降低成本等方面出发,开发了各种不同的制碱工艺。目前全世界仍以氨碱法产量所占比例最大,可达 60％以上;联碱法约为 5％,主要是我国、日本和印度采用该法。从天然碱加工制碱约占 30％,采用该法的国家主要为美国。

下面主要介绍氨碱法和联合制碱法制纯碱的相关知识。

2. 氨碱法制纯碱

氨碱法制纯碱法的原料主要是原盐、石灰石、焦炭或煤、氨。

生产工艺由七个生产环节构成,分别是:石灰石煅烧及灰乳制备;盐水制备和精制;精盐水吸氨;氨盐水碳酸化制重碱;重碱过滤;重碱煅烧制纯碱;回收氨。生产环节关系见图 12-23。

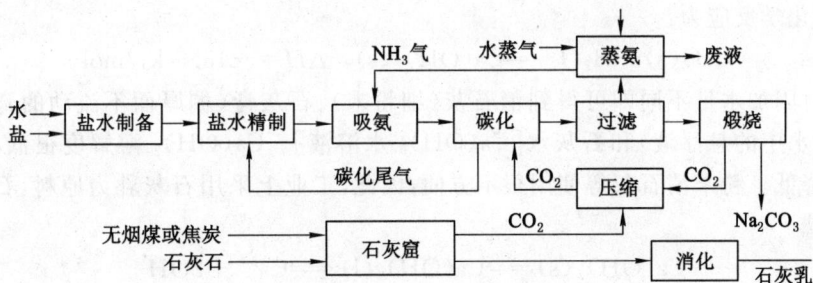

图 12-23　氨碱法生产环节关系示意图

(1) 石灰石煅烧与石灰乳制备

煅烧石灰石制取 CO_2 和 CaO,其中 CO_2 是氨盐水碳化制重碱的原料,CaO 可以用来制备石灰乳,石灰乳是氨盐水精制和氨回收的原料,因此石灰石煅烧和石灰乳的制备成为氨碱法制碱中必不可少的工序。

① 石灰石煅烧的原理

石灰石的来源丰富,主要成分是 $CaCO_3$,优质石灰石的 $CaCO_3$ 含量在 95％左右,此外尚有 2％～4％的 $MgCO_3$,少量 SiO_2、Fe_2O_3 及 Al_2O_3。

石灰石经煤煅烧受热分解的主要反应为:

$$CaCO_3 \Longrightarrow CaO + CO_2 \uparrow \quad \Delta H = 179.6 \text{ kJ/mol}$$

这是一可逆吸热反应,使 $CaCO_3$ 分解的必要条件是升高温度,当温度高于 900 ℃时

$CaCO_3$ 迅速分解并分解完全。这是因为提高温度不仅加快了反应本身,而且能使热量迅速传入石灰石内部并使其温度超过分解温度,达到加速分解的目的。但提高温度也受一系列因素的限制,温度过高可能出现熔融或半熔融状态,发生挂壁或结瘤,而且还会使石灰变成坚实不易消化的过烧石灰。生产中一般控制石灰石温度为 950~1 200 ℃。

石灰石煅烧后,产生的气体称为窑气。$CaCO_3$ 分解所需热量由燃料燃烧提供。首先是由煤与空气中的氧反应生成 CO_2 和 N_2 的混合气,并放出大量的热量。燃烧所放出的热被 $CaCO_3$ 吸收并使之分解,同时产生大量的 CO_2。燃料燃烧和 $CaCO_3$ 的分解是窑气中 CO_2 的来源。一般石灰窑中窑气中的 CO_2 浓度可达 40% 左右。而生产过程中产生的窑气必须及时导出,否则将影响反应的进行。在生产中,窑气经净化、冷却后被压缩机不断抽出,以实现石灰石的持续分解。

② 石灰窑

石灰煅烧过程是在石灰窑中进行的。石灰窑的形式很多,目前采用最多的是连续操作的竖窑。窑身用普通砖砌或钢板卷焊而制成,内衬耐火砖,两层之间填装绝热材料,以减少热量损失。空气由鼓风机从窑下部送入窑内,石灰石和固体燃料由窑顶装入,在窑内自上而下运动,反应自下而上进行,窑底可连续产出生石灰。此类立窑称之为混料立窑。该窑具有生产能力大,上料、下灰完全机械化,窑气中 CO_2 浓度高,热利用率高,石灰产品质量好等优点,因而被广泛采用。

③ 石灰乳制备

把石灰煅烧后产生的氧化钙加水进行消化,即可制成盐水精制和蒸氨工序中所需的氢氧化钙,其化学反应为:

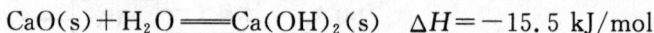

$$CaO(s) + H_2O \Longrightarrow Ca(OH)_2(s) \quad \Delta H = -15.5 \text{ kJ/mol}$$

消化时因加水量不同即可得到消石灰(细粉末)、石灰膏(稠厚而不流动的膏)、石灰乳(消石灰在水中的悬浮液)和石灰水[$Ca(OH)_2$ 水溶液]。$Ca(OH)_2$ 溶解度很低,且随温度的升高而降低。粉末消石灰等使用很不方便,因此,工业上采用石灰乳为原料,石灰乳存在下列平衡:

$$Ca(OH)_2(s) \Longrightarrow Ca(OH)_2(l) \Longrightarrow Ca^{2+} + 2OH^-$$

石灰乳较稠,对生产有利,但其黏度随稠厚程度增加而升高,太稠则沉降和阻塞管道及设备,一般工业上制取和使用的石灰乳相对密度约为 1.27。

(2) 饱和盐水的制备与盐水精制

氨碱法生产的主要原料之一是食盐水溶液。原盐中含有镁盐等有害和无用杂质,精制的主要任务是除去盐中的钙、镁元素。虽然这两种杂质在原料中的含量并不大,但在制碱的生产过程中会与 NH_3 和 CO_2 生成盐或复盐的结晶沉淀,不仅消耗了原料 NH_3 和 CO_2,沉淀物还会堵塞设备和管道。同时这些杂质混杂在纯碱成品中,致使产品纯度降低。因此,生产中须进行盐水精制。

精制盐水的方法目前有两种:石灰—碳酸铵法和石灰—纯碱法。

① 石灰—碳酸铵法

用消石灰除去盐中的镁(Mg^{2+}),反应式为:

$$Mg^{2+} + Ca(OH)_2 \Longrightarrow Mg(OH)_2 \downarrow + Ca^{2+}$$

这一过程中溶液的 pH 值一般控制在 10~11,若需加速沉淀出 $Mg(OH)_2$,也可适当加入絮凝剂。将分离出沉淀后的溶液送入除钙塔中,用碳化塔顶部尾气中的 NH_3 和 CO_2 再除去 Ca^{2+}。其化学反应为:

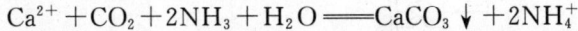

$$Ca^{2+}+CO_2+2NH_3+H_2O \Longrightarrow CaCO_3\downarrow+2NH_4^+$$

此法适合于含镁较高的海盐。由于利用了碳化尾气,成本得到降低。但此法具有溶液中氯化铵含量较高,并使氨耗增大,氯化钠的利用率下降,工艺流程复杂的缺点。

② 石灰—纯碱法

石灰—纯碱法除镁的方法与石灰—碳酸铵法相同,除钙则采用纯碱,反应式为:

$$Ca^{2+}+Na_2CO_3 \Longrightarrow CaCO_3+2Na^+$$

用该法除钙时不生成铵盐而生成钠盐,因此不存在降低 NaCl 利用率的问题。采用这一方法时,除钙、镁的沉淀过程是一次进行的。

石灰—纯碱法必须消耗最终产品纯碱,但精致盐水中不出现结合氨(即 NH_4Cl),而石灰—碳酸铵法虽利用了碳化尾气,但精制盐水中出现结合氨,对碳化略有不利。

除去盐中有害和无用杂质后,盐制成饱和溶液进入制碱系统。

(3) 盐水吸氨

① 盐水吸氨的原理和目的

盐水精制完成后即进行吸氨。吸氨操作称为氨化,目的是制备符合碳酸化过程所需浓度的氨盐水,同时起到最后除去盐水中钙镁等杂质的作用。所吸收的氨主要来自蒸氨塔,其次还有真空抽滤气和碳化塔尾气,这些气体中含有少量的 CO_2 和水蒸气。

吸氨过程主要发生如下的化学反应:

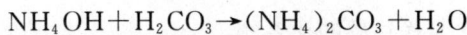

$$CO_2+H_2O \rightarrow H_2CO_3$$
$$NH_3+H_2O \rightarrow NH_4OH$$
$$NH_3+H_2O \rightarrow NH_4OH$$
$$NH_4OH+H_2CO_3 \rightarrow (NH_4)_2CO_3+H_2O$$

当有残余 Mg^{2+}、Ca^{2+} 存在时发生如下反应:

$$Ca^{2+}+(NH_4)_2CO_3 \Longrightarrow CaCO_3\downarrow+2NH_4^+$$
$$Mg^{2+}+(NH_4)_2CO_3 \Longrightarrow MgCO_3\downarrow+2NH_4^+$$
$$Mg^{2+}+2NH_4OH \Longrightarrow Mg(OH_2)\downarrow+2NH_4^+$$

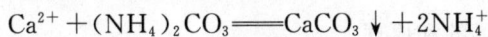

通过以上反应达最终到除去钙镁离子的目的。

② 盐水吸氨工艺

精盐水吸氨的工艺流程如图 12-24 所示。

精制以后的二次饱和盐水经冷却后进入吸氨塔,盐水由塔上部淋下,与塔底上升的氨气逆流接触,进行盐水的吸氨过程。从蒸馏冷凝器来的氨气导入吸氨塔下部和中部,与盐水逆流接触吸收后,尾气由塔顶放出,经真空泵,送往二氧化碳压缩机入口。该过程为放热过程,会使盐水温度升高,生产中需将盐水从塔中抽出,送入冷却排管进行冷却后再返回中段吸收塔。同理,需从塔中部抽出吸氨后的盐水经过冷却排管降温后,返回吸收塔下段。由吸收塔下段出来的氨盐水经循环段储桶、循环泵、冷却排管进行循环冷却,以提高吸收率。

精制后的盐水约能除去 99% 以上的钙、镁,但难免仍有少量残余杂质进入吸氨塔,形成碳酸盐和复盐沉淀。为保证氨盐水的质量,成品氨盐水经澄清桶沉淀,再经冷却排管后进

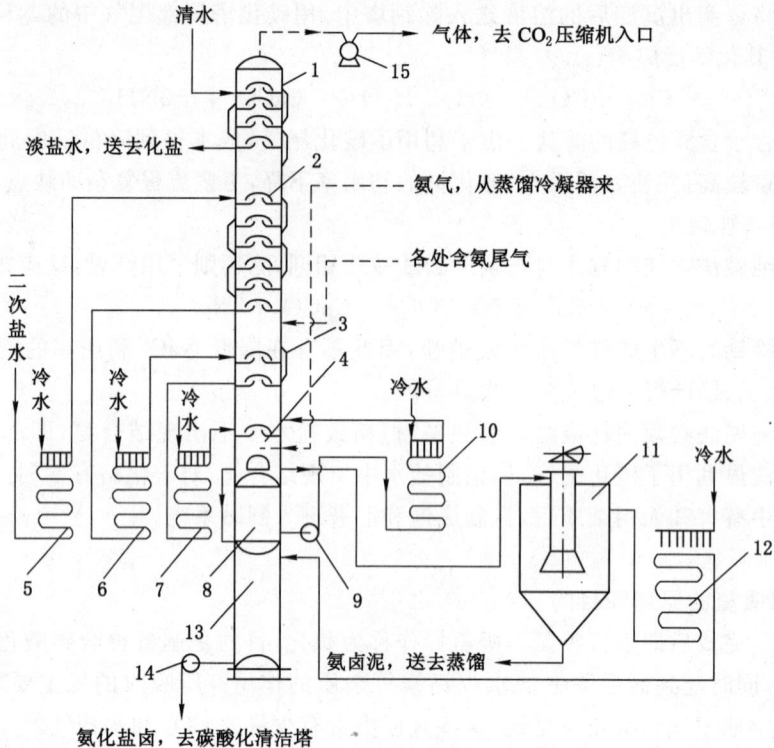

图 12-24　吸氨工艺流程示意图

1——净氨塔;2——洗氨塔;3——中段吸氨塔;4——下段吸氨塔;5,6,7,10,12——冷却排管;
8——循环段储桶;9——循环泵;11——澄清桶;13——氨盐水储槽;14——氨盐水泵;15——真空泵

入氨盐水储槽,再经氨盐水泵送往碳酸化系统。

(4) 氨盐水碳酸化

① 氨盐水碳酸化的目的和原理

氨盐水碳酸化工段的任务是将氨盐水与 CO_2 气在碳化塔内进行反应,生成 $NaHCO_3$ 结晶悬浮液。氨盐水吸收 CO_2 的过程称之为碳酸化,又称碳化。反应机理如下:

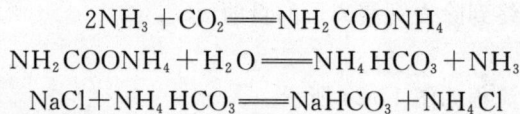

$$2NH_3 + CO_2 \Longrightarrow NH_2COONH_4$$

$$NH_2COONH_4 + H_2O \Longrightarrow NH_4HCO_3 + NH_3$$

$$NaCl + NH_4HCO_3 \Longrightarrow NaHCO_3 + NH_4Cl$$

② 氨盐水碳酸化工艺

氨盐水碳酸化过程是在碳化塔中进行的。如以氨盐水的流向区分,碳化塔分为清洗塔和制碱塔。清洗塔也称预碳酸化塔,氨盐水先流经清洗塔进行预碳酸化,清洗附着在塔体及冷却壁管上的疤垢,然后进入制碱塔进一步吸收 CO_2,生成碳酸氢钠晶体。制碱塔和清洗塔周期性交替轮流作业。氨盐水碳酸化的工艺流程如图 12-25 所示。

精制合格的氨盐水经泵送往清洗塔的上部,窑气经清洗气压缩机及分离器送入清洗塔的底部,初步对氨盐水进行碳酸化,而后经气升输卤器送入制碱塔的上部。另一部分窑气经中段气压缩机及中段气冷却塔送入制碱塔中部。煅烧重碱所得的炉气经下段气压缩机及下段气冷却塔送入制碱塔下部。碳酸化以后的液浆,由碳化塔下部靠塔内压力和液位自

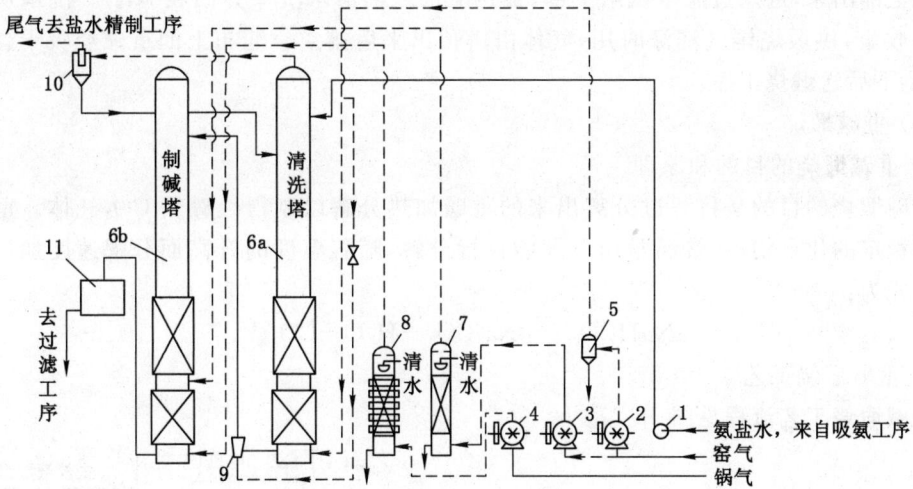

图 12-25　碳酸化工艺流程示意图

1——氨盐水泵；2——清洗气压缩机；3——中段气压缩机；4——下段气压缩机；5——分离器；

6a——碳酸化清洗塔；6b——碳酸化制碱塔；7——中段气冷却塔；8——下段气冷却塔；

9——气升输卤器；10——尾气分离器；11——碱液槽

流入过滤工序悬浮液碱槽中，然后过滤分离出重碱。

（5）重碱过滤

从碳化塔取出的液浆含悬浮固体 $NaHCO_3$，生产中采用过滤的方法使其分离。分离并洗涤后的固体 $NaHCO_3$ 去煅烧，母液送氨回收系统。

真空转鼓过滤的工艺流程如图 12-26 所示。

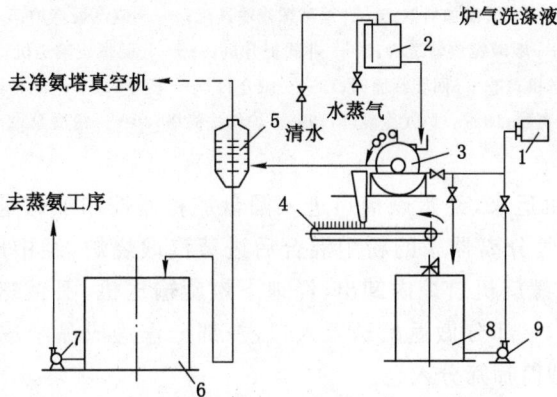

图 12-26　真空转鼓过滤的工艺流程示意图

1——出碱槽；2——洗水槽；3——过滤机；4——带式输送机；5——分离器；

6——储存槽；7——泵；8——碱液桶；9——碱液泵

碳化塔底部流出的碱液经出碱槽流入过滤机的碱槽内，在真空系统作用下，母液通过滤布的毛细孔被抽入转鼓，而重碱结晶则被截在滤布上。转鼓内滤液与同时被吸入的空气一起进入分离器，滤液由分离器底部流出，进入滤液储存槽，经泵送至氨回收工序；气体由分离器上部出来,进入过滤净氨塔下部,被逆流加入的清水洗涤并回收 NH_3。洗水从塔底流出并收集,供煅烧尾气洗涤时用,气体由塔顶出来后排空。滤布上的重碱经吸干、洗涤、挤干、刮下后送煅烧工序。

(6) 重碱煅烧

① 重碱煅烧的目的和原理

重碱煅烧的目的是将滤过分离出来的重碱加热分解以制得纯碱及 CO_2 气体。重碱是一种不稳定的化合物,在常温常压下即能自行分解,随着温度的升高而分解速度加快。化学反应式为:

$$2NaHCO_3 \Longrightarrow Na_2CO_3 + H_2O + CO_2 \uparrow$$

② 重碱煅烧工艺

重碱煅烧工艺流程见图 12-27。

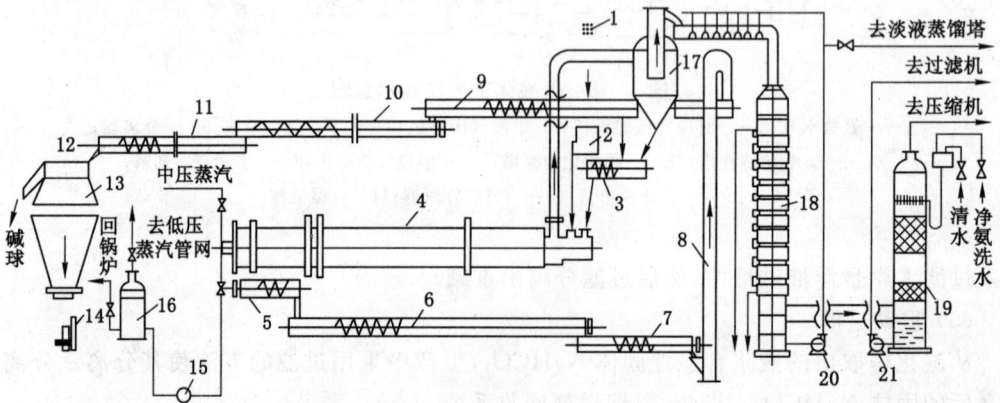

图 12-27 重碱煅烧工艺流程示意图

1——重碱带式运输机;2——圆盘加料器;3——返碱螺旋输送机;4——蒸汽煅烧炉;5——出碱螺旋输送机;
6——地下螺旋输送机;7——喂碱螺旋输送机;8——斗式提升机;9——分配螺旋输送机;10——成品螺旋输送机;
11——筛上螺旋输送机;12——回转圆筒筛;13——碱仓;14——磅秤;15——疏水器;16——扩容器;
17——炉气分离器;18——炉气冷凝塔;19——炉气洗涤塔;20——冷凝泵;21——洗水泵

重碱由带式输送机运来,经重碱溜口进入圆盘加料器控制加碱量,再经返碱螺旋输送机与返碱混合,并与炉气分离器来的粉尘混合后进蒸汽煅烧炉,经中压水蒸气间接加热分解约 20 min,即由出碱螺旋机自炉内卸出,经地下螺旋输送机、喂碱螺旋输送机、斗式提升机、分配螺旋输送机后,一部分做返碱送至入口,一部分作为成品经成品螺旋输送机、筛上螺旋输送机后送回转圆筒筛筛分入仓。

煅烧炉中分解出的 CO_2、H_2O 和少量的 NH_3,一并从炉顶排出。炉气经炉气分离器将其中大部分碱尘回收返回炉内,烟气经除尘、冷却、洗涤,CO_2 浓度可达 90% 以上的炉气由压缩机送碳化塔使用。

(7) 氨回收

① 氨回收的目的和原理

氨回收工序的目的在于利用蒸馏过程及设备回收母液及其他含氨杂水中所含的以各种形式存在的氨及 CO_2,实现氨循环。

氨碱法生产纯碱的过程中,氨是循环使用的。每生产 1 t 纯碱约需循环 0.4~0.5 t 氨,但由于逸散、滴漏等原因,还需往系统中补充 1.5~3.0 kg 的氨。常见的氨回收方法是将各种含氨的溶液集中进行加热蒸馏回收,或用氢氧化钙对溶液进行中和后再蒸馏回收。

含氨溶液主要是指过滤母液和淡液。过滤母液中含有游离氨和结合氨,同时有少量的 CO_2 或 HCO_3^- 等。

氨回收过程发生的主要化学反应如下:

$$NH_4HCO_3 \Longrightarrow NH_3 + CO_2 + H_2O$$
$$(NH_4)_2CO_3 \Longrightarrow 2NH_3 + CO_2 + H_2O$$
$$2NH_4Cl + Ca(OH)_2 \Longrightarrow 2NH_3 + CaCl_2 + H_2O$$
$$(NH_4)_2SO_4 + Ca(OH)_2 \Longrightarrow 2NH_3 + CaSO_4 + 2H_2O$$
$$(NH_4)2CO_3 + Ca(OH)_2 \Longrightarrow CaCO_3 + 2NH_3 + 2H_2O$$

② 氨回收工艺流程

氨回收工艺一般采用蒸氨工艺,蒸氨过程的工艺流程如图 12-28 所示。

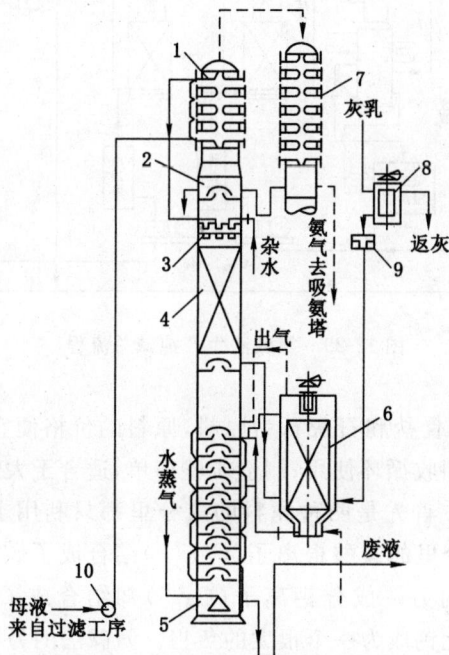

图 5-28　蒸氨过程的工艺流程

1——母液预热段;2——蒸馏段;3——分液槽;4——加热段;5——石灰乳蒸馏段;6——预灰桶;

7——冷凝器;8——加石灰乳罐;9——石灰乳流堰;10——母液泵

从过滤工序来的 25~32 ℃ 的母液经泵打入蒸氨塔顶母液预热段的水箱内,被管外上升水蒸气加热至约 70 ℃ 左右,从预热段最上层流入塔中部加热段。加热段采用填料或设置托液槽,以扩大气液接触面,强化热量、质量传递。石灰乳蒸馏段主要用来蒸出由石灰乳分解结合氨而得的游离氨。母液经分液槽加入,与下部上来的热气直接接触,蒸出液体中的游离氨和二氧化碳,剩下含结合氨和盐的母液送入预灰桶,在搅拌作用下与石灰乳均匀混合,将结合氨转变成游离氨,再进入蒸氨塔下部石灰乳蒸馏段的上部泡罩板上,液体与底部上升蒸气直接逆流接触,蒸出游离氨。至此,99%以上的氨被蒸出,含微量氨的废液由塔底排出。蒸氨塔各段蒸出的氨气自下而上升至预热段,预热母液后温度降至 65～67 ℃,再进入冷凝器冷凝掉大部分水蒸气,随后送往吸氨工序。

经过以上 7 个工序实现了纯碱的生产和氨气的循环利用。氨碱生产的全部工艺流程可以用图 12-29 表示。

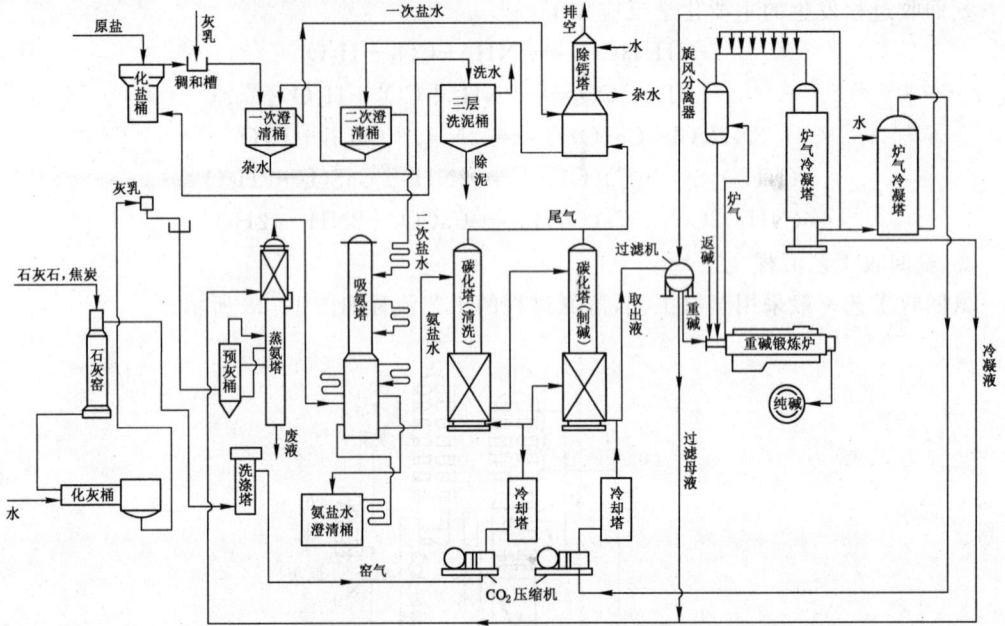

图 12-29　氨碱法生产纯碱总流程

氨碱法的优点在于:以食盐和石灰石为原料,原料的价格便宜;产品纯碱的纯度高;副产品氨和二氧化碳都可以回收循环使用;制造步骤简单,适合于大规模生产。

氨碱法也有许多缺点。首先是两种原料的成分里都只利用了一半——食盐成分里的钠离子(Na^+)和石灰石成分里的碳酸根离子(CO_3^{2-})结合成了碳酸钠,可是食盐的另一成分氯离子(Cl^-)和石灰石的另一成分钙离子(Ca^{2+})却结合成了没有多大用途的氯化钙($CaCl_2$),因此如何处理氯化钙成为一个很大的负担。氨碱法的另一个重要缺点还在于原料食盐的利用率只有 72%～74%,其余的食盐都随着氯化钙溶液作为废液被抛弃了,这是一个很大的损失。

3. 联碱法制纯碱

联合制碱法包括两个过程。第一个过程与氨碱法相同,将氨通入饱和食盐水而成氨盐水,再通入二氧化碳生成碳酸氢钠沉淀,经过滤、洗涤得 $NaHCO_3$ 微小晶体,再煅烧制得纯碱产品,其滤液是含有氯化铵和氯化钠的溶液。第二个过程是从含有氯化铵和氯化钠的滤液中结晶沉淀出氯化铵晶体。由于氯化铵在常温下的溶解度比氯化钠要大,低温时的溶解度则比氯化钠小,而且氯化铵在氯化钠的浓溶液里的溶解度要比在水里的溶解度小得多,所以在低温条件下,向滤液中加入细粉状的氯化钠,并通入氨气,可以使氯化铵单独结晶沉淀析出,经过滤、洗涤和干燥即得氯化铵产品。此时滤出氯化铵沉淀后所得的滤液,已基本上被氯化钠饱和,可回收循环使用。

联合制碱法与氨碱法比较,其最大的优点是使食盐的利用率提高到 96% 以上,应用同量的食盐可比氨碱法生产更多的纯碱。另外它综合利用了氨厂的二氧化碳和碱厂的氯离子,同时,生产出两种产品——纯碱和氯化铵。将氨厂的废气二氧化碳,转变为碱厂的主要原料来制取纯碱,这样就节省了碱厂里用于制取二氧化碳的庞大的石灰窑;将碱厂的无用的成分氯离子(Cl^-)来代替价格较高的硫酸固定氨厂里的氨,制取氮肥氯化铵,从而不再生成没有多大用处又难于处理的氯化钙,减少了对环境的污染,并且大大降低了纯碱和氮肥的成本,充分体现了大规模联合生产的优越性。

(1) 联合制碱法生产原理

世界上联碱法生产技术依原料加入的次数及析出氯化铵温度不同而发展并形成了多种工艺流程,我国联碱法主要采用的是"一次加盐、两次吸氨、一次碳化"生产循环过程,本节以该法为例说明联碱法的生产原理和工艺过程。

联碱生产工艺过程关系见图 12-30。

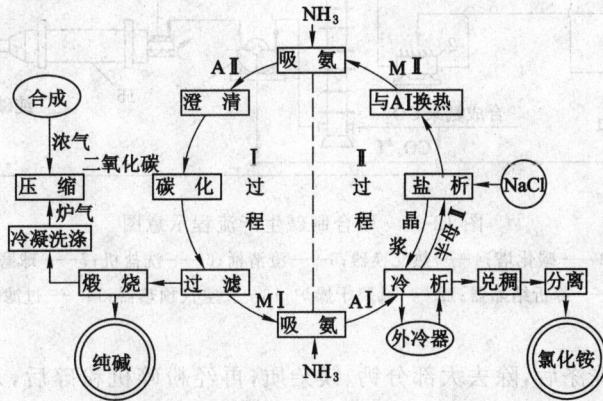

图 12-30　联碱生产工序关系图

过程Ⅰ为生产纯碱工艺过程。由母液 MⅡ开始,经过吸氨、澄清、碳化、过滤、煅烧过程称为Ⅰ过程。过滤后的母液 MⅠ经过吸氨、冷析、盐析、分离过程即可得到氯化铵。制取氯化铵的过程称为Ⅱ过程。两个过程构成一个循环,向循环系统中连续加入原料(氨、盐、水和二氧化碳),就能实现连续地生产纯碱和氯化铵。

在过程Ⅰ中加入原料氨(NH_3)和二氧化碳(CO_2),得到碳酸氢钠($NaHCO_3$)和母液 MⅠ,在第二过程加入原料盐($NaCl$),得到氯化铵(NH_4Cl)和母液 MⅡ,如此完成一个循环。

这两个循环过程中发生的主要化学反应为:

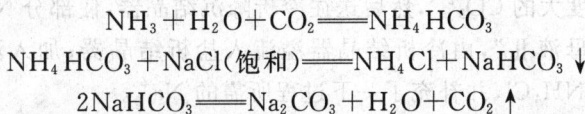

即:

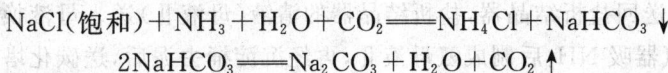

（2）联合制碱法生产工艺

"一次加盐、两次吸氨、一次碳化"生产循环过程生产流程如图 12-31 所示。

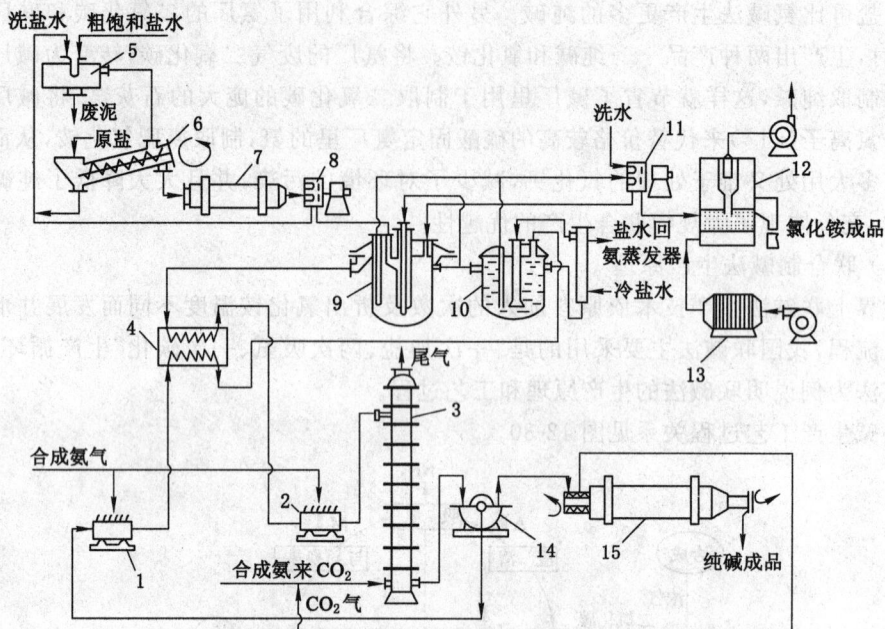

图 12-31 联合制碱生产流程示意图

1,2——吸氨器(塔);3——碳化塔;4——热交换器;5——澄清桶;6——洗盐机;7——球磨机;8,11——离心机;
9——盐析结晶器;10——冷析结晶器;12——沸腾干燥炉;13——空气预热器;14——过滤机;15——重碱煅烧炉

原盐经洗盐机洗涤后,除去大部分钙、镁杂质,再经粉碎机粉碎后,入立洗桶分析稠厚,滤盐机分离,制成符合规定纯度和粒度的洗盐,然后送往盐析结晶器。洗涤液循环使用,液相中杂质含量升高时则回收处理。

开车时,在盐析结晶器中制备饱和盐水,经吸氨器吸氨制成氨盐水,此氨盐水(正常生产时为氨母液Ⅱ)在碳化塔内与合成氨系统所提供的 CO_2 气体进行反应,所得重碱经过滤机分离后,送煅烧炉加热分解成纯碱。煅烧分解的炉气经冷却与洗涤,回收其中氨和碱粉,并使大部分水蒸气冷凝分离,使炉气自然降温。此时 CO_2 含量约为 90% 的炉气用压缩机送回碳化塔制碱。此工艺过程与氨碱法基本相同。

过滤重碱后的母液称为母液Ⅰ。母液Ⅰ被 $NaHCO_3$ 所饱和,NH_4HCO_3 和 NH_4Cl 接近饱和,此时如果加入盐并冷却,可能会有 NH_4Cl、NH_4HCO_3 和 $NaHCO_3$ 同时析出,影响产品质量。为了使 NH_4Cl 单独析出,生产中将母液Ⅰ首先吸 NH_3,制成氨母液Ⅰ,使溶解度小的 HCO_3^- 变成溶解度大的 CO_3^{2-},然后送往冷析降沉结晶器,使部分 NH_4Cl 冷析结晶。冷析后的母液称为"半母液Ⅱ",由冷析结晶器溢流入盐析结晶器;加入洗盐,由于同离子效应,在此析出了部分 NH_4Cl,并补充了一下过程所需的 Na^+。

由冷析结晶和盐析结晶器下部取出的 NH_4Cl 悬浮液,经稠厚器、滤铵机,再干燥制得成品 NH_4Cl。滤液送回盐析结晶器,盐析结晶器的清液(母液Ⅱ)送入母液换热器与氨母液Ⅰ进行换热,经吸氨器吸 NH_3 后制成氨母液Ⅱ,再经沉淀桶去泥后,送碳化塔制碱。

二、氯碱工业

1. 概述

(1) 烧碱的性质

烧碱即氢氧化钠(NaOH),俗称火碱、苛性钠,常温下是一种白色晶体,相对密度 2.13,熔点 318 ℃,沸点 1 390 ℃。具有强腐蚀性。易溶于水,其水溶液呈强碱性,能使酚酞变红。氢氧化钠是一种极常用的碱,是化学实验室的必备药品之一。氢氧化钠在空气中易吸收水蒸气,对其必须密封保存,且要用橡胶瓶塞。

烧碱能与酸进行中和反应,生成盐和水:

$$NaOH + HCl == NaCl + H_2O$$

固体氢氧化钠能吸收空气中水分和二氧化碳,变得潮湿滑腻。

$$2NaOH + CO_2 == Na_2CO_3 + H_2O$$

氢氧化钠水溶液能与锡、锌、铝等反应,放出大量氢气。

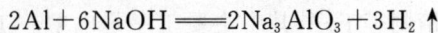

$$Zn + 2NaOH == Na_2ZnO_2 + H_2 \uparrow$$

$$2Al + 6NaOH == 2Na_3AlO_3 + 3H_2 \uparrow$$

常温下,氢氧化钠对铜、铁的腐蚀较小,对生铁腐蚀更小,对镍、银、金、铂等金属无腐蚀性。

氢氧化钠可与硅化物发生反应:

$$2NaOH + SiO_2 == Na_2SiO_3 + H_2O$$

从以上反映可知,氢氧化钠溶液对玻璃、陶器、瓷器等物均有腐蚀作用。因此,盛放氢氧化钠溶液的容器应使用铸铁、钢、不锈钢、铬等材料。

氢氧化钠与硫可生成一种复杂的混合物(含硫化钠、过硫化物、硫代硫酸钠和亚硫酸钠)。

由于氢氧化钠的水溶液是呈强碱性,故能使石蕊试纸变成兰色,无色的酚酞变成红色。

(2) 烧碱的作用

烧碱的用途十分广泛,在化学实验中,除了用做试剂以外,由于它有很强的吸水性和潮解性,还可用做碱性干燥剂。烧碱在国民经济中有广泛应用,许多工业部门都需要氢氧化钠。使用烧碱最多的部门是化学药品的制造,其次是造纸、炼铝、炼钨、人造丝、人造棉和肥皂制造业。另外,在生产染料、塑料、药剂及有机中间体,旧橡胶的再生,制金属钠,水的电解以及无机盐生产中,制取硼砂、铬盐、锰酸盐、磷酸盐等,也要使用大量的烧碱。

(3) 氯碱工业发展简史

氯碱工业是基本无机化工之一。主要产品是氯气和烧碱,在国民经济和国防建设中占有重要地位。随着纺织、造纸、冶金、有机、无机化学工业的发展,特别是石油化工的兴起,氯碱工业发展迅速。

氯碱工业的形成于 18 世纪,瑞典人 K. W. 舍勒用二氧化锰和盐酸共热制取氯气,这种方法称化学法。将氯气通入石灰乳中,可制得固体产物漂白粉,这对当时的纺织工业的漂白工艺是一个重大贡献。用化学方法制氯的生产工艺持续了一百多年。但它有很大缺点,从上述化学反应式,可见其中盐酸只有部分转变为氯,很不经济,且腐蚀严重,生产困难。

19 世纪初提出电解食盐水溶液同时制取氯和烧碱的方法,称为称电解法。

为了连续有效地将电解槽中的阴、阳极产物隔开,1890 年德国开发隔膜电解法、1892

年美国人 H. Y. 卡斯特纳和奥地利人 C. 克尔纳同时提出了水银电解法后,发展到了现在广泛应用的离子膜法,该法于 1975 年首先在日本和美国实现工业化。在金属阳极和改性隔膜电解槽基础上开发出的离子交换膜电解槽,被称为第三代电解槽。与隔膜法和水银法相比,离子交换膜电解法具有能耗低、投资少、产品质量好、生产能力大、没有汞污染等优点。

我国最早的隔膜法氯碱工厂是 1929 年投产的上海天原电化厂。国内第一家水银法氯碱工厂是锦西化工厂,于 1952 年投产。1974 年我国首次采用金属阳极电解槽,在上海天原化工厂投入工业化生产。自 1986 年我国甘肃盐锅峡化工厂引进第一套离子膜烧碱装置投产以来,离子交换膜法电解烧碱技术迅速发展。北京化工机械厂开发的复极式离子膜电解槽(GL 型),使我国成为世界上除日本、美国、英国、意大利、德国等少数几个发达国家之外能独立开发、设计、制造离子膜电解槽的国家之一。此外,我国在金属扩张阳极、活性阴极、改性隔膜及固碱装置等方面的研究都有很大进展。

2. 离子膜电解法制烧碱

氯碱工业是利用电解饱和食盐水溶液制取烧碱和氯气并副产氢气的生产过程。过程包括盐水精制、电解和产品精制等工序,其中主要工序是电解。工业上采用隔膜电解法、水银电解法和离子膜电解法,各法所采用的电解槽结构不同,因而其具体工艺流程及产品规格也有所不同。目前新建的氯碱厂普遍采用离子膜工艺。本书也仅对该烧碱制备工艺进行介绍。

(1) 盐水精制

① 盐水精制的目的

氯碱工业生产过程中,无论采用海盐、湖盐、岩盐或卤水哪一种原料,都含有 Ca^{2+}、Mg^{2+}、SO_4^{2-} 等无机杂质,以及细菌、藻类残体、腐殖酸等天然有机物和机械杂质。这些杂质在化盐时会被带入盐水系统中,如不去除将会造成离子膜的损伤,从而使其效率下降,破坏电解槽的正常生产,并使离子膜的寿命大幅度缩短。盐水中一些杂质会在电解槽中产生副反应,降低阳极电流效率,并对阳极寿命产生影响。因此,盐水必须进行精制除去大量杂质,生产满足离子膜电解槽运行要求的精制盐水。

② 盐水精制工艺简述

直至 20 世纪 70 年代中期,传统絮凝沉降盐水精制工艺基本上没有实质性发展;目前用于离子膜法电解的盐水精制工艺是在上述方法基础上增加二次过滤和二次精制先进工艺技术形成的。在原盐溶解后,需先对其进行一次精制,即用普通化学精制法使粗盐水中 Ca^{2+}、Mg^{2+} 含量降至 $10 \sim 20$ mg/L。而后送至螯合树脂塔,用螯合树脂吸附处理,使盐水中 Ca^{2+}、Mg^{2+} 含量低于 20 μg/L,这一过程称为盐水的二次精制。

其工艺流程见图 12-32。

饱和粗盐水加入精制反应器,经过精制反应后加入絮凝剂进入澄清桶澄清,澄清盐水经砂滤器粗滤后,再经 α—纤维素预涂碳素管过滤器二次过滤,使盐水中的悬浮物小于 1×10^{-6},然后进入离子交换树脂塔,进行二次精制,得到满足离子膜电解槽运行要求的精制盐水。

(2) 离子膜电解

① 离子膜法电解原理

离子膜电解槽电解反应的基本原理是将电能转换为化学能,将盐水电解,生成 NaOH、

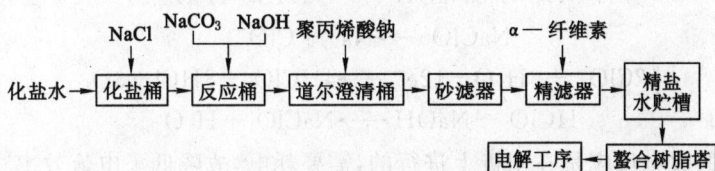

图 12-32 盐水精制工艺流程

Cl_2、H_2，如图 12-33 所示。

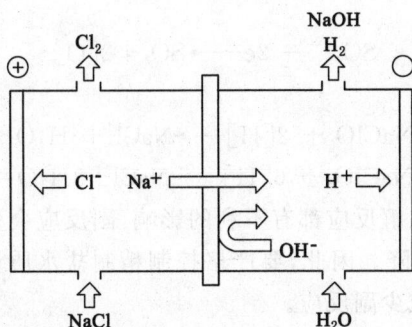

图 12-33 离子膜电解槽电解反应的基本原理示意图

离子膜将电解槽分成阳极室（图示左侧）和阴极室（图示右侧），饱和精盐水进入阳极室，去离子纯水进入阴极室。在离子膜电解槽阳极室，盐水在离子膜电解槽中电离成 Na^+ 和 Cl^-，其中 Na^+ 在电场的作用下，通过具有选择性的阳离子膜迁移到阴极室，留下的 Cl^- 在阳极电解作用下生成氯气。阴极室内的 H_2O 电离成为 H^+ 和 OH^-，其中 OH^- 被具有选择性的阳离子挡在阴极室与从阳极室过来的 Na^+ 结合成为产物 NaOH，H^+ 在阴极电解作用下生成氢气。形成的 NaOH 溶液从阴极室流出，其含量为 32%～35%，经浓缩得成品液碱或固碱。电解时，由于 NaCl 被消耗，食盐水浓度降低为淡盐水排出，NaOH 的浓度可通过调节去离子纯水量来控制。

发生的化学反应如下。

阳极过程：主要反应为氯离子被氧化成为氯气：

$$NaCl \rightarrow Na^+ + Cl^-$$

$$2Cl^- \rightarrow Cl_2 + 2e^-$$

阴极过程：为水分子还原析出氢气，同时在阴极附近形成氢氧化钠溶液：

$$H_2O = H^+ + OH^-$$

$$2H_2O + 2e^- \rightarrow H_2 + 2OH^-$$

随着主反应的发生，同时还伴随着下列副反应。

阳极室：

a. 氯溶解于水：

$$H_2O + Cl_2 = HCl + HClO$$

b. 次氯酸与氢氧化钠的反应：

$$HClO + NaOH \longrightarrow NaClO + H_2O$$

$$NaClO \longrightarrow Na^+ + ClO^-$$

$$12ClO^- + 6H_2O - 12e^- \longrightarrow 4HClO_3 + 8HCl + 3O_2$$

$$HClO_3 + NaOH \longrightarrow NaClO_3 + H_2O$$

由于 ClO^- 的放电反应是在阳极上进行的,需要耗电,故降低了电流效率。

c. 由于阴极 OH^- 向阳极迁移,OH^- 在阳极上放电,析出新生态原子,然后变成氧分子。

$$4OH^- + 4e \longrightarrow 2[O] + 2H_2O \longrightarrow 2H_2O + O_2 \uparrow$$

d. $SO_4{}^{2-}$ 的副反应:

$$SO_4{}^{2-} - 2e \longrightarrow SO_2 + 2[O]$$

阴极室:

$$NaClO + 2[H] \longrightarrow NaCl + H_2O$$

$$NaClO_3 + 6[H] \longrightarrow NaCl + 3H_2O$$

可见,所有的副反应对电解反应都有不利的影响,副反应会多消耗电能,降低了电流效率,减少产量,使产品质量下降。因此,要严格控制精制盐水质量和加强对电解槽的管理,使电解按主反应进行,尽量减少副反应。

减少副反应措施如下:

a. 采用高浓度(饱和)盐水和较高温度条件下进行电解,以降低氯气在阳极中的溶解度。

b. 设置隔膜将阴极与阳极分开,防止氯和碱以及氢和氯混合,阻止 OH^- 向阳极室迁移。

c. 采用流动的电解液,保证一定的流速和适当的液位,使盐水流速超过 OH^- 向阳极室迁移的速度,尽量减少 OH^- 向阳极室的迁移量。

② 离子膜电解槽

离子交换膜电解槽有多种类型。无论何种类型,电解槽均由若干电解单元组成,每个电解单元由阳极、离子交换膜与阴极组成。

图 12-34 是离子膜电解槽的结构示意图,其主要部件是阳极、阴极、隔板和槽框。在槽框的当中,有一块隔板将阳极室与阴极室隔开。两室所用材料不同,阳极室一般为钛,阴极室一般为不锈钢或镍。隔板一般是不锈钢或镍和钛板的复合板。隔板的两边还焊有筋板,其材料分别与阳极室和阴极室的材料相同。筋板上开有圆孔以利于电解液流通,在筋板上焊有阳极和阴极。

离子膜电解单元槽分为单极式离子膜电解槽[图 12-35(a)]和复极式离子膜电解槽[(图 12-35(b)]。单极式离子膜电解槽是指在一个单元槽上只有一种电极,即单元槽是阳极单元槽或阴极单元槽,不存在一个单元槽上既有阳极又有阴极的情况。复极式离子膜电解槽是指在一个单元槽上,既有阳极又有阴极(每台离子膜电解槽的最端头的端单元槽除外),是阴阳极一体的单元槽。

③ 离子膜法生产工艺流程

离子膜法电解工艺流程如图 12-36 所示。

二次精制盐水经盐水预热器升温后送往离子膜电解槽阳极室进行电解;纯水由电解槽

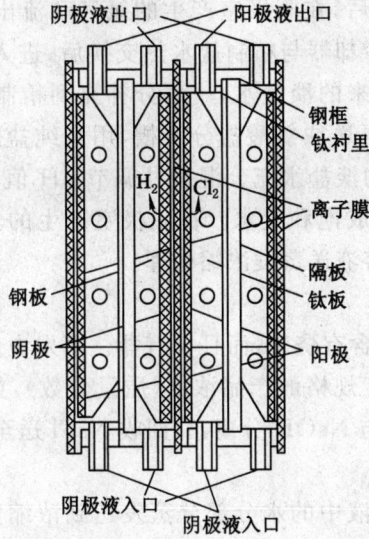

图 12-34 离子膜电解槽的结构示意图

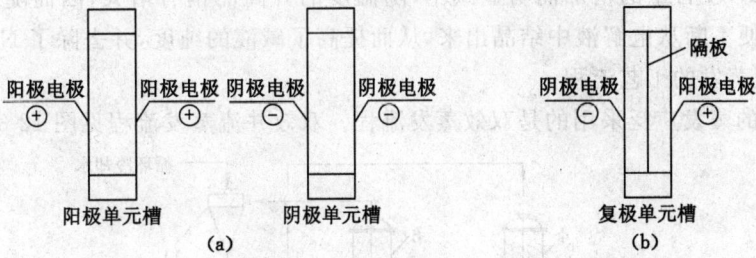

图 12-35 离子膜电解单元槽分类
（a）单极式离子膜电解槽；（b）复极式离子膜电解槽

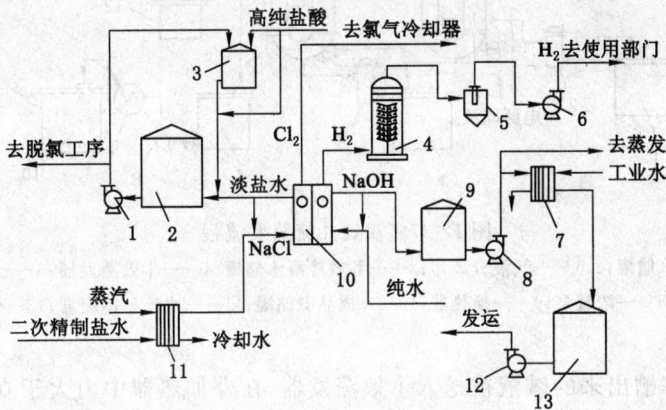

图 12-36 离子膜电解工艺流程图

1——淡盐水泵；2——淡盐水储存槽；3——氯酸盐分解槽；4——氢气洗涤塔；5——水雾分离器；6——氢气鼓风机；
7——碱冷却器；8,12——碱泵；9——碱液受槽；10——离子膜电解槽；11——盐水预热器；13——碱液储存槽

底部进入阴极室。通入直流电后,在阳极室产生的氯气和流出的淡盐水经分离器分离后,湿氯气进入氯气总管,经氯气冷却器与精制盐水热交换后,进入氯气洗涤塔洗涤,然后送往氯气处理工序。从阳极室流出来的淡盐水,一部分补充到精制盐水中返回电解槽阳极室,另一部分进入淡盐水储存槽,再送往氯酸盐分解槽,用高纯盐酸进行分解。分解后的盐水回到淡盐水储存槽,与未分解的淡盐水充分混合并调节 pH 值在 2 以下,送往脱氯塔脱氯,最后送到一次盐水工序重新制成饱和盐水。在阴极室产生的氢气经过洗涤和分离水雾后送后续使用环节,而氢氧化钠溶液送蒸发浓缩处理。

(3)蒸发浓缩

电解槽出来的电解液不仅含有烧碱,而且含有盐。蒸发电解液的主要目的是将电解液中 NaOH 含量浓缩至符合一定规格的产品浓度(质量分数),如 30%、45%、73% 等;另外,可将电解液中未分解的 NaCl 与 NaOH 分离,并回收 NaCl 送至盐水精制工序再使用。

① 电解液蒸发原理

该工序借助于蒸汽使电解液中的水分部分蒸发达到浓缩氢氧化钠的目的。在电解液蒸发的全过程中,烧碱溶液始终是一种被 NaCl 所饱和的水溶液。NaCl 在 NaOH 水溶液中的溶解度随 NaOH 含量的增加而明显减小,随温度的升高而稍有增大,因而随着烧碱浓度的提高,NaCl 便不断从电解液中结晶出来,从而提高了碱液的纯度,并去除了 NaCl。

② 电解液蒸发的工艺流程

离子膜法的蒸发广泛采用的是双效蒸发流程。双效并流蒸发流程见图 12-37。

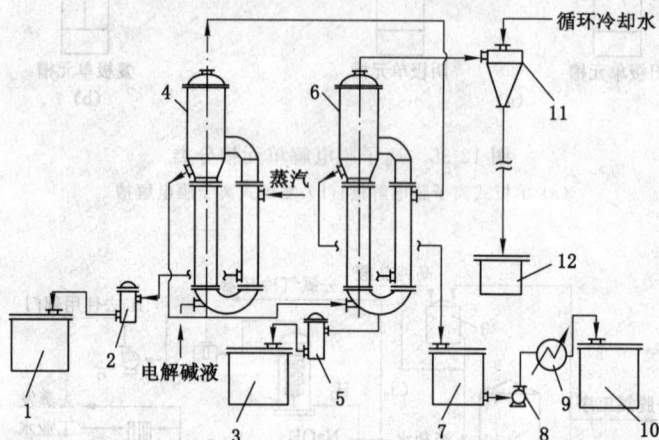

图 12-37 双效并流蒸发流程

1——Ⅰ效冷凝水储罐;2,5——气液分离器;3——Ⅱ效冷凝水储罐;4——Ⅰ效蒸发器;6——Ⅱ效蒸发器;7——热碱储罐;8——浓碱泵;9——换热器;10——成品碱储罐;11——水喷射冷凝器;12——冷却水储罐

从离子膜电解槽出来的碱液被送入Ⅰ效蒸发器,在外加热器中由大于 0.5 MPa 表压的饱和蒸汽进行加热,碱液达到沸腾后在蒸发室中蒸发,二次蒸汽进入Ⅱ效蒸发器的外加热器。Ⅰ效蒸发器中的碱液浓度控制在 37%～39%,碱液依靠压力差进入Ⅱ效蒸发器中,在加热室被二次蒸汽加热沸腾,蒸发浓缩至产品浓度分别为 42%、45% 或 50% 等。

Ⅱ效蒸发器的二次蒸汽进入水喷射冷凝器后被冷却水冷凝,然后冷却水进入冷却水储罐。达到产品浓度的碱液连续出料至热碱储罐,然后由浓碱泵经换热器冷却后送入成品碱储罐。Ⅰ效蒸发器的蒸汽冷凝水经气液分离器进入Ⅰ效冷凝水储罐,Ⅱ效蒸汽冷凝水经气液分离器分离后进入Ⅱ效冷凝水储罐。由于Ⅰ、Ⅱ效冷凝水的质量不同(Ⅱ效冷凝水温度较低,且可能含微量碱),应分别储存及使用。

(4) 氯处理

① 氯气处理的目的

由电解槽出来的湿氯气有较高的温度,并伴有大量水气及盐雾等杂质,这种湿氯气对钢铁和大多数金属有强的腐蚀作用,所以生产及输送极不方便。但干燥的氯气对钢铁等常用材料的腐蚀性较小,所以将湿氯气干燥是生产和使用氯气所必需的。通常采用的方法是先用冷却的方法使湿氯气中的大部分水气冷凝除去,然后用干燥剂进一步吸水,达到氯气干燥的目的。

氯气在冷却后的温度不能太低,因为在 9.6 ℃时生成 $Cl_2 \cdot 8H_2O$ 会造成设备、管道阻塞,并损失氯气。为了使氯气能用钢铁材料制成的管道及设备输送或处理,需要使氯气中的水含量小于 0.04%,此时可在 15 ℃条件下,用浓硫酸来作为氯气的干燥剂。

硫酸具有不与氯气发生反应、氯在其中的溶解度较小、脱水效率高、价廉易得、浓硫酸对钢设备不腐蚀、稀酸可以回收利用等特点。故硫酸是一种较为理想的氯气干燥剂。

生产中使用的氯气需要一定的压力以克服输送系统的阻力,并且为满足用户对氯气压力要求,通常在氯气干燥处理以后用压缩方法增高压力进行输送成。

综上所述,氯气处理系统的主要任务是一是将湿氯气进行脱湿干燥;二是将干燥氯气压缩输送;三是维持和稳定电解槽阳极室内的压力。

② 氯气处理的工艺流程

根据氯气处理的任务,可以将氯气处理的流程大致分为五个部分:冷却、干燥、净化、输送、稳定电解槽阳极室压力的调节系统。常采用的一种工艺流程有见图 12-38。

来自电解的湿氯气进入钛管冷却器,与管间的冷却水进行热交换,冷凝的氯水流至氯水低位槽。由氯水泵送到氯水高位槽,部分氯水经冷却器冷却后做冷却洗涤氯气用。另一部分氯水送去脱氯。

由钛冷却器出来的氯气约 30~40 ℃,然后进入氯气泡沫洗涤冷却塔,由氯水冷却器来的低温氯水经钛丝网除沫器至泡沫干燥塔用硫酸进行干燥。硫酸用泵经冷却器冷却后循环使用,当酸浓度降到 75% 时,需补换浓酸。出泡沫塔的氯气再进填料塔,在此用循环冷却的约 95% 的浓硫酸吸收剩余水分,然后用氯气压缩机压缩至 0.15~0.3 MPa,并依次经过气液分离器、缓冲器,在除沫器中把夹带的硫酸雾沫分离掉,即送往分配站调节送至用户。

该流程特点如下:

a. 来自电解的湿氯气先经钛冷却器,以工业水一段冷却后,再用经冷冻的氯水在泡沫冷却器中洗涤冷却,可将氯气中部分杂质除去。

b. 干燥过程是在泡沫塔与填料塔中用不同浓度的硫酸进行干燥的,可以大流量循环、冷却,硫酸稀释时放出的热量能及时移出,使硫酸上方水蒸气分压降低,有利于降低硫酸的消耗及干燥效果的改善。

c. 用经过特殊处理的玻璃纤维除沫器,对酸雾及其他固态、液态夹带杂质有较高的除沫效率,故氯气质量较好。

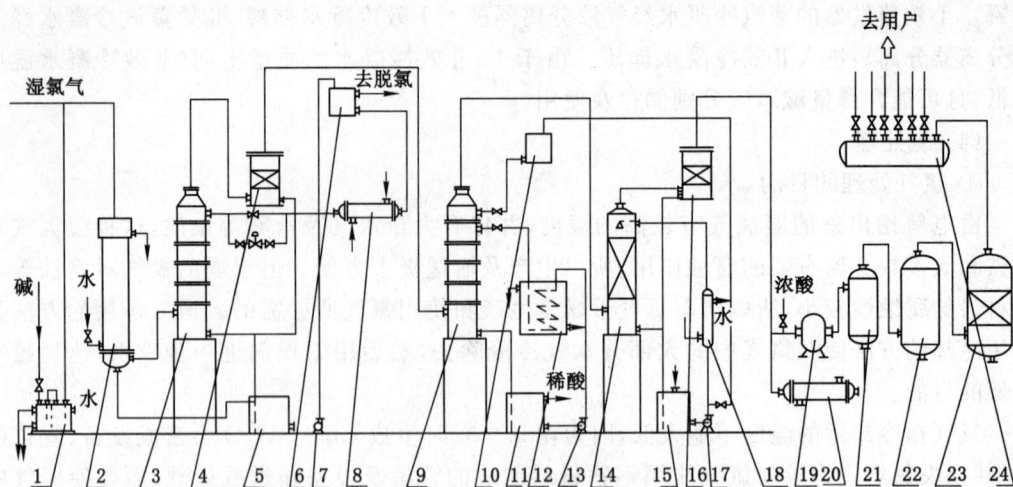

图 12-38　氯气处理常见流程

1——安全水封；2——钛冷却器；3——氯水洗涤冷却器；4——除雾器；5——氯水低位槽；6——氯水高位槽；
7——氯水泵；8——氯水冷却器；9——泡沫干燥塔；10——浓酸高位槽；11——稀酸低位槽；
12——稀硫酸冷却器；13——稀酸泵；14——填料干燥塔；15——浓酸低位槽；16——硫酸除雾器；
17——浓酸泵；18——浓酸冷却器；19——纳氏泵；20——硫酸冷却器；21——气液分为器；
22——缓冲器；23——除雾器；24——分配站

（5）氢处理

离子膜烧碱生产装置中电解产生的湿氢气温度高、压力低，并含有大量水分，设置氢气处理工序的目的就是要将电解来的高温湿氢气冷却（同时洗去碱雾，回收利用）、加压、干燥，输送给下游工序满足生产耗氢产品的要求，并为电解系统氢气总管的压力稳定提供条件。

目前，国内离子膜烧碱生产装置中的氢气处理工序典型工艺流程一般有三种：① 冷却、压缩；② 冷却、压缩、冷却；③ 冷却、压缩、干燥（或在冷却后干燥）。这三种工艺流程一般根据生产规模和下游产品对氢气含水量以及压力的要求不同来进行选择。

氢气冷却、压缩、干燥工艺流程见 12-39。

来自电解工序的高温氢气（约 80 ℃）经安全水封进入氢气冷却塔底部，冷却水由塔上部进入直接喷淋冷却，使氢气温度降至约 35 ℃，并洗涤所夹带的碱雾；从塔顶排出的氢气进入氢气泵压缩至一定压力后，排至气水分离器将夹带水分离；从气水分离器顶部排出的氢气因压缩而温度升高，使其含水量上升，采用氢气冷却器将氢气温度冷却至约 15 ℃，然后经水雾捕集器将水雾除去后，经氢气缓冲罐进入氢气干燥塔，在塔内用固碱进一步吸收氢气中的水分；干燥后的氢气进入氢气分配台，由此向下游用户分配。

干燥塔内的固碱定期补充或根据干燥后氢气中的含水量来确定是否更换补充；吸收水分后产生的碱液回收利用。为确保氢气系统的压力稳定，可通过设置回流调节氢气的方式来实现，并在氢气冷却塔前和氢气分配台分别设置氢气安全放空装置。

氢气冷却塔如用软水做冷却用水，还需设置软水中间冷却器和循环泵闭路冷却循环系统，当水中含碱量达一定浓度时回收利用；如此既能保证洗涤冷却效果又能回收碱，减少碱

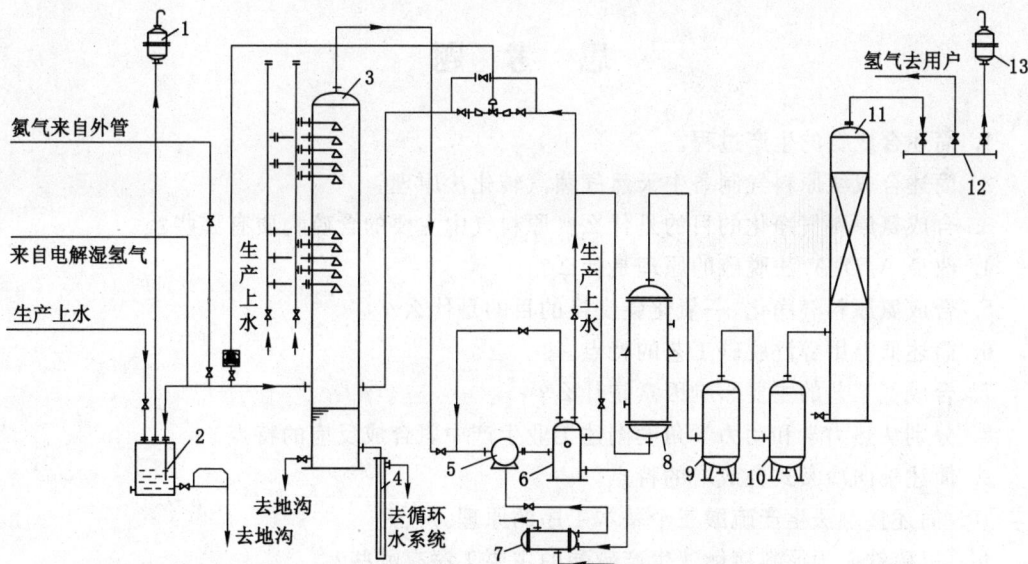

图 12-39 氢气冷却、压缩、干燥工艺流程图

1——阻火器；2——安全水封；3——冷却塔；4——水封管；5——氢气泵；6——气水分离器；7——泵水冷却器；
8——冷却器；9，10——水雾捕集器；11——干燥塔；12——分配台；13——阻火器

损失。

氢气泵用水经氢气泵水冷却器冷却后循环使用或定期更换。

为保证氢气系统的安全生产，在氢气冷却塔前、塔后和分配台等各管路上，设置充氮置换系统。

本 章 小 结

本章主要介绍了无机化工中的合成氨工业、硫酸工业、碱工业中常用的工艺、原理、影响因素等。现将本章内容小结如下：

① 讲解了烃类蒸汽转化法制备合成气的基本原理、特点、反应条件及工艺流程；原料气的脱硫、一氧化碳变换、脱碳过程的原理、目的、典型工艺及影响因素；合成氨反应的催化机理、合成氨工艺及影响因素、冷激式合成塔结构和特点。

② 讲述了硫铁矿接触法制硫酸的反应机理；讲述了硫铁矿接触法制硫酸工艺中硫铁矿焙烧、炉气的净化与干燥、二氧化硫的催化氧化、三氧化硫的吸收工序的工艺流程及影响因素。

③ 介绍了氨碱法制备纯碱七个生产环节的基本原理、目的、工艺流程；讲述了联碱法的基本原理和工艺过程。

④ 讲述了离子膜电解法制备烧碱的基本原理、电解槽的基本结构；简述了电解产物氯、氢的处理方法。

思 考 题

1. 简述合成氨的生产过程。
2. 简述合成氨原料气制备中天然气蒸汽转化法原理。
3. 合成氨原料气净化的目的是什么？原料气中主要的含硫物质有哪些？
4. 改良 A. D. A. 法脱硫的原理是什么？
5. 合成氨原料气净化、一氧化碳变换的目的是什么？
6. 简述低温甲醇洗脱碳工艺的特点。
7. 合成氨工艺的主要影响因素是什么？
8. 分别从热力学和动力学角度阐述工业生产中氨合成反应的特点。
9. 简述轴向冷激式合成塔的特点。
10. 简述接触法生产硫酸三个基本工序的原理。
11. 以硫铁矿为原料接触法生产硫酸的主要工序有哪些？
12. 简述两转两吸流程的特点。
13. 目前主要的纯碱生产方法是什么？
14. 氨碱法生产原理是什么？
15. 简述氨碱法生产过程。
16. 饱和盐水制备和精制的目的是什么？
17. 简述碳酸化原理。
18. 分析比较氨碱法和联碱法的优缺点。
19. 离子膜电解法中盐水精制的目的是什么？

第十三章 绿色化学工艺

> 【本章重点】绿色化工应遵循的规则;绿色化工中的原子经济性;实现绿色化工的途径。
> 【本章难点】绿色化工中的原子经济性;实现绿色化工的途径。
> 【学习目标】掌握绿色化工的含义、特点及应遵循的规则,绿色化工中的原子经济性;掌握实现绿色化工的途径和方法。

第一节 概 述

一、绿色化学工艺的含义

绿色化学,又称为环境无害化学、友好化学或清洁化学,研究目的是利用化学原理和方法来减少或消除对人类健康、社区安全、生态环境有害的反应原料、催化剂、溶剂和试剂、产物、副产物的使用和产生的新兴学科,是利用化学来防止污染的一门科学。绿色化学是当今国际化学科学研究的前沿,它吸收了当代化学、物理、生物、材料、信息等科学的最新理论和技术,具有明确的社会需求和科学目标。绿色化学的目标是寻找充分利用原材料和能源,且在各个环节都洁净和无污染的反应途径和工艺。世界上很多国家已把"化学的绿色化"作为新世纪化学进展的主要方向之一。

二、绿色化学的主要特点

绿色化学不是一门独立的学科,它是一种战略方针、一种指导思想、一种研究政策。从科学观点看,绿色化学是化学科学基础内容的更新;从环境观点看,它是从源头上消除污染;从经济观点看,它合理利用资源和能源、降低生产成本,符合经济可持续发展的要求。目前,绿色化学作为未来化学工业发展的方向和基础,越来越受到各国政府、企业和学术界的关注。

绿色化学的主要特点是如下:

① 充分利用资源和能源,采用无毒、无害的原料。

② 在无毒、无害的条件下进行反应,以减少废物向环境排放。

③ 提高原子的利用率,力图使所有作为原料的原子都被产品所消纳,实现"零排放"。

④ 生产出有利于环境保护、社会安全和人体健康的环境友好产品。

三、绿色化学工艺应遵循的原则

为了简述绿色化学的主要观点,P. T. Anastas 和 J. C. Waner 曾提出绿色化学的 12 项原则,这些原则可作为开发和评估一条合成路线、一个生产过程、一个化合物是不是绿色的指导方针和标准。这 12 条原则如下:

（1）防止污染优于污染形成后处理。

（2）设计合成方法时应最大限度地使所用的材料均转化到最终产品中。

（3）尽可能使反应中使用和生成的物质对人类和环境无毒或毒性很小。

（4）设计化学产品时应尽量保持其功效而降低其毒性。

（5）尽量不用辅助剂，需要使用时应采用无毒物质。

（6）能量使用应最小，并应考虑其对环境和经济的影响，合成方法应在常温、常压下操作。

（7）最大限度地使用可更新原料。

（8）尽量避免不必要的衍生步骤。

（9）催化试剂优于化学计量试剂。

（10）化学品应设计成使用后容易降解为无害物质的类型。

（11）分析方法应能真正实现在线监测，在有害物质形成前加以控制。

（12）化工生产过程中各种物质的选择与使用，应使化学事故的隐患最小。

为了更明确的表述绿色化学在资源使用上的要求，人们又提出了5R理论：

（1）减量——Reduction

减量是从省资源、无污染、零排放角度提出的，包括两层意思：一是利用最少的能源和消耗最少的原材料，获得最多的产品产量，理想的转化过程是"原子经济反应"，即原料分子中的原子百分之百地转变成产物，不产生副产物或废物，实现废物的零排放。减少资源用量，有效途径之一是提高原料转化率，提高能源利用率，减少"原子"损失率。另一层意思是减少"三废"排放量，努力实现"三废"的零排放。

（2）重复使用——Reuse

重复使用是指实际工业生产中，能多次使用的物质应该不断重复使用。重复使用不仅是降低成本的需要，更是减废的需要。诸如化学工业生产过程中的催化剂及其载体、反应介质、分离和配方中所用的溶剂等，不仅必须保证无毒、无害、无腐蚀性，真正实现绿色化，而且从一开始就应考虑有重复使用的工艺流程设计，保证其无限次使用。

（3）回收——Recycling

回收是指对工业生产过程中与产品无关的物质或生活废弃物进行全面的回收。回收可以有效实现"省资源、少污染、减成本"的要求。包括回收未反应的原料，回收副产物（含"三废"），回收助溶剂、催化剂、稳定剂、反应介质等非反应试剂，回收生活固体废弃物等。

（4）再生——Regeneration

再生包括废旧物质的再生利用，也包括可再生能源、原材料的利用等。再生是变废为宝、节省资源、减少污染的有效途径，它要求化工产品生产在设计的开始，就应考虑到有关产品的再生利用，特别高分子材料产品的再生显得尤为重要。同时，在能源与资源的开发与利用过程中，也要考虑能源与资源的可再生性，如，利用生物原料代替当前广泛使用的石油，把废旧物质转化成动物饲料、工业化学品和燃料等。

（5）拒用——Rejection

拒绝使用是实现生产、生活绿色化的最根本办法。一方面，是指拒绝使用非绿色化的工业产品、食品、生活用品等；另一方面是指对一些有毒、有害，无法替代，又无法回收、再生和重复使用的原料及辅助原料等，拒绝在生产过程中使用。

简单讲,绿色化学的现代内涵体现在以下五个方面:

① 原料绿色化:以无毒、无害,可再生资源为原料。

② 化学反应绿色化:选择"原子经济性反应"。

③ 催化剂绿色化:使用无毒、无害、可回收的催化剂。

④ 溶剂绿色化,使用无毒、无害、可回收的溶剂。

⑤ 产品绿色化,可再生、可回收。

第二节 绿色化工中的原子经济性

绿色化学的另一个核心内容是原子经济性(Atom Economy)。原子经济性由美国化学家 Barry M Trost 于 1991 年提出,是指在化学反应中,反应物中的原子应尽可能多地转化为产物中的原子,也就是要在提高化学反应转化率的同时,尽量减少副产物。Trost 教授还提出了一个合成效率的概念,指出合成效率应当成为今后合成方法学研究中关注的焦点。并提出合成效率包括两方面,一方面是选择性,另一个方面就是反应的原子经济性,即原料和试剂分子中究竟有多少的原子转化成了产物分子。

传统化工中,描述某一合成方法的有效性和效率的概念是产率。

$$产率 = \frac{实际产量}{预期产量} \times 100\%$$

即目标产物的实际产量与预期产量的比值。产率这一衡量指标完全忽略了合成反应中生成的任何不希望得到的产物,而这些产物却是合成产物中固有的一部分。可能且常常出现这样一种情况:一个合成步骤,或一个合成路线能够达到 100% 的产率,但其产生的废物不论在质量上还是在体积上都远远超过了所希望得到的产品。如:

$$NaOH + HCl \longrightarrow NaCl + H_2O$$

如果 1 mol 的 NaOH 与 1 mol 的 HCl 反应,生成了 1 mol 的 NaCl,认为 NaCl 的产率是 100%,而实际上这个反应还有"废物"——水的生成。因此基于产率计算可以认为某个工艺方法是完全有效的,但却体现不出工艺中"废物"的产生。

正是因为存在着这样一个矛盾,原子经济的概念被应用。进行原子经济性评估时,人们需考察所有的反应物,并测量每一反应物被融合到最终产物中的程度。如果所有的反应物都完完全全地参与到最终产物中,该合成路线的原子经济性为 100%。

事实上,绿色化学的主要特点就是原子经济性,即在获取新物质的化学过程中充分利用每个原料原子,实现零排放,使化学从粗放型向集约型转变,既充分利用资源,又不产生污染。原子经济性在数值上用 E 因子和原子利用率来衡量。

(1) 原子利用率(atom efficiency,AE)

指目标产物原子占所有产物原子中的百分数。即:

$$原子利用率 = \frac{目标产物分子量}{所有产物分子量} \times 100\%$$

其中,所有产物分子量=目标产物的分子量+副产物的分子量。

【例 13-1】 试计算如下中和反应生成盐的原子利用率。

$$NaOH + HCl \longrightarrow NaCl + H_2O$$

解:氯化钠的分子量为 58.5,水的分子量为 18,氢氧化钠的分子量为 40,盐酸的分子量为 36.5,所以,根据原子利用率的定义可得:

该反应生成氯化钠的原子利用率 $= 58.5 \div (58.5 + 18) \times 100\% = 76.5\%$

原子利用率实际上是比较化学反应中目标产物分子中的原子数与反应原料分子的原子数的相对比值大小的一个参数,在计算时,反应物和产物分子的原子数值都是以其原子量代入计算的。

(2) 原子经济百分数

由于不少反应中副产物难以确定,副产物分子量很难求得,因而原子利用率不易直接按各种产物的分子量计算求得。这时可以利用质量作用定律计算出一个与之相同的数,即原子经济百分数:

$$原子经济百分数 = \frac{生成产物的原子}{所有反应物原子} \times 100\%$$

原子利用率与原子经济百分数是同一个概念的两种不同表述。

【例 13-2】 试计算如下实验室制氢的置换反应的原子经济百分数。

$$Zn + 2HCl \longrightarrow ZnCl_2 + H_2$$

解:该制氢反应的原子经济百分数 $= 2 \div (65 + 2 \times 36.5) \times 100\% = 1.45\%$。

该反应的原子经济性很低,说明浪费很严重,是一个非绿色的化学反应。但是,如果利用该反应制氯化锌的话,其原子经济百分数就很高($1 - 1.45\% = 98.55\%$),仅就原子经济性而言,该反应是一个比较绿色的化学反应。所以,同一个反应,对不同的产物而言,其原子经济性是不同的。

【例 13-3】 试计算如下电解水制氢的原子经济百分数。

$$2H_2O \xrightarrow{电解} 2H_2 + O_2$$

解:该制氢反应的原子利用率(原子经济百分数) $= 2 \times 2 \div (2 \times 18) \times 100\% = 11.11\%$。

考虑到氢的原子质量很小,所以,这是一个较高的原子经济百分数,因而是一个较绿色的制氢反应。

原子经济性反应就是指那些原子利用率高的化学反应。但是,某些物质因其本身的特点(如氢气单质的分子量很小、一般只能用还原的方法得到等),在合成它们时,很难找到一种既具有工业经济性又有原子经济性的方法,所以,对不同的化学品(或化学反应)而言,相同的原子经济百分数,所含有的实际意义也可能大不相同。所以,原子经济百分数也是一个相对的概念。在实际工作中,在制取某一相同的化学品时,才可以比较不同反应的原子经济性,尽量使用原子经济性高的化学合成反应。

Shell 公司开发的甲基丙烯酸甲酯的合成,在传统工艺中原子经济百分数为 47%,而由于新的合成路线中使用了催化剂,原子经济百分数为 100%。合成路线如下:

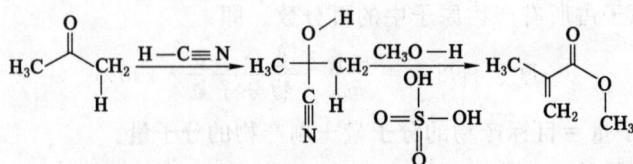

旧工艺:

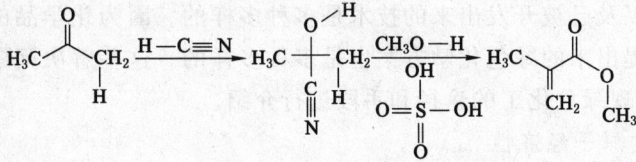

（3）E 因子

相对于每种化工产品而言，期望产品以外的任何东西都是废物。一个产品生产过程中对环境造成的影响可以用 E 因子来衡量。E 因子定义为生产期望产品与同时产生的废物质量的比值，即：

$$E \text{ 因子} = \frac{\text{废物质量}}{\text{产品质量}}$$

很明显，E 因子越大，其对环境的污染越大。表 13-1 列出了一些典型化工部门的 E 因子。可见，产品的生产规模越小，E 因子越大。

表 13-1　　　　　　　　　　　　不同化工部分的 E 因子

工业部门	产量/t	E 因子
炼油	$10^4 \sim 10^6$	~0.1
基本化工	$10^4 \sim 10^6$	1~5
精细化工	$10^2 \sim 10^4$	5~50
制药	$10^1 \sim 10^3$	25~100

对一个反应总效率的真实评价，必须把化学产率、原子经济性和实际反应物用量等结合起来，其具体的评价指标仍在探索中。

（4）Q 值与 EQ

绿色化学的基础，是把最大限度地降低或消除危害性的原则融入化学设计的各个方面。在化学过程中，所用的物质和物质的形态，应尽可能减少发生化学事故的可能性，包括泄漏、爆炸及火灾。

换句话说，废物排放于环境中对环境的污染程度与相应废物的性质及在环境中的毒性行为有关。化学物质的毒理学性质用 Q 值衡量，Q 值是有机化学衡量环境友好生产过程的重要因素。

Q 值是根据废物在环境中的行为给出的对环境不友好度。例如，若将无害的氯化钠和硫酸铵的 Q 值定为 1，则重金属，如铜、汞等离子的盐类基于其毒性大小，$Q = 100 \sim 1\ 000$。

因此，若要精确地评价一种合成方法相对于环境的好坏，必须同时考虑废物的排放量和废物的 Q 值，其综合表现为环境商值（EQ），即：

$$EQ = E \times Q$$

式中　E——E 因子。

第三节　绿色化学工艺的途径和手段

处于设计阶段的时候，就应该开始考虑一个化学品或者化学过程对环境和健康的影响,其所用的方法以及已被开发出来的技术是多种多样的。因为化学品的种类和化学的转化是千变万化的,提出来的绿色化学方案也是多种多样的。这些解决问题的方法可以分为几类。本节将对实现绿色化工的途径和手段进行介绍。

1. 化学反应的原子经济性

下面以几种典型反应为例,分析不同类型化学反应的原子经济性。

(1) 加成反应

不饱和分子与其他简单小分子在反应中相互加合生成新分子的反应为加成反应。

【例 14-4】 试计算如下亲核加成反应的原子利用率。

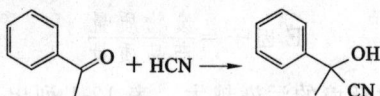

解: 原子利用率$=147\div(120+27)\times100\%=100\%$。

在该加成反应中,所有的反应物原子全部转化成为产物中的原子,没有其他产物生成,所以其原子利用率为 100%。

加成反应有时会遇到选择性的问题,如烯烃的马式和反马式加成。所以并不是所有的加成反应的原子利用率都是 100%。

加成反应是一种原子经济性很高的反应。根据加成反应的定义,在加成反应中一个基团或原子被加合在双键或三键上,所以在没有选择性问题时,反应中没有被浪费掉的原子,原子利用率为 100%,是绿色化学提倡的化学反应类型。

(2) 重排反应

构成分子的原子通过改变相互的位置、连接、键合形式等产生一个新分子的反应为重排反应,也有叫异构化反应。

【例 14-5】 试通过计算说明丙烯醇异构化反应的原子经济性。

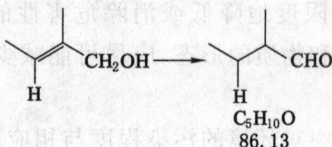

解: 该反应只有一个反应物,也只有一个产物。并且反应物和产物的分子量完全相同。所以,该反应的原子利用率$=86.13\div86.13\times100\%=100\%$。

重排反应(或异构化反应)是改变原子之间的相连关系引起碳骨架变化的反应,由于这种反应途径只是简单地改变分子中原子之间的连接方式,不引起反应物原子的流失,反应中所有原子都被引入到产物当中,因此是一种原子经济性的反应。

(3) 取代反应

反应物分子中的原子或基团被其他原子或基团所取代的反应称为取代反应。

【例 14-6】 试计算如下亲核取代反应的原子利用率。

解: 原子利用率$=108.97\div(108.97+18)\times100\%=85.83\%$。

反应中的质子没有在方程式中体现出来,但在计算原子利用率时还是应该把它考虑进去。因为所有物料的电荷之和应该是电中性的,溴离子不可以单独被加入到反应体系中去,而应该是与质子一起被加入的,并且是没有被转化成产物中的原子,所以在计算反应的原子经济百分数时应该考虑到该质子。

在取代反应中,一个原子或基团被另一个原子或基团取代,由于被取代下来的原子或基团没有被引入到目标产物,所以正常情况下,取代反应的原子经济性要比加成反应和重排反应低。

（4）消除反应

在分子中去除一个小分子或基团生成新化合物的反应叫消除反应,又称消去反应。

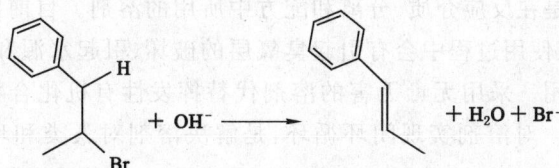

$$\text{（苯基-CH(H)-CHBr-CH}_3\text{)} + OH^- \longrightarrow \text{（苯乙烯基结构）} + H_2O + Br^-$$

消除反应也是原子经济性较低的反应。

（5）周环反应

指反应中无离子或自由基等中间体产生,键断裂与形成是通过单一协同和环过渡态同时发生的反应。有电环化反应、环加成反应、σ—迁移重排反应、螯移变反应等。

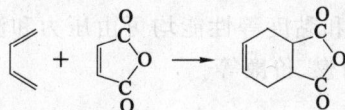

$$\text{（丁二烯）} + \text{（马来酸酐）} \longrightarrow \text{（环加成产物）}$$

周环反应中每个原子都得到了充分的利用,因此原子利用率为100%。鉴于环加成反应的优越性,它们在绿色化工中得到了重视。

根据不同类型反应的原子经济性,开发新的原子经济反应已成为绿色化学研究的热点之一。如 EniChem 公司采用钛硅分子筛催化剂,将环己酮、氨、过氧化氢进行反应,可直接合成环己酮肟,取代由氨氧化制硝酸、硝酸离子在铂、钯贵金属催化剂上用氢还原制备羟胺、羟胺再与环己酮反应合成环己酮肟的复杂技术路线,并已实现工业化。

2. 化学反应原料的绿色化

以相对安全、无毒、可再生的原料代替传统的有害、不可再生化学品作为化学反应的原料,或者采用不含有毒原料的新工艺、新方法就是原料的绿色化。

原料在化工产品的合成中极其重要,它影响了化工产品的制造、加工、生产和使用等过程。如果一个化学品的原料对环境有着不利的影响,由它所合成的化学品也有可能对环境不利。同时,为了满足可持续发展的要求,原料的可再生性也是很重要的指标。一种日益枯竭的原料不仅具有环境方面的问题,还有经济上的弊端,这是由于不可再生原料不可避免地引起制造费用和购买价格的升高。因此选择原料时,应尽量使用对人体和环境无害的材料,避免使用濒临枯竭或稀有的材料,尽量采用可回收再生原材料,采用易于提取、可循环利用的原材料,使用环境可降解的原材料。基于以上原则,一些新型的原料平台,如以甲醇和合成气作为原料平台、以生物质作为原料平台等在化工生产中越来越受到瞩目。

此外,用于合成的传统原料的绿色化也得到广泛的研究。在传统化工生产中,经常要使用到有毒、有刺激性并对生态不利的用于合成的原料,对于这些原料的绿色化是提升化工工艺和技术绿色程度的重要手段。

例如碳酸二甲酯是近年来受到广泛关注的用途极广的基本有机合成原料,由于其分子中含有甲氧基、羰基和羰甲基,具有很好的反应活性,有望在许多重要化工产品的生产中替代光气、硫酸二甲酯、氯甲烷及氯甲酸甲酯等剧毒或致癌物。绿色氧化剂如氧气、双氧水因最终的氧化产物为水,已经在多类反应过程中替代传统的金属盐或金属的氧化物以及有机过氧化物,并且反应条件更加温和,选择性更高。

3. 化学反应溶剂的绿色化

大量的与化学品制造相关的污染问题不仅来源于原料和产品,还来自于制造过程中使用的物质。最常见的是在反应介质、分离和配方中所用的溶剂。目前广泛使用的溶剂是挥发性有机化合物,其在使用过程中会有引起臭氧层的破坏、引起水源和空气污染等,因此需要限制这类溶剂的使用。采用无毒无害的溶剂代替挥发性有机化合物做溶剂已成为绿色化学的重要研究方向。对溶剂实现闭环循环,是解决溶剂对人类和环境影响的最终解决方法。

在无毒无害溶剂的研究中,最活跃的研究项目是开发超临界流体(SCF),特别是采用超临界二氧化碳做溶剂。超临界二氧化碳是指温度和压力均在其临界点(311 ℃、7 477.79 kPa)以上的二氧化碳流体。它通常具有液体的密度,因而有常规液态溶剂的溶解度;在相同条件下,它具有气体的黏度,因而又具有很高的传质速度。而且,由于具有很大的可压缩性,流体的密度、溶剂溶解度和黏度等性能均可由压力和温度的变化来调节。超临界二氧化碳的最大优点是无毒、不可燃、价廉等。

4. 催化剂绿色化

催化是化学反应、化学工业的常用手段,催化剂是化学反应的重要辅助物质之一。由于催化剂不仅能改变热力学上可能进行反应的速率,还能有选择地改变多种热力学上可能进行的反应中的某一反应,选择性地生成所需目标产物,因此在实现化工工艺与技术的绿色化方面举足轻重。高效无害催化剂的设计和使用成为绿色化学研究的重要内容。选择性对于催化剂的评价和绿色程度的评价来说尤为重要,选择性的提高可开辟化学新领域,减少能量消耗和废物产生量。目前有关绿色化学的研究中有相当的数量是应用新型催化剂对原有的化学反应过程进行绿色化改进,如均相催化剂的高效性、固相催化剂的回收和反复使用等。这类研究几乎无一例外地描述了对反应绿色化改进的程度,或者减少了试剂的使用,或反应条件更加温和,或反应更加高效和高选择性,或催化剂多次重复使用和回收等。

目前催化剂的绿色化方向有两个,一是寻找或制造更加友好的化学催化剂,另一个是开发生物催化剂。

① 环境友好型催化剂的案例

许多酯类香料一般是通过醇酸酯化反应得到的,通常用浓硫酸(H_2SO_4)做催化剂。浓硫酸会带来严重的设备腐蚀和副反应,且中和时会生成许多无机盐"废物"。因此,人们对浓硫酸催化剂的替代品和醇酸酯化的替代方法的研究从未停止过。

如,100 多年前,化学家维勒和李比希发现,苯甲醛可以自身缩合为安息香(一种香料),此即安息香缩合反应。虽然其原子利用率为100%,但传统的催化剂为剧毒的氰化钾。

$$2PhCHO \xrightarrow{KCN} Ph-\overset{OH}{\underset{H}{\overset{|}{C}}}-\overset{O}{\overset{\|}{C}}-Ph$$

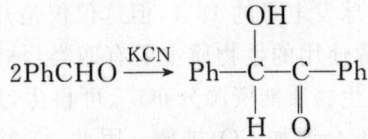

今天,人们发现一种辅酶——维生素 B(硫胺素,一种非常安全的化合物)可以代替 KCN。这是在有机合成中将生物派生的试剂用做化学转化的有用工具的最早报道之一。

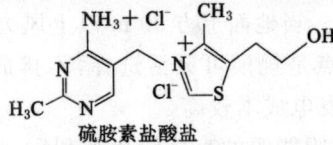

硫胺素盐酸盐

② 生物催化剂案例

生物催化即利用酶或微生物等生物材料催化某种化学反应,其相应的工业化生产被称为生物化工。生物催化剂是指游离或固定化的活细胞或酶。微生物是最常用的活细胞催化剂,酶催化剂则是从细胞中提取出来的,只在经济合理时才被应用。固定化酶或固定化细胞的出现,使生物催化剂能较长时期地反复使用。

与传统化学催化剂相比,生物催化反应条件温和,设备简单,生产安全,效率高,反应速率快;反应步骤少,副反应少,收率高,对不对称合成具有进行区域或立体专一选择性催化的特点。因此,更加符合绿色化工的要求。

生物催化的工业化应用实例很多,如微生物法生产丙烯酰胺。丙烯酰胺是一种重要的有机化工原料,用途广,需求量大,国内外丙烯酰胺产量的 90% 以上用于生产聚丙烯酰胺及其衍生物的均聚物和共聚物。其中,聚丙烯酰胺广泛应用于石油开采、水处理、纺织印染、造纸、选矿、洗煤、医药、制糖、建材、化工等行业。

丙烯酰胺的工业生产历经硫酸催化法、铜系催化剂催化法、生物酶催化法三代技术。微生物法的核心就是以微生物产生的腈水合酶(Nitrile tydratase)为催化剂。目前,全球利用微生物法生产的丙烯酰胺年产量超过 300 kt。

$$CH_2=CH-CN+H_2O \xrightarrow{腈水合酶} CH_2=CH-CONH_2$$

与化学法相比,微生物法省去了丙烯腈回收和铜分离工序,反应在常温、常压下进行,降低了能耗,提高了生产安全性,丙烯腈的转化率可达 99.9%,产品纯度高,不造成环境污染,且生产经济性高,新建一个微生物法工业装置的设备费用约为化学法的1/3。

5. 能量的绿色化

绿色能源主要是指对环境和社会可接受、技术上可行、经济上比较合理的能源,如石油轻制品、天然气、可再生能源等;也包括经洁净加工或处理,可很少产生污染物的能源技术,如洁净煤技术。

所谓绿色能源,主要包括下述几种:

(1) 天然气。在城市用天然气替代分散用煤,是解决环境污染的有效途径。

(2) 可再生能源。可再生能源有以下特点:分布广泛,可就地开发利用,环境效果好,可供人类永续利用。但其能源密度低,开发利用通常需要较长的周期,初始投资高,推广应用受常规能源价格的影响较大。可再生能源主要有以下几种:

① 水能。它是目前商业开发规模最大的可再生能源,其主要利用途径是发电,全世界

范围内水力发电的电量约占全球发电量的 18%，但这仅仅是开发了全球水能资源的 10%。

② 生物质能。可作为能源使用的生物质主要有四类：林产品和木材加工残余物、农业残余物、动物粪便、能源作物。生物质能资源分布广、可再生、成本低、有许多技术可把它转化为现代能源，且生产利用时不会增加 CO_2 排放。因此，许多发达国家和国际组织都把它作为可再生能源的首要选择。目前生物质能占世界一次能源消费量的 10%～14%。生物质发电已占非水电可再生能源发电量的 70%。

③ 风能。一般指风力发电。当地面上方 30 m 以上风力强度大于 400 W/m² 时，风力资源才能被开发利用。风能的优点是规模可灵活选择，不排放任何有害气体和废弃物；缺点是占用土地、产生噪声、投资和发电成本较高。

④ 太阳能。太阳能是指太阳能源的直接转化和利用，是取之不尽、用之不竭的绿色能源。其利用技术有多种，包括太阳能光伏电池、太阳能热利用、人工光合作用。世界可利用的太阳能资源量相当于全球能源消费量的 10 倍。光伏发电已成为快速发展的新兴高技术产业，全世界已安装太阳能热水器 5 400 多万平方米。

⑤ 地热。指储存在地下岩石和流体中的热能，分为四种：地热水或蒸汽、地压地热能、热干岩地热能、岩浆地热能。迄今为止，只有热水型地热资源已商业开发，热水型地热资源分高温（＞150 ℃）、中低温（90～150 ℃）和低温（＜90 ℃）三种。目前中低温地热主要用于采暖、种植养殖、温泉浴和工业。

⑥ 海洋能。指海洋中蕴藏的可再生的自然能源，主要有潮汐能、波浪能、海水温差能、海流能和海水盐差能。特点是蕴藏量大、清洁，但能量分布随时空变化，投资大，有海水腐蚀、小生物附着、能量密度低等问题。潮汐发电与水力发电相似，是海洋能开采技术最成熟的，全世界潮汐电站总装机容量为 256 MW，技术已实用化。我国已有小型潮汐电站 7 座，总容量 5 930 kW，是世界上潮汐电站最多的国家。

(3) 洁净煤技术。洁净煤技术是从煤炭开采到利用全过程中旨在减少污染和提高效率的煤炭加工、燃烧、转化和污染控制等一系列新技术的总称。煤炭占中国一次能源的 67%，由于煤炭燃烧和利用技术比较落后，能源终端利用中煤炭所占比例过高及煤炭平均质量低等原因，煤炭的开采和利用引起严重的环境污染，发展洁净煤技术，可清洁、高效、合理地利用丰富的煤炭资源，改善能源终端消费结构，有效减少煤炭引起的环境污染。

6. 新型反应器、耦合技术与过程的绿色化

为了实现绿色化工技术，许多工艺的改进，如反应器的设计、单元过程的耦合强化，成为这些技术得以实现的基础，可极大地提高原子效率并降低能耗。在常规的化学反应基础上，采用新技术进行过程强化，可使反应得以强化。

微波应用于有机反应，能大大加快化学反应的速度，缩短反应时间，具有产物易于分离、产率高等优点，已广泛地应用于各类化学反应。

由于超声波能加快反应速度、缩短反应时间、提高产率和反应选择性，以及具有温和的反应条件等多种有利因素，近些年来更是作为一种绿色化学的有效手段广泛应用于有机合成中。

作为光驱动的化学反应，紫外光和可见光是被研究得最多的光源。紫外光和可见光由于其一定范围的波长对于某些材料，如二氧化钛、半导体等，具有激发这些材料介电子的某些能带的作用，这些光源本身及受光源激发的材料具有良好的氧化性能，已广泛用于氧化

反应、污染物处理等,具有极大的研究和开发价值。

对一些条件非常苛刻的反应,包括温室气体的化学转化、空气中有害气体的净化等,等离子体技术非常有优势。若等离子体与催化剂的协同作用,则可以降低等离子体击穿电压和反应温度,提高反应活性。

各种耦合技术对于化工技术开发的成功及工业化具有特别重要的作用。"二合一"或"多合一"可能是对反应与分离过程在容器的同一区域内完成的最简单描述。它是替代传统的反应与分离的有效方法。目前,单元操作通常是在各自装置上完成的,产物毫无疑问是化学反应的核心。由于产物中混有溶剂和催化剂,在反应之后一系列的分离工序是必需的。反应与分离的耦合,可克服上述诸多不足,使反应与分离在同一区域完成。另外,从大多数反应分离实例来看,反应与分离的集成可使它们彼此性能更佳,如反应物的不断动态移走,可使反应平衡发生移动,而反应的顺利进行有利于分离效率的进一步提高。反应与反应的耦合毫无疑问可以大大简化操作过程,具体表现为可缩短整个反应时间,减少中间产物与反应体系之间的分离和提纯,充分有效利用反应器,减少中间产物的损失。特别是对于不稳定的中间产物,通过原位生成中间产物并立即用于下个反应中,可充分提高中间产物的利用效率;对于同时存在吸热和放热反应来说,放热反应的热量可以填补或部分填补吸热反应的需要。

7. 化工产品的绿色化

一般,绿色化工产品应该具有两个特征:① 产品本身必须不会引起环境污染或健康问题,包括不会对野生生物、有益昆虫或植物造成损害;② 当产品被使用后,应该能再循环或易于在环境中降解为无害物质。

在传统的功能性化工产品的设计中,只重视功能的设计,而忽略了对环境及人类危害的考虑,然而在绿色化学品的设计中,要求产品功能与环境影响并重。事实上,对于最早暴露出来的某些化学产品的污染问题,通过人们的努力已经找到了解决的方案。例如,为了对付塑料的"白色污染",人们研究了可生物降解的塑料;为了消除农药对社会和人类的危害,人们研究了高选择性的、不含氯的新型杀虫剂等。

下面以染料产品的绿色化为例看产品绿色化的过程。合成染料始于1856年,英国化学家Pekin合成出马尾紫染料,不久,Martius成功地实现了偶氮染料。到1895年,人们在长期从事品红生产的工人身上发现了膀胱癌。然而,人类经不起"美丽"的诱惑,染料工业的发展依然蓬勃。目前,全世界投放市场的染料高达3万多种,每年投放到环境中的染料高达60多万吨,其中偶氮染料占80%以上。合成染料由于结构复杂、品种繁多、化学稳定性高、生物可降解性低,故成为重要的环境污染物。

染料或印染工业对环境产生污染的主要是废水。据统计,我国每生产1 t染料大约排放废水744 t;在印染过程中,染料的损失量为10%～20%,其中约有一半流入环境中。

由于合成染料多为大分子化合物,多数毒性较大,对微生物有抑制作用,因此废水难以治理,对环境和江河造成严重污染。

联苯胺是个很好的染料中间体,但具有极强的致癌作用,已被很多国家禁用。但可对其分子结构加以改造,变为二乙基联苯胺后,既保持了染料的功能,又消除了致癌性。因此,这是染料绿色化的努力方向之一。

$$H_2N-\!\!\bigcirc\!\!-\!\!\bigcirc\!\!-NH_2 \xrightarrow[\text{催化剂}]{CH_3CH_2Cl} H_2N-\!\!\bigcirc\!\!-\!\!\bigcirc\!\!-NH_2$$
（CH_2CH_3，CH_3CH_2）

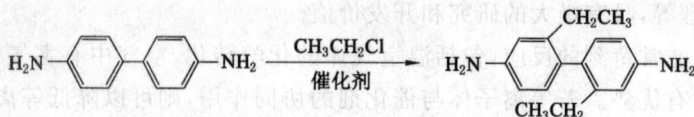

第四节　绿色化工过程实例

本节以环氧丙烷的绿色化生产过程为例,介绍绿色化工过程。

1. 环氧丙烷生产现状

环氧丙烷(简称PO)是最重要的基本有机化工原料之一,在以丙烯为原料的产品中,是仅次于聚丙烯和丙烯腈的第三大品种。主要用途是生产聚醚多元醇,制造聚氨酯,水解制丙二醇,此外用于生产丙二醇醚等非离子表面活性剂、油田破乳剂、制药乳化剂、润滑剂等。现在工业上主要采用氯醇法和共氧化法生产,其中氯醇法约占总产量的51%,共氧化法约占48%。

氯醇法生产环氧丙烷包括两个步骤:第一步是丙烯与氯气与水反应生产氯丙醇,同时生成氯代烃副产物的水溶液;第二步是氯丙醇与石灰乳发生皂化反应生成产物环氧丙烷,同时产生氯化钙废渣和废水。氯醇法废水和废渣量大,由于使用有毒的氯气,对设备的耐腐蚀性要求高。

共氧化法也包括两步。第一步是生成有机过氧化物;第二步是有机过氧化物与丙烯反应生成环氧丙烷,并生成相应的联产物。选择有机过氧化物的依据是其稳定性、环氧化反应速率和联产物的市场情况,目前采用较多的是异丁烷过氧化物和乙苯过氧化物。共氧化法的联产品量都显著高于PO,例如异丁烷法的原料为丙烯和异丁烷,联产叔丁醇,所得产品PO与叔丁醇的质量比为1∶3;乙苯法的原料为乙苯和丙烯,联产苯乙烯,所得产品PO与苯乙烯的重量比为1∶2.3。

共氧化法收率高,废物排放量少。但生产工艺长,总投资高,联产品量大。

2. 绿色生产方法

以分子氧为氧化剂的氧化反应具有高的原子经济性,且氧气价廉易得,对环境无污染,是氧化反应最理想的氧源。因此,用氧气或空气直接氧化丙烯生产环氧丙烷是当前化学工业渴望实现的工艺之一,但是,目前还很难以氧气为氧化剂达到高转化率、高选择性地氧化丙烯生成环氧丙烷。原因在于:① 常温下分子氧稳定,反应活性低;② 丙烯分子中含有 α—C,由于 α—C原子上的C—H键的解离能比一般C—H键小,具有高的反应活性,在氧气存在下很容易发生 α—碳氢键的断裂而使反应产物复杂化。因此寻找合适的催化剂成为丙烯直接氧化的技术关键。许多研究者致力于这项工作,先后研究了稀土氯化物催化剂、过渡金属氧化物催化剂、金属卟啉仿酶催化剂等,但目前PO收率均低于10%,无工业应用价值。

过氧化氢是一种理想的氧化剂。过氧化氢的活性氧含量高达47%,比有机过氧化物高得多;发生氧化反应后产物为水,氧化过程无污染物。钛硅分子筛的合成为丙烯过氧化氢直接氧化法提供了可能。许多研究者对 TS—1/H$_2$O$_2$ 催化体系进行了研究,发现以钛硅分子筛为催化剂,过氧化氢氧化丙烯制环氧丙烷的反应可以使用稀过氧化氢水溶液,在温和条件下进行,并且反应速率快,选择性高。该法极有可能取代现有的 PO 生产方法成为环氧丙烷生产技术的主流。

TS—1 催化过氧化氢氧化丙烯反应原理如下:

主反应:

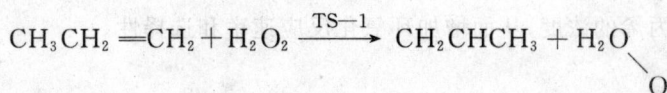

主要副反应:

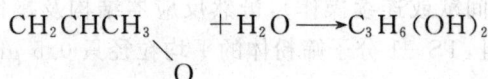

(1) 催化剂

TS—1 分子筛是将具有变价特征的过渡金属 Ti 引入纯硅分子筛的骨架中而形成的,具有微孔和中孔的孔道结构,在形成氧化还原催化作用的同时赋予了择形功能(见图 13-1)。研究发现,TS—1 分子筛表面呈"缺酸性质",具有很好的定向氧化催化性能,在氧化反应中不会引发酸催化副反应。

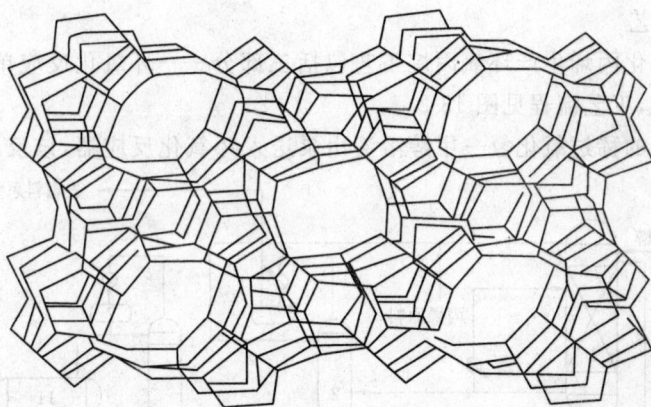

图 13-1　TS—1 的孔道结构

由于 Ti 原子之间被 Si 骨架隔开,因而避免了一般均相金属氧化物配位催化剂因金属氧化物发生二聚反应而失活的倾向,使 TS—1 具有较高的稳定性和寿命,易于再生。

TS—1 的另一个独特性能是具有疏水性,在含水溶液中更易吸附有机物,使其活性位 Ti^{4+} 始终处于富含有机反应物的环境中,因此 TS—1/H_2O_2 体系可用过氧化氢的稀水溶液作为氧化剂,这为该体系的应用带来方便,因为商品过氧化氢是 27%~35% 的水溶液,而且过氧化氢浓度越高,稳定性越差。

(2) 反应条件和反应机理

① 溶剂效应

TS—1/H_2O_2 催化氧化反应中溶剂效应很明显,溶剂的种类对反应活性、产物的选择性甚至反应机理都有影响。研究表明,在质子性溶剂如甲醇、异丙醇、仲丁醇中环氧化反应较快,而在非质子性溶剂如乙腈、丙酮和四氢呋喃中环氧化反应较慢。

② 温度和压力

温度对环氧丙烷选择性和收率及过氧化氢利用率都有明显的影响。温度升高,丙烯的转化率增加,但 PO 的选择性下降,一般认为,丙烯环氧化的最佳反应温度为 40 ℃左右。TS—1 催化丙烯与过氧化氢的环氧化反应是一个气—液—固非均相反应,增加丙烯的分压,可增加液相中丙烯的浓度,从而增加环氧化反应速率和选择性。

（3）反应器

丙烯与过氧化氢直接环氧化反应过程使用的反应器有三类。

一类是釜式反应器（间歇或连续操作），虽然反应器结构及操作简单，但很难适用于大宗化工产品的生产。而且，TS—1 分子筛粉体的平均粒径只 0.5 μm 左右，操作过程中催化剂的流失与液相的分离目前尚属技术难点。

第二类是固定床反应器，具有投资少、操作简单、生产能力大的特点，但是由于丙烯环氧化反应是强放热反应，反应热的移出和反应温度的控制是固定床反应器的操作关键。

第三类是环流反应器。这是一种新型的多相反应器，具有结构简单、操作稳定、传质和传热效率高、易于大型化等特点。环流反应器解决了反应温度的控制问题，但催化剂的分离仍是难点。

（4）生产工艺

过氧化氢氧化丙烯生产环氧丙烷工艺包括三部分——环氧化反应单元、产物精制单元和溶剂回收单元，工艺流程见图 13-2。

来自中间罐的稀过氧化氢—甲醇溶液由泵送入环氧化反应器，该反应器为串联的两台

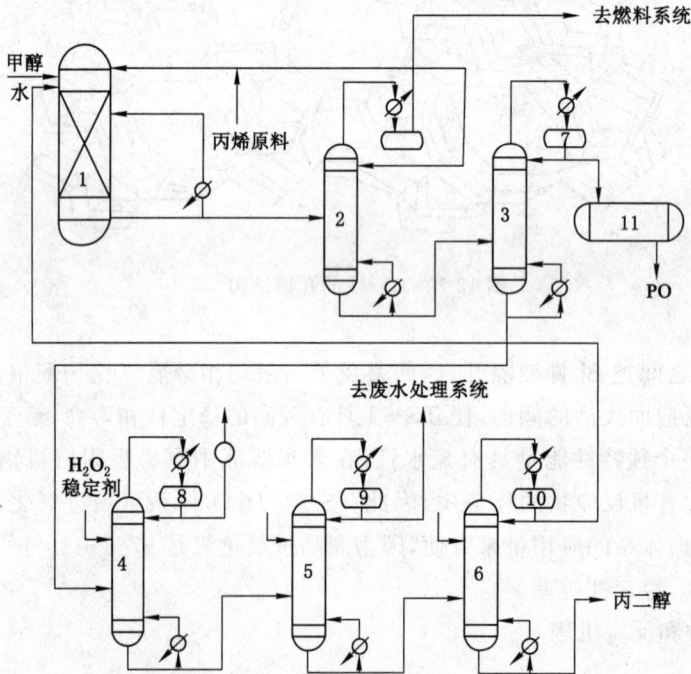

图 13-2 过氧化氢氧化生产环氧丙烷集成流程图

1——环氧化反应器；2——轻组分塔；3——PO 塔；4——甲醇回收塔；5——废水塔；
6——过氧化氢回收塔 7～10——回流罐；11——产品储罐

固定床反应器,新鲜丙烯和回收丙烯自第一个反应器的顶部进入,两股物料在反应器内并流流动,采用4台并联的外接式换热器控制反应温度,环氧化温度为40~50 ℃,压力为2.04 MPa。反应后的混合物进轻组分精馏塔,塔顶脱除未反应的丙烯和其他的气体,塔釜液进入环氧丙烷精馏塔,塔顶得到精致的PO,送产品储罐。轻组分塔的操作条件是:压力为2.04 MPa,塔顶温度为−37 ℃;环氧丙烷精馏塔的操作条件是:压力为0.2 MPa,塔顶温度为56 ℃。

环氧丙烷精馏塔塔釜液依次进入甲醇回收塔、废水回收塔和过氧化氢回收塔,在三个塔的塔顶分别得到甲醇、副产物水和过氧化氢,甲醇和过氧化氢返回环氧化反应器。三个塔的操作条件分别是:65 ℃、0.1 MPa;100 ℃、0.1 MPa和107 ℃、34 kPa。

(5) 集成工艺

氯醇法、共氧化法和丙烯直接过氧化氢氧化法三种环氧丙烷生产方法,在设备投资费用方面,丙烯直接过氧化氢氧化法低于共氧化法,但高于氯醇法;在操作费用方面,丙烯直接过氧化氢氧化法高于共氧化法,与氯醇法持平。也就是说,在技术先进性和环境友好性方面丙烯直接过氧化氢氧化法具有明显的优势,但在经济性方面暂时还不具备明显的优势。

导致丙烯过氧化氢直接氧化法生产成本较高的原因是,TS—1分子筛的合成成本和分离成本以及过氧化氢的成本都较高。合成成本和分离成本问题可通过采用廉价合成体系制备TS—1分子筛,采用新型高效分离技术来解决。过氧化氢成本问题的解决途径有两个,一是将过氧化氢生产过程与丙烯环氧化过程集成;二是以氢氧直接合成过氧化氢的新技术代替蒽醌法。这里介绍过氧化氢生产过程与丙烯环氧化过程集成技术。

原则上,过氧化氢的三种合成方法,即蒽醌法、仲醇法和H_2与O_2直接合成法,都可与丙烯环氧化反应集成,但三种方式各有优势。

① 蒽醌法生产H_2O_2与环氧化过程的集成

根据蒽醌法的生产特点,集成方案有两种。图13-3所示的方案是将氢蒽醌的氧化和TS—1催化丙烯与H_2O_2环氧化置于同一个反应器中进行,省掉了一个反应器。

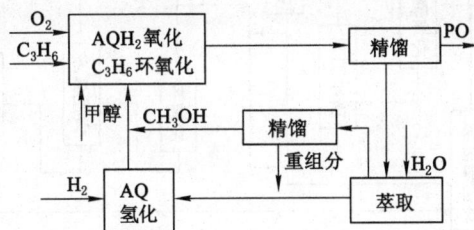

图 13-3　氢蒽醌的氧化和丙烯环氧化集成流程示意图

整个过程包括四个主要步骤:氢化工作液、丙烯、甲醇和空气(或氧气)通入装有TS—1的氧化反应器,氢蒽醌(AQH_2)被氧化,生成的H_2O_2原位与丙烯反应生成环氧丙烷;通过蒸馏分离出氧化反应混合物中的环氧丙烷;用水萃取工作液中的甲醇、丙二醇及甲醚衍生物,萃取相纯化后返回氧化反应器;萃余相进入蒽醌(AQ)加氢反应器,加氢生成氢蒽醌后循环回氧化反应器。该方法需要特别注意的是,工作液中溶剂、蒽醌衍生物和H_2O_2稳定剂等对环氧化反应的影响。

图 13-4 所示的方案是在萃取阶段将两个过程集成。

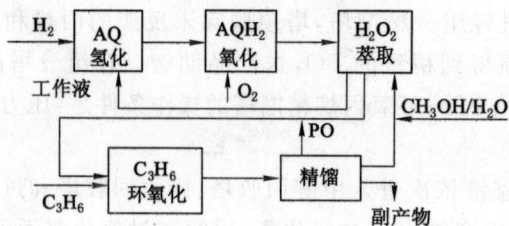

图 13-4　过氧化氢萃取与丙烯环氧化集成流程示意图

用 20%～60%（质量分数）的甲醇/水混合萃取剂代替纯水萃取 H_2O_2，之后将此萃取相直接用于环氧化反应。在这个方案中，混合溶剂甲醇/水既是萃取剂，又是环氧化反应的溶剂，可避免向环氧化反应器加入大量的水，并且省去了 H_2O_2 的净化成本。

② 仲醇氧化法生产 H_2O_2 与环氧化过程的集成。

仲醇氧化法生产 H_2O_2 包括两个主要步骤，首先仲醇氧化生成 H_2O_2 和相应的酮，然后分离出的酮加氢又还原为仲醇。

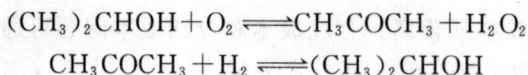

$$(CH_3)_2CHOH+O_2 \Longleftrightarrow CH_3COCH_3+H_2O_2$$

$$CH_3COCH_3+H_2 \Longleftrightarrow (CH_3)_2CHOH$$

该集成过程的优点是：仲醇既是合成 H_2O_2 的原料，同时又是环氧化的反应溶剂，这样可减少整个反应体系的参与物。

大部分的集成过程采用的是异丙醇法，集成方案的形式多样。图 13-5 是以纯异丙醇为溶剂的丙烯环氧化过程与异丙醇氧化法制 H_2O_2 的集成方案。

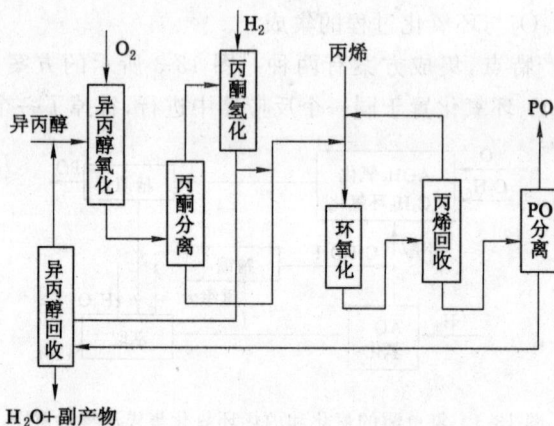

图 13-5　异丙醇氧化法生产过氧化氢与丙烯环氧化集成方案示意图

异丙醇与 O_2 在氧化反应器中反应得到含 H_2O_2 的混合物，蒸馏分离出丙酮，得到的含异丙醇的 H_2O_2 物流直接通入环氧化反应器在 TS—1 催化下与丙烯发生环氧化反应。分离出的丙酮经氢化生成异丙醇，一部分作为溶剂通入环氧化反应器，另一部分循环回到氧化反应器。环氧化产物分离出未反应的丙烯，返回环氧化反应器循环使用。粗 PO 再经蒸馏得到精环氧丙烷。

③ 氢氧直接合成 H_2O_2 与环氧化过程的集成

该集成工艺最优的方案是将丙烯、H_2 和 O_2 通入装有催化剂的反应器中进行反应生成环氧丙烷。这种集成方式的体系和过程比前述各种方案都简单,但对所采用的催化剂要求严格,要求该催化剂既能催化氢氧合成 H_2O_2,又能催化丙烯与 H_2O_2 环氧化,且两种催化活性位要相互匹配,使氢氧首先催化生成过氧化氢,尔后,原位与丙烯环氧化生成环氧丙烷。目前所采用的催化剂大多是以贵金属 Au、Ag、Pt 和 Pd 为活性组分,钛硅分子筛、SiO_2 或 TiO_2 为载体。

本 章 小 结

本章主要介绍了绿色化工的基本概念、特点及应遵循的规则,绿色化工中的原子经济性,实现绿色化工的途径和方法。现将本章内容小结如下:

① 简述了绿色化工的含义、主要特点和绿色化工应遵循的 12 条规则,以及绿色化工的 5R 原则。

② 介绍了绿色化工中的原子经济性的概念和衡量标准。

③ 讲述了实现绿色化学工艺的 7 个主要途径和手段。

④ 以环氧丙烷的生产为例说明绿色化工的实现方式。

思 考 题

1. 什么是绿色化学?
2. 简述绿色化学的 12 项原则。
3. 绿色化学中的 5R 原则是什么?
4. 解释概念:原子经济性、原子利用率、E 因子。
5. 实现绿色化工的基本途径有哪些?
6. 绿色能源有哪些?
7. 原子利用率为 100% 的反应类型有哪些?

附 录

一、干空气的物理性质(101.33 kPa)

温度 t/℃	密度 ρ /kg·m^{-3}	比热容 C_p /kJ·(kg·℃)$^{-1}$	导热系数 $\lambda \times 10^2$ /W·(C·℃)$^{-1}$	黏度 $\mu \times 10^5$ /Pa·s	普朗特数 Pr
-50	1.584	1.013	0.035	1.46	0.728
-40	1.515	1.013	2.117	1.52	0.728
-30	1.453	1.013	2.198	1.57	0.723
-20	1.395	1.009	2.279	1.62	0.716
-10	1.342	1.009	2.360	1.67	0.712
0	1.293	1.005	2.442	1.72	0.707
10	1.247	1.005	2.512	1.77	0.705
20	1.205	1.005	2.593	1.81	0.703
30	1.165	1.005	2.675	1.86	0.701
40	1.128	1.005	2.756	1.91	0.699
50	1.093	1.005	2.826	1.96	0.698
60	1.060	1.005	2.896	2.01	0.696
70	1.029	1.009	2.966	2.06	0.694
80	1.000	1.009	3.047	2.11	0.692
90	0.972	1.009	3.128	2.15	0.690
100	0.946	1.009	3.210	2.19	0.688
120	0.898	1.009	3.338	2.29	0.686
140	0.854	1.013	3.489	2.37	0.684
160	0.815	1.017	3.640	2.45	0.682
180	0.779	1.022	3.780	2.53	0.681
200	0.746	1.026	3.931	2.60	0.680
250	0.674	1.038	4.288	2.74	0.677
300	0.615	1.048	4.605	2.97	0.674
350	0.566	1.059	4.908	3.14	0.676
400	0.524	1.068	5.21	3.31	0.678
500	0.456	1.093	5.745	3.62	0.687
600	0.404	1.114	6.222	3.91	0.699
700	0.362	1.135	6.711	4.18	0.706
800	0.329	1.156	7.176	4.43	0.713
900	0.301	1.172	7.630	4.67	0.717
1000	0.277	1.185	8.041	4.90	0.719
1100	0.257	1.197	8.502	5.12	0.722
1200	0.239	1.206	9.153	5.35	0.724

二、水的物理性质

温度 /℃	饱和蒸汽压 /kPa	密度 /kg·m⁻³	焓 /kJ·kg⁻¹	比热容 /kJ·(kg·℃)⁻¹	导热系数 λ×10²/ W·(m·℃)⁻¹	黏度 μ×10⁵ /Pa·s	体积膨胀系数 β× 10⁴/℃⁻¹	表面张力 σ×10⁵ /N·m⁻¹	普朗特数 Pr
0	0.6082	999.9	0	4.212	55.13	179.21	−0.63	75.6	13.66
10	1.2262	999.7	42.04	4.191	57.45	130.77	+0.70	74.1	9.52
20	2.3346	998.2	83.90	4.183	59.89	100.50	1.82	72.6	7.01
30	4.2474	995.7	125.69	4.174	61.76	80.07	3.21	71.2	5.42
40	7.3766	992.2	167.51	4.174	63.38	65.60	3.87	69.6	4.32
50	12.34	988.1	209.30	4.174	64.78	54.94	4.49	67.7	3.54
60	19.923	983.2	251.12	4.178	65.94	46.88	5.11	66.2	2.98
70	31.164	977.8	292.99	4.187	66.76	40.61	5.70	64.3	2.54
80	47.379	971.8	334.94	4.195	67.45	35.65	6.32	62.6	2.22
90	70.136	965.3	376.98	4.208	66.04	31.65	6.95	60.7	1.96
100	101.33	958.4	419.10	4.220	68.27	28.38	7.52	58.8	1.76
110	143.31	951.0	461.34	4.238	68.50	25.89	8.08	56.9	1.61
120	198.64	943.1	503.67	4.260	68.62	23.73	8.64	54.8	1.47
130	270.25	934.8	546.38	4.266	68.62	21.77	9.17	52.8	1.36
140	361.47	926.1	589.08	4.287	68.50	20.10	9.72	50.7	1.26
150	476.24	917.0	632.20	4.312	68.38	18.63	10.3	48.6	1.18
160	618.28	907.4	675.33	4.346	68.27	17.36	10.7	46.6	1.11
170	792.59	897.3	719.29	4.379	67.52	16.28	11.3	45.3	1.05
180	1 003.5	886.9	63.25	4.417	67.45	15.30	11.9	42.3	1.00
190	1 255.6	876.0	807.63	4.460	66.99	14.42	12.6	40.0	0.96
200	1 554.77	863.0	852.43	4.505	66.29	13.63	13.3	37.7	0.93
210	1 917.72	852.8	897.65	4.555	65.48	13.04	14.1	35.4	0.91
220	2 320.88	840.3	943.70	4.614	64.55	12.46	14.8	33.1	0.89
230	2 798.59	827.3	990.18	4.681	63.73	11.97	15.9	31	0.88
240	3 347.91	813.6	1 037.49	4.756	62.80	11.47	16.8	28.5	0.87
250	3 977.67	799.0	1 085.64	4.844	61.76	10.98	18.1	26.2	0.86
260	4 693.75	784.0	1 135.04	4.949	60.48	10.59	19.7	23.8	0.87
270	5 503.99	767.9	1 185.28	5.070	59.96	10.20	21.6	21.5	0.88
280	6 417.24	750.7	1 236.28	5.229	57.45	9.81	23.7	19.1	0.89
290	7 443.29	732.3	1 289.95	5.485	55.82	9.42	26.2	16.9	0.93
300	8 592.94	712.5	1 344.80	5.736	53.96	9.12	29.2	14.4	0.97
310	9 877.6	691.1	1 402.16	6.071	52.34	8.83	32.9	12.1	1.02
320	11 300.3	667.1	1 462.03	6.573	50.59	8.3	38.2	9.81	1.11
330	12 879.6	640.2	1 526.19	7.243	48.73	8.14	43.3	7.67	1.22
340	14 615.8	610.1	1 594.75	8.164	45.71	7.75	53.4	5.67	1.38
350	16 538.5	574.4	1 671.37	9.504	43.03	7.26	66.8	3.81	1.60
360	18 667.1	528.0	1 761.39	13.984	39.54	6.67	109	2.02	2.36
370	21 040.9	450.5	1 892.43	40.319	33.73	5.69	264	0.471	6.80

三、饱和水蒸气表（按温度顺序排列）

温度/℃	绝对压力		蒸汽的密度 /kg·m⁻³	焓				汽化热	
	kg(f)/cm²	kPa		液体		蒸汽		kcal/kg	kJ/kg
				kcal/kg	kJ/kg	kcal/kg	kJ/kg		
0	0.006 2	0.608 2	0.004 84	0	0	595	2 491.1	595	2491.1
5	0.008 9	0.873 0	0.006 80	5.0	20.94	597.3	2 500.8	592.3	2 479.89
10	0.012 5	1.226 2	0.009 40	10.0	41.87	599.6	2 510.4	589.6	2 468.5
15	0.017 4	1.706 8	0.012 83	15.0	62.80	602.0	2 520.5	587.0	2 457.7
20	0.023 8	2.334 6	0.017 19	20.0	83.74	604.3	2 530.1	584.3	2 446.3
25	0.032 3	3.168 4	0.023 04	25.0	104.67	606.6	2 539.7	581.6	2 435.0
30	0.043 3	4.247 4	0.030 36	30.0	125.60	608.9	2 549.3	578.9	2 423.7
35	0.057 3	5.620 7	0.039 60	35.0	146.54	611.2	2 559.0	576.2	2 412.4
40	0.075 2	7.376 6	0.051 14	40.0	167.47	613.5	2 568.6	573.5	2 401.1
45	0.097 7	9.583 7	0.065 43	45.0	188.41	615.7	2 577.8	570.7	2 389.4
50	0.125 8	12.340	0.083 0	50.0	209.34	618.0	2 587.4	568.0	2 378.1
55	0.160 5	15.743	0.104 3	55.0	230.27	620.2	2 596.7	565.2	2 366.4
60	0.203 1	19.923	0.130 1	60.0	251.21	622.5	2 606.3	562.0	2 355.1
65	0.255 0	25.014	0.161 1	65.0	272.14	624.7	2 615.5	559.7	2 343.4
70	0.317 7	31.164	0.197 9	70.0	293.08	626.8	2 624.3	556.8	2 331.2
75	0.393	38.551	0.241 6	75.0	314.01	629.0	2 633.5	554.0	2 319.5
80	0.483	47.379	0.292 9	80.0	334.94	631.1	2 642.3	551.2	2 307.8
85	0.590	57.875	0.353 1	85.0	355.88	633.2	2 651.1	548.2	2 295.2
90	0.715	70.136	0.422 9	90.0	376.81	635.3	2 659.9	545.3	2 283.1
95	0.862	84.556	0.503 9	95.0	397.75	637.4	2 668.7	542.4	2 270.9
100	1.033	101.33	0.597 0	100.0	418.68	639.4	2 677.0	539.4	2 258.4
105	1.232	120.85	0.703 6	105.1	440.03	641.3	2 685.0	536.3	2 245.4
110	1.461	143.31	0.825 4	110.1	460.97	643.3	2 693.4	533.1	2 232.0
115	1.724	169.11	0.963 5	115.2	482.32	645.2	2 701.3	530.0	2 219.0
120	2.025	198.64	1.119 9	120.3	503.67	647.0	2 708.9	526.7	2 205.2
125	2.367	232.19	1.296	125.4	525.02	648.8	2 716.4	523.5	2 191.8
130	2.755	270.25	1.494	130.5	546.38	650.6	2 723.9	520.1	2 177.6
135	3.192	313.11	1.715	135.6	567.73	652.3	2 731.0	516.7	2 163.3
140	3.685	361.47	1.962	140.7	589.08	653.9	2 737.7	513.2	2 148.7
145	4.238	415.72	2.238	145.9	610.85	655.5	2 744.4	509.7	2 134.0
150	4.855	476.24	2.543	151.0	632.21	657.0	2 750.7	506.0	2 118.5
160	6.303	618.28	3.252	161.4	675.75	659.9	2 762.9	498.5	2 087.1
170	8.080	792.59	4.113	171.8	719.29	662.4	2 773.3	490.6	2 054.0

续表

温度/℃	绝对压力		蒸汽的密度 /kg/m⁻³	焓				汽化热	
	kg(f)/cm²	kPa		液体		蒸汽		kcal/kg	kJ/kg
				kcal/kg	kJ/kg	kcal/kg	kJ/kg		
180	10.23	1 003.5	5.145	182.3	763.25	664.6	2 782.5	482.3	2 019.3
190	12.80	1 255.6	6.378	192.9	807.64	666.4	2 790.1	473.5	1 982.4
200	15.85	1 554.77	7.840	203.5	852.01	667.7	2 795.5	464.2	1 943.5
210	19.55	1 917.72	9.567	214.3	897.23	668.6	2 799.3	454.4	1 902.5
220	23.66	2 320.88	11.60	225.1	942.45	669.0	2 801.0	443.9	1 858.5
230	28.53	2 798.59	13.98	236.1	988.50	668.8	2 800.1	432.7	1 811.6
240	34.13	3 347.91	16.76	247.1	1 034.56	668.0	2 796.8	420.8	1 761.8
250	40.55	3 977.67	20.01	258.3	1 081.45	664.0	2 790.1	408.1	1 708.6
260	47.85	4 693.75	23.82	269.6	1 128.76	664.2	2 780.9	394.5	1 651.7
270	56.11	5 503.99	28.27	281.1	1 176.91	661.2	2 768.3	380.1	1 591.4
280	65.42	6 417.24	33.47	292.7	1 225.48	657.3	2 752.0	364.6	1 526.5
290	75.88	7 443.29	39.60	304.4	1 274.46	652.6	2 732.3	348.1	1 457.4
300	87.6	8 592.94	46.93	316.6	1 325.54	646.8	2 708.0	330.2	1 382.5
310	110.7	9 877.96	55.59	329.3	1 378.71	640.1	2 680.0	310.8	1 301.3
320	115.2	11 300.3	65.95	343.0	1 436.07	632.5	2 648.2	289.5	1 212.1
330	131.3	12 879.6	78.53	357.5	1 446.78	623.5	2 610.5	266.6	1 116.2
340	149.0	14 615.8	93.98	373.3	1 562.93	613.5	2 568.6	240.2	1 005.7
350	168.6	16 538.5	113.2	390.8	1 636.20	601.1	2 516.7	210.3	880.5
360	190.3	18 667.1	139.6	413.0	1 729.15	583.4	2 442.6	170.3	713.0
370	214.5	21 040.9	171.0	451.0	1 888.25	549.8	2 301.9	98.2	411.1
374	225	22 070.9	322.6	501.1	2 098.0	501.1	2 098.0	0	0

四、饱和水蒸气表（按压力顺序排列）

绝对压力/kPa	温度/℃	蒸汽的密度/kg·m^{-3}	焓/kJ·kg^{-1}		汽化热/kJ·kg^{-1}
			液体	蒸汽	
1.0	6.3	0.007 73	26.48	2 503.1	2 476.8
1.5	12.5	0.011 33	52.26	2 515.3	2 643.0
2.0	17.0	0.014 86	71.21	2 524.2	2 452.9
2.5	20.9	0.018 36	87.45	2 531.8	2 444.3
3.0	23.5	0.021 79	98.38	2 536.8	2 438.4
3.5	26.1	0.025 23	109.30	2 541.8	2 432.5
4.0	28.7	0.028 67	120.23	2 546.8	2 426.6
4.5	30.8	0.032 05	129.00	2 550.9	2 421.9
5.0	32.4	0.035 37	135.69	2 554.0	2 418.3
6.0	35.6	0.042 00	149.06	2 560.1	2 411.0
7.0	38.8	0.048 64	162.44	2 566.3	2 403.8
8.0	41.3	0.055 14	172.73	2 571.0	2 398.2
9.0	43.3	0.061 56	181.16	2 574.8	2 393.6
10.0	45.3	0.067 98	189.59	2 578.5	2 388.9
15.0	53.5	0.099 56	224.03	2 594.0	2 370.0
20.0	60.1	0.130 68	251.51	2 606.4	2 854.9
30.0	66.5	0.190 93	288.77	2 622.4	2 333.7
40.0	75.0	0.249 75	315.93	2 634.1	2 312.2
50.0	81.2	0.307 99	339.80	2 644.3	2 304.5
60.0	85.6	0.365 14	358.21	2 652.1	2 393.9
70.0	89.9	0.422 29	376.61	2 659.8	2 283.2
80.0	93.2	0.478 07	390.08	2 665.3	2 275.3
90.0	96.4	0.533 84	403.49	2 670.8	2 267.4
100.0	99.6	0.589 61	416.90	2 676.3	2 259.5
120.0	104.5	0.698 68	437.51	2 684.3	2 246.8
140.0	109.2	0.807 58	457.67	2 692.1	2 234.4
160.0	113.0	0.829 81	473.88	2 698.1	2 224.2
180.0	116.6	1.020 9	489.32	2 703.7	2 214.3
200.0	120.2	1.127 3	493.71	2 709.2	2 204.6
250.0	127.2	1.390 4	534.39	2 719.7	2 185.4
300.0	133.3	1.650 1	560.38	2 728.5	2 168.1
350.0	138.8	1.907 4	583.76	2 736.1	2 152.3
400.0	143.4	2.161 8	603.61	2 742.1	2 138.5
450.0	147.7	2.415 2	622.42	2 747.8	2 125.4

续表

绝对压力/kPa	温度/℃	蒸汽的密度/kg·m⁻³	焓/kJ·kg⁻¹		汽化热/kJ·kg⁻¹
			液体	蒸汽	
500.0	151.7	2.667 3	639.59	2 752.8	2 113.2
600.0	158.7	3.168 6	670.22	2 761.4	2 091.1
700	164.7	3.665 7	696.27	2 767.8	2 071.5
800	170.4	4.161 4	720.96	2 773.7	2 052.7
900	175.1	4.652 5	741.82	2 778.1	2 036.2
1×10³	17.9	5.143 2	762.68	2 782.5	2 019.7
1.1×10³	180.2	5.633 9	780.34	2 785.5	2 005.1
1.2×10³	187.8	6.124 1	797.92	2 788.5	1 990.6
1.3×10³	191.5	6.614 1	814.25	2 790.9	1 976.7
1.4×10³	194.8	7.103 8	829.06	2 792.4	1 963.7
1.5×10³	198.2	7.593 5	843.86	2 794.5	1 950.7
1.5×10³	201.3	8.081 4	857.77	2 796.0	1 938.2
1.6×10³	201.3	8.081 4	857.77	2 796.0	1 938.2
1.7×10³	204.1	8.567 4	870.58	2 797.1	1 926.5
1.8×10³	206.9	9.053 3	883.39	2 798.1	1 914.8
1.9×10³	209.8	9.539 2	896.21	2 799.2	1 903.0
2×10³	212.2	10.033 8	907.32	2 799.7	1 892.4
3×10³	233.7	15.007 5	1 005.4	2 798.9	1 793.5
4×10³	250.3	20.096 9	1 082.9	2 789.8	1 706.8
5×10³	263.8	25.366 3	1 146.9	2 776.2	1 629.2
6×10³	275.4	30.849 4	1 203.2	2 759.5	1 556.3
7×10³	285.7	36.574 4	1 253.2	2 740.8	1 487.6
8×10³	294.8	42.576 8	1 299.2	2 720.5	1 403.7
9×10³	303.2	48.894 5	1 343.5	2 699.1	1 356.6
10×10³	310.9	55.540 7	1 384.0	2 677.1	1 293.1
12×10³	324.5	70.307 5	1 463.4	2 631.2	1 167.7
14×10³	336.5	87.302 0	1 567.9	2 583.2	1 043.4
16×10³	347.2	107.801 0	1 615.8	2 531.1	915.4
18×10³	356.9	134.481 3	1 699.8	2 446.0	766.1
20×10³	365.6	176.596 1	1 817.8	2 364.2	544.9

参 考 文 献

[1] 邓建强. 化工工艺学[M]. 北京:北京大学出版社,2009.

[2] 郭树才. 煤化工工艺学[M]. 北京:化学工业出版社,2006.

[3] 金嘉璐,俞珠峰,王永刚. 新型煤化工技术[M]. 徐州:中国矿业大学出版社,2008.

[4] 冷士良. 化工单元过程及操作[M]. 北京:化学工业出版社,2006.

[5] 李德华. 化学工程基础[M]. 2版. 北京:化学工业出版社,2007.

[6] 李玉林,胡瑞生,白雅琴. 煤化工基础[M]. 北京:化学工业出版社,2006.

[7] 罗运柏. 化学工程基础[M]. 北京:化学工业出版社,2007.

[8] 米振涛. 化学工艺学[M]. 北京:化学工业出版社,2006.

[9] 唐宏青. 现代煤化工新技术[M]. 北京:化学工业出版社,2009.

[10] 解京选,武建军. 煤炭加工利用概论[M]. 徐州:中国矿业大学出版社,2010.

[11] 许世森,张东亮,任永强. 大规模煤气化技术[M]. 北京:化学工业出版社,2009.

[12] 闫晔,刘佩田. 化工单元操作过程[M]. 北京:化学工业出版社,2008.

[13] 朱宪. 绿色化工工艺导论[M]. 北京:中国石化出版社,2009.